전격전,
프랑스 패망과 거짓 신화의 시작

전격전, 프랑스 패망과 거짓 신화의 시작

초판인쇄일 | 2012년 8월 17일
초판발행일 | 2012년 8월 30일

지은이 | 로버트 알란 다우티
옮긴이 | 나동욱
펴낸곳 | 도서출판 황금알
펴낸이 | 金永馥

주간 | 김영탁
디자인실장 | 조경숙
편집제작 | 칼라박스
주　소 | 110-510 서울시 종로구 동숭동 201-14 청기와빌라2차 104호
물류센타(직송·반품) | 100-272 서울시 중구 필동2가 124-6 1F
전　화 | 02) 2275-9171
팩　스 | 02) 2275-9172
이메일 | tibet21@hanmail.net
홈페이지 | http://goldegg21.com
출판등록 | 2003년 03월 26일 (제300-2003-230호)

ⓒ2012 나동욱 & Gold Egg Publishing Company. Printed in Korea

값 25,000원

ISBN 978-89-97318-21-6-93390

전격전,
프랑스 패망과 거짓 신화의 시작

로버트 알란 다우티 지음 | **나동욱** 옮김

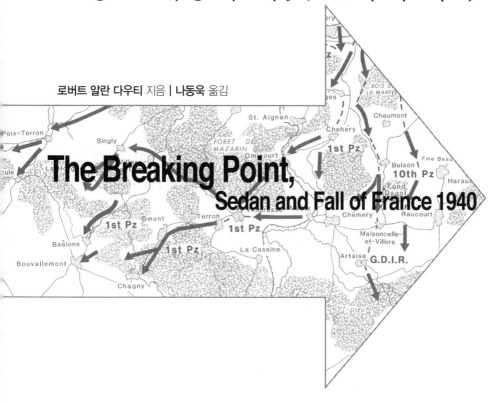

The Breaking Point,
Sedan and Fall of France 1940

황금알

일러두기

1. 모든 각주는 역자의 것임.

2. 모든 미주는 저자의 것임.

3. 대대급 부대의 경우 제(대대 번호)/(연대 번호)대대의 형
   태로 표기하였음.
   ex) 제1보병연대 3대대->제3/1대대,   제2전차연대 1대
   대->제1/2전차대대

4. 보병대대는 그 병종을 표기하지 않았으나, 전차와 포병,
   기타 부대의 경우는 병종을 표기하였음.
   ex) 제1/1대대(보병), 제2/1전차대대, 제1/78포병대대

5. 인용문에 사용한 [   ] 안의 내용은 저자가 첨가한 내용임.

6. 각 부대의 규모는 단대호 위에
   ·-··-···-Ⅰ-Ⅱ-Ⅲ-X-XX-XXX-XXXX-XXXXX:분
   대-반-소대-중대-대대-연대-여단-사단-군단-야전
   군-집단군의 순으로 표기하였다.

프랑스가 제2차세계대전에서 패망한 지 50년이 지난 지금 프랑스전역을 연구할 적절한 때가 무르익은 듯하다. 프랑스가 전역과 관련한 방대한 자료를 공개한 지금은 특히 시의적절하다 할 수 있다. 물론 많은 중요 자료가 60주간 이어진 혼란스러운 전역으로 소실되었지만, 프랑스는 이후 관련 자료를 수집하기 위해 심혈을 기울였다. 그 결과 현재 프랑스는 약 20,000개 이상의 전쟁 관련 문서 상자를 보관하고 있다.

아마도 더욱 중요한 사실은 프랑스가 1940년 5월 16일 직후부터 세당 전투에 참가한 개인의 증언 자료와 사후사건 보고서를 수집했다는 점이다. 어떤 자료는 5월 18일 전에 수집이 끝났으나 일부는 훨씬 뒤에야 확보할 수 있었다. 프랑스군은 세당 주변에서 전투에 참가한 모든 대대장, 연대장, 사단장의 보고서를 모았다. 또한, 많은 소대장과 중대장뿐만 아니라 여러 핵심 참모의 보고서도 수집하였다. 이러한 보고서 덕분에 세당 주변 전투에 관한 양질의 정보 — 때로는 모순되거나 혹은 완전히 오류인 내용도 있지만 — 를 얻을 수 있었으며 전투를 대단히 상세하게 분석할 수 있게 되었다.

이에 더하여 독일 측에도 전역에 관한 상당 분량의 자료가 있었다. 5월과 6월간의 짧은 전역 이후 독일 육군은 제19기갑군단의 모든 지휘관에게서 사후사건 보고서를 수집했다. 독일군 보고서는 프랑스군의 그것에 비해 덜 상세하였으며 감정적이지도 않았지만, 이 역시 전투에 관한 상세한 정보를 제공했다. 많은 자료가 폭격과 1942년 2월 27~28일의 화재로 소실되었기 때문에 프랑스전역에 대한 문서가 존재한다는 사실은 행운일 것이다. 1940년 전역 당시부터 남아 있는 어떤 문서는 불에 그슬리거나 군데군데 훼손되기도 했다.

한편, 프랑스군과 독일군의 보고서를 통합하여 본다면 양군은 놀라움에 공감할 것이다. 양군의 견해 사이에는 전장에 대한 혼란과 오해가 종종 존재하지만 가장 중요한 차이는 시간과 관련한 내용이었다.

요약하자면 양측 보고서를 종합하는 것이 이 중요한 전역을 상세히 분석할 수 있는 거의 유일한 기회라 할 수 있다. 그리고 전역은 그 자체로서 현대전의 복잡성에 대한 수많은 예를 보여준다.

나는 책을 쓰면서 많은 친구와 동료의 도움을 받았다. 내가 펜실베니아에서 안식년을 보내는 동안 로버트 F. 프랭크Robert F. Frank, 해럴드 넬슨Harold Nelson, 테드 크래클Ted Crackel, 재이 루바스Jay Luvaas, 찰스 R. 슈레더Charles R. Shrader, 로드 파샬Rod Paschall, 로저 스필러Roger Spiller가 용기와 통찰력을 북돋아 주었다. 웨스트포인트에도 빚진 게 너무나 많다. 그중에서도 많은 도움과 함께 폴 마일즈Paul Miles 대령의 조언에 특히 감사한다. 또한, 나는 로이 K. 프린트Roy K. Flint 준장과 윌리엄 A. 스토프William A. Stofft 준장이 보내준 신뢰와 우정에 감사한다.

로베르 바삭Robert Bassac 장군도 파리의 육군기록물 보관소 소장 자료를 조사할 수 있도록 관대하게 허락해주었다. 독일군 자료를 조사하는 데는 독일연방군 군사사연구소Militärgeschichtliches Forschungsamt의 칼 프리저Karl Frieser 소령(Dr.)이 많은 도움을 주었다. 프리저 소령의 조언이 없었다면 프랑스전역에서 독일군과 관련한 논의를 진행하는데 상당한 어려움이 있었을 것이다. 로버트 J. 에드워드Robert J. Edwards 대위가 독일군 문서를 번역하는데 기꺼이 도움을 주었다. 또한, 지도를 완성해

준 웨스트포인트 군사사학과 에드워드 J. 크래스노보르스키Edwards J. Krasnoborski에게 특별히 감사의 말을 전한다.

그렇지만 늘 그렇듯이 내 가장 큰 빚은 가족 — 다이앤Diane, 마이크 Mike, 케빈Kevin — 의 인내와 관용일 것이다.

끝으로 내가 언급한 이들과 그 외 다른 이들의 도움에 책임을 물어서는 안 될 것이며 이 책의 내용은 전적으로 내 몫이다. 이 책의 주장은 국방성이나 미 육군 또는 미 육군사관학교의 공식 견해가 아니다. 이 책의 모든 오류는 전적으로 내 잘못임을 밝혀둔다.

저자 서문Introduction

　독일군이 세당Sedan에서 뫼즈 강Meuse R.을 도하한 다음 날인 1940년 5월 14일, 남쪽에서는 아직도 격렬한 전투가 진행되는 와중에 제19기갑군단장 구데리안Heinz Guderian 장군은 예하부대가 뫼즈 강을 도하하는 광경이 내려다보이는 고지를 찾았다. 그는 방어에 유리한 지형을 내려다보며 작전 성공이 "기적에 가깝다."고 느꼈다.1) 아르덴느Ardennes 숲과 구릉지대를 통과하고 뫼즈 강을 건너 대안의 고지군을 확보하는 일련의 과정이 매우 신속하고 부드럽게 진행되었고, 이러한 멋진 성공이 구데리안에게는 기적처럼 보였던 것이다.

　그러나 독일군의 "기적"은 불가사의한 힘이 작용했다기보다는 철저한 군사적 준비가 그 기반이었다. 궁극적으로 독일군이 전역(戰役)에서 승리한 이유는 그들이 프랑스군보다 더 잘 통솔되었으며, 건전한 전략을 사용하였고, 실현 가능한 전술 및 작전술, 교리를 발전시켰기 때문이었다. 그리고 프랑스군이 패배한 원인은 지휘관이 통솔보다 관리를 선호하였고, 전략을 그릇된 가정에 근거하여 적절치 못하게 입안하였으며, 전술 및 전략 교리가 독일군의 기동전mobile war에 대처하기에는 부적절했기 때문이었다. 그렇다면 무엇이 당시에 잘 준비한 군대가 그렇지 못한 군대를 신속하고 압도적으로 제압한 당연한 사실을 "기적"으로 느끼게 하였을까?

물론 세당에서 있었던 전투는 프랑스가 패망한 원인이 되었기 때문에 세계 역사에 거대하고 즉각적인 영향을 주었고, 이를 신화로 둘러싸 계속해서 영향을 주고 있다. 이러한 신화의 가장 핵심 부분은 전격전(電擊戰)blitzkrieg이다. 프랑스의 예상치 못한 붕괴 이후 군사지도자들과 분석가들은 프랑스전역을 전격전의 고전적인 예로서 묘사하는 경향이 있었다. 그들은 독일군 전차가 손쉽게 아르덴느의 조밀한 삼림지대와 취약한 프랑스군 방어를 돌파하여 별다른 저항 없이 영국해협English Channel으로 향할 수 있었던 사실에 매우 놀랐다. 그들은 한 목소리로 이 새로운 전쟁형태의 특징을 기동성mobility · 속도speed · 기습surprise이 더해진 지극히 효과적인 전차와 항공기의 충격 행동으로 정의했다.

아마도 프랑스전역에 대한 가장 이른 묘사는 루즈벨트Franklin D. Roosevelt 대통령이 미 상원 및 하원 합동 회기 중인 1940년 5월 16일에 발표한 대통령교서일 것이다.

이제 자동차를 타고 다니는 군대는 하루 200마일의 속도로 적국을 휩쓸 수 있습니다. 또한, 항공기를 이용한 공수부대가 전선 후방에 대규모로 낙하하고, 항공기가 개활지, 고속도로, 지방공항에 착륙하여 지상부대를 투입하고 있습니다.

한편, 우리는 평화스런 방문자로 가장하고 있지만 실제는 적군인 '제5열fifth colum'*을 목도하고 있습니다. 전선에서 수백 마일 후방에 있는 항공기 및 군수품 공장을 파괴할 수 있는 번개와 같은 공격 능력 역시 현대전의 새로운 기술입니다.

---

* 스페인내전(1936) 당시 4개 부대를 이끌고 마드리드 공략작전을 지휘한 몰라 장군이 "마드리드는 내응자(內應者)로 구성된 제5열에 의해서 점령될 것이다."라고 말한 것이 유래가 되었다. 정규군에 호응하여 적국의 내부에서 각종 전복 및 모략활동을 하는 준군사집단을 말한다.

이전 전쟁수행에서도 중요한 전술이었던 기습은 놀라운 속도 발휘를 통해 적국에 도달하여 공격할 수 있는 현대적인 장비 때문에 더욱 위험해졌습니다.[2]

　　루즈벨트는 전격전의 혁명 요소를 강조함으로써 미국인들에게 유럽이 당면한 긴급한 위협을 경고하고자 했다. 그러나 루즈벨트는 이러한 강조 때문에 본인이 의도하지 않았지만 독일 선전가(宣傳家)들이 프랑스 전역의 실제 특징을 왜곡하고자 하는 노력에 협력한 꼴이 되고 말았다. 루즈벨트가 말한 바와 달리 실제 전격전과 그 성공은 과거 전쟁과 동일한 기술 및 절차에 기반을 두고 있었다.

　　전격전을 둘러싼 신화의 핵심은 독일군 전차의 우월성과 그 역할이었다. 대부분 군사관찰자는 프랑스전역이 전차의 중요성을 증명하는 결정적 사례라고 보았다. 이러한 평가는 부분적으로는 프랑스의 급격한 붕괴를 설명하고자 했던 프랑스 연구자의 미약한 시도뿐만 아니라 독일 육군으로서는 회피하려 했지만 1940년 6월 이후 자국 군대를 무적으로 묘사한 의식적인 노력 탓이었다. 능숙한 나치Nazi 선전기관은 단시간에 프랑스를 휩쓸어버린 전차와 그 가공할 공격력을 열성을 다해 선전했다. 물론 전차가 전쟁에서 중요한 역할을 했지만 독일군 보병이 훌륭하게 임무를 수행하지 못했다면 그 공헌은 현저히 줄어들었을 것이다. 실제로도 세당 인근 전투를 살펴보면 전차보다는 보병이 승리에 더 많이 공헌 했다.

　　또한, 프랑스전역에 참전한 여러 노병(老兵)이 독일군이 보유했던 무기와 장비의 우세함을 빈번히 주장함으로써 잘못된 인식이 더욱 깊어졌다. 물론 무기체계와 장비 결함이 프랑스군의 임무수행에 영향을 주기는 했지만, 그들의 군수물자는 질과 양 측면에서 독일군과 비슷한 수준이었다. 연합군과 독일군은 비슷한 수의 전차를 보유했으며, 프랑스군은 아마도 당시로서는 가장 뛰어난 전차였던 소뮤아-35SOMUA-35를 장비하고 있었다. 또한, 프랑스 육군은 매우 뛰어난 대전차 무기를 보유하고 있었다. 25㎜ 대전차포는 프랑스군 주력 대전차무기로 전면부가경사장갑을 장착한 마크Ⅳ Mark Ⅳ 전차 — 개전 당시 독일군은 마크Ⅳ 전차를 소수밖에 보유하지 못했다. — 의 전면을 제외하고는 모든 독일군 전차를 관통할 수 있었다. 지상군에 있어 프랑스가 열세였던 점은 대전차지뢰가 매우 적은 수량밖에 없었던 것뿐이었다. 독일군이 확실하게 유리했던 부분은 공군Luftwaffe이었다. 이외에도 독일군의 강점은 광범위한 무선통신 사용과 105㎜ 곡사포 사거리가 프랑스군보다 길었다는 점, 대전차포로도 사용할 수 있었던 매우 뛰어난 성능의 88㎜ 대공포를 보유했다는 점이었다. 그럼에도 독일군이 가진 작은 유형전투력의 이점 — 공군, 무선통신, 곡사포, 대공포 등 — 이 승리를 확실히 보장했던 것은 아니었다.[3] 양측의 결정적인 차이는 무기 그 자체가 아니라 운용 방법에 있었다.

전투로 만들진 또 다른 신화는 근접지상지원을 위한 급강하폭격기의 중요성이었다. 독일 공군의 우세를 인식하고 있던 영국과 미국 지도자들에게 요란한 소리를 내는 급강하폭격기의 망령은 전쟁 중 항공기 발전에 커다란 영향을 미쳤다. 연합군은 과학적이기보다는 심리적이고 감성적인 이유로 점표적에 폭탄을 투하하는 항공기의 망령과 포병이 지원할 수 없는 위치의 기동부대를 지원한다는 점에 매료당했다. 그러나 실제 급강하폭격기는 무장이 불충분하고, 준비가 부족한 부대에 정신적인 측면에서 강력한 효과를 발휘했지 장갑차량이나 벙커를 파괴하는 경우는 드물었다. 더 중요한 점은 독일군이 압도적인 항공우세로 세당을 고립시키거나 작전지역을 위협하는 프랑스군 증원을 차단하는 데는 실패했다는 점이었다.

또한, 많은 군사전문가는 세당이 함락되자 당시 프랑스군이 제1차세계대전의 수많은 지옥 같던 전투에서 기꺼이 죽음을 감수했던 아버지 세대의 정신을 계승하지 못했다고 생각했다. 세당을 방어했던 제55보병사단의 혼란과 잇단 방어노력 붕괴는 프랑스 사회가 가졌던 모순과 균열에서 기인한 프랑스군의 빈약한 전투의지와 사기에 원인이 있는 것으로 보였으며, 이러한 쇠퇴는 비시정부Vichy Regime 때 더욱 명백히 나타났다고 여겨져 왔다. 그러나 제55보병사단이 방어에 실패한 이유는 낮은 훈련 수준과 불충분한 전투준비, 지휘력 부족에 있었다. 결속력 부족으로 어려움에 직면했던 부대의 문제점은 부적절한 교리 — 프랑스전역의 실패 원인이었던 잘못된 전쟁지도를 부채질 한 — 에 의해서 더욱 심화하였다. 세당의 프랑스군 지휘관들은 물량 및 전투력 비율 강조, 부대 결속과 소부대 지휘관의 지휘력에 대한 부적절한 고려 때문에 부대를 강화하기보다는 오히려 약화시키고 말았다. 또한, 프랑스군 지휘관들은 참호 구축 및 벙커 건설 때문에 병사를 적절히 훈련시키고 그들이 전투의지를 함양토록 하는데 소홀했다.

한편, 이제까지 프랑스 패전을 둘러싼 신화가 널리 퍼졌음에도 패전 요인을 적절히 분석하지는 못했다. 제19기갑군단이 세당을 돌파한 5월 10일에서 16일은 전역이 절정에 달한 시점으로 볼 수 있다. 이러한 프랑스군의 실패는 그들의 무능과 결정적인 지점에 압도적으로 우세한 전투력을 투입한 독일군의 능력 때문이었다. 필자는 이전에 독일이 "전술에서 승리하였고, 전략으로는 압도했다."라고 평한 적이 있었다.4) 프랑스 육군 교리doctrine는 매우 취약한 지역인 아르덴느를 통해 벨기에를 돌파하려는 독일 군사전략을 저지하기에 부적절했다. 또한, 프랑스군과 그 지휘관들이 예상치 못한 상황에 대처하는 적절한 융통성과 대응력을 갖추지 못했던 점도 프랑스군의 어려움을 가중시켰다. 그러나 유리했던 점이 무엇이었던 간에 전역이 독일군에게 "햇살 아래 산책"과 같지는 않았다. 구데리안이 프랑스전역에서 거둔 승리를 "거의 기적과 같다."라고 묘사한 것은 승리가 쉽지 않았음을 은유적으로 인정한 것이었다.

이에 본서는 제19기갑군단이 1940년 5월 10일에서 16일까지 수행한 전투에 초점을 맞추고 독일군의 탁월한 전쟁수행과 프랑스군의 부적절한 대응을 검토하고자 한다. 또한, 본서는 전역 전부라 할 수 있는 위 기간의 전투를 처음부터 끝까지 그 전개과정을 살피려 한다. 현대 기계화전에 있어 독일군 제19기갑군단의 종심 깊은 공격과 프랑스군의 방어는 작전술 수준에서의 전쟁연구와 군단급 부대의 공격을 분석하고 방어를 준비하는데 가장 유용한 사례가 될 것이다. 이에 더하여 전장이었던 지역이 비교적 미개발 상태로 남아 있고 커다란 변화가 없었기 때문에 지형을 세밀하게 분석할 수도 있다. 또한, 미 육군에서 "스태프라이드staff ride"라고 부르는 지형 분석도 가능하리라 생각한다.

따라서 제19기갑군단과 그 공세 행동에 초점을 맞춘 이 책은 특정한 독일 및 프랑스군의 전투 수행과 전역 하나를 세밀하게 분석할 것이다. 이러한 분석은 양국이 전쟁지도와 전술, 작전술 및 전략에 서로 다른 방법으로 접근한 계기에 대한 통찰력을 제공해 줄 것이다. 그러나 독자는 제19기갑군단이 디낭Dinant과, 몽테르메Monthermé, 그리고 세당 세 곳에서 뫼즈 강을 도하한 3개 군단 중 하나임을 기억할 필요가 있다.

필자는 독자들이 복잡한 전역의 전개과정을 이해하기 쉽도록 독일군 행동과 프랑스군 대응을 분리하여 기술하려 한다. 또한, 책의 주제가 독일과 프랑스 사이에 있었던 전역이지만 벨기에군 전투수행을 포함하고, 독일군보다는 프랑스군의 전쟁수행에 더욱 많은 관심을 기울이려 한다. 이러한 기술 방향은 필자가 개인적으로 프랑스군에 더 많은 관심이 있기 때문이며, 동시에 전역의 성격에 비추어 보았을 때 이러한 기술 방법으로 더욱 명확한 설명을 꾀할 수 있기 때문이다. 그러나 독일군이 주도권을 장악하고 있었고 프랑스군은 반드시 독일군의 행동에 대응해야만 했다. 따라서 "프랑스군"을 기술한 챕터에서는 작전술과 전략적 수준과 관련된 주제를 더욱 깊이 있게 연구하겠다.

차 례

저자 서언Preface 5

저자 서문Introduction 8

Chapter 1 전략과 교리 Strategy and Doctrine 17

Chapter 2 독일군의 아르덴느 돌파 The German Fight in the Ardennes 49

Chapter 3 아르덴느에서 프랑스군의 전투 The French Fight in the Ardennes 97

Chapter 4 프랑스군의 뫼즈 강 방어태세 The Franch Defenses Along the Muses 131

Chapter 5 독일군의 뫼즈 강 도하공격 The German Attack Across the Muses 165

Chapter 6 프랑스군의 뫼즈 강 방어 The French Fight Along the Meuse 205

Chapter 7 독일군의 선회와 돌파 The German Pivot and Breakout 249

Chapter 8 제55보병사단의 역습 "Counter Attack" by the 55th Division 291

Chapter 9 제2군과 제21군단 The Second Army and XXIst Corps 321

Chapter 10 프랑스 제6군의 실패 The Failure of the Sixth Army 353

Chapter 11 결론 Conclusion 383

미주Notes 396
참고문헌Select Bibliography 424
역자 후기 429

지도 차례

양군의 배치와 계획(1940. 5. 10) 19

독일군의 아르덴느 돌파(1940. 5. 10~12) 51

보당주(1940. 5. 10) 70

프랑스군 방어진지 편성(1940. 5. 13) 156

독일군의 뫼즈강 도하공격(1940. 5. 13) 176

선회와 돌파(1940. 5. 13~15) 250

1940. 5. 15일 아침 전황 360

뫼즈강의 전투(1940. 5. 10~15) 386

그림 차례

〈그림 1〉 독일군 A집단군 편성 35

〈그림 2〉 독일군 제1기갑사단 편성 59

〈그림 3〉 프랑스군 제5경기병사단 편성 106

〈그림 4〉 프랑스 제55보병사단 편성(1940. 5. 13) 205

Chapter 1
전략과 교리
Strategy and Doctrine

 1940년 5월 10일부터 16일까지 세당 인근에서 벌어졌던 전투는 프랑스와 독일 양국 전략의 각축장이었다. 프랑스군은 독일군 진격을 멈추기 위해 방어 전략을 구사했다. 프랑스군은 아르덴느 일대에는 최소한의 병력을 배치하고, 북동쪽 국경에 설치한 마지노선Maginot Line을 고수하는 동안 벨기에 중앙과 북부지역으로 빠르게 기동하여 방어에 유리한 지형을 확보하는 계획을 수립하였다. 프랑스는 미리 준비한 진지에서 싸움으로써 독일군이 넓은 통로가 형성된 마스트리히트Maastricht-젬블루-몽스Mons로 이어지는 축선에 지향하는 공격을 저지할 수 있으리라 생각했다. 즉, 프랑스는 독일군 전투력이 감소하고 프랑스군과 연합군이 증강된 이후 공세로 전환하여 승리하고자 하였다.

 독일은 프랑스의 약점에 전투력을 집중하는 대담하고 공세적인 전략을 계획했다. 독일군은 최소 병력으로 벨기에 북부와 네덜란드를 공격함으로써 프랑스를 기만하여 주공이 1914년의 슐리펜 계획처럼 벨기에 북부와 중부지역으로 지향된다고 믿게 만들려 하였다. 독일은 프랑스군이 벨기에 북부와 중부지역으로 기동하면 아르덴느를 통해 프랑스군 중앙으로 강력한 전차부대를 투입하여 결정적인 공격을 가하려고 하였다. 영국의 유명한 군사사학자 리델 하트B. H. Liddell Hart는 벨기에 북부와 네덜란드를 향한 독일의 공세를 아르덴느로 지향한 결정적인 공격에 대한 프랑스의 주의를 분산시킨 '투우사의 망토'라는 표현으로 매우 적절히 묘사하였다.[1]

프랑스와 연합국에는 비극적이게도 프랑스군 전략은 독일군 전략에 직접적인 이익으로 작용하였다. 프랑스군은 가장 현대적이고 기동화된 부대를 벨기에로 투입한 이후 독일군 3개 군단이 세당과 디낭 사이에 만들어낸 전선의 간격에 적절히 대응할 수 없었고, 그 결과는 프랑스와 연합국에 재앙으로 나타났다.

프랑스의 전략France Strategy

프랑스 전략의 목표는 즉각적인 승리보다는 패배하지 않는 데 있었다. 프랑스는 개전 초기에 독일군의 공격을 효과적으로 방어한다면 승리할 수 있다고 믿었던 것이다. 제1차세계대전 이후 군사전략을 수립하면서 대부분 프랑스 주요 군사지도자들은 국토방위를 위해 북동쪽 국경의 요새지대와 벨기에로 추진한 방어선이 필요하다는데 동의하였다. 세계대전의 경험과 프랑스 교외지역의 엄청난 피해가 결정에 커다란 영향을 주었으며, 지형적인 특성과 독일군이 기습할지도 모른다는 가능성이 그들의 사고를 지배하였다.

국경방어를 위한 프랑스의 접근법은 주요 천연자원과 공업기반 시설이 국경 근처에 있어 독일이 쉽게 타격할 수 있는 거리에 있었다는 불행한 조건에 커다란 영향을 받았다. 이러한 취약점이 프랑스가 전쟁지속능력 방호를 강조하는 전략을 채택하는데 영향을 주었다. 프랑스는 상대적으로 공업화가 이루어져있고 인구가 많은 독일을 상대로 승리하기 위해서 총력전 수행과 모든 국가자원의 완전한 동원이 필요하다는 점을 인정하였다. 만약 프랑스가 천연자원이 풍부하고, 잘 공업화되어 있으며, 인구가 밀집한 국경지역을 상실한다면, 동원에 커다란 차질을 빚게

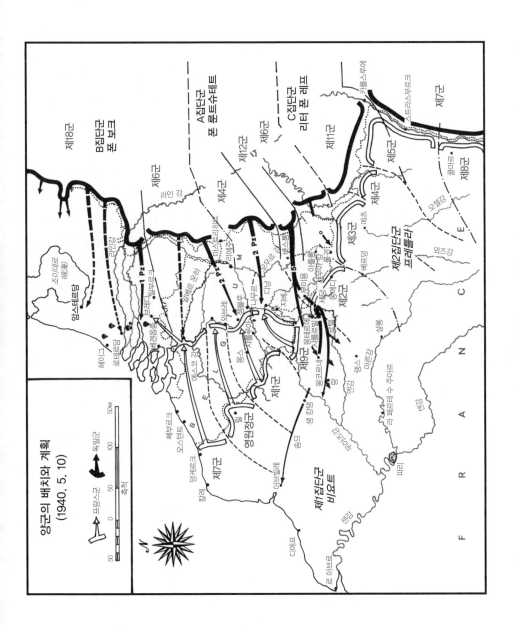

양군의 배치와 계획
(1940. 5. 10)

될 것이고, 나아가 총력전 수행능력을 상실하게 될 것이었다. 프랑스의
군사전략은 본질적으로 이러한 중대한 강제사항의 제약을 받고 있었다.

또한, 프랑스 중요 경제 중심지에 암운이 드려지며 독일의 잠재적인
위협이 가까워지고 있었다. 프랑스 석탄 생산의 75%, 철광석 생산의
95%가 던케르크Dunkirk—스트라스부르크Strasbourg—파리Paris를 잇는 삼각
지대 안에서 이루어졌다. 중공업공장의 대부분도 같은 지역에 있었다.
한편, 파리—릴Lille—루앙Rouen을 잇는 또 다른 삼각지대 내에서는 의류
공장의 90%, 모직물 생산공장의 80%가 자리하고 있었다. 같은 지역에
서 화학제품 대부분과 모든 자동차 및 항공기를 생산되었다. 프랑스는
석탄과 철광석 그리고 공장이 총력전 수행을 위한 물질적 측면의 기본
바탕임을 인식하고 있었으며 또한, 1914년에 독일군이 공격을 멈추었던
전선과 동일한 선상에서 적을 저지한다면 전쟁지속능력에 커다란 위협
이 됨을 알고 있었다. 만약 독일이 기습공격으로 주요 자원지역을 탈취
한다면 패배는 시간문제였다.[2]

동시에 프랑스 인구 대부분이 천연자원과 공업 중심지에 거주하고 있
었다. 프랑스군은 병역(兵役) 자원 수급 측면에서 고질적인 문제에 시
달리고 있었다. 프랑스—프러시아전쟁Franco-Prussian War 때부터 프랑스
와 독일의 인구 비율에는 점점 격차가 발생하고 있었다. 1860년대 후
반, 독일의 징집 가능한 20~34세 남자 인구가 프랑스보다 서서히 증가
하였다. 1910년에 이르면 징집 가능 인구 비율은 1.6:1로 독일이 유리해
졌다. 1939년에 이르면 그 격차가 두 배 이상 벌어졌다.[3] 프랑스는 애
국적인 이유뿐만 아니라 병력 수급 때문에도 국경을 따라 거주하고 있
는 프랑스인을 적에게 방기할 수 없었다.

프랑스를 방어하기 위한 가장 중요한 논의는 1920년대에 육군 주요
고위 장성들로 구성된 고위전쟁위원회Superior Council of War에서 이루어
졌다. 위원회는 마지노선 건설과 벨기에 북부 및 중부지역으로 방어선
을 추진하려는 계획에 지대한 영향을 미쳤다. 많은 정치지도자와 마찬

가지로 위원회의 구성원들 역시 프랑스가 방어를 먼저 실시하고 요새를 기반으로 방어력을 강화함으로써 독일이 지닌 인적자원 상 우위를 극복할 수 있다고 믿었다. 요새는 상대적으로 수가 적은 프랑스군이 더 효과적으로 전투를 수행하는데 도움이 되리라 여겨졌다. 프랑스와 연합국은 독일을 격퇴하기에 충분한 군대와 자원을 확보하는 대로 최대한 신속하게 공세로 전환하려 했다. 위원회는 이러한 군사전략으로 독일과 비교했을 때 프랑스가 가지고 있는 현저하게 불리한 점을 극복할 수 있으리라고 보았다.

1920년 5월, 국경문제를 다루기 위해 전후 처음으로 개최한 회의에서 위원회는 여전히 벨기에 북부와 중부지역이 독일군이 침공할 가능성이 높은 축선이라고 판단하였다.[4] 프랑스는 북동쪽 국경선에 요새를 건설한다면 독일군이 벨기에 방면으로 공격방향을 전환할 것이고, 그것은 슐리펜 계획의 재판이 되리라 예측했다. 이러한 가능성은 독일이 이전에도 벨기에의 중립을 침해한 적이 있었으며 벨기에에 자연장애물이 없고, 파리를 향한 도로와 철도 네트워크가 잘 발달하였다는 점에서 더욱 고조되었다. 최고사령부High Command는 전간기(戰間期)* 동안 이러한 생각에서 벗어나지 못했고, 자국 영토가 아닌 벨기에를 전장으로 삼고자하는 태도를 확고하게 보였다. 프랑스 지도자들은 제1차세계대전으로 귀중한 농업·공업·광업 생산 기반이 처참하게 파괴되었던 사실을 생생히 기억하고 있었다. 그리고 누구도 또다시 그런 일이 발생하는 것을 원치 않았다.

프랑스군은 1920년 5월의 고위전쟁위원회에서 국경을 따라 건설할 요새에 관한 여러 문제를 논의하였다. 기능적인 측면이나 형태, 위치에 이견이 있었음에도 방어를 위해서는 어떠한 형태이건 간에 요새가 필요하다는 사실에는 모두가 동의했다. 1922년 중반까지 위원회의 의견은

---

* 제1차세계대전 종전 후부터 제2차 세계대전 발발 전까지.

두 가지로 양분되었다. 한 가지 주장은 국경을 따라서 제1차세계대전 때와 같은 방식으로 참호와 철조망으로 이루어진 연속된 요새선을 건설하자는 주장이었다. 다른 하나는 공세 행동과 방어기동을 쉽게 실시하기 위한 저항의 중심으로서 요새지대를 설치하자는 것이었다. 이후 5년간 이어진 논쟁과 토론 결과 위원회는 1927년 10월 12일에 국경을 따라서 주요 핵심지역에 지하요새를 건설하고 지하요새 사이 간격을 상대적으로 작은 특화점과 장애물로 보강한 요새지대를 구축하기로 하였다.5) 개념 정립이 마무리되자 프랑스는 북동쪽 국경에 마지노선으로 알려진 거대한 요새지대를 건설하기 시작했다.

  프랑스는 거대한 요새를 건설했지만, 아르덴느 정면까지 요새를 연장하지는 않기로 했다. 전간기 동안 프랑스는 아르덴느를 통해서 대규모 부대 기동이 불가능하다는 견해를 수정하지 않았다. 울창한 삼림과 가파른 언덕 때문에 — 이러한 지형은 룩셈부르크와 벨기에의 세무아 강 Semois R.에서 더 현저했다. — 아르덴느는 대부대 기동에 명백한 장애물로 작용하였으며, 특히 차량화되고 기계화된 부대의 기동에는 더욱 커다란 방해요소였다. 뻬땡Philippe Pétain 원수는 1934년 3월의 육군 상급 위원회Senate Army Commission에 출석하여 군사적 관점에서 보았을 때 아르덴느 지역이 '위험하지 않다'고 강조하였다.6) 이처럼 공격받기 쉬운 북동쪽 국경 인근 자원지대나, 방어에 유리한 지형이 없던 북쪽 국경지대와는 달리 아르덴느는 방어준비가 덜 필요한듯 했다. 이처럼 프랑스군 최고지휘부는 시종일관 아르덴느를 북동쪽 국경과 북쪽 국경지역을 연결하는 접합점으로 단순하게 인식하였다.

  1939년 9월에 대략적인 프랑스 군사전략이 구상되었다. 이러한 군사전략 수립에는 지형, 천연자원 및 인적자원 요소가 주요 고려사항이었다. 프랑스는 우익을 지탱하는 동안 벨기에로 기동하여 방어선을 형성하려 하였다. 그러나 방어선을 얼마나 멀리 보낼 것인 가는 행운과 프랑스의 통제를 벗어난 환경 요인에 달렸었다. 그런데 1936년에 벨기에가 프랑스와 동맹관계를 파기함으로써 전략환경의 불확실성이 매우 커졌다. 벨기에는 중립을 선언한 이후 프랑스와 마지못해 교섭에 임하였다. 이 때문에 양국 사이에는 극히 제한적인 협조만이 이루어졌다. 1940년 5월까지 프랑스와 벨기에는 비밀리에 기본적인 전쟁계획의 개요를 교환하였다. 그러나 양국 간에는 독일군의 공격이 룩셈부르크와 벨기에 동부를 통해 이루어질 경우를 포함하여 세부적인 부분에 대해서는 협조가 거의 이루어지지 않았다.7)

프랑스는 자국의 중립성이 침해당할지도 모른다는 벨기에의 우려에도 벨기에 북부와 중부로 신속히 진출하여 방어선을 형성하는 계획을 수립하였다. 프랑스는 독일이 먼저 중립국인 벨기에를 침공한다면 벨기에로 진입할 명분이 생길 것이고 또는, 독일군의 침공이 임박하면 이 작은 나라가 구원을 요청하리라 예상했다. 따라서 프랑스는 기동력이 가장 뛰어난 부대를 벨기에 접경에 집중 배치하였고, 신속히 전방으로 진출하기 위해 준비했다. 프랑스는 기동부대가 벨기에로 진입 후 조우전을 수행하기보다는 독일군이 도달하기 전에 공격을 저지할 수 있는 방어진지를 점령하려 했다.

만약 벨기에가 독일군의 침공 전에 도움을 요청한다면 프랑스군은 독일과 벨기에 접경지역에서 벨기에군과 합류할 수 있을 것이었다. 반대로 프랑스는 벨기에가 도움을 요청하지 않을 경우를 상정하여 방어를 위한 세 종류의 방어선을 설정하였다. 첫 번째는 가장 멀리 추진한 방어선으로 프랑스 국경의 지베Givet에서 나뮈르Namur-딜 강Dyle R.-안트워프Antwerp를 잇는 것이었다. 이 선을 따라서 병력을 배치하는 계획은 플랜 D, 또는 딜 계획Dyle Plan으로 알려졌다. 두 번째 계획은 프랑스 국경을 따라 꽁떼Condé와 투르네Tournai를 거쳐 에스코 강Escaut R.을 따라 겐트Ghent를 연하여 곧바로 북해 연안의 쩨브뤼헤Zeebrugge로 연결되거나 에스코 강 지류인 셸드 강Scheldt R.을 따라 안트워프로 이어지는 방어선이었다. 첫 번째 계획보다 후방의 투르네-에스코 강-안트워프를 잇는 선에 방어선을 구축하는 두 번째 계획은 플랜 E, 또는 에스코 계획Escout Plan이라 했다. 마지막은 프랑스 국경 전체를 연하여 던케르크에 이르는 방어선을 형성하는 계획이었다. 이 3가지 방안 중 딜 계획의 정면이 다른 대안의 정면보다 약 70~80km 정도 짧았다.[8]

가믈렝Maurice Gustave Gamelin은 개전 첫 주차에는 신중을 기하면서 에스코 계획 실행을 준비하려 생각했다. 그러나 1939년 9월, 독일군이 폴란드를 침공했을 때 신속하고 종심 깊은 공격작전을 구사하자 프랑스 지휘관들은 자국 기동부대가 높은 기동성을 보유한 독일군이 도착하기 전에 계획한 방어진지를 점령할 수 있을지를 깊이 우려하였다. 1939년에 전역이 시작 된지 채 한 달도 지나지 않아 프랑스 최고사령부는 제1집단군에 최우선적으로 "영토를 보존하고 국경을 따라 진지를 고수하라."라는 구체적인 임무와 함께 명령을 내렸다. 또한, 이 명령으로 제1집단군이 벨기에로 진입하여 에스코 강을 따라서 방어진지를 점령하도록 승인했다.[9]

가믈렝은 10월 24일에 작전명령을 내리면서 벨기에에서 방어선을 점령하는 두 가지 방안을 제시했는데 하나는 에스코 강을 따라서 방어선을 구축하는 것이었다. 다른 하나는 딜 강에 방어선을 형성하는 것이었다. 작전명령은 프랑스군이 독일군 공격전에 준비한 진지에 도달할 시간이 가용하거나 또는, 진지를 준비할 시간이 충분할 때만 에스코 선을 넘어서 진출하도록 지시하였다.[10] 따라서 프랑스는 전쟁이 시작되고 첫 주 동안은 에스코 선보다 더 앞으로 진출하려는 의도는 없었다.

가믈렝은 벨기에군이 아르덴느 운하를 따라 구축한 방어선이 확실히 강화되고 예하부대의 작전즉응력이 향상된 뒤에야 프랑스군을 벨기에로 더욱 깊이 투입하려는데 낙관적이 될 수 있었다.[11] 10월 말부터 11월 초 사이, 가믈렝은 연합군이 딜 선까지 성공적으로 진출할 수 있다는 결론을 내렸다. 북동부전선 사령관 조르주Alphonse Georges가 독일군 공격 이전에 딜 선에 도착하기 어려우므로 신중을 기할 것을 요청한 것과는 반대로 가믈렝은 더욱 대담한 전략을 선호했다. 조르주의 염려는 새로운 것이 아니었다. 이전부터 최고사령부에서는 몇 가지 이유에서 조르주와 같은 우려를 제기해왔었다.

영국은 처음에는 벨기에에 진출하는 방안에 대해 유보적인 견해를 표명하였지만 가믈렝은 영국 고위장교들과 긴 논의 끝에 가까스로 동의를 얻어냈다. 11월 9일 뱅센Vincennes에서 열린 연합군 장성 간 회의에서 세부적인 분석과 토론 이후 딜 계획이 공식화했다. 같은 달 17일, 고위전쟁위원회는 딜 선 확보가 필수라는 결론을 내렸다. 같은 날 가믈렝은 안트워프에서 루뱅Louvain, 와브레Wavre, 젬블루 갭Gembloux Gap*을 가로질러 나무르, 지베에 이르는 딜 선을 점령하기 위해 세부적으로 준비하라는 지시를 내렸다.12)

이에 따라 연합군은 11월 중순까지 벨기에에서 딜 선 점령을 위한 최적 위치를 검토하였다. 이후 4개월간 네덜란드와 벨기에는 방어준비를 강화하였고, 영국은 영원정군B.E.F., British Expeditionary Force을 점차 증강하였으며, 프랑스군은 적절한 장비를 갖추고 훈련함으로써 자신감을 갖게 되었다. 동시에 가믈렝은 네덜란드까지 진출하려는 생각을 하였다.

연합군 장교단 사이에 딜 계획에 대한 논쟁이 여전히 존재했음에도 가믈렝은 네덜란드 브레다Breda까지 진출하는 방안을 검토하기 시작했다. 그의 관심은 네덜란드의 전략적 중요성에서 쏠려 있었다. 연합군이 독일군의 네덜란드 점령을 저지한다면 연합군은 네덜란드군 10개 사단을 사용할 수 있을 뿐만 아니라 북해를 통과하는 보급선의 안전을 보장할 수 있었다. 이에 더하여 독일군이 영국을 공격하는데 사용하기 쉬운 발판을 확보하지 못하도록 할 수 있었다.13) 또한, 연합군이 셸드 강 하구를 차지하면 안트워프를 통해 해상보급이 가능했다. 그러나 셸드 강 선상에서 네덜란드군과 프랑스군을 연결하는 것과 강을 건너 네덜란

---

* 와브레와 나무르 사이의 기동에 유리한 공간.

드로 진입하는 방안은 모두 딜 계획의 극단적 변형이었다.

　11월 8일, 가믈렝은 독일이 네덜란드를 침공할 가능성이 있다는 내용의 작전명령을 처음으로 하달하였다. 또한, 작전명령 상에서 그는 셸드 강 하구 남쪽 제방을 압박하여 독일군이 서쪽의 안트워프를 우회하지 못하도록 차단하는 것이 중요하다고 강조하였다. 가믈렝은 12월에 독일군의 안트워프 우회를 저지하기 위해 제7군의 위치를 조정하여 제1집단군 좌익을 강화하였다.

　프랑스군의 가장 기동성이 높고 잘 장비한 사단이 속해있던 제7군은 연합군 가장 좌측에 배치되기 전까지는 일반예비대General Reserve로서 벨기에로 향하도록 계획된 부대 후방에 자리하고 있었다. 제7군의 새로운 임무는 셸드 강 남쪽 제방을 확보하고 추가 지시가 있으면 네덜란드로 이동하여 강 하구 북쪽에 있는 반도를 점령함으로써 셸드 강 하구를 확보하는 것이었다.14) 이것이 "네덜란드 진출계획Holland Hypothesis"의 첫 번째 공식 지침이었다.

　최고사령부의 우려에도 가믈렝은 독일군 공격 2개월 전 프랑스군을 브레다까지 진출시키는 내용 때문에 '브레다 수정안Breda Variant'으로 알려졌던 "네덜란드 진출계획"을 확정했다. 그는 프랑스군이 네덜란드군과 셸드 강을 따라서, 혹은 강 너머인 네덜란드에서 연결되기를 원했다. 1940년 3월 12일, 가믈렝은 조르주에게 딜 계획에서 제7군이 연합군 좌익으로 임무를 수행하는 것과 네덜란드 진입을 거의 자동으로 연결 짓는 작전지시를 내렸다. 이에 따라서 조르주는 제1집단군사령관 비요트Gaston Billotte 장군에게 네덜란드로 진입하라는 명령을 받게 되면 제1집단군의 좌익은 최소 브레다나, 최대 틸부르흐Tilburg까지 진출하라는 지침을 전달했다.15)

　명령에 따르면 프랑스 제7군은 남쪽의 벨기에군과 북쪽의 네덜란드군 사이에서 교두보를 확보해야 했다. 제7군이 이 위치에 도달하기 위해서는 알베르 운하Albert Canal를 따라 벨기에를 통과하여 동쪽으로 선회해야만 했다. 위험성이 높은 브레다 기동을 실시한다면 제7군은 약 175km를 이동해야했다. 반면 독일군은 약 90km만 이동하면 브레다에 닿을 수 있었다.

독일군의 공격 2개월 전까지 계획과 관련한 수정사항은 독일군이 벨기에를 방치하고 네덜란드만 공격할 가능성을 제시한 내용의 작전지시를 하달한 4월 16일에 단 한 차례 있었을 뿐이었다. 이 작전계획의 주요 변경 내용은 제7군의 점령 예정 지역을 수정한 것이었지만 작전명령은 "이럴 때 벨기에는 적대적이거나 수동적일 것이다."라고 가정하고 있었다. 그러나 핵심 내용은 3월 20일 조르주가 알린 작전지시에 포함되어 있었다. 명령서에는 "상황이 유리하다면 우리는 알베르 운하까지 전진한다. 독일군이 벨기에에서 우리보다 신속하게 진격할 때에만 에스코 계획을 시행할 것이다."라고 적혀있었다.[16]

군부가 브레다 수정안을 채택하고 그로 인해 예비대 및 부대의 분산을 수반하는 방어전략이 결정되는 긴 과정 중에서 가믈렝은 독단적으로 마지막 결정을 내렸다. 프랑스 군부가 브레다 수정안을 연구하는 과정에서 일부 고위 장교가 이를 강력하게 반대했는데, 그중에서도 조르주가 가장 큰 목소리를 냈다. 그는 적 주공이 프랑스군 중앙으로 향한다면 기동부대 대부분이 독일군의 "양동작전"에 투입되는 함정에 빠질 위험이 있다고 강조했다. 또한, 그는 제7군에 부여한 임무를 2개 사단으로 편성한 1개 군단이 수행하고 제7군은 일반예비대로 복귀해야 한다고 주장했다.[17]

프랑스군 고위지휘관들과 중요 장성들의 반대에도 가믈렝은 예하부대가 증강되고 있다는 그의 확신 탓에 문제점을 내재하고 있는 대전략에 자신이 농락당하도록 스스로를 방기하였다. 그는 네덜란드군 10개 사단의 합류와 셸드 강 하구로 독일군의 접근을 거부할 수 있다는 가능성을 얻기 위해 전략 예비대의 주요 부분을 축소했다. 이 때문에 독일군의 기습 기동에 대비하기 위한 대응능력이 심각하게 약화되었다. 그가 이러한 위험을 감수했던 이유는 프랑스군과 연합군이 독일군을 저지할 수 있다는 확신이 있었기 때문이었다. 또한, 가믈렝은 참모들이 두 중립국과 프랑스 사이에 협조가 결여되어 있다고 말했으며 그 자신도 벨기에와 네덜란드의 반응에 확신이 없었음에도 브레다 수정안에 몰두했다. 실제로도 벨기에와 네덜란드는 독일군이 자국 영토로 진공해 올 때까지도 연합군과 밀접한 협조를 취하려는 의사가 없었다.

가믈렝이 브레다 수정안을 입안했기 때문에 결론적으로 대재앙이 된 프랑스 전략이 내재한 위험성은 그의 책임이었다. 가믈렝은 프랑스 육군의 최상위 부대를 마음대로 움직이면서 조국과 동맹국의 운명이 그의 판단에 달렸을 때, 때로 드물게는 그러지 않을 기회가 있기도 했지만, 결국에는 위험성이 높은 대안을 선택했다. 역설적인 사실은 브레다 수정안을 제외하면 프랑스 전략이 신중한 형태라는 점이었다. 독일군은 가믈렝이 예비대를 비효율적으로 사용하리라는 사실을 알고는 자신감에 충만하여 전역에 돌입했다.

1940년 5월까지, 프랑스와 영국은 전략실행을 준비했다. 제1집단군은 영국해협에서 마지노선 서쪽 모서리 사이를 책임구역으로 할당받았다. 제2군이 최초진지에 남아 있는 동안 제7군과 영원정군, 제1군 및 제9군은 전진하여 딜 선을 점령하려 했다. 딜 선에 도달한 이후 제7군은 안트워프 서쪽을 확보하고 명령이 있으면 네덜란드로 진입할 계획이었다. 프랑스군은 벨기에군이 독일군 공격에 저항한 뒤 알베르 운하에서 후퇴하여 안트워프와 루뱅 사이에서 하천선을 점령하리라 예상했다. 전황이 가장 유리하게 흐른다면 그 우측에서 영원정군이 9개 사단으로 정면이 20km에 달하는 루뱅과 와브레 사이 하천선을 방어하기로 하였다. 또한, 영원정군 우측에서는 제1군이 가장 위험한 접근로로 판단한 젬블루 갭을 방어하기로 했다. 이 고전적인 침공 루트는 딜 강과 나무르 사이 공간을 말한다. 젬블루 갭은 상브르와 강Sambre R. 북안을 따라 마스트리히트와 몽스를 연하는 선으로 자연장애물이 거의 없었고 파리로 곧바로 연결되어 있었다. 제1군은 10개 사단으로 와브레와 나무르 사이 정면 35km를 방어하기로 했다. 제1군 우측은 제9군이 책임지역으로 할당받아 제1군과 제2군 사이에서 진출하여 나무르 남쪽에서 뫼즈 강을 따라 방어선을 형성하기로 계획했다.

제2군은 제1집단군의 가장 동쪽 부대로서 제9군 우측이었으며 퐁 아 바르Pont à Bar(세당 서쪽 6km)에서 롱귀용Longuyon 사이를 방어하도록 할당받았다. 제2군 동쪽 지역은 마지노선 일부를 포함하였다. 제2군 서쪽 모서리는 제1집단군 휘하 다른 야전군이 벨기에로 진입할 때 힌지hinge 역할을 했다.

프랑스 군사지도자들은 제1집단군 책임지역 중 제2군과 제9군이 "위험이 적은" 곳을 방어한다고 생각했다. 두 야전군은 뫼즈 강 서안을 따라 방어에 이상적인 지형에 자리하고 있었다. 프랑스군은 방어진지 전방의 지형을 공격부대가 통과하기에는 상당한 시간과 노력이 필요한 험준한 곳으로 판단했다.

한편, 제1집단군 후방에는 상대적으로 작은 예비대가 배치되었다. 프랑스군은 위원회 결정에 따라 총 7개 사단(경기병사단 1개, 차량화 사단 2개, 보병사단 4개)으로 편성한 제7군을 제1집단군 가장 좌측에 배치한 이후, 제2군과 제9군 후방에는 7개 사단을 두어 야전군이 책임구역 내에서 예비대로 운용할 수 있게 하였다. 또한, 제14보병사단을 비롯하여 여타 사단을 마지노선 후방에서 서쪽 전선으로 투입할 수도 있었다. 그러나 제2군과 제9군 후방에 자리했던 사단은 제53보병사단을 제외하고는 양개 야전군을 이어주는 힌지 남쪽이나 북쪽으로 치우쳐 배치된 경향이 있었다. 예비대의 이 같은 배치형태를 볼 때 최고사령부가 제2군과 제9군 사이의 힌지에 무관심했음을 알 수 있다. 또한, 이러한 배치형태는 최고사령부가 독일군이 마지노선 측방을 돌아 스테니 갭Stenay Gap을 통해 남동쪽으로 선회할 가능성을 걱정하고 있었다는 점을 보여준다. 즉, 제2군 후방의 예비대 대부분은 독일군의 우회 가능성에 대응하기 위한 지역에 있었다.

전역 당시 최고사령부를 매우 놀라게 했던 점은 독일군 제19기갑군단이 5월 13일 세당에서 뫼즈 강을 도하한 후, 14일에는 힌지 후방에서 서쪽으로 선회한 사실이었다. 만약 제7군 휘하 7개 사단이 13일과 14일에 가용했다면 또한, 제19기갑군단 정면에 투입되었다면 전쟁의 전체 양상은 달라졌을 것이다.

그러나 13일 아침, 제7군의 주요 전투부대는 네덜란드로 진입한 상태였다. 제1경기계화사단도 11일에 이미 틸부르흐에서 차장작전*을 시행하고 있었다. 제7군 주요 부대가 브레다에 도착하기 전 독일군은 프랑스군 엄호부대를 신속하게 격퇴한 뒤 브레다를 향해 북동쪽으로 기동하는 프랑스군을 공격했다. 13일 저녁 무렵 제7군은 베겐 옵 줌Bergen op Zoom(안트워프 북서쪽 30km)과 튀른호르트Turnhout(안트워프 북동쪽 35km)를 연하는 선을 가까스로 확보하여 셸드 강 하구를 방어할 수 있었다.[18] 그러나 이미 네덜란드군이 독일군의 공세에 압도당해 로테르담Rotterdam, 위트레흐트Utrecht, 암스테르담Amsterdam을 포함한 거대한 반도인 네덜란드 요새지대Fortress Holland로 퇴각했기 때문에 프랑스군은 13일 해질녘까지도 네덜란드군과 실질적인 접촉을 이루지 못했다.

프랑스군은 기동 예비 대부분을 네덜란드에 투입함으로써 예비전력을 낭비해 버렸다. 영국해협에서 라인 강Rhine R.에 이르는 긴 전선 후방에는 최소한의 예비대만이 있었으며 가용 부대 대부분은 마지노선 후방에 자리했거나 벨기에로 투입되어 있었기 때문에 프랑스군의 전략은 독일군이 아르덴느를 통해서 공격해 올 때 그 대비가 매우 취약한 상태였다. 조르주가 개별 사단을 주방어선 뒤에 두는 데 중요 역할을 한 것에 비해 가믈렝은 브레다 수정안을 입안하고 예하부대에 이를 수용하도록 강요했다. 따라서 가믈렝이 프랑스의 전략적 취약성을 책임져야했다.

---

* 감시 및 관측, 적과 접촉으로 본대에 조기 경고를 제공하는 작전형태.

독일의 군사전략German Military Strategy

프랑스 전략과는 상반되게도, 1940년 5월, 독일 전략은 아르덴느로 거대한 주공부대를 투입하여 신속하고 결정적인 승리 거두는 것이었다. 그러나 최초 계획은 최종 계획과는 완전히 다른 형태였다.

1939년 9월, 폴란드전역 당시 독일군은 동부전선에 전력을 집중하기 위해서는 프랑스 및 벨기에 국경지대에서 방어적인 자세를 취해야 한다고 판단했다. 그런데 폴란드전역에서 신속하게 승리한 이후에도 많은 고위 군사지도자들이 서부전선에서 방어적인 자세를 유지하는 것이 좋다고 판단했다. 특히, 육군 고위 지휘관들은 예하부대의 전쟁준비가 부족하다고 생각하고 있었다. 그래서 방어적인 자세를 취하거나 전쟁을 외교적인 방법으로 해결하는 방안이 연합군, 특히 프랑스의 군사력을 높이 평가했던 군부 고위층의 마음을 움직였다. 육군참모총장이었던 할더Franz Halder 장군은 수첩에 "폴란드전역의 전법은 서부전선에서 아무런 도움도 되지 못한다. 잘 조직된 군대에 사용하기에는 무가치하다."[19] 라고 적어 놓기까지 했다.

독일군 지휘관들의 유보적인 태도에도 히틀러는 폴란드전역의 신속한 승리로 말미암아 서쪽에서도 유사한 전쟁 수행 방법이 승리를 가져다줄 것이라는 믿음을 갖게 되었다. 1939년 10월 9일, 히틀러는 장성들과의 만남에서 비망록을 낭독하였다. 또한, 이를 국방군총사령관Chief of Staff of the Armed Forces과 육·해·공군의 지휘관들에게도 전달하였다. 이 비망록은 히틀러의 군사전략적 견해와 목표를 담고 있었다는 점에서 매우 주목할 만 했다. 히틀러는 비망록에서 "독일의 전쟁목표는 서부전선에서 신속하고 최종적인 군사적 해결을 보는 것이다. 이는 서방 강대국이 다시 대항할 수 없도록 그들의 힘과 능력을 분쇄하는 것이며 …… 유럽에서 독일인의 통합과 발전을 위함이다."[20]라고 진술했다. 히틀러의 견해에 따르면 전쟁이 장기화되면 중립국이나 심지어는 독일에 우호적인 국가라 할지라도 종국에는 경제·정치적인 이유에서 연합국 편에 설 것이기 때문에 전쟁 장기화는 독일에 주요한 위험요인이었다. 또한, 장기전은 독일의 제한적인 식량보유량과 자원을 고려할 때 바람직하지 않았다. 히틀러는 "장기 전쟁에서 승리하기 위한 '가장 중요한 요소'는 루르Ruhr의 산업생산을 보호하는 것이다."라고 말했다.

루르를 위협하는 가장 큰 요인은 연합군의 폭격이었다. 이 때문에 독일군은 강력한 방공망과 뛰어난 성능의 전투기를 보유해야만 했다. 같은 이유에서 저지대 국가를 통제하는 것도 중요했다. 히틀러는 "만약 영국과 프랑스가 네덜란드와 벨기에를 장악하면 우리 공업지역의 심장부를 공습할 수 있으며, 우군 폭격기가 주요 표적을 타격하기 위해서는 6배 정도의 거리를 전투기로 엄호해 주어야 할 것이다."라고 말했다. 한편, 히틀러는 장기전을 수행하기 위해 필요한 무기체계가 공군과 유—보트U—Boats라고 믿었다. 그는 두 가지 무기체계로 프랑스와 영국을 무자비하게 타격할 수 있으리라 생각했다.[21]

히틀러는 비망록 곳곳에서 단기전쟁과, 영—불연합군 섬멸의 중요성을 강조했다. 또한, 그는 시간이 흐를수록 연합군이 강해질 것이라 말하며, "현재 독일군은 다시 세계 최강이 되었다. 그들의 자긍심은 다른 이들이 그들을 존경하는 만큼이나 크다. 개전이 6개월 지연되는 것과 적의 효과적인 선전전은 이러한 중요한 가치들을 재차 약화시키는 원인이 될 수도 있다."[22]라고 부언하였다. 히틀러는 독일의 군사적 준비가 약해지는 것을 피하기 위해 최단 시일 내에 개전하기를 원했다.

그는 독일이 서부전선에서 방어적으로 남아 있기를 선호했던 대부분 독일 장성 중 가장 영향력 있고 노련한 이들에게 "결정적인 승리 방법으로써 공격이 방어보다 선호되어야 한다."[23]라고 말했다. 물론 그는 자신이 작전의 세부 계획안을 가지고 있지는 않았지만, 오로지 적 자원 섬멸에 집중하는 작전을 원한다고 밝혔다. 만약 어떤 이유에서든 위와 같은 목적의 작전이 실패한다면, 그는 두 번째 목표를 "성공적인 장기전쟁

수행을 위해 유리한 지역을 확보하는 것"으로 선정했다. 이러한 지역은 독일 해군의 유보트와 공군이 사용하게 될 네덜란드와 벨기에였다. 또한, 저지대 국가를 점령함으로써 연합국의 해당 국가 이용을 거부할 수도 있었다.24)

그 다음 히틀러는 독일 군사전략의 윤곽을 설명했다.

공격은 프랑스군 섬멸을 목표로 삼아야 한다. 그러나 어떤 상황에서도 성공적인 장기전쟁 수행을 위해 필수인 유리한 여건을 조성해야만 한다. 이러한 조건에서 공격할 수 있는 유일한 지역은 리에주Liège 요새를 제외한 남쪽 룩셈부르크Luxembourg와 북쪽 네이메헌Nijmegen 사이이다. 따라서 두 공격 집단의 목표는 최단 시간에 룩셈부르크-벨기에-네덜란드를 돌파하고 벨기에 · 프랑스 · 영국군과 교전하여 격퇴하는 것으로 설정해야 한다. …… 적 부대 격멸이 목적이 아닌 공세는 그 출발부터 무의미하며, 동시에 인명을 쓸모없이 낭비하는 것이다.25)

히틀러의 전략적 시각은 룩셈부르크, 벨기에, 네덜란드 국경을 광정면에서 공격하는 것이었다. 물론 공격 목표를 프랑스군과 영국군 섬멸에 두었기 때문에 성공할 가능성은 낮았다. 그러나 독일은 저지대 국가를 광정면에서 공격함으로써 영국 공격에 필요한 위한 영불해협 해안지대를 확보하고 ― 저지대 국가를 기지로 사용한 ― 연합군의 루르 폭격을 차단할 수 있었다. 히틀러는 달가워하지 않는 장군들을 지시에 따르도록 하기 위해 "전쟁수행을 위한 작전명령 제6호Directive No. 6 for the Conduct of War"26)를 발령하여 전쟁준비의 세부사항을 정기적으로 보고하도록 했다.

그러나 독일 군사지도자들은 처음부터 저지대국가를 공격하는 작전으로는 영국군과 프랑스군을 섬멸할 수 없다고 생각하고 있었다. 10월 14일, 모든 상황을 고려한 3가지 가능한 방책에 대하여 할더 장군과 브라우히치Walther von Brauchitsch 장군은 "결정적인 성공을 거둘 가능성은 없다."[27]라고 결론지었다. 이러한 확신을 하게 된 군 지휘부가 서부전선을 공격할 준비를 늦추자 히틀러는 더욱 집요해졌고 공격 개시를 위한 "철회할 수 없는 결정"을 발표했다. 또한, 그는 개전을 11월 12일로 확정했다.[28]

그러나 독일 군사지도자들은 계속해서 공격을 보류했다. 육군의 준비가 충분하지 못한 점을 강조하기 위해 브라우히치와 국방군사령관 카이텔Wilhelm Keitel 원수는 개전일을 11월 12일로 발표하기로 예정한 11월 5일에 히틀러와 면담을 가졌다. 브라우히치는 보병의 적극성과 훈련수준, 부사관의 적절성, 군의 전체적인 훈련 수준에 우려를 표명했다. 그는 여러 예하부대 지휘관과 이 문제를 토론하였으며 그들과 생각이 같음을 강조한 뒤, 새로운 전역을 수행하기 전에 강력한 훈련이 필요하다고 결론지었다. 분개한 히틀러는 거칠게 그를 돌려보냈다.[29] 개전일은 곧 늦춰졌다. 공격개시일은 12월에 28차례나 더 변경되었다.

독일군 지휘관들의 유보적인 태도에도 1939년 10월 19일, "황색계획 Yellow Plan"이라는 암호명의 작전계획이 처음으로 하달되었다. 황색계획은 10월 9일 공개했던 히틀러의 비망록에 근거한 작전개념을 토대로 수립되었다. 황색계획은 슐리펜 계획의 완전한 재판은 아니었으나 상당히 유사했다. 그 대강은 상대적으로 약한 좌익의 A집단군이 측방을 보호하는 동안 강력한 우익인 B집단군이 벨기에를 통해 공격하는 것이었다. 최초 황색계획은 프랑스로 진입하여 파리를 탈취하고 프랑스 육군을 분쇄하여 결정적인 승리를 추구하는 것이 아니라 제한적인 목표를 달성하려 했다.[30]

10월 25일, 히틀러는 브라우히치와 할더를 포함한 고위 장군들과 만나 새로운 전쟁계획을 논의했다. 논의가 진행되는 동안 히틀러는 갑자기 아르덴느를 돌파한 뒤 북서쪽으로 선회하는 방안, 즉 벨기에군 요새지대를 남쪽에서 포위하는 계획의 실현 가능성을 타진했다.[31] 이상하게

〈그림 1〉 독일군 A집단군 편성

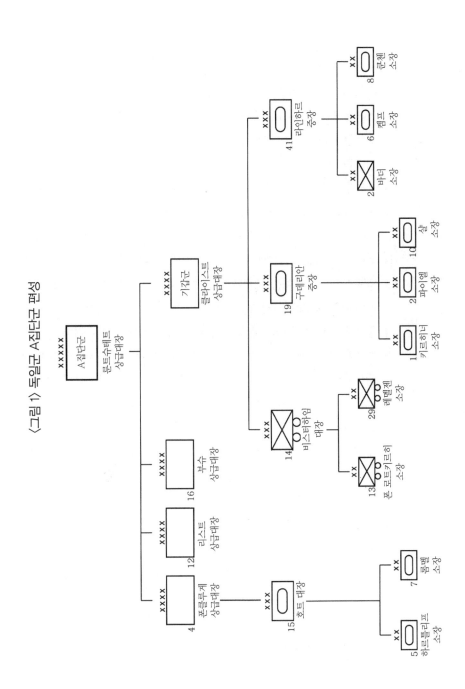

느껴지겠지만, 이것은 아르덴느로 주공을 지향함으로써 연합군 좌익을 포위하려는 계획이 주장된 첫 사례였다. 히틀러는 세당까지 내려간 남쪽 지역에서 뫼즈 강을 도하하려 생각지는 않았지만, 곧 리에주 남쪽에 주공을 둘 수 있는지에 매우 큰 관심을 보이기 시작했다.

10월 29일, 육군 최고사령부는 황색계획의 두 번째 초안을 마무리 지었다. 새로운 초안은 기존의 것과 매우 유사했고 B집단군이 계속 주공 임무를 수행하고 A집단군은 프랑스의 랑Laon을 포함하여 더욱 종심 깊게 진격하는 형태로 변경되었다.32) 아르덴느에 쏟은 히틀러의 높은 관심이 총모부General Staff에 영향을 주었음에도 독일군은 여전히 영불해협을 향해서 연합군을 밀어내는 광정면 공격을 취하고자 했다. 작전계획은 "모든 가용한 부대는 북프랑스와 벨기에 영토내의 프랑스군 및 연합군과 대등한 규모로 교전하고 격퇴하는 것을 목표로 전개하여 프랑스와 영국에 대항한 육상과 공중의 전투를 계속하기 위해 유리한 조건을 조성해야 한다."라고 기술했다.33) 그런데 히틀러는 황색계획의 두 번째 초안이 슐리펜 계획과는 다른 형태였으며, 심지어 10월 9일에 발표한 자신의 지침을 밀접하게 따랐음에도 이를 거부하였다.

이후 총참모부는 두 달이 넘도록 공격계획을 재수립하면서 일부 수정한 내용을 기본계획에 첨가하였다. 한편, 히틀러는 아르덴느로 기계화부대를 투입하는 방안에 관심을 두게 되었다. 10월 말, 그는 차량화부대를 세당 방향으로 투입하는 방안을 제시했다. 11월 12일, 그는 제19기갑군단(기갑사단 2개, 차량화사단 1개)이 벨기에 남부로 공격하여 세당 인근에서 뫼즈 강 남안을 탈취하도록 지시했다. 히틀러가 공격을 위해 제19기갑군단을 A집단군에 배속했지만, 그가 주공을 북쪽의 B집단군에서 중앙인 A집단군으로 변경하라고 지시한 것은 아니었다. 11월 말에 육군 최고사령부Army's High Command는 제14차량화군단 집결지를 A집단군 책임지역 내로 변경하였다. 그러나 군단은 여전히 일반예비대에 속해있었다.34)

주공 전환에 명확한 변화가 없는 동안 육군 최고사령부는 전역을 얼마간 진행하다가 주노력을 B집단군에서 A집단군으로 변경하는 방안을 승인했다. 11월 20일, 국방군 최고사령부에서 하달한 작전명령 제8호는 이를 정식으로 승인하고, 작전을 준비하라고 명령했다.[35] 독일군은 주공을 전담했던 B집단군을 일부 조정하여 A집단군에 의해 얻어질 성공을 강화하기 위한 준비를 했다.

제2차세계대전 종식 이후 할더 장군은 주공의 역할을 한 집단군에서 다른 집단군으로 변경하려 했던 논리적 근거는 융통성에 있었다고 설명했다. 그는 계획수립에서 가장 중요하지만 알 수 없었던 변수는, 연합군이 벨기에에서 독일군과 접촉하기 전까지 얼마나 멀리 전진할 것인지에 대한 정보였다고 지적했다. 할더는 만약 연합군이 벨기에 중부와 네덜란드로 깊숙이 기동한다면, 중앙의 A집단군이 "남쪽에서의 포위공격으로 전쟁을 마무리"할 수 있을 것이라는 점은 처음부터 명확했다고 말했다. 그러나 독일군은 연합군이 얼마나 전진할지 예측할 수 없었기 때문에 북쪽의 B집단군이나 중앙의 A집단군 모두 주공의 소임을 수행할 수 있는 융통성을 갖추고 있어야만 했다. 할더는 첫 번째 계획의 "근본적인 개념"을 요약하자면 "주공 방향 결정은 공격이 시작되기 전까지 보류한다."였다고 말했다.[36]

몇 차례 수정을 거쳤지만, 기왕의 계획으로는 연합군을 섬멸할 가능성이 전혀, 혹은 거의 없었다. 후에 어떤 비평가는 독일의 계획이 단지 "부분적인 승리와 영토 획득"을 추구했다고 설명했다.[37] 계획을 개선하려는 비판과 노력에도 독일군 군사지도자들은 기존 계획이 벨기에 영내의 영불해협 해안 탈취와 연합군을 공중 및 해상공격으로 타격할 기회 정도만을 준다는 사실을 인식하고 있었다. 히틀러를 포함한 몇몇 몽상가를 제외하고는 그 누구도 신속한 승리를 거두리라 생각지 않았다.

그런데 일어날 것 같지 않은 사건으로 작전계획이 연합군의 수중에 들어갔다는 정보를 입수하게 된 독일군은 작전을 근본적으로 변경해야

할 처지에 놓였다. 1940년 1월 10일, 경비행기를 타고 황색계획과 관련한 비밀문서로 가득 찬 서류가방을 운반하던 공군 소령이 벨기에 상공을 가로지르던 중 항로를 이탈하여 벨기에 영토인 메헬렌Mechelen 인근에 추락하였다. 비밀문서는 근본적으로는 공군작전과 관련한 내용이었다. 그렇지만 만약 연합군 손에 들어간다면 계획 전반이 유출되기에 충분한 정보가 담겨 있었다. 소령은 문서를 소각하려 했으나 벨기에 순찰대가 나타나 그를 체포하였다. 소령은 심문을 당하게 되자 어떻게든 문서를 벽난로에 집어넣으려 하였으나, 벨기에군 장교는 소령의 손을 벽난로에서 밀어내고 불타는 문서 일부를 빼내었다. 벨기에는 정오에 문서를 부르셀 주재 프랑스대사관 파견 무관에게 전달하였다.[38]

문서 소각에 성공했다고 믿은 소령은 부르셀 주재 독일대사관 파견 무관에게 몇 조각을 제외하고는 문서를 소각했다고 보고하였다. 베를린은 잠깐 동안 안심하였으나, 얼마 지나지 않아 벨기에군의 무선교신을 감청한 결과 황색계획의 결정적 정보가 유출되었음을 알게 되었다.[39]

여전히 이전 계획을 따른다면 신속하게 승리할 것이라는 가능성 없는 기대를 품고 있던 히틀러는 황색계획이 유출된 사실에 매우 분노했다. 주공을 리에주 남쪽으로 지향할 여지가 있다는 생각 역시 그를 당혹케 했다. 그때 히틀러의 군사보좌관중 어떤 이가 만슈타인이 기존 황색계획에 반대하고 있으며, 연합군을 상대로 결정적인 승리를 추구함으로써 기존 계획과는 근본적으로 다른 대안을 주장했음을 알려주었다. 10월 초, 만슈타인은 벨기에로 진입한 연합군을 고립시키고 나무르 남쪽 아르덴느로 주공을 투입하는 개념에 기반한 6개조 비망록을 완성했다. 북쪽의 B집단군이 주공이었던 기존 계획과는 달리, 만슈타인 — 당시 A집단군 참모장 — 은 중앙인 A집단군이 주공을 맡도록 했다. 또한, 그는 C집단군을 마지노선 전방인 룩셈부르크 동부지역에 남아 있도록 계획하였다.[40]

2월 17일, 만슈타인은 히틀러에게 개인적으로 자신의 생각을 소개하는 자리를 가졌다. 다음날 히틀러는 브라우히치와 할더를 소환하여 "개전 초기에 프랑스 북부에 자리한 요새 배후"에 도달하는 것을 목표로 삼는 새로운 계획을 구상하라고 지시했다.[41)

그런데 출처가 명확치는 않으나 할더는 이미 11월에 만슈타인의 방책을 세부적으로 분석하고 있었다고 한다. 독일군은 1939년 12월 27일에 시행한 워 게임에서 만슈타인의 개념을 프랑스군의 세 가지 작전계획 — 프랑스-벨기에 국경에서 방어, 벨기에로 진입하여 딜 선에서 방어, 벨기에로 진입하여 알베르 운하 선상에서 방어 — 에 적용하여 평가했다. 워 게임에서 만슈타인의 계획은 세 가지 경우 모두에서 장점이 있었다. 그러나 프랑스군이 베르덩 부근에서 측방을 공격할 가능성 때문에 커다란 우려가 제기되었다. 특히 독일군이 프랑스군 예비대 위치를 예견할 수 없다는 점에서 우려가 더욱 부각되었다.[42)

이러한 우려에도 만슈타인은 2월 7일에 시행한 또 다른 워 게임에서 할더가 자신의 주장이 지닌 잠재력을 인정하기 "시작"했음을 알아차렸다. 이보다 더욱 중요한 사실은 2월의 도상훈련에서 전쟁 시작 후 주공을 한 집단군에서 다른 집단군으로 전환한다면 혼란과 시간손실이 발생할 수 있음을 확인했다는 점이었다. 같은 기간 동안 총참모부는 연합군이 방어선을 벨기에로 추진할 것은 분명하지만, 독일군이 벨기에나 네덜란드 국경을 넘기 전까지는 전방으로 나오지 않으리라고 결론지었다. 할더는 후에 "이러한 검토과정을 거친 결과 주공방향을 확정하고 전역을 시작할 수 있었다."[43)라고 설명했다.

요약하자면 독일군이 벨기에로 기동하려는 연합국의 의도를 알아챈 이후, 아르덴느로 주공을 지향하고 연합군 좌측방을 포위하는 방안의 이점이 명확하게 나타났다. 이처럼 히틀러와 고위 군사지도부는 각자 별개이면서도 거의 동시에 A집단군이 주공으로서 아르덴느를 돌파하는 방안의 장점에 대하여 같은 결론에 이른 것이다. 그러나 '새로운 개념'이 완전히 새로운 것은 아니었다. 국방군 최고사령부는 이미 11월에 A집단군의 성공 가능성을 증대하기 위한 계획을 수립하면서 새로운 전략의 가장 중요한 부분을 독단적으로 다룬 바 있었다.

1940년 2월 24일, 독일군은 새로운 계획을 발표했다. A집단군이 주공으로 아르덴느를 돌파하는 내용을 추가한 새로운 계획은 전략적으로 신속하고 결정적인 승리를 노렸다. 전선 중앙의 A집단군은 임무달성을 위해 야전군 5개 — 전방에 3개, 예비대로서 후속하는 2개 — 를 보유했다. A집단군은 휘하 야전군을 북에서 남으로 제4, 12, 16군 순으로 배치하였다. 제19·41기갑군단과 제14차량화보병군단을 휘하에 둔 클라이스트 기갑군은 제12군과 제16군 앞에서 기동했다. 제41기갑군단은 아르덴느를 통과할 때 제19기갑군단을 후속할 예정이었다. 그 북쪽에는 제15기갑군단이 제4군에 배속되어 야전군 선두에서 행군하도록 되어 있었다. 이처럼 제19기갑군단과 제15기갑군단은 5개 야전군으로 이루어진 거대한 팔랑스의 창두로서 행동했다. 만약 선두의 2개 군단이 돈좌할 경우 그 후방에서는 엄청나게 거대하고도 취약한 교통체증이 유발될 수 있었다.

북쪽의 B집단군은 네덜란드를 공략하면서도 연합군으로 하여금 독일군이 주공을 벨기에 북부와 중부지역으로 지향한다고 확신하게 만들어야 하는 매우 중요한 책임을 지고 있었다. B집단군에는 총 29개의 사단으로 이루어진 제18과 제6군이 있었으나 두 야전군에는 오직 1개 기갑사단과 2개 차량화사단만이 편성되어 있었다. B집단군은 주공 방향을 기만하기 위해 마스트리히트 인근 서쪽 지역을 통과하는 알베르 운하의 핵심 교량과 에벤 에마엘 요새에 글라이더부대를 투입했다. 또한, 집단군이 보유했던 전차를 마스트리히트 인근 알베르 운하를 따라서 네덜란드와 벨기에에 분산하여 전개했다. 이 부대의 임무는 벨기에로 종심 깊게 진입하는 것이 아니라 프랑스군과 영국군을 벨기에로 유인하는 것이었다.

독일군의 두 번째 계획은 첫 번째 계획과는 완전히 반대로써 결정적인 승리를 노렸다. 계획대로만 된다면 독일군은 아르덴느를 통해 신속하게 기동하여 디낭와 세당 사이에서 뫼즈 강을 도하함으로써, 벨기에로 전진한 프랑스군과 영국군의 배후로 돌파하여 그들의 퇴로를 차단할 수 있을 것이었다. 이어 독일군은 포위망에 갇힌 적을 격파한 뒤 남쪽으로 향하여 승리를 완성하려 했다.

이처럼 독일군은 전략에 의한 위대한 성공을 거두었다. 그러나 전략을 둘러쌌던 중요한 위험요소들을 망각해서는 안 된다. 만약 연합군이 독일군 주공방향을 조기에 식별했다면 또는, 연합군 폭격기가 아르덴느를 통과하는 독일군 행군종대를 폭격했다면, 프랑스군이 어떻게 해서든 증원부대가 도착할 때까지 뫼즈 강 방어선을 고수했다면, 전략은 승리가 아닌 재앙으로 마무리되었을 것이다.

다시 말하자면 독일군 전략은 프랑스군 전략보다 많은 위험성을 내포했다. 그러나 프랑스군 전략이 단지 패배를 피하고자 했던 반면, 독일군 전략은 신속한 승리를 추구했다.

프랑스군 교리|French Doctrine

프랑스와 독일은 자국 군사전략에 부합하도록 교리를 발전시켰다. 그러나 양국은 그 과정에서 전략 외의 수많은 요소에서 영향을 받았다. 프랑스군 교리는 방어와 화력을 매우 중요시했다. 반면 독일군은 공세 행동과 기동성 및 융통성을 강조했다. 비록 이 책에서 교리 형성과정을 논의하지는 않겠지만, 양국 특히 프랑스는 교리적 고려요소가 전략에 지대한 영향을 미쳤다는 점을 염두에 둘 필요가 있다.[44]

프랑스 육군은 교리를 만들어 나가면서 화력을 가장 중요하게 생각했다. 프랑스 육군에는 1918년 이후 무기체계가 발전함으로써 화력의 중요성은 커졌으며 상대적으로 기동의 여지는 줄어들었다는 관념이 있었다. 프랑스군은 1921년과 1936년에 발간한 「야전근무규정」에서도 화력의 중요성을 강조하였다. 프랑스군은 1921년판 「야전근무규정」에 화력을 "전투에서 압도적인 요소"라고 서술하였다. 또한, 1936년 「야전근무규정」에서는 1921년에 기술한 "공격은 화력의 전진이고, 방어는 [적에게] 정지한 화력이다."[45]라는 또 다른 격언을 반복하였다. 프랑스군 관점에서 화력은 보병의 기동이나 이동을 가능하게 했고 여전히 "전투의 여왕queen of battle"으로 남아 있었다.

방어 시 전장에 막대한 화력을 지원할 수 있다는 사실은 방어가 공격보다 우세하다는 프랑스군의 믿음을 형성했다. 자동화 무기, 대전차포, 야포 등의 도입은 공자의 엄청난 희생을 요구하는 탄막사격을 가능케 했다. 프랑스는 공격이 성공하기 위해서는 방자보다 대규모의 부대와 물자가 필요하다고 믿었다. 1921년판 「야전근무규정」은 공세는 "포병, 전차, 군수품 등 막대한 양의 강력한 물리적 수단"을 확보한 뒤에야 가능하다고 주장했다.[46] 또한, 프랑스군은 방자가 유리한 점을 가지고 있으며 공자에게 커다란 희생을 입힐 수 있기 때문에 잘 준비된 방어진지에 대한 급속공격은 실패할 가능성이 크다고 보았다. 그리고 그들은 공자가 방어탄막사격을 돌파할 수 있는 유일한 방법은 방자보다 "3배 이상의 보병과 6배의 포병, 15배의 탄약"으로 화력을 집중하는 것이라고 생각했다.[47] 각 요소 간 협조는 프랑스가 "정형화 전투methodical warfare"라 부르는 전투수행 방법을 통해 가장 효과적으로 이루어질 수 있었다. 그러나 이 같은 복잡한 노력은 기동 가능성을 극단적으로 제한했다.

전투를 단계적으로 파악하는 방식은 프랑스군 교리의 생명이었다. 정형화 전투의 개념에 따르면, 프랑스군은 모든 부대와 무기를 세심하게 정렬하고 전개한 전장을 매우 정연하게 통제하려 했다. 프랑스군은 이러한 방법이 거대한 규모의 병력과 물자를 통일성 있게 전개하기 위해 필수불가결하다고 믿었기 때문에 예하부대가 통제선을 준수하고, 시간계획을 엄격하게 따르는 단계적인 전투를 선호했다. 또한, 그들은 즉흥연주 보다 준비가 높게 평가되며 거대한 양의 무기와 물자 운용의 극단적인 복잡성을 위해 커다란 관용이 주어지고 시간을 많이 소요하는 복잡한 과정을 선호했다. 만약 프랑스가 그들의 방법으로 전투를 수행한다면, 공자를 방어탄막사격으로 약화시킨 뒤, 거대하지만 세심하게 통제할 수 있는 "공성추의 연타"와 같은 공격으로 적을 파괴할 것이었다.

공격에서 포병은 정형화 전투 개념에 따라 운동성과 주기성을 가지고 화력을 지원하였다. 프랑스군 교리에 따르면 보병은 공격 개시 후 포병화력이 조정을 위해 중단되기 전까지 1,000~2,000m가량 전진했다. 보병이 공격을 재개하고 1,000~2,000m 전진한 뒤에 다시 한 번 화력조정이 필요했다. 프랑스군은 보병의 전진을 통제하고 포병화력지원을 보장하기 위해 1,000~2,000m 정도의 전진구간과 대응하는 중간 목표를 다수 설정하였다. 보병이 약 4,000~5,000m를 전진한 뒤에는 포병의 진지변환이 필요했다. 진지변환은 보병에게 계속해서 화력을 지원하고 보병 진출선을 야포 최대유효사거리 안에 머물도록 보장하려는 조치였다. 때로는 통제를 위해 75mm 야포가 재배치를 시작하기 전까지 보병 최대 진출 거리를 3,000~4,000m로 제한하기도 했다. 프랑스 참모대학 교관이 가르치는 중요한 원칙 중 하나는 보병 진출거리가 포병 최대지원사거리 절반(대부분은 7,500m를 넘지 않았다.)정도여야 한다는 것이었다.[48] 프랑스군은 보병이 반드시 포병의 화력우산 아래 있어야 하며, 정형화 전투가 포병과 보병 간에 최대의 협조와 통합을 가능하게 하는 유일한 방법이라고 믿었다.

정형화 전투는 프랑스군이 제1차세계대전에서 사용한 방법과 유사했으나 그보다 통제를 더 강화한 형태였다. 프랑스군은 1918년 이후 가용해진 새로운 화력지원 수단 때문에 중앙집권화 통제가 그 어느 때보다 중요해졌고, 공격에서 정형화 전투가 필수 불가결해졌다고 보았다.

한편, 방어에서 프랑스군은 종심의 필요성을 강조했다. 프랑스군 — 대대에서 군단 규모에 이르기까지 — 이 방어 구역을 점령할 때 각 부대는 방어구역을 전방경계선an advance post line, 주방어진지a principal position of resistance, 저지선stoping line의 세 부분으로 구성했다. 주방어진지는 프랑스군 방어체계에서 가장 중요하고 강력한 전투력을 할당하는 부분이었다. 이론적으로 주방지대는 적이 통과할만한 곳이나 자연 및 인공장애물 사이의 화력지대 등, 방어에 유리한 지역 정면을 따라서 설정하였다. 종심이 필요했기 때문에 주방어진지가 선형을 띠는 경우는 거의 드물었다. 주방어진지 후방에는 저지선이 있었다. 저지선은 전방 방어부대가 약화한 적을 저지하기 위해 설치하였다.[49]

만약 적이 저지선을 돌파한다면 프랑스군은 '저지colmater'라는 절차를 시행했다. 지휘관은 그의 예비대나 상급 부대의 예비대를 적 정면으로 투입하여 적이 정지할 때까지 점차로 둔화시켜 돌파구를 차단하고자 했다. 보병, 기갑, 포병부대를 추가로 이동시켜 위협받는 지역의 측면이나 예비대 선두에 투입함으로써 적 공격을 둔화시키고, 결국에는 적을 멈추려 했던 것이다. 적 돌파구를 봉쇄한 이후 역습이 이어지지만, 이 역습은 전차와 보병의 돌격보다는 포병과 보병의 화력으로 시행하였다. 이 같은 방법으로 적을 저지하기 위해서는 방자가 공자보다 신속하게 돌파구 정면으로 진출할 수 있어야 했다.

정형화 전투와 저지 과정을 강조한 결과 프랑스군 지휘통제 시스템의 경직도는 위험수위까지 올라갔다. 특히 부대이동 방법을 골몰하면서 중앙집권화는 고위지휘관의 최우선 관심사였다. 또한, 프랑스군은 고위지휘관이 많은 예하부대의 움직임을 협조하기 위해서 더 큰 통제력을 가져야 했기 때문에 군사적 결심이 상위 제대에서 이루어져야 한다고 믿었다. 프랑스 육군의 교리와 조직구성은 집단군·야전군·군단급 지휘관의 권한과 권위를 강조했다. 반면 하급지휘관에게는 주도권 측면에서 매우 적은 융통성과 운신 폭 만을 허용하였다. 하급부대일수록 상급부대보다 기동을 위한 융통성이 적었다. 프랑스군 시스템은 업무가 아래에서 위로 올라가는 것이 아니라, 상부의 압력으로 업무를 추진하게 되어 있었다. 프랑스군은 장교가 분권화된 전장에서 융통성 있고 능동적으로 행동하길 바라면서도 동시에 견고한 중앙집권화 통제와 엄격한 복종을 선호했다. 그 결과 프랑스군 시스템은 예기치 못한 상황에 융통성 있게 대응하기 어려웠으며, 하위제대가 얻은 중요한 전과를 확대하기 어려운 치명적인 결점을 내포하였다.

또한, 프랑스군은 지휘관이 앞으로 나아가 전장에 있기 보다는 지휘소에 남아있기를 권장했다. 프랑스군 교리에 따르면 지휘관은 지휘소에서 전투 경과를 즉각 갱신하고 부대와 군수품을 옮기기 위한 빈번한 결심을 내려야 했다. 지휘관은 솔선수범으로 부대를 통솔할 수는 없었으나, 펜대를 쥐고 부대와 물자를 관리함으로써 이론적으로는 전체 작전의 부드럽고 효율적인 진행을 보장받았다.

독일군 교리|German Doctrine

독일군 교리는 프랑스군 교리와는 완전히 반대였다. 전간기 동안 독일은 1921년과 1933년에 간단없는 전투를 강조한 두 종류의 「야전복무규정」을 발간했다. 1921년과 1933년의 「야전복무규정」은 모두 돌파의 중요성을 강조했다. 독일군은 침투전술에 기반을 두고 적 방어선을 완전하게 돌파할 수 있도록 전법을 개발했다. 만약 공격부대가 돌파구를 형성한다면 가능한 종심 깊이 전진하고, 후속하는 예비대는 돌파구 견부를 확장하게 되어 있었다.[50] 1933년의 「야전복무규정」에는 "공격작전에서 무기체계를 통합하여 사용하는 목적은 보병이 효과적인 포병화력을 지원받으며 충격 행동으로 적에게 결정적인 행동을 가하도록 하기 위함이며, 이를 통해 종심 깊게 돌파하여 적 최후저항선을 무너트릴 수 있을 것이다."[51]라고 적혀있다. 이 같은 교리는 지속적인 압박과 종심 깊은 공격으로 적의 강력한 방어진지 재편성을 차단할수 있다고 본 것이었다.

침투전술은 독일군 교리에서 중요한 부분으로 독일군이 돌파구 형성 능력을 갖추는 데 중요한 역할을 했다. 침투전술의 핵심은 1917년에 형성되었다. 이는 소규모 보병부대에 의한 급속한 전진과 침투였으나, 주요 개념은 그보다 더 큰 규모의 부대에도 동일하게 적용되었다. 침투전술은 화력보다는 기동을 강조했다. 선두부대의 목표는 적 격멸이 아니라 적 방어선의 취약점을 공격하여 돌파지점을 탐색하는 것이었다. 만약 적의 강점과 조우하면 독일군은 대부분 해당 지점을 우회하여 후속부대가 이를 파괴하도록 남겨두고 계속 전진했다.[52] 즉, 침투전술의 핵심은 "종심 깊게 전진하기 위한 노력"이었다.

　1921년에 발간한 「야전복무규정」은 적이 후방 방어진지에서 재편성하는 것을 차단하고 즉각 추격이 이루어져야 함을 강조했다. 또한, 1933년판 규정에서는 근접추격을 강조했다. 독일군은 만약 공격이 돈좌될 듯하면 공격 기세를 유지하기 위해 예비대 투입을 예측하고는 원래 예비대가 지나쳐 후방에 남겨진 부대로 새로운 예비대를 구성했다.[53] 이와 유사하게 독일군은 방자가 대응하기 전에 증원에 성공하고 전과를 확대하기 위해 예비대 투입을 검토하곤 했다. 이는 독일군이 방자의 기동력이 공자의 기동력을 상회한다는 기계적인 가정을 세우지 않았기 때문에 가능했다. 그러나 돌파는 궁극적으로는 "차후 포위 작전"을 "준비하기 위한 이동"에 불과했다.[54]

　요약하자면 프랑스군 교리는 일련의 정형화한 전투가 이루어지리라 파악했지만, 독일군 교리는 궁극적으로 적 방어선의 완전한 파괴와 패퇴를 이끌어내는 간단없는 전투의 장점을 강조했다. 독일군은 연속 전투로 주도권을 확보하고 승리할 수 있다고 믿었다.

　또한, 독일군 교리는 분권화와 주도권을 중요시했다. 독일군은 1933년의 「야전복무규정」에서 "논리적으로 일관한 단순한 지휘는 가장 확실하게 목적을 달성하게 한다."라고 기술했으며, "하급지휘관의 독립 행동은 언제나 결정적으로 중요한 요소이다."라고 주장했다.[55] 즉, 프랑스군은 위로부터의 집권화 지휘를 강조했고 독일군 교리는 아래로부터 분권화를 중시했다. 독일군은 전략 혹은 작전술 수준의 개념은 고위지휘관이 작성해야 하지만 전략과 작전계획의 성공은 전장에서 시시각각 얻어지는 이익을 이용하기 위한 하급지휘관의 융통성과 자율성에 의지할 수밖에 없다는 사실을 인식하고 있었다. 또한, 이처럼 융통성과 주도권을 강조했기 때문에 독일군은 방어작전 간 역습에 크게 의존했다. 다만, 프랑스전역 동안 독일군은 공세적인 입장에만 있었기 때문에 역습을 시행한 적이 없었으나, 프랑스전역 이후 전쟁에서 역습을 빈번히 구사했다.

독일군이 분권화와 주도권 확보를 강조한 이유는 임무형지휘 auftragstaktik의 전통에 있었다. 임무형지휘의 성공은 예하부대 지휘관이 상급부대 지휘관의 의도를 이해하고 그들의 행동이 여타 지침을 위반하더라도 목표 달성을 위해 움직이는 데 달려 있었다. 독일군 장교집단이 뿌리 깊게 체득하고 있었으며 핵심 지휘 철학이었던 임무형지휘의 개념에 따르면, 지휘관은 그의 행동이 임무 달성에 필요하다면 지침이나 전투지경선*과 같은 통제수단을 무시하거나 상황 변화에 따라서 행동할 수 있었다. 장교는 임무형지휘의 개념에 따라서 행동하는데 수반되는 위험을 자신이 감당해야 했지만, 이러한 행동의 성과가 매우 놀라운 것이었기 때문에 지휘관은 권장되지 않았다 하더라도 전술적 과제 해결을 위해 주도적으로 행동했다.

그러나 부정적인 측면도 있었다. 전통적인 임무형지휘는 때때로 지휘관이, 특히 고집 센 지휘관이 독립적으로 행동하거나, 개인적인 이유에서 상급부대의 지시를 무시할 빌미가 되기도 했다. 지휘관의 개별 행동은 세밀하게 계획한 복잡한 작전을 망치거나 전체 작전을 위험에 빠

---

* 인접부대, 지형, 지역 간에 작전 협조 및 조정을 용이하게 할 목적으로 지표상에 설정한 선. 예하부대의 기동과 화력을 협조 및 통제하고 책임지역을 명시하기위해 설정하며, 이를 벗어나는 작전은 인접부대와 협조 및 상급부대의 승인 없이 수행할 수 없다.

뜨릴 가능성이 있었다. 장교의 행동이 개인적인 이기심의 발로이건 상급지휘관 의도를 달성하기 위해서이건 간에, 직업적인 측면에서 승리는 성공을 얻기 위한 가장 중요한 수단이기 때문이다.

한편, 전차가 소개되고 기갑사단 발전을 위해 많은 연구를 진행하면 전차 운용 방법이 독일군 교리에 포함되었다. 1935년, 독일 육군은 3개의 기갑사단 창설을 승인했다. 이후 5년 동안 기갑병과 지휘관들은 교리의 기본 원칙을 바탕으로 프랑스전역에 적용한 가장 핵심적인 개념을 이끌어냈다.

* * *

프랑스군과 독일군 교리는 몇 가지 핵심적인 부분에서 매우 상반되었다. 한쪽이 정형화 전투와 화력, 중앙집권화와 복종을 강조했다면, 다른 한쪽은 연속 전투, 기동성, 분권화, 주도권 확보를 강조했다. 독일군 교리는 세당 인근에서 전투가 이루어지는 동안 그들이 승리하는데 명백히 유리하게 작용했다.

Chapter 2
독일군의 아르덴느 돌파
The German Fight in the Ardennes

황색계획의 주공은 A집단군이었다. 집단군 사령관 룬트슈테트K. R. Gerd von Rundstet 상급대장은 3개 야전군을 일선형으로 배치하였다(북에서 남으로 제4군, 제12군, 제16군). 7개 기갑사단과 3개 차량화사단을 포함하여 44개 사단을 거느린 A집단군은 아헨Achen 남쪽에서 룩셈부르크 바로 동쪽인 독-불 접경지역까지 약 90km의 정면을 담당했다. 이 거대한 팔랑스 전면에는 제15기갑군단과 클라이스트 기갑군Panzer Group von Kleist — 제19기갑군단, 제41기갑군단 및 제14자동차화보병군단으로 구성 — 이 있었다.

클라이스트 기갑군은 룩셈부르크와 동벨기에를 향해 3개 군단이 종대로 진입하는 계획을 수립하였다. 행군순서는 제19기갑군단, 제41기갑군단, 제14차량화보병군단 순이었다. 구체적인 기동계획은 제19기갑군단이 부이용Bouillon을 향해 남쪽으로 선회하고 난 후 제41기갑군단이 제19기갑군단 우측을 지나 뫼즈 강변의 몽테르메를 향해 기동하기로 되어 있었다. 또한, 클라이스트 기갑군이 서쪽으로 공격해나가면 보병부대가 후속하여 기갑군 좌측방을 방호하도록 계획하였다. 뫼즈 강 도하단계에서는 제19기갑군단이 세당 인근에서, 제41기갑군단은 몽테르메 부근에서, 기갑군에 소속되어 있지는 않지만 제15기갑군단은 디낭에서 강을 도하하도록 준비했다.

계획작성과 준비|Planning and Preparation

구데리안이 지휘하는 제19기갑군단은 1940년 3월 21일에 클라이스트 기갑군이 하달한 아래와 같은 작전명령을 수령하였다.

A일 Y시에 제19[기갑]군단 — 클라이스트 기갑군의 선도 부대로서 — 은 제12군 및 제16군과 함께 룩셈부르크 국경을 넘어 ……. 룩셈부르크를 돌파하여 작전 1일 차에 바스통Bastogne[제외]과 아를롱Arlon[제외] 사이에 있는 벨기에 국경요새를 돌파한다. 이후 리브하몽Libramont—뇌프샤토Neufchâteau —해시Hachy*를 연한 요새선을 공격하여 돌파한다. 따라서 리브하몽을 최대한 신속히 확보하고 뇌프샤토를 통과하는 판저루트 1, 2를 완전하게 개통하여 [제19기갑군단을 후속하는] 세41기갑군단이 판저루트를 시용할 수 있도록 보장하는 것이 가장 중요하다.

기동로를 확보한 즉시 제19기갑군단은 알르Alle[포함]와 부이용[포함] 사이에서 세무아 강을 건너, 남쪽으로 기동하여 누비용Nouvion[포함]과 세당 [포함] 사이에서 뫼즈 강을 기습적으로 도하한다. 선두 부대가 단 한 번에 도하를 성공하는 것이 절대적으로 중요하다.

뫼즈 강을 도하한 이후 군단 작전방향은 르텔Rethel이다. 어떠한 상황에서도 군단은 남쪽으로 향해야 한다.[1]

독일군은 대담한 기동으로 아르덴느를 돌파하고 서쪽으로 계속 기동하기 전에 뫼즈 강을 재빨리 도하하려 했다. 군단의 취약한 좌측방을 따라 드문드문 배치한 소수 경무장부대를 제외하고, 프랑스군의 측방공격에 대처하기 위한 주요방법은 룩셈부르크와 벨기에를 신속하게 돌파하

---

* Hachey의 오기이나 원전을 그대로 인용.

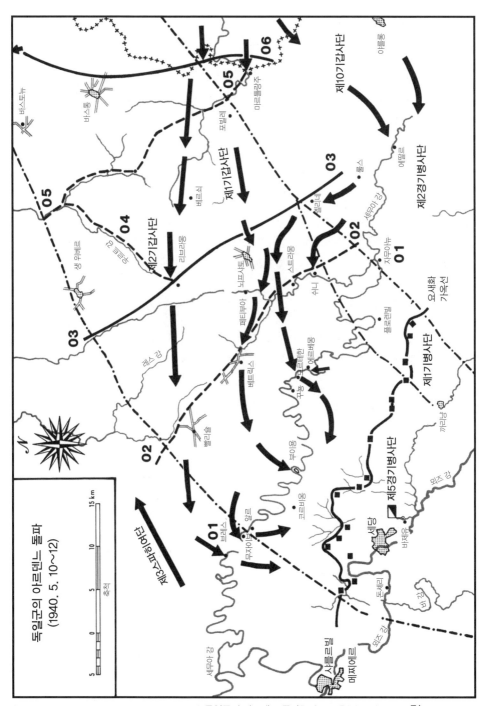

독일군의 아르덴느 돌파
(1940. 5. 10~12)

는 것이었다. 이는 근접해서 후속하는 부대 역시 마찬가지였다. 독일군은 만약 프랑스군이 주공을 식별하기 전에 세당에 도착한다면 전쟁 주도권을 확보하고 이를 유지할 수 있다고 판단했다.

프랑스전역에 있어 가장 복잡한 국면은 제19기갑군단과 그 후속부대가 아르덴느를 통해 기동하는 것이었다. 클라이스트 기갑군 ― 당시 기갑군은 병력 134,000명과 차량 41,000대, 1,600대 이상의 전차와 수색정찰차량을 보유하고 있었다. ― 은 임무의 복잡성을 가장 적절하게 묘사하였다.2) 클라이스트는 후에 아르덴느의 단일 기동로에 기갑부대가 진입했을 당시, 부대가 트리어Trier에서 동프러시아의 쾨니히스부르크Königsberg까지 약 1,000km 이상 늘어서 있었다고 진술했다.3) 이처럼 거대한 부대가 아르덴느를 통과하는 일은 결코 단순하거나 쉬운 임무가 아니었다.

더구나 독일군이 작전을 성공적으로 수행하기 위해서는 룩셈부르크와 벨기에를 통과하는 부대가 정해진 순서와 시간표에 따라 필요한 때에 정확한 장소에 도착해야만 했다. 예를 들면, 탄약은 조기에 수송하여 필요한 시간에 보급이 가능한 상태여야 했다. 또한, 벨기에를 횡단하는 동안 소하천과 강의 다리가 파괴되었을 때는 교량가설용 물자가 가용해야 했으며 이 물자는 정시에 도착해야만 했다. 세당에 도착한 부대 역시 뫼즈 강 도하에 필요한 교량가설용 물자를 보유하고 있어야 했다. 만약 1개 부대라도 계획을 벗어나게 되면 군단 전체 기동이 위험에 빠질 우려가 있었다. 따라서 전역을 준비하고 수행하는 동안 교통통제가 극히 중요한 과제로 대두하였다.

제19기갑군단 후방에는 아르덴느의 취약하고 제한적인 도로망을 따라 투입하기로 계획한 대규모 부대가 초조한 심정으로 프랑크푸르트Frankfurt 너머까지 대기해있었다. 총참모부는 이 거대한 팔랑스가 룩셈부르크와 벨기에를 통과하여 기동하기 위해 극도로 상세한 계획과 시간표를 작성하였다. 많은 부분에서 슐리펜 계획의 복잡성을 능가했던 황색계획에서 독일 육군의 가장 큰 과제는 룩셈부르크와 벨기에의 험한 지형과 제한된 도로망으로 인해 형성된 병목bottleneck을 통과하는 것이었다. 만약 독일군이 아르덴느를 성공리에 돌파해서 프랑스로 돌입한다면 전쟁의 승리는 독일군 차지였다.

제19기갑군단의 공격작전 간 첫 단계는 3개 사단이 각기 종대를 형성하여 룩셈부르크를 지나 신속히 전진하는 것이었다. 프리드리히 키르히너Friedrich Kirchner 소장이 지휘하는 제1기갑사단은 군단 중앙부대로서 발렌도르프Wallendorf에서 룩셈부르크로 진입하였다. 그 북쪽에는 루돌프 바이엘Rudolf Veiel 소장이 지휘하는 제2기갑사단이 비앙덩Vianden에서 룩셈부르크로 진입하였다. 가장 남쪽에는 페르디난트 샬Ferdinand Schal 소장이 지휘하는 제10기갑사단이 볼렌도르프Bollendorf와 에슈떼흐나슈Echternach에서 전진을 시작했다. 그러나 제2기갑사단과 제10기갑사단의 진입지점 사이는 20km에 불과했다.

제19기갑군단은 행군로와 그 사용우선권을 포함하는 상세한 행군계획을 작성했다. 군단은 독일의 집결지에서 룩셈부르크와 벨기에 국경까지 4개의 판저루트Panzer Route를 사용하도록 허가받았다. 룩셈부르크에서는 비앙덩－하랑에Harlange, 발렌도르프－마르틀랑주Martelange, 볼렌도르프－아테르Attert, 에슈떼흐나슈—아를롱에 이르는 4개의 통로가 군단에 할당되었다.4) 클라이스트 기갑군과 제19기갑군단은 룩셈부르크와 벨기에의 험한 지형을 통과하기 위한 통로를 연구하는데 많은 노력을 기울였다. 도상연구와 항공사진, 장교가 최소한 1회 이상 촬영한 사진, 교량과 잠재 장애물의 사진과 스케치로 세밀한 분석이 이루어졌다.5) 클라이스트 기갑군과 제19기갑군단 사령부는 작전의 다른 어떤 측면보다도 아르덴느 돌파계획을 수립하는데 가장 많은 시간을 할애하였다.

그러나 계획수립단계에서의 집중적인 노력과, 기동로 사용 우선권 지정, 근접통제 등 다양한 노력에도 공격 간 여러 문제점이 속출하였다. 아르덴느를 돌파하는 동안 몇몇 국면에서 일부 부대가 지정 지역과 통로를 이탈하여 인접 부대 기동로로 끼어들었다. 예를 들어 제2기갑사단의 전진은 처음에는 제1기갑사단이 기동로를 침범함으로써 방해받았고, 그 뒤에는 제6기갑사단이 끼어들어 정상적으로 이루어지지 못했다. 또한, 각 부대는 최대한 신속하게 기동하려는 욕심 탓에 교통통제수단을 무시하였다. 이 때문에 룩셈부르크에서 극심한 교통정체가 발생했다. 이러한 군기 문란행위는 작전 전체의 성공을 위협했다.

전역 개시 이틀째 아침, 클라이스트는 예하부대 지휘관에게 전문을 보냈다. 그는 룩셈부르크를 통과하면서 발생한 문제는 하급제대 지휘관의 독단과 일부 장교의 "열정과 적극성 결여"에 주원인이 있다고 말했다. 클라이스트는 자신이 기갑군 소속이 아닌 차량을 통행하도록 허가한 헌병 2명을 처벌한 사실과 만약 상황이 더 나빠진다면 독일군은 죽음이라는 벌칙을 부여받게 될 것이라고 알렸다.[6] 독일군이 직면한 위협은 행군 군기 문제가 전부는 아니었지만, 제1·2·10기갑사단은 험한 지형을 가로질러 가까스로 룩셈부르크를 통과할 수 있었다.

제19기갑군단의 두 번째 공격 단계는 벨기에를 통과하는 것이었다. 이 국면에서 각 기갑사단은 선두에 엄호부대를 두었다. 독일군은 사단의 기동을 통제하기 위해 행군로를 구분하고 행군로별 사용 우선순위를 부여하였다. 이 뿐만 아니라 지형지물이나 도시를 일일단위 확보목표로 설정하고 해당 목표를 확보할 부대를 지정했다. 만약 어떤 부대가 목표를 확보하지 못했을 경우 변화한 작전환경에 기초한 새로운 목표를 다음 날 부여하였다. 독일군은 일일 단위로 목표를 지정한 일일 명령을 전역 내내 사용하였다.

5월 10일, 전역이 시작되기 직전에 각 사단은 룩셈부르크를 거쳐 벨기에로 진입하는 작전명령을 완성했다. 세 기갑사단은 계획 작성과 준비를 작전 첫 단계에 집중했다. 예를 들어 제10기갑사단은 작전을 ①룩셈부르크 통과, ②국경을 방어하는 벨기에군을 공격, ③국경 서쪽의 제2방어선 돌파의 3단계로 구분했다. 군단 임무가 세당 부근에서 뫼즈 강을 도하하는 것이라는 언급 외에 각 사단은 도하작전과 관련한 정보를 받지 못했다.[7] 구데리안은 작전 첫날에 군단이 벨기에군 제2방어선을 돌파하기를 바랐고 각 사단의 작전계획은 첫날까지만 작성되어 있었다. 그럼에도 작전계획은 꽤 길었다. 일례로 공병지원과 통신, 군수 관련 지침을 별개로 작성하였음에도 제10기갑사단의 작전계획은 12쪽에 달했다.

그러나 작전의 3단계이자 가장 중요한 국면은 뫼즈 강 도하였다. 군단이 어디서 뫼즈 강을 도하할지에 대한 논의가 벨기에 돌파 작전의 세부 사항에 영향을 주었다. 클라이스트는 제19기갑군단이 세당 서쪽에서 뫼즈 강을 도하하고, 주공을 아르덴느 운하와 바 강Bar R.(세당 서쪽 6km) 서쪽에 두기를 원했다. 이 같은 방안을 따른다면 기갑군단이 어렵고 위험한 선회 없이도 계속 서쪽으로 공격할 수 있었으며, 아르덴느 운하와 바 강을 건너면서 싸우지 않아도 되었다. 또한, 도하지점을 세당 서쪽으로 한다면 제41기갑군단 도하지점과 근접하게 될 것이고, 그로써 기갑군은 뫼즈 강의 상대적으로 좁은 지역에 5개 기갑사단을 투입할 수 있을 것이었다.

고집 센 구데리안이 아르덴느 운하 서쪽에서 강을 건너라는 명령을 무시할 것을 염려한 클라이스트는 수차례 반복해서 명령을 내렸다. 3월 21일, 구데리안은 세당과 누비옹(세당 서쪽 10km) 사이에서 강을 건너라는 작전명령을 받았다. 4월 18일, 클라이스트는 구데리안에게 메시지를 보내며 아르덴느 운하 서쪽에서 도하할 경우 얻을 이점의 개요를 명쾌하게 설명하였다. 또한, 메시지는 제19기갑군단과 제41기갑군단의 예상 전투지경선을 포함했다.[8] 뿐만 아니라 전역 첫날 동안 클라이스트는 구데리안에게 일일 작전명령을 하달하며 아르덴느 운하 서쪽에서 도하하라고 지시했다.

그러나 구데리안은 아르덴느 운하 동쪽에 주공을 지향하여 3개 사단으로 세당 좌우에서 뫼즈 강을 도하하려 했다. 기본적으로 그는 클라이스트의 지시를 무시했다. 독일군 지휘철학이 명령을 수행함에 있어 지휘관에게 자의에 의한 판단을 사용할 자유를 주었으며 그들이 직면한 상황에 기초해 판단하도록 장려하였지만, 아르덴느 운하 동쪽으로 공격하려는 구데리안의 결정은 매우 놀라운 독단으로 5월 12일에 클라이스트와 강력한 마찰이 생기는 원인이 되었다. 자긍심 강하고 자기중심적인 장교였던 구데리안은 자신이 전차를 운용하는 최적의 방안을 알고 있다 믿었고, 자신보다 기계화부대 작전 경험이 많지 않은 다른 누군가 — 직속상관이라 할지라도 — 의 지침을 받는 것을 못마땅해 했다.

구데리안은 뫼즈 강 도하작전을 계획하면서 아르덴느를 지나 120km를 행군한 군단 상황을 예측하는 것이 어려운 일임을 잘 알고 있었다. 군단 참모 대부분과 마찬가지로, 그는 "적 본대와 마주한 다음 상황까지 정확하게 예측한" 계획은 존재하지 않는다는 몰트케Moltke의 금언을 학교에서 확실하게 배웠다. 적의 행동을 정확하게 예측할 수 없음을 알고 있던 구데리안은 뫼즈 강 도하 계획을 확정하지는 않았으나, 워 게임으로 여러 작전을 시험했고 그의 의도를 부하들이 더 잘 이해하도록 했다.

3월 말경, 제19기갑군단은 워 게임 간 세당에서 뫼즈 강을 강습도하하고 계속 남쪽으로 공격한 다음 서쪽으로 선회하는 내용을 담은 서식명령을 작성했다. 투입한 사단은 제22, 21, 210기갑사단이라 지칭하였으며, 대독일연대가 중앙 사단을 증원했다. 군단은 도하지점을 돈셰리Donchery, 골리에Gaulier와 토르시Torcy 사이, 세당 동쪽으로 선정했다.[9] 독일군에게는 운 좋게도 이 워 게임은 전쟁의 실제 도하 상황과 매우 유사하게 진행되었다. 5월 13일, 제19기갑군단의 참모는 워 게임에서 사용했던 명령을 부대 번호와 몇 군데의 작은 국면만 수정하여 예하부대에 하달했다. 그렇지만 명령서가 5월 13일에 가졌던 유용성은 신중한 사고와 분석에서 온 것이지, 사전에 작성한 계획을 완고히 고집한 결과는 아니었다. 노력과 세밀한 분석 그리고 예행연습으로 작전이 독일군 예상범위에서 벗어나지 않았던 것이다.

제19기갑군단이 뫼즈 강을 건너 교두보를 형성한 다음 결정할 사항은 군단이 교두보를 공고히 하고 부대를 추가로 도하시켜야 할지, 아니면 서쪽으로 향함으로써 도하 성공을 이용해야 할지에 대한 문제였다. 물론 적 주력과 첫 전투 이후를 예측하여 작전계획을 수립하는 것은 위험하다는 몰트케의 금언이 구데리안의 사고에 영향을 주었지만, 그가 계속 공격하여 프랑스군 방어선 깊숙이 기동하기를 원했다는 점은 분명했다. 3월 15일, A집단군 사령부에서 시행한 브리핑에서 히틀러는 구데리안에게 제19기갑군단이 뫼즈 강을 도하하고 교두보를 형성한 뒤 무엇을 할지를 물었다. 구데리안은 "핵심적인 질문"이라 말하면서 정지명령을 받지 않는 한 계속해서 서진할 작정이라고 답변했다.[10] 물론 히틀러는 아무런 대답도 하지 않았으나 할더는 그의 일기에 "어떠한 새로운 견해도 제시되지 않았다."라고 기록하였다. 또한, 할더는 "결단은 뫼즈 강 도하 이후로 미뤄졌다."라고 덧붙였다.[11]

구데리안은 회고록에 상급부대가 뫼즈 강 도하 이후 작전에 대해 어떠한 명령도 내린 적이 없었다고 기록했다. 그러나 이것은 절대 사실이 아니었다. 클라이스트는 몇 가지 이유 때문에 구데리안에게 도하 이후 남측방을 신경 쓰라고 경고했었다. 또한, 그는 제19기갑군단이 남서쪽이나 르텔로 지향해야 한다고 수차례 강조했다. 클라이스트는 이러한 관점이 담긴 작전명령을 "제19기갑군단의 투입 목적"이라는 제목의 4월 18일 자 편지를 비롯하여 또 다른 기회를 빌려 수차례 하달했다. 클라이스트가 아르덴느 운하 동안을 지나 남쪽으로 향한 뒤 서쪽으로 선회하려는 구데리안의 열망을 우려한 주된 원인은 구데리안의 작전으로 기갑군이 분산되고, 적 방어선을 돌파하여 신속하고 종심 깊게 기동할 가능성이 저해되리라는 믿음 때문이었다.

그 이유를 명확히 알 수는 없으나 구데리안 휘하 3개 사단도 뫼즈 강에 교두보를 확보한 뒤 정지하기를 명백하게 바라고 있었다. 제1기갑사단은 5월 9일 자 일지 서두에서 사단 임무기술을 포함하였다. 일지에서 한 참모장교는 "[뫼즈 강에서] 돌파 이후 교두보를 확보하기 위해서는 서쪽으로 향하는 대신 즉시 적 진지를 포위하기 위한 부대의 투입을 허가해야 한다."라고 기록했다.[12]

위와 같은 이유 때문에 독일군은 5월 9일까지 장차 작전의 모든 분야를 세심하게 분석하였으나, 전역 첫 단계의 세부계획만을 확정할 수 있었다. 그러나 이러한 상황은 구데리안이나 클라이스트가 작전계획을 작성하는데 신경 쓰지 않았기 때문이 아니었다. 오히려 두 사람은 전역 전체를 세심하게 고찰하였고, 그 결과 제19기갑군단의 뫼즈 강 도하에 대해 서로 다른 관점을 선택한 것이었다. 두 지휘관은 첫 전투와 목표 수정의 필요성, 임무 부여, 그리고 작전 환경에 따른 타이밍의 불가측성을 인지하고 있었다. 그러나 가장 중요한 사실임에도 알려지지 않은 것은 뫼즈 강 도하 지점과 공격방향에 대해 클라이스트와 구데리안의 견해가 달랐다는 점이었다.

룩셈부르크 통과Crossing Luxemburg

독일군은 비교적 단기간의 전역을 예상했지만, 전쟁이 쉽게 진행되리라 생각지는 않았다. 또한, 자신들이 전쟁에 임할 준비가 되었다는 확신을 가질 만한 시간이 필요했다. 1940년 3월, 제1기갑사단은 콕헴 Cochem(모젤 강Mosselle R. 연안에 위치, 코블렌츠Koblenz 남서쪽 40km) 인근 집결지로 이동하여 다가올 전역에 대비한 특수훈련을 시작했다. 사단의 주요 구성 부대는 기갑여단과 보병여단이었다. 2개 전차연대가 기갑여단에 편성되었으나 보병여단에는 하나의 보병연대만이 소속되어 있었다. 그러나 전차연대에는 전차대대가 2개였던 반면, 보병연대는 3개 대대를 예하에 두고 있었다. 사단은 화력지원을 위해 105㎜ 포병대대 2개와 150㎜ 포병대대 1개를 보유했다. 이외에도 사단에는 기계화공병대

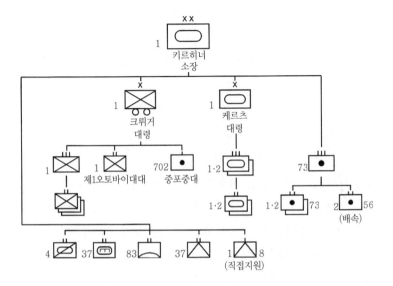

〈그림 2〉 독일군 제1기갑사단 편성

대와 오토바이대대가 있었다.

집결지에 도착한 사단은 훈련을 시작했다. 사병이 벙커와 하천장애물을 극복하는 특수훈련을 받는 동안 장교는 워 게임에 몰두했으며 임무에 익숙해지기 위한 교육과 공군과의 합동작전을 훈련했다. 이 혹독한 훈련 동안 구데리안은 일부 젊은 장교의 "낙천적인 자세"를 걱정하면서, 그들이 전역에 필요한 준비를 갖추었다는 확신을 갖기 위해 강력한 훈련으로 장교들을 몰아붙였다.

훈련 동안 특별한 경고가 없었으나, 독일군은 5월 9일에 경계경보와 함께 전투에 대한 짧은 지령을 수령하여 이동을 시작했다. 독일군은 차후 상황에 대한 최소한의 정보만을 가지고 있었거나, 혹은 아무것도 알고 있지 못했다. 1월 중순, 히틀러는 독일군이 공격 직전의 전투준비태세에 돌입한 사실을 연합군이 인지할 가능성을 우려하여 전개 소요시간을 단축하기로 했다. 히틀러는 이미 전개 소요시간을 11월에 7일 이내,

12월에 5일 이내로 단축한바 있었다. 개전일을 선정하기 직전 베를린의 누군가가 연합군에게 경고했다는 지적이 제기되자, 그는 1월에 독일군으로 하여금 경보발령 후 24시간 내에 작전 투입이 가능한 준비태세를 유지하라고 지시했다.[13] 이러한 조치로 연합군이 경보를 사전에 받는다 해도 반응시간은 불충분할 것이었다.

　가을과 겨울 사이 히틀러가 개전일을 29차례 변경한 뒤, 할더는 4월 30일에 다음 예정일이 5월 5일임을 알게 되었다. 5월 4일, 그는 개전일이 아마도 6일이나 7일로 연기될 것이라 말했고, 기상이 좋지 않아 공격은 또다시 지연되었다. 히틀러는 즉각 공격을 시작하고 싶었지만, 악천후 탓에 공군 작전에 영향이 있을까 우려하여 공격을 계속 늦추고 있었다. 마침내 5월 9일, 내일 하늘이 청명할 것이라는 예보를 접수한 히틀러는 공격명령을 하달했다.[14] 그러나 그는 필요하다면 마지막 순간이라도 공격을 중단시킬 수 있는 암호체계를 구축해 놓았다.

　5월 9일 정오, 카이텔 국방군사령관은 "A—Day"를 5월 10일로, "X-Hour"를 04시 35분(독일 시각으로는 05시 35분)으로 확정하는 명령에 서명했다. 늦어도 20시 35분까지는 개전을 알리는 최종 암호인 "단치히Danzig" 혹은 "아우구스부르크Augsburg"를 예하부대로 하달할 예정이었다. "단치히"가 공격개시를 나타내는 최종 암호였고, "아우구스부르크"는 공격 중지를 의미했다. 개전은 9일 20시 일기예보에 달려있었다.[15]

　히틀러는 그의 행보를 결정하기 위해 일기예보를 기다리지 않았다. 9일 정오, 그는 측근 몇 명과 자동차로 베를린을 떠났다. 목적지는 베를린 외곽 기차역이었다. 그들은 히틀러의 특별열차에 탑승하여 16시에 북쪽으로 출발했다. 그들 대부분은 기차가 함부르크Hamburg로 향하고 있다고 생각했으나, 어둠이 깔리자 기차는 남서쪽으로 방향을 바꾸었다. 하노버Hanover 인근 작은 기차역에서 참모장교가 베를린과 전화를 연결했고, 히틀러는 다음날 기상이 화창하다는 예보를 들었다. 21시 30

분, 암호 "단치히"가 제19기갑군단에 도착했다.[16]

개전이 통지되던 시각, 제1기갑사단 참모들은 공격작전을 예행연습 중이었다. 킬만스에크von Kielmansegg 소령은 1941년 5월에 「독일국방군 *Die Wehrmacht*」에 명령을 수령했을 당시 정황을 아래와 같이 적었다.

사단장을 찾는 전화가 왔을 때 점심 식사는 요원한 일이 되었다. 그는 전화를 듣고 잠시 움찔한 다음 "복창하겠습니다."라고 말했다.

참모장과 나는 다른 이들을 둘러보았다. 우리는 사단장을 제외하고 그 말의 의미를 이해하는 유일한 이들이었다. 나는 시간을 확인했다. 1940년 5월 9일 화요일 12시 15분. 나는 이 시각을 영원히 잊지 못하리라.

12시 20분, 개전을 알리기 위해 전화를 걸기 시작했다. 연락장교는 예하부대로 명령을 전하기 위해 떠났다. 이것은 충분히 …… 사단은 국경으로 전진하기 위한 준비를 했다. 나는 신속하게 저녁 식사를 마친 덕분에 선두에 있는 지휘부로 늦지 않게 이동할 수 있었다.

시간표는 정확하게 지켜지고 있었다. 연료수송차량, 연락차량과 무선통신차량들은 모젤Moselle을 목표로 삼고 서쪽으로 출발하기 위해 호텔 앞에서 대기하고 있었다. [사단 참모부 선발대의] 출발은 16시 30분이었다.

17시, 사단이 출발했다. …… 보병이 탑승한 트럭을 선두로 클라이스트 기갑군의 긴 행군종대가 3개 행군로를 따라서 전방으로 향했다. 어둠이 깔렸으나 불빛이 단 한 점도 보이지 않았다. 행군은 느리고 어려웠다. 행군계획을 수립하는 일도 매우 지난했으며, 모든 방향에서 작은 분견대들이 동시에 합류했다. 운전병은 아이펠Eifel 고원과 킬 강Kyll R. 유역을 지나는 절벽길의 여러 만곡부와 연이어진 내리막에서는 특별히 조심해야 했다. 몇 가지의 작은 어려움을 피할 수 없었지만, 제한사항에 주의를 기울였기 때문에 행군종대의 본대는 영향을 받지 않았다. 기동은 계속되었다.

갈림길에 있는 작은 여관에서 사단 참모부 선행제대가 명령을 기다리기 위해 처음으로 멈추었다. 우리는 정당한 명령 없이 전진하지 않도록 교육받았 …….

사단 선두부대가 여관을 지나쳐간 뒤에 ……, 먼지로 뒤덮인 차량이 다가

와 멈추었다. 작전장교가 도착한 것이다. 우리는 작전장교가 내일 아침에나 도착하리라 예상했으나 그는 시간표 상의 우리 위치를 추적하여 밤이 오기 전에 도착했다. 우리는 그를 따뜻하게 맞이했다.

5월 10일이 되었다. 손목시계 바늘이 04시 35분에 가까워지고 있었다. 공병이 정확히 지정된 시간에 룩셈부르크와 연결된 교량 위의 장애물을 가로질러 경사로를 설치했다. 두꺼운 콘크리트로 만들어진 장애물은 높이가 사람 키만 했고 강철로 된 테두리가 둘러 있었다. 이 장애물을 파괴하기에는 시간이 너무 오래 걸렸다.

급조한 오토바이 분견대가 국경 상의 오우르 강Our R. 여울을 건넜다. 분견대의 임무는 전기로 작동하는 모에스트로프Moestroff의 커다란 강철 문이 폐쇄되기 전에 탈취하는 것이었다. 분견대는 임무를 완수했다. 그들은 콘크리트 방벽 일부를 파괴하였으며 행군로를 완전히 개방하였다. 오토바이대대 역시 장애물에 경사로 설치를 마치기 전에 강을 건너갔다.

사단 수색정찰부대가 다른 장애물과 조우하지 않고 룩셈부르크 영토를 50km 이상 경주하듯 질주했으며, 주민이 아침잠에서 깨기도 전에 지나쳐 버렸다. 07시 45분, 사단은 벨기에 국경의 마르틀랑주에 도착했다.17)

공병이 "정확히 지정된 시간"에 오우르 강 교량에 경사로를 설치하기 시작했다는 내용 외에 킬만스에크의 보고서는 모두 정확한 사실이었다. 실제 공병은 예정 시간보다 20분 늦게 작업을 시작했으며 06시 15분까지도 경사로 설치를 마무리 짓지 못했다. 독일군의 차장부대는 오우르 강에 도착하자 마자 강을 도섭 하여 신속하게 서쪽으로 나아갔다. 차장부대는 제1오토바이대대 1개 중대, 수색정찰소대 3개로 구성되어 있었고, 공병이 이들을 지원했다. 차장부대의 임무는 행군로를 점검하고 작은 장애물을 제거하는 것이었다. 06시 20분에 공병이 경사로 설치를 마쳤고, 전위부대가 오우르 강을 건너 벨기에로 진입했다. 전위부대는 다양한 기능부대로 구성되었는데, 오토바이대대의 나머지와 제1보병연대에서 차출한 2개 보병중대, 공병중대와 방공포대, 2개 대전차중대, 제

73포병연대 1개 포대가 전위부대에 속했다. 전위부대는 강력한 자체 전투력으로 룩셈부르크 내의 예상치 못한 어떠한 저항도 극복하고 차장부대가 제거하기 어려운 장애물도 개척할 능력이 있었다.[18]

제1기갑사단은 제19기갑군단의 중앙 사단으로서 군단 주공이자 창두(槍頭)였다.[19] 전역 시작을 알리는 암호를 받은 이후, 사단은 발렌도르프에서 룩셈부르크 국경을 넘어 마르틀랑주와 보당주에서 벨기에 방어선을 돌파한 뒤 가능한 신속하게 서쪽으로 향하려 했다. 공격 첫날, 사단은 독일 국경에서 직선거리로 약 60km 떨어진 뇌프샤토 서쪽 고지대까지 진격할 예정이었다. 독일군은 벨기에군이 첫 방어선을 마르틀랑주 인근에, 두 번째 방어선은 뇌프샤토 근처에 형성하리라 예상했다. 앞서 언급한 바와 같이 구데리안의 임무는 전역 첫날에 벨기에군의 두 번째 방어선을 돌파하는 것이었다.

제19기갑군단이 룩셈부르크를 가로지르는 경주를 하는 동안 룩셈부르크의 험지를 성공리에 통과하기 위한 특수작전이 전개되었다. 이러한 작전 중 하나로 헤더리히Werner Hedderich 소위가 지휘하는 코만도 약 125명은 제19기갑군단 남측방의 교차로 5곳(보미Bomicht, 쏠류브흐Soleuvre, 포에츠Foetz, 베테브르크Bettembourg, 프리상쥬Frisange)을 탈취함으로써 프랑스에서 룩셈부르크 경내로 진입하는 주요 통로를 통제하려 했다. 작전목적은 후속부대가 도착하여 더욱 강력한 방어선을 형성할 때까지 룩셈부르크를 돌파하는 군단 측방을 방호하는 것이었다. 독일군은 프랑스에서 룩셈부르크 방면으로 가해지는 작은 습격이나 공격이 행군로 중 하나를 차단한다면 거대한 교통체증이 야기된다는 사실을 인식하고 있었다.

제34보병사단의 자원자 중에서 차출한 코만도는 장비와 조종사를 포함하여 3명이 탑승 가능한 작은 슈토르히Fieseler-Storch 항공기 25대를 이용하여 계획한 장소로 이동했다. 슈토르히의 착륙거리가 매우 짧았기 때문에 코만도는 목표 근처에 착륙할 수 있었다. 헤더리히는 프리상쥬를 제외한 다른 핵심 교차로를 탈취하는 데 성공했다. 오토바이탑승보병이 이들을 신속하게 증강하여 군단 측방에 대한 적 공격을 차단했다.[20] 프랑스군과 독일군 사이의 첫 번째 교전은 5월 10일, 프랑스 제3경기병사단이 룩셈부르크를 향해 북쪽으로 기동할 때 코만도와 조우하면서 발생했다.

또 다른 특수작전은 슈토르히를 이용하여 1개 보병대대를 제19기갑군단 전방의 벨기에와 룩셈부르크 국경지대에 투입한 작전이었다. 할더 장군은 일기에 "350~400명이 두 집단으로 나뉘어 크라일스하임Crailsheim에서 대기하고 있다. 이들을 A-day에 비트부르크Bitburg에 투입할 예정이다. 그들의 임무는 제19기갑군단을 위해 바스통 서쪽의 도로를 개방하는 것이다. 슈토르히를 사용할 것이다.[21]"라고 기록했다. 이들은 특수훈련을 받은 대독일연대 3대대였다. 3대대는 벨기에군의 퇴로를 차단하고 증원을 막을 수 있는 지역인 보당주 바로 서쪽에 착륙할 예정이었다. 작전의 암호명은 탈취목표인 두 마을 — 니베Nives와 비트리Witry — 의 이름을 따 만들어낸, 니비작전OP. Niwi으로 알려졌다.

또한, 독일군은 제19기갑군단의 행군로상 주요 통과지점을 확보하기 위해 코만도를 룩셈부르크에 투입하였다. 어떤 경우 이들은 사단이 공격을 시작하기 전에 국경을 넘기도 했다. 코만도가 제1기갑사단의 행군로 상에서 탈취했던 주요 지점 중에는 다이키르크Diekirch의 교량도 있었다. 물론 독일군은 룩셈부르크군이 교량을 파괴하려는 의도가 없었음을 알고 있었으나, 요행수를 바라지 않았다. 자정 직후, 민간인으로 위장한 독일군이 경찰 2명이 지키고 있던 핵심 교량을 탈취하였다. 이로써 안전한 행군이 가능해졌다.[22]

룩셈부르크를 통과하여 공격하는 동안 모든 것은 이런 식으로 기습과 속도를 강조하였다. 07시 45분경, 마침내 제1기갑사단의 차장부대가 마르틀랑주에서 벨기에군과 조우했다.

마르틀랑주와 보당주 전투The Fight at Martelange and Bodange

아르덴느를 방어하는 벨기에군은 케야에르츠Maurice Keyaerts 장군이 지휘하는 경무장부대였다. 지휘관의 머리글자 때문에 "K"전투단으로 알려진 이들은 3개 아르덴느경보병연대가 속한 경보병사단 2개로 구성되어 있었다. 동벨기에에서 K전투단의 임무는 "뫼즈 강을 향해 공격하는 적을 지연"23)하는 것이었다. 벨기에군은 룩셈부르크 국경을 따라서 강력한 방어를 실시하는 대신 나무르와 마스트리히트 사이의 뫼즈 강과 마스트리히트와 안트워프를 잇는 알베르 운하를 따라서 강력한 방어선을 구축하는 계획을 구상했다. 물론 프랑스는 벨기에에 아르덴느로 전투력을 증원하여 적을 지연해 달라고 비밀스럽게 요청하였으나, 벨기에는 85km에 달하는 국경을 따라 강력한 방어를 수행하기 위해 K전투단을 증강할 전투력이 없다고 주장했다.

벨기에군 주방어선이 K전투단 후방에 있었기 때문에 룩셈부르크 접경지역의 방어부대는 지형이 방어에 유리하다는 이유로 아르덴느에서 강력한 방어작전을 수행할 계획이 없었다. 오히려 그들은 "장애물과 곡사 화력"24)으로 적을 지연하고자 했다. 다만, 벨기에군은 여러 곳에서 교량과 도로파괴를 계획하였으나, 모든 장애물을 화력으로 보호하려는 의도는 없었다.

케야에르츠 장군은 예하부대를 광정면에 분산했고, 연속한 방어선을 구축하려 들지는 않았다. 아르덴느경보병부대는 동벨기에에서 2개의 주요한 "방어선"을 구축하였으나, 두 방어선은 단지 점 방어 거점을 연결한 가상의 선에 불과했다. 두 방어선 중 하나는 바스통-마르틀랑주-아를롱을 연하여 남과 북으로 뻗어 있었고, 다른 하나는 리방Libin-리브하몽-뇌프샤토-에딸르Etalle를 연하여 남북으로 이어져 있었다. 케야에르츠 장군은 두 방어선에 장애물을 설치하여 독일군의 진격을 방해한 뒤, 리에주 인근 위이Huy로 철수하는 계획을 수립했다. 독일군은 벨기에군 방어선의 위치를 알고있었으며, 공세 첫날 모든 방어선을 돌파하는 계획을 수립했다.

물론 완전히 같은 것은 아니었으나 벨기에군의 두 방어선은 프랑스 경기병부대가 점령하기로 계획한 방어선과 거의 유사했다. 불행하게도 벨기에는 침략당하기 전까지 중립국이었기 때문에 프랑스군과 벨기에군 사이에는 협조가 거의 이루어져 있지 않았다. 이 때문에 후에 양국은 서로를 비판했다. 프랑스는 벨기에군의 장애물로 기병대의 전진이 늦어졌고, 아르덴느경보병부대는 연합하여 싸우기 위한 어떠한 시도도 없이 프랑스군 기병대를 거슬러 철수했다고 불평했다. 반면 벨기에군은 프랑스가 절대적 열세에 처했던 아르덴느경보병연대를 증원하기에 충분할 만큼 신속히 움직이지 않았다고 비난했다.

양국 간 협조가 실패한 주책임은 중립성 훼손을 우려하여 프랑스와 제한적 협조만을 받아들인 벨기에에 있었다. 그런데 이렇게 제한된 협조만이 이루어졌음에도 양국은 모두 상대방이 방어에 상당한 도움을 주리라 예상했다. 그러나 양국은 상대방에게 거의 아무런 도움도 받지 못했다.

독일군 제1기갑사단 기동로에는 제1아르덴느경보병연대 2대대가 4·5중대를 배치하여 마르틀랑주와 보당주 주변을 방어하고 있었다. 용맹한 이 작은 부대는 예측하지 못한 싸움에서 전투를 세밀하게 준비한 제19기갑군단의 진격을 거의 5월 10일 하루 내내 방해했다. 그러나 재미있게도 이들의 영웅적인 싸움은 벨기에군이 의도한 바가 아니었다. 그럼에도 이들은 제1기갑사단이 프랑스전역을 통틀어서 만난 적 중 가장 어려운 상대 가운데 하나였다.

자전거를 주요 이동수단으로 사용하던 아르덴느경보병중대는 기관총 4정과 경기관총 12정을 보유한 극도의 경무장보병부대였다. 벨기에군이 운용할 수 있었던 가장 강력한 무기는 중량이 5톤에 불과했으며, 47mm 주포를 장착한 T—13 장갑차(궤도화)였다. 그런데 T—13 장갑차는

온전히 중대에 속해있지 않았고 증원을 위해 전방으로 보내야할 수도 있었다.[25]

5월 10일 01시경, 이미 전시 방어진지 인근에 있던 아르덴느경보병 중대는 경계경보를 발령한 상태였다. 4중대는 마르틀랑주에, 후방의 5 중대는 보당주에 방어진지를 점령했다. 두 중대는 방어진지를 신중하게 선택하여 방어에 절대적으로 유리한 지형을 점령했으며, 특히 5중대의 보당주 방어진지는 매우 강력했다. 제1기갑사단은 뇌프샤토에 도달하기 위해 마르틀랑주-보당주-포빌레Fauviller에 이르는 통로를 지나야 했으나, 자우어 강Sure R.을 따르는 이 좁은 기동로에는 많은 커브와 좁은 골짜기가 수없이 존재했다. 벨기에군은 적 전진을 차단하기 위해 4중대 방어지역(마르틀랑주) 도로에 8개소, 5중대 지역(보당주) 도로에 6개소의 폭약을 설치했다. 또한, 벨기에군은 마르틀랑주와 보당주 북쪽 3km에 있는 스트랭샹Strainchamps에 1개소, 보당주에 3개소의 지뢰지대를 설치했다.[26]

독일군이 5월 10일에 룩셈부르크를 통과한 이후 K전투단은 후퇴에 방해되지 않는 폭발물의 폭파를 승인했다. 그런데 불행하게도 폭발물 하나가 대대본부 및 5중대로 이어진 4중대의 전화선을 절단하였다. 이 때문에 4중대는 오토바이에 의한 전령통신에 의지할 수밖에 없었다. 이후 독일군의 첫 오토바이부대가 07시 45분경 출현했다. 4중대는 09시 30분에서 45분까지 독일군의 강력한 공격에 직면했고, 10시 30분에 보당주에서 서쪽으로 2km 떨어진 포빌레로 철수하라는 명령을 받았다. 11시 15분, 4중대는 보당주를 방어하는 5중대를 통과하여 철수했다.[27]

브리카트Bricart 소령이 지휘하는 5중대 역시 아침 일찍 폭약을 폭파했다. 08시 어간 브리카트는 독일군이 항공기를 이용하여 중대 후방에 착륙했다는 사실을 알아챘다.[*] 그는 곧 연대에서 후방에 침투한 독일군

---

[*] 니비작전을 말한다.

을 격멸하기 위해 중대의 유일한 대전차전력인 T—13 장갑차를 보내라는 명령을 받았다. 4중대가 진지를 통과한 뒤 브리카트는 중대 전방에 설치한 나머지 폭약을 폭파하라는 지시를 내렸다. 이제 그는 장애물에 의지해 적 기계화부대를 막아야만 했다.

브리카트는 전투 도중에 철수명령을 받게 되리라 예상했다. 그런데 12시 30분경, 5중대에 가능한 오랫동안 방어하라는 서식명령이 도착했다. 이것이 그가 받은 마지막 명령이었다. 불행하게도 중대의 폭약 중 하나가 폭발하면서 대대본부와 전화선을 끊어버렸기 때문에 그는 철수명령을 받을 수 없었다. 또한, 2대대본부도 후방에 침투한 독일군이 전화선을 절단했기 때문에 연대본부와 연결이 두절되었다. 취약한 무전기 외에 통신 수단이 없었던 대대장 아곤Agon 소령은 상급부대와 극도로 미약한 연결만을 유지하고 있었으며 철수 명령을 받지 못했다. 제1아르덴느경보병연대는 13시 20분에 2대대로 철수명령을 하달하였으나 아곤은 메시지를 받지 못했다. 16시 40분경 장문의 암호전문이 도착하였으나 아곤은 전문을 해독하지 못했다.[28] 역설적이게도 상급부대와 통신이 두절되지 않았다면 아마도 2대대는 오후 일찍 철수했을 것이고, 제1기갑사단의 진격로는 쉽게 개방되었을 것이다.

5중대는 만만치 않은 적과 직면하였으나 보당주에서 매우 강력한 방어진지를 점령하고 있었다. 보당주와 마르틀랑주를 연결하는 굴곡진 도로를 따라가면 둥그런 만곡부와 슈타인Stein으로 알려진 작은 언덕이 좌전방에 있었다. 마을 우측 후방에는 더 큰 언덕이 있었다. 1940년의 보당주에는 최소한 9채의 두터운 벽면을 가진 석조 건물이 커다란 언덕 중턱에 걸쳐 있었다. 브리카트는 분대 하나가 감소한 2소대를 슈타인 언덕에, 3소대를 보당주에 각기 배치했다. 전투 동안 3소대는 언덕으로 올라가 마을에서 가장 높은 거리에 지어진 가옥으로 들어갔다. 또한, 그는 2소대에서 분리한 분대 1개를 보당주에서 1km 남동쪽에 있는 비셈바흐Wisembach 위의 고지대에 배치했다. 독일군은 마르틀랑주에서 도로를 따라 기동했고 비셈바흐를 방어하는 분대와 처음으로 조우했다. 비셈바흐를 방어하던 분대는 교전 직후 자전거를 타고 보당주로 이동했하여 이미 언덕 위 가옥으로 이동한 3소대를 증원했다. 1소대는 스트랭샹(북쪽으로 3km)을 흐르는 작은 개천의 부서진 교량이 내려다보이는 곳에 방어진지를 점령했다. 브리카트는 포빌레로 가는 통로였던 보당주 서쪽에 지휘소를 설치했다.

실제로는 커다란 개천에 불과했던 자우어 강은 보당주를 향한 도로 한쪽을 따라서 흘렀다. 5중대 2·3소대는 바리케이트와 폭발물로 만든 도로대화구로 강변 도로를 쉽게 차단했다. 양쪽 언덕 위에 자리한 2·3소대 진지는 전방에 설치한 장애물을 엄호할 수 있었고, 독일군이 장갑차량을 이용한 방호효과를 박탈했다. 또한, 진지 위치를 몇 차례 조정한 이후 두 소대는 상호 지원이 가능해졌다. 독일군이 보당주를 통해 이동하기 위해서는 벨기에군을 슈타인 언덕에서 밀어내고 보당주에서 완전히 축출해야 했다.[29]

제1기갑사단의 킬만스에크 소령은 "공격이 보당주 전방에서 돈좌하였다. 자우어 강의 교량은 …… 파괴되었다. 적은 이곳에 첫 번째 방어선을 설치하였다. 적은 특화점을 적절히 위장하고 세심하게 설치함으로써 강력한 방어진지를 구축했다. 적은 어디에나 철조망을 빽빽이 설치해두었고, 도로와 소로를 모두 차단하였다. 우회할 수도 없었다. 우리는 적 진지를 정면으로 공격해야 했다."[30]라고 설명했다.

마르틀랑주에서 벨기에군과 처음으로 조우한 독일군은 제1오토바이대대 3중대였다. 07시 45분경, 벨기에 국경에 도착한 중대 선두는 자우어 강의 파괴된 다리에 이르렀을 때 정지하여 마르틀랑주 북서쪽에 있는 벨기에군 방어진지의 벙커를 공격했다. 제1오토바이대대의 다른 중대와 기갑수색부대를 포함한 전위부대의 또 다른 예하대가 곧 도착했다. 이어 전위부대 지휘관이자 제1보병연대장이었던 헤르만 발크 Hermann Balck 중령이 현장에 나타나 마을로 진입하라고 지시했다. 발크

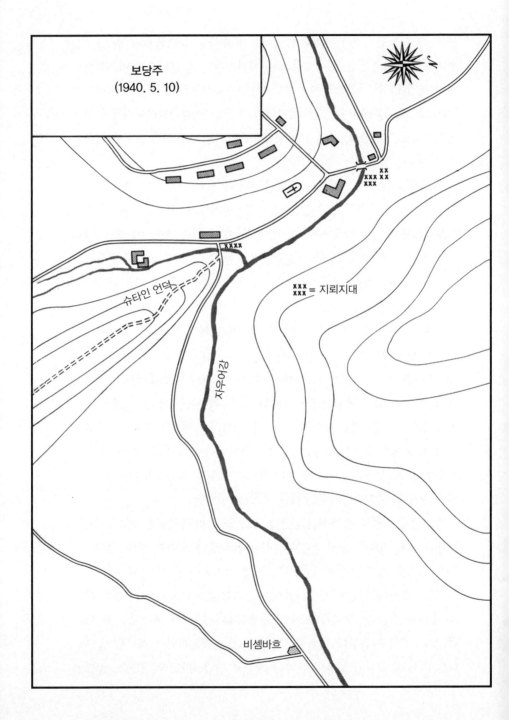

보당주
(1940. 5. 10)

슈타인 언덕

자우어강

$\begin{smallmatrix} x & x & x \\ x & x & x \end{smallmatrix}$ = 지뢰지대

비셈바흐

는 작전을 시작할 당시 지나쳤던 제1보병여단장 크뤼거Walter Krüger 대령이 도착하여 여단 선두부대를 지휘할 때까지 최전방에서 전투를 계속했다.[31] 독일군 전위부대는 중기관총반과 정찰차량 3대의 엄호하에 시가지를 통과하고 허리까지 잠기는 개천을 재빠르게 도섭하며 전투를 치렀다.

자우어 강을 건넌 독일군은 북쪽과 북서쪽으로 보당주를 향해 이어진 도로를 따라 약 3km가량 전진했다. 전위부대 일부가 비셈바흐 근처에서 지뢰지대와 마주쳤으나 순조롭게 진격할 수 있었다. 11시경, 제1/1대대 4중대(중기관총 부대)의 지원 하에 같은 대대 3중대와 제1오토바이대대 1중대가 보당주 북동쪽 고지를 탈취했다. 14시경, 제3/1대대는 보당주를 탈취하라는 명령을 받았다. 동시에 제1오토바이대대는 포빌레를 향해 공격하여 비트리(보당주 서쪽 6km)에서 '니비작전'을 수행 중이던 대독일연대 3대대와 접촉하라는 명령을 받았다. 오토바이중대는 포빌레를 확보하기 위해 뒤로 물러나 벨기에군 방어진지 남측면을 돌아 좌측으로 이동했다.[32]

14시경, 벨기에군 5중대 2소대는 진지 남쪽에 대한 독일군(아마도 모터사이클 1·3중대)의 공격으로 진지 남측방인 슈타인 언덕을 포기해야 했다. 독일군이 슈타인 언덕에서 북동쪽으로 총격을 가했기 때문에 소대의 생존자들은 철수해야 했으며 보당주를 방어하는 3소대를 증원하지 못했다. 그러나 3소대는 보당주에서 슈타인 언덕을 향한 감사(瞰射)*로 독일군의 언덕 점령을 저지했다. 벨기에군의 작은 소대는 독일군 제1오토바이대대가 방어진지의 남측면을 확보하고 이미 서쪽으로 향하고 있었음에도 오후 늦게까지 보당주를 통한 독일군의 이동을 봉쇄하고 있었다. 철수 명령을 받지 못한 벨기에군은 여전히 프랑스군이 증원할 것이라는 희망을 품고 있었기 때문에 전투를 계속했던 것이다.

---

* 내려쏘기.

독일군은 더 이상 손실을 피하고 벨기에군을 진지에서 구축하기 위해 3개 포병대대로 화력을 집중하고자 했다. 그러나 1개 포대만이 뒤엉킨 대열을 가까스로 빠져나와 마르틀랑주 인근에서 집결 중이었다. 또한, 독일군은 88㎜ 대전차포 4문을 겨우 전방으로 추진하여 벨기에군과 교전할 수 있었다. 16시경에 전해진 브리카트 소령의 마지막 전문은 진지에 적 포탄이 떨어지고 있다는 보고였다. 거의 같은 시간, 독일군 제1오토바이대대 3중대 보병이 마을에 마지막 강습공격을 가하고 있었다. 마을 건물의 두꺼운 벽이 독일군의 대량 사격을 막아주었지만, 벨기에군에는 점차 사상자가 발생하였으며, 탄약도 거의 바닥나고 있었다.[33]

18시경, 독일군이 마침내 길 건너편 건물에 도달하였다. 벨기에군은 더이상 방어가 어려움을 깨달았다. 26명이 생존한 3소대는 모두 항복하였다. 그러나 보당주의 결연했던 소부대는 독일군 제1기갑사단의 전진을 지연하는데 일조했다. 중대장 브리카트 소령은 포로로 잡히지 않기 위해 포빌레로 도주하다 전사하였다.[34]

벨기에군이 패퇴했음에도 독일군은 여전히 보당주를 통과하지 못하고 있었다. 독일군은 자우어 강의 파괴된 교량 인근에서 도섭을 시도했으나 지뢰지대 때문에 도섭이 불가능했다. 독일군은 지뢰 제거작업을 완료하고 20시 15분경이 되어서야 안전한 통로를 개방할 수 있었다.[35] 제1기갑사단은 보당주에서 2개 경보병중대를 격퇴하기 위해 07시 45분에서 20시 15분에 이르는 시간을 소모하였다. 벨기에군 4·5중대는 제1기갑사단 본대를 12시부터 20시 15분까지 지연하였다.

스트랭샹 북쪽에서는 벨기에군 5중대 1소대가 룩셈부르크 내에서는 어떠한 적과도 조우하지 않고 기동했던 제2기갑사단의 전진을 늦추었다. 5중대 1소대는 09시경 적을 가능한 오랫동안 지연하라는 명령을 받았다. 벨기에군 기록에 따르면 첫 조우는 10시경에 이루어졌으나 약 14시 전까지는 격렬한 교전이 이루어지지 않았다고 한다. 제2기갑사단은 17시경 벨기에군이 후퇴한 이후 자우어 강에 열정적으로 교량을 설

치하기 시작했다. 그러나 독일군은 다음 날 아침 10시까지도 교량가설을 완료하지 못했다.36)

니비작전Operation Niwi

니비작전은 대독일연대 3대대를 룩셈부르크-벨기에 국경을 방어하는 벨기에군 후방에 공수하는 작전이었다. 작전목적은 비트리(보당주 서쪽 6km)와 니베(비트리 북쪽 6km)를 탈취하여 제1·2기갑사단의 최초 전선 돌파를 돕고, 벨기에군과 프랑스군을 뇌프샤토와 바스통 사이에서 정지시키는데 있었다.

대독일연대 3대대장 가르스키Eugen Garski 중령은 대대를 2개로 분할하였다. 그는 1개 집단은 크뤼거Krüger 대위를 지휘관으로 삼아 니베에 강하하도록 했고, 다른 하나는 직접 지휘하여 비트리를 목표로 삼았다. 가르스키 부대는 11중대장인 크뤼거가 지휘하는 부대보다 규모가 커서 크뤼거가 슈토르히 42대를 이용한 것에 비해 가르스키는 56대를 사용했다. 총 400명에 달하는 인원을 수송하기 위해 항공기는 2회 왕복 비행해야 했다. 가르스키는 제1제파 도착 2시간 후 제2제파가 도착하도록 계획을 수립했다. 독일군이 약정된 지점에 도착한 뒤 융커-52Junker-52 3대가 재보급을 지원할 예정이었다.37)

가르스키는 제1제파가 벨기에로 월경할 당시만 해도 자신의 부대가 잘 훈련되었고 고도의 능력을 지니고 있었기 때문에 임무완수에 자신감을 가지고 있었다. 실제로도 대독일연대는 엘리트 부대였으며, 제3제국 각 주province의 자원자로 이루어져 있었다. 크리스마스 연휴에는 히틀러가 연대를 방문했으며, 부대 전투력에 신뢰를 표명하기도 했다. 게다가 3대대는 임무수행을 위해 지난 몇 개월 동안 강도 높은 훈련을 받아왔다.

그러나 편대가 벨기에 국경을 넘어서자 적 사격을 받고 대열이 흐트졌다. 5분 정도 더 비행한 뒤 가르스키가 탄 항공기의 조종사는 비트리를 확인하고 05시경 비트리 북서쪽 1km 지점에 착륙하였다. 가르스키와 그의 부관은 항공기에서 내린 후 다른 항공기 4대에 탑승했던 8명과 합류하였다. 이들이 비트리에 착륙한 전부였다. 비트리를 목표로 했던 다른 51대는 모두 항로를 상실하였던 것이다.[38]

크뤼거 부대 역시 운이 좋지 못했다. 적 사격을 받은 이후, 크뤼거가 탄 항공기의 조종사는 항로를 상실했고, 더 남쪽으로 내려갔다. 크뤼거는 니베에 착륙하는 대신 비트리 남서쪽 9km 지점인 레글리제Léglise(착륙 예정지점 남쪽 15km)에 착륙했다. 크뤼거는 자전거를 타고 가는 두 명의 벨기에인에게 물어보기 전까지 자신의 위치를 알지 못했다. 크뤼거가 신속하게 위치를 파악하는 동안 그의 부하들은 주변을 지나가는 모든 차량을 세워 탈취하였다. 게다가 크뤼거 부대는 국경에 있는 부대로 복귀하고자 시민의 차량에 편승한 벨기에군 40명도 포로로 잡았다. 이후 프랑스 기병대가 그들을 발견하고 포위하려 하자 크뤼거는 포로를 데리고 북쪽으로 철수하여 비트리로 향했다.[39]

니베 근방에 성공적으로 착륙하였으나 중대장을 찾을 수 없던 크뤼거의 나머지 부대원은 길을 잃었다고 생각했다. 그러나 주민에게 위치를 확인한 결과 길을 잃은 것은 자신들이 아닌 크뤼거임을 알게 되었다. 중대장의 부재에도 오버마이어Obermeier 소위와 브랑켄버그von Blangkenburg 소위는 신속하게 임무달성을 위한 준비에 착수했다. 오버마이어는 벨기에인의 오토바이를 징발하여 수색정찰을 시행했다. 약 2km쯤 이동하자 이 지역에 막 도착한 프랑스군 기병대가 사격을 가해왔다. 소위는 급히 퇴각하여 방어준비에 임했다. 신속한 상황판단 이후 독일군은 길을 가로질러 철조망을 설치하고 점판암을 땅에 묻어 위장지뢰를 매설했다. 이러한 속임수가 적중하여 프랑스군은 독일군을 공격하지 못했다.[40]

가르스키의 작은 부대는 흩어진 부대원을 끌어 모으면서 비트리에서 그 규모를 늘려가고 있었다. 그리고 곧 제2제파가 별다른 어려움 없이 도착했다. 가르스키는 비트리 바로 서쪽에 있는 트리몽Traimont에 강력한 방어진지를 편성했다. 가르스키는 이 작은 마을의 교차로를 점령함으로써 프랑스군이 마르틀랑주와 스트랭샹, 그리고 북쪽으로 접근하는 것을 차단하였다.41) 정오 경 크뤼거 부대가 레글리제에서 출발하여 가르스키가 있는 곳에 도착했다. 크뤼거가 합류함으로써 가르스키는 임무를 완수하기에 충분한 병력을 확보하였다.

3대대는 출발이 좋지 않았으나 목표를 확보하였다. 니베의 오버마이어와 비트리의 가르스키는 뇌프샤토와 바스통으로 향하려는 프랑스군을 차단하였다. 그러나 결과적으로 니비작전은 벨기에군이 마르틀랑주와 보당주에서 강력하게 방어하는 결과를 낳았다. 가르스키 부대가 작전을 수행하며 절단한 전화선은 제1아르덴느경보병연대와 예하 2대대를 이어주는 선로였다. 마르틀랑주, 보당주, 스트랭샹에서 있었던 2대대 4·5중대의 영웅적인 전투로 제19기갑군단의 전진이 상당히 지연되었다. 특수작전의 의도하지 않은 결과, 벨기에군의 방어가 약해진 것이 아니라 오히려 강력해진 것이다.

제1오토바이대대는 보당주에서 벨기에군 방어진지를 남쪽으로 우회한 이후, 포빌레를 향해 곧바로 서진했다. 가르스키 부대는 비트리에서 동진하였고, 2개 오토바이중대는 서쪽으로 향한 결과, 양 독일군 부대는 5월 10일 16시 30분경 포빌레에서 접촉하였다. 18시에서 18시 30분 사이, 대대본부를 포함한 제1오토바이대대 나머지 병력이 포빌레에 도착했다. 대대는 즉시 비트리를 확보하기 위해 서쪽으로 향했다.42)

보당주에서의 지연Delay at Bodange

제1/1대대가 보당주의 벨기에군을 소탕하고 제1오토바이대대가 비트리에 도착한 이후, 최소한 제1기갑사단의 기동로 전방 10km 내 적은 일소되었다. 그러나 독일군은 사단 기갑부대가 보당주 너머로 이동하는 일이 매우 어렵다는 사실을 알게 되었다.

제1기갑사단이 자우어 강의 도하를 차단하고 있던 지뢰지대를 제거하고 마르틀랑주와 라델랑주, 보당주를 통과하는 도로를 복구하기 위해 부지런히 움직이는 동안 사단장 키르히너 장군은 공격 준비명령을 하달했다. 벨기에 국경에서 종일 전투가 이어지는 동안 사단 행군종대는 룩셈부르크를 통해 계속 이동하였고, 점차로 마르틀랑주 근방에 이르고 있었다. 그러나 보당주의 통로를 확보했을 때에도 제1기갑사단은 급속한 전진을 위해 국경 상에 부대전개를 완료하지 못한 상태였다. 물론 경무장부대가 사단 첨단에서 룩셈부르크를 돌파하며 신속하게 진격하였으나, 행군종대 후방의 여러 부대(특히 전차, 포병, 중차량)는 극심한 정체를 겪고 있었다. 20시 15분에 보당주의 도하지점을 개방하였으나, 몇몇 부대는 여전히 후방 멀리에 있었다. 사단의 모든 부대가 마르틀랑주와 보당주 사이의 좁은 길을 따라 전진하려면 매우 험악한 지형에 자리한 도로와 교량을 완전히 복구해야만 했다. 이 같은 제한사항 때문에 사단은 서쪽을 향해 신속하게 기동하지 못하고 있었다.

제1기갑사단은 작전일지에 다음과 같이 기록하였다.

> 사단은 두 번째 방어선 돌파를 포기해야만 했다.
> 전위부대는 볼라빌레Volaiville에서 비트리에 이르는 선상에서 방어선을 편성하고 경계부대를 운영하면서 야간에 휴식을 취했다.
> 제1기갑사단은 완벽하게 만족스러운 기록으로 첫날을 마무리 짓지 못했다. 벨기에군은 열정적으로 방어에 임하였으나 — 방어는 예상보다 약했다. — 그보다 더 큰 난제는 도하지점과 통로가 완전히 파괴되었다는 점이다. 대부분의 상황에서 우회로를 발견할 수 없었다.[43]

벨기에군 방어가 "예상"보다 "약했다"는 단언은 아마도 사실이 아니었을 것이다. 벨기에군의 방어가 약했다고 하더라도 아르덴느경보병중대는 임무를 훌륭하게 완수했다. 독일군의 기동성이 가장 크게 제한되었던 상황은 벨기에군이 장애물을 화력으로 엄호한 보당주에서 나타났다. 소규모 벨기에군의 적극적인 전투와 룩셈부르크 국경지대의 도로망에 대한 파괴는 명백하게 제1기갑사단의 신속한 진격에 영향을 주었다.

제10기갑사단의 전진The Advance of the 10th Panzer Division

제10기갑사단은 제1기갑사단 좌측에 있었으며 제19기갑군단 좌익이었다. 프랑스군이 제19기갑군단 남측방을 위협할 것이 확실했기 때문에 구데리안은 대독일연대(4개 대대 중 2개 대대가 빠져나간)를 사단에 배속했다. 이러한 조치로 제10기갑사단은 구데리안 휘하 3개 기갑사단 중 가장 규모가 큰 사단이었다.

그런데 볼렌도르프에서 사단 전위부대의 오우르 강 도하를 지원하기로 한 공병중대가 길을 잃어 도하지점에 늦게 도착함으로써 볼렌도르프와 에슈떼흐나슈 통과가 매끄럽지 못했다. 공병 강습도하주정 없었기 때문에 사단 선두부대는 교량 위 콘크리트 장애물을 밀어낼 때까지 강을 건너지 못했다. 계획보다 거의 1시간가량 늦은 05시 35분경, 마침내 선두부대가 강을 건넜다.44) 이러한 서투른 출발에도 제10기갑사단은 계속해서 임무를 훌륭하게 수행하며 다른 2개의 사단보다 빠르게 기동했다.

사단은 오토바이부대와 공병, 수색정찰부대로 구성한 차장부대, 방공, 공병, 수색정찰부대로 이루어진 전위부대를 동반하여 2개 행군통로를 이용해 룩셈부르크 경내를 이동했다. 대독일연대 예하 2개 대대와 1개 전차중대는 우측 행군종대에 속했다. 제69보병연대와 2개 전차연대는 좌측 행군통로를 이용했다. 다른 여러 부대도 두 개 행군종대에 섞여 있었다.45)

09시 15분경, 우측 행군종대의 차장부대가 아테르 인근에서 벨기에로 진입했으나 아무런 저항도 받지 않았다. 그들은 룩셈부르크를 통해 신속하게 이동하면서 어떠한 장애물과도 마주치지 않았다. 좌측 행군종대는 우측 보다 약간 천천히 기동했다. 제10기갑사단은 아를롱과 플로렌빌Florenville(아를롱 서쪽 35km) 사이 넓은 계곡으로 두 행군종대를 전진시키려 했으며 벨기에군이 강력하게 저항하리라 생각지는 않았다. 그러나 독일군은 벨기에를 향해 북상하거나 플로렌빌에서 동쪽으로 향하는 프랑스군과 접촉하리라 예상했다.46) 사단의 예측은 현실로 나타났다. 12시 30분에 에딸르 동쪽에서 프랑스군과 접촉한 것이다.

대독일연대 2대대는 에딸르에서 격렬한 시가전에 휘말렸다. 그 와중에 대대장이 전사했다. 프랑스군이 에딸르에서 도주하기 직전 마침내 제10기갑사단 전차 몇 대가 독일군 보병을 지원하기 위해 도착했다. 대독일연대는 에딸르 외곽에서 1대대를 우익에, 2대대를 좌익에, 제43강습공병대대를 중앙에 배치하여 공격했다. 당시 포병이 도착하지 않았기 때문에 보병과 공병은 포병화력지원 없이 전투에 임하였으나, 대독일연대 16중대가 보유했던 중강습포의 지원은 받을 수 있었다.47) 한편, 제43강습공병대대가 공격에 나선 것을 계기로 이후 전투에서 공병을 마치 보병처럼 전투에 투입하는 것이 상례가 되었다.

"적의 격렬한 방어"에 따른 전투로 오후에 휴식을 취한 사단은 19시에 에딸르 서쪽 3km 정도에 자리한 남북으로 뻗은 철로에 겨우 도착했다. 첫날 전투에서 제69보병연대와 대독일연대는 각각 계곡 남쪽과 중앙에서 공격했다. 전역 첫날 대독일연대는 빌레르 쉬르 세무아Villers sur Semois(에딸르 북서쪽 5km)를 향해 북서쪽으로 공격했다. 한편, 격렬한 전투로 말미암아 제69보병연대장이 에딸르 서쪽 3km 지점에서 전사하고 말았다.48)

이렇게 전투 처음 몇 시간 동안 많은 독일군 보병연대장과 대대장이 전사했다. 수많은 지휘관과 핵심요원의 전사는 독일군 지휘관이 기꺼이 솔선수범하고 최전방에 머무르며 전투를 지휘했다는 점을 명백하게 보여주는 사례였다. 차후 설명하겠지만 독일군과 비교하면 프랑스군 고급 장교가 전사한 경우는 매우 드물었다. 제10기갑사단의 고급 지휘관이 최전방에서 분투했음에도 프랑스군은 강력한 방어로 독일군의 첫날 목표 — 로시뇰Rossigno-벨폰타인Bellefontaine(에딸르 서쪽 7km)을 연하는 선을 확보 — 달성을 막아냈다.

제10기갑사단은 계속해서 프랑스군 방어선을 돌파하려 했다. 사단은 21시에 군단에서 5월 11일에 플로렌빌로 계속 공격하라는 명령을 전화로 수령했다. 그러나 02시경, 사단은 북서쪽으로 공격방향을 전환하여 모르테한Mortehan(부이용 동쪽 10km) 인근에서 세무아 강을 도하하라는 내용의 서식명령(21시 50분 발령)을 받았다.

구데리안은 나중에 전황을 설명하면서 기갑군 사령부가 남쪽에서 접근해오는 프랑스군 기병대를 우려하여 제10기갑사단에 기병대 예상 접근방향으로 선회하도록 명령했다고 말했다. 그러나 그는 기갑사단 3개 중 하나를 다른 방향으로 전환하는 것은 뫼즈 강 도하 및 작전 전체의 성공을 위협하는 조치라고 이해했다. 구데리안은 제10기갑사단을 남쪽으로 보내지 않기 위해 사단 진격로를 변경하여 쉬니Suxy(뇌프샤토 남쪽 9km)를 통해 모르테한(뇌프샤토 서남서쪽 16km)로 향하도록 명령했다.[49]

구데리안은 신중하게 고려한 그의 대안에 따라서 사단 공격방향을 수정하는 명령을 내렸고, 10일에서 11일로 넘어가기 직전에 도착한 클라이스트의 지령 — 제10기갑사단은 정지하여 군단 좌측방을 방호하라는 — 을 무시했다.[50] 구데리안은 군단 측방방호는 후속 사단 책임이며 제10기갑사단이 북서쪽으로 선회하는 것이 측방위협을 줄이는 방법이라 확신했다. 또한, 그는 작전 전체의 성공은 군단 예하 3개 사단이 모두 뫼즈 강을 도하하여 공격할 수 있는가에 달렸다고 믿었다. 03시 30분경 이루어진 제19기갑군단과 기갑군 간 협의에서 구데리안은 신속한 전진으로 군단 측방을 방호하는 방안의 이점을 강조했다. 클라이스트는 마침내 제10기갑사단에 대한 명령을 취소했다.[51] 구데리안은 완고하게 클라이스트의 명령을 무시하며 대담하게 자신의 주장이 지녔던 강점을 강조했다. 만약 클라이스트가 제10기갑사단을 남쪽으로 향하도록 고집했다거나 또는, 프랑스군이 실제로 북쪽으로 공격했다면, 제10기갑사단의 선회를 둘러싼 난제들은 극복될 수 없었을 것이다.

한편, 제10기갑사단은 북쪽으로 선회함으로써 전체 작전지역 중 가장 부대이동이 어려운 최악의 지역을 통과해야만 했다. 사단은 당시 상황을 다음과 같이 기록하였다.

사단은 전력을 다해 플로렌빌로 공격하는 데 집중했다. 우리는 신속한 목표달성을 자신해왔다. 그런데 사단이 어렵사리 북쪽으로 선회를 마치고 기동이 어려운 앙리에Anlier 숲과 세무아 강을 통과하여 이동하게 되면 궁극적인 목표인 세당 확보가 늦어질 것으로 예측되었다.

반면에 군단은 남쪽에서 강력한 적이 접근하고 있다는 보고에 따라 플로렌빌을 통해 신속하게 전진하는 계획에 우려를 표명했다. 게다가 사단의 기동방향 전환은 여전히 주춤거리고 있는 제1기갑사단의 전진을 돕기 위한 목적……[52]

가용시간은 짧았지만 사단은 예하부대에 가까스로 선회하라는 지시를 전파할 수 있었고 북서쪽으로 행군방향을 전환했다. 에딸르에서 포병대대가 방향 전환을 엄호하는 동안 제10기갑사단은 거의 뇌프샤토 인근까지 북상하여 그레퐁틴Grapfontaine(뇌프샤토 3km 남쪽)을 지나 이동하는 1개 집단을 포함하여 3개 행군로를 따라 북서쪽으로 이동했다. 목표는 사단 진출선에서 15km 전방인 세무아 강변의 모르테한이었다.[53]

대독일연대는 북서쪽으로 기동하던 와중에 쉬니 인근 울창한 삼림에서 "완고하게 저항하는 적"과 조우했으나, "매우 격렬하게 싸우던 기병수색대대"를 패퇴시켰다. 더 북쪽에서는 제86보병연대가 스트라몽

Straimont 인근에서 약한 저항을 받았다. 그런데 제1기갑사단이 뇌프샤토 남쪽으로 기동하여 제86보병연대 행군로로 끼어들자 예상치 못한 문제가 발생했다. 제1기갑사단 때문에 정체가 발생한 것이다. 급작스런 정체에도 제10기갑사단 보병부대 선두는 11일 저녁 무렵에 모르테한 동쪽 5km 지점까지 진출했다.[54]

사단이 북서쪽으로 기동함에 따라서 독일군은 프랑스군 기병대가 플로렌빌에서 에딸르 방면으로 기동 중이라는 보고가 잘못된 것이었음을 알게 되었다. 이에 클라이스트는 제10기갑사단을 북서쪽으로 전환한 것이 현명한 조치였는지에 대해 고민하기 시작했다. 클라이스트는 만약 제10기갑사단이 플로렌빌을 통과하여 서쪽으로 기동한다면 남쪽에서 프랑스군을 공격함으로써 세무아 강을 방어하는 프랑스군을 포위할 수 있으리라 생각했던 것이다. 11일 오후, 클라이스트는 군단 지휘소를 방문하여 사단이 북서쪽보다는 서쪽인 플로렌빌로 향하는 방안을 논의하였다. 이때 구데리안의 참모장은 제10기갑사단이 플로렌빌로 기동한다면 작전이 극도로 늦어지는 결과를 초래할 수 있다고 강조했다. 이에 클라이스트는 사단의 방향을 바꾸라는 명령을 내리지 않고 군단사령부를 떠났다.[55]

그러나 약 2시간 뒤, 제19기갑군단은 예하부대를 플로렌빌로 보내라는 기갑군의 명령을 수령했다. 기갑군 작전참모는 제10기갑사단 소속 기갑여단 투입을 제안했다. 또한, 그는 베를린 최고사령부가 더욱 강력한 부대를 플로렌빌로 보내기를 원한다고 설명했다. 더는 고집부릴 수 없음을 깨달은 제19기갑군단은 17시 45분, 제10기갑사단에 대대급 TF를 구성하여 플로렌빌을 거쳐 세무아 강 방면으로 향하도록 무선지령을 하달했다. 그런데 이번에는 제10기갑사단장이 반대의사를 밝혔다.[56]

뇌프샤토에서 열린 구데리안과의 회의에서 사단장 샬 장군은 플로렌빌로 대대를 보내서는 안 된다고 주장했다. 그는 대대가 기동할 시간이 부족하며, 제7군단 전위부대가 남측방에 적절한 엄호를 제공할 것이라고 지적하면서 모르테한으로 계속 공격하는 것이 중요하다고 강조했다. 최초 계획에 따르면 제7군단 예하부대가 제19기갑군단 측방을 방호하기 위해 에딸르 남쪽으로 이동하게 되어 있었다.[57] 이후 제7군단이 계속 서쪽으로 기동하게 되면 제7군단은 후속하던 제8군단과 교대할 계획이었다.

전날 클라이스트가 구데리안의 반대에 물러났던 것처럼 구데리안도 곧 샬의 주장을 받아들였다. 사단 임무는 여전히 모르테한 부근에서 세무아 강을 도하하여 세당 방향으로 질주하는 것이었다. 그러나 구데리안은 군단 측방에 대한 최고사령부의 우려에 대응하기 위해 제10기갑사단을 후속하던 제14차량화군단 예하 제29차량화보병사단에 연락하여 가능하다면 사단 예하부대를 플로렌빌로 보내달라고 요청했다. 잠시 후 클라이스트는 제10기갑사단이 선회하기 어렵다는 점을 인정했고, 제29차량화보병사단에게 플로렌빌로 향하도록 명령했다.[58] 이처럼 구데리안의 행동은 클라이스트에게 선택의 여지를 거의 주지 않았다.

전차 소수가 보병과 함께 전진하기도 했으나, 5월 11일 내내 제10기갑사단 전차 대부분은 보병의 한참 뒤에서 이동했다. 11일 자정 직전 구데리안은 제10기갑사단에서 대독일연대의 지휘권을 회수하여 군단직할로 변경했다. 자정 직후 제10기갑사단의 두 전차연대는 뇌프샤토 남쪽 5km 지점에 있는 집결지 근처에 이르렀다.[59] 이때 보병은 전차연대보다 16km 앞에 있었다. 그러나 전차는 매우 험난한 지형에 형성된 극도로 구불거리는 길을 지나야 했기 때문에 보병과 기갑부대의 시간 간격은 더욱 컸다.

5월 12일 2시, 제10기갑사단 보병이 세무아 강에 도착하여 잠시 뒤 모르테한의 도하지점을 탈취했다. 사단은 일지에 "약한 적, 교량은 파괴되었음."이라고 간단하게 기록하였다. 차량은 교량을 복구한 뒤에도 매우 천천히 통과해야 했다.[60] 제10기갑사단은 극히 험악한 지형과 구불거리는 길로 기동했음에도 상대적으로 전진하기에 유리한 환경 하에서 공격했던 제1기갑사단과 거의 같은 시간에 세무아 강 도하지점을 확보하였다.

제10기갑사단은 모르테한 동쪽의 울창한 삼림과 세무아 강 인근의 험준한 지형을 가로지른 이후에도 쉽사리 뫼즈 강으로 향할 수 없었다. 제10기갑사단 전방의 울창한 삼림에는 단지 몇 개의 도로만이 개설되어 있었다. 그중 세당으로 이어진 도로는 1~2개뿐이었다. 제10기갑사단이 뫼즈 강 도하 예정지점에 도달하기 위해서는 모르테한 남쪽 5km에 있는 메종 블랑셰Maison Blanche까지 이동한 뒤, 서쪽으로 12km가량 전진하고, 라 샤펠La Chapelle(세당 북동쪽 5km)−쥐본느Givonne(세당 북동쪽 3km)를 거쳐야 했다.

제86보병연대는 12일 13시에 라 샤펠에 도착했고, 19시경 쥐본느를 확보했다.61) 라 샤펠이나 뫼즈 강 북안에서 프랑스군의 저항이 전혀 혹은, 거의 없었음에도 폭파지점이나 도로대화구, 장애물과 통합한 프랑스군 포격 때문에 세무아 강 남쪽에서의 전진이 장시간 늦어졌다.

제10기갑사단은 뫼즈 강 도하작전을 준비하면서 만만치 않은 도전에 직면하였다. 많은 장비와 부대가 사단이 지나온 숲과 작은 길에 뿔뿔이 흩어져 있었다. 물론 뫼즈 강 도하는 복잡하고 어려운 작전이 분명했으나, 사단이 도하를 위해 집결하는 것보다는 간단해 보였다.

제2기갑사단의 전진The Advance of the 2nd Panzer Division Through Belgium

제2기갑사단은 제19기갑군단 우익으로서 3개 사단 중 가장 북쪽에 있는 부대였다. 아르덴느의 가장 험한 지형 일부를 통과해야 했기에 사단에게 프랑스전역의 서두는 제일 큰 도전이었다. 룩셈부르크 북부지역은 동서 간 도로망이 남북 간 도로보다 잘 발달하여 있었지만, 사단은 가파른 언덕과 굴곡이 심한 길을 통과해서 전진해야만 했다. 5월 10일에 벨기에로 진입한 사단은 계속해서 전진하여 군단의 다른 사단보다는 늦었지만 마침내 세무아 강에 도착했다.

제1·10기갑사단과 마찬가지로 제2기갑사단도 룩셈부르크에서는 적과 조우하지 않았다. 사단은 5월 9일 밤에 특수부대를 투입하여 오우르 강 교량과 장애물을 탈취함으로써 비앙덩 인근에서 순조롭게 도하하였다. 전위부대가 선두에서 기동했고, 그 뒤를 보병이 투속했다. 보병은 08시 31분에 룩셈부르크 국경을 넘었다.62)

행군로 상에는 날카로운 S자형으로 굴곡진 길이 몇 곳 있었는데, 커다란 트럭은 전진과 후진을 몇 차례 반복해야만 이런 길을 지날 수 있었기 때문에 룩셈부르크 통과는 매우 어려웠다. 또한, 행군종대는 부서진 차량이 길을 막을 때마다 몇 개의 그룹으로 분리되었다. 사단은 종국에는 행군로를 바꿔야만 했고, 남쪽으로 돌아가기 전에 더 북쪽으로 이동했다. 10시 30분에 사단 선두 부대가 쑤리Surré 인근 벨기에 국경에 도달했다. 정찰부대가 탱타쥬Tintage(국경에 근접한 마를틀랑주 북쪽 6km에 있는 마을)에 벨기에군이 없으며 스트랭샹(탱타쥬 서쪽 5km)의 방어선에도 적의 "움직임이 없다."고 보고했다.63)

13시 30분이 얼마 지나지 않은 시각, 사단 기갑수색대대 정찰대가 탱타쥬를 지나 스트랭샹의 벨기에군을 공격했다. 공격이 시작되기 직전 사단은 제74포병연대를 전방으로 보내 공격을 지원하려 했다. 포병대대는 좁은 길과 험한 지형에도 이동에 성공하여 화력을 지원할 수 있었다. 17시경, 사단은 스트랭샹을 탈취했으나 교량이 파괴된 것을 발견했다. 보병은 자우어 강을 도섭하여 몇 분 뒤에는 오뜨Hotte(스트랭샹 서쪽 2km)를 점령했다. 제38장갑공병대대가 즉시 이 작은 강에 전술교량을 건설하기 시작했다. 강폭이 좁기는 했으나 개천에 교량을 가설하는 것보다는 어려운 작업이었다.64)

사단장은 이 시점에서 전차를 부대 전방으로 가져오고 싶어 하였으나, 기갑부대는 여전히 룩셈부르크 깊숙이 머물러 있었다. 도로 형태로 말미암은 체증에 더하여 제1기갑사단이 제2기갑사단에 사용 우선권이 있는 도로 중 하나를 이용하여 맹렬하게 전방으로 돌진했기 때문에 제2기갑사단의 전진이 방해받았다. 그 때문에 기갑여단이 다음 날 아침까지도 벨기에 국경에 도달하지 못하리라는 점은 명확했다.

전차가 후방 멀리에 있었지만 보병은 공세적으로 전진했다. 뱅빌Winville(탱타쥬 서쪽 10km)에 신속하게 도착한 제1 · 2/2대대는 계속 서쪽으로 기동했다. 5월 11일 01시경, 공병이 스트랭샹의 교량을 복구한 이후 제74포병연대와 제2보병연대의 차량이 전진을 서둘렀다. 사단은 11일 아침에 리브하몽을 공격하기 위한 채비를 했다.65)

11일의 공격을 위해 사단장은 부대를 2개 종대로 나누었다. 첫 번째 종대는 비아 와이드몽via Widemont—생트 마리Ste. Marie—리브하몽을 따라 진출했다. 두 번째 종대는 비아 베네몽via Bernomont—스베르샹Sberchamps—르꽁느Recogne로 공격했다. 제6기갑사단이 제2기갑사단의 통로에 끼어들자 룩셈부르크를 통과중인 후위부대에 재앙이 계속되었다. 이러한 어려운 상황에도 전차 몇 대가 가까스로 룩셈부르크 국경을 통과했고, 09시에 제4전차연대 2중대가 리브하몽 공격을 지원하기 위해 전방으로 질주했다. 정찰기는 프랑스군이 리브하몽 남쪽에 전력을 집중하였으며 리브하몽과 뇌프샤토 사이 도로에는 방어선을 구축하지 않았다고 보고했다.

프랑스군 기병대와의 힘겨운 시가전 이후 사단은 5월 11일 14시 45분에 리브하몽을 장악했다. 전차부대가 아직도 행군종대 후방에 있었기 때문에 제1기갑사단이 뇌프샤토에서 그랬던 것처럼 대규모 기갑부대를 도시에 투입할 수는 없었다. 리브하몽의 저항을 일소한 이후 제2기갑사단은 2개 행군종대를 편성하여 프랑스군 방어선을 향해 계속 공격했다. 대부분 보병으로 이루어진 두 행군종대 — 각각 멍브흐Membre와 무자이브Mouzaive(부이용 북서쪽 10km)로 향하는 — 는 세무아 강을 향해 천천히 이동했다. 02시에 독일군이 오샹Ochamps(리브하몽 서쪽 8km)을 점령한 후 제2기갑사단 전방의 프랑스군은 방어를 포기했고, 사단의 전진은 더욱

용이해졌다.66)

그러나 제2기갑사단 전차부대는 11일 19시가 돼서야 생트 마리(리브하몽 동쪽 3km)에 도착했다. 룩셈부르크 경내의 교통체증으로 전차 기동은 심각하게 지연되어 사단의 전진도 둔화하였다.

제2보병여단은 12일 01시 15분에서 4시까지 3시간 동안 휴식을 취한 뒤 이동을 재개하여 17시에 세무아 강에 도착했다. 여단은 도착 즉시 강 남안에 적은 없으나 멍브흐와 브레스Vresse(부이용 남쪽 13km)의 교량이 파괴되었다고 보고했다. 한편, 여단은 제1기갑사단이 무자이브에서 도하지점을 탈취하고 도하를 서두르고 있는 것을 발견했다. 제2기갑사단에는 브레스 인근에서 자체적으로 교량을 가설하는 방안 외에 다른 선택이 없었다.67) 사단이 교량가설 자재를 전방으로 추진하느라 고전하는 동안 몇몇 보병부대가 세무아 강을 건너 쑤니Sugny로 향했다. 그러나 프랑스군이 이미 서쪽으로 철수했기 때문에 이들은 적과 만나지 않았다.

5월 12일 15시, 세무아 강에 교량가설이 완료되자 제2오토바이 대대가 강을 건너 쑤니, 보쎄발Bosseval, 브리뉴 오 브와Vrigne aux Bois, 돈셰리(세당 남쪽 4km)로 향했다. 몇 시간 뒤 파괴된 도로와 장애물 때문에 사단 우측 행군종대는 멍브레를 향한 기동을 포기할 수밖에 없었고, 사단장은 좌측 행군종대와 함께 브레스에서 강을 도하하도록 명령했다. 행군로 문제는 여전히 주요 지체 요인으로, 제2기갑사단이 다른 두 사단보다 뒤늦게 뫼즈 강을 건너게 된 궁극적인 원인이었다.

세무아 강을 향한 제1기갑사단의 전진The Advance of the 1st Panzer Division to the Semois River

구데리안은 전역 첫날 목표를 뇌프샤토 인근에서 적의 두 번째 방어선을 돌파하는 것으로 설정했다. 그러나 룩셈부르크를 통해 거대한 행군종대가 움직이면서 발생했던 예상치 못한 여러 제한사항의 결합과 보당주를 방어하는 벨기에군의 분투로 첫날 목표달성에 차질이 생겼다. 군단 휘하 3개 사단 모두 목표달성에 실패한 것이었다. 구데리안은 전역 2일 차에 시간계획의 지나친 지연을 방지하고 프랑스군이 세당 방어선을 증강할 반응시간을 박탈하기 위해서 군단이 최대한 신속하게 진격하는 것이 중요하다는 사실 — 특히 제1기갑사단이 — 을 잘 알고 있었다. 작전이 지연되었음에도 구데리안은 둘째 날 확보하기로 계획한 목표를 변경하지 않았다. 즉, 구데리안은 군단이 세무아 강에 도달하기를 원했다.

5월 11일 이른 아침, 제1기갑사단 차장부대는 뇌프샤토 동쪽 약 10km 지점에 있었다. 차장부대의 경무장부대가 10일 야간부터 다음 날 아침까지 비트리 서쪽으로 공격하는 동안 사단 본대는 마르틀랑주와 보당주의 병목을 통과하는데 어려움을 겪고 있었다. 그러나 이러한 어려움은 제2기갑사단이 처한 상황에 비하면 그리 크지 않았다. 제1기갑사단에게 가장 중요한 병목지점은 보당주였다. 도로 상태 탓에 제1/73 포병대대가 보당주에서 정지하자 제1전차연대 전체가 그 뒤에서 멈춰섰다. 그러나 독일군에게는 다행스럽게도 제2전차연대가 이미 자우어 강을 건넌 상태였다.[68]

11일 이른 아침, 제1기갑사단은 보당주에서의 지연 때문에 양개 전차연대 중 1개 연대만을 공격에 투입할 수 있었으며 포병화력을 지원해 주지도 못했다. 그러나 전차를 투입함으로써 사단은 북쪽에서 공격하던 제2기갑사단보다 더 신속하게 룩셈부르크 국경의 벨기에군 방어선을 돌파할 수 있었다. 이로써 전차 투입이 극히 중요했음이 증명되었다.

제1기갑사단이 뇌프샤토를 향해 전진할 때 제2전차연대가 선두에 섰다. 11일 01시 45분, 연대는 비트리에 도착하여 잠시 재보급과 휴식을 취한 후 04시 35분에 서쪽으로 이동을 재개했다. 06시 45분, 연대가 내무쌀트Namoussart(뇌프샤토 동쪽 5km) 동쪽 숲에 이르렀다.[69] 제2전차연대는 보병 지원 없이 시가지를 공격하기보다는 남쪽으로 기동하여 뇌프샤토를 우회했다. 연대는 내무쌀트-마흐베이Marbay-그레퐁틴을 지나 북쪽으로 선회하여 페띠부아Petitvoir(뇌프샤토 서쪽 4km)로 접근했다. 제2전차연대가 뇌프샤토로 향하는 선두에서 공격함에 따라 프랑스군은 제2전차연대를 저지하려 했다. 독일군 제2전차연대가 갑작스레 출현하자 프랑스군 전방 방어선이 고립되어 포위당할 위협에 처했다.

제1기갑사단은 일지에 "적은 이곳에 강력한 방어선을 형성했다. 제2전차연대에 하달한 가장 중요한 지시는 뇌프샤토에서 서쪽으로 향하는 길을 개방하라는 것이었다."라고 적었다. 기갑여단이 "힘들게 싸우고 있다."라고 주장했던 시간 동안 제2전차연대는 프랑스군 1개 포대와 오토바이부대의 행군종대를 격멸했다.[70]

제2전차연대 후방에서는 제1전차연대 본대가 "천천히" 이동하고 있었으며, 제2전차연대 선두 전차가 페띠부아를 공격했을 때야 내무쌀트에 이르렀다. 제37장갑공병대대가 뇌프샤토에서 가해지는 측방공격에 대비하기 위해 측위부대로 임무를 수행하는 동안 제3/1대대가 제1전차연대를 후속했다. 뇌프사토 바로 남쪽에 있는 르 싸흐Le Sart에 도착한 제3/1대대는 북쪽으로 선회하여 도시를 공격했다. 보병은 방어가 견고하지 않음을 발견하고는 도심으로 신속히 공격하여 프랑스군을 격퇴했다. 13시 30경, 뇌프샤토는 독일군 수중에 떨어졌다.[71]

제1기갑사단은 서쪽으로 계속 전진하기 위해 제1전차연대로 하여금 제2전차연대를 우회하여 전방으로 이동하도록 했다. 제2전차연대가 페띠부아를 공격하는 동안 제1전차연대가 제2전차연대 좌측에서 공격하여 뷔오주Biourge(페띠부아와 베트릭스Bertrix 중간 지점)를 탈취했다. 이러한 종심 깊은 쇄도는 제2전차연대가 "곧 이어" 페띠부아를 확보하는 데 일조했다. 사단은 일지에 "마침내 두 번째 방어선을 돌파하는 데 성공했다."라고 적었다. 독일군은 14시경 프랑스군 방어선을 돌파했다.[72]

사단의 다음 목표는 세무아 강에 도달하는 것이었다. 제1전차연대는 부이용에서, 제2전차연대는 로슈오Rochehaut(부이용 북서쪽 7km)에서 도하지점을 탈취하라는 명령을 받았다. 사단은 프랑스군이 재편성할 시간을 주지 않으려 했다.

뷔오주를 확보한 제1전차연대는 15시 15분경, 신속하게 베트릭스를 점령했다. 과감하고 쉼 없이 공격하던 연대는 마침내 17시 15분 경 페이 레 베뇌Fays Les Veneure(베트릭스 서쪽 6km)에서 끊어진 교량 때문에 정지 했다. 금세 우회로를 찾은 전차는 계속 서쪽으로 공격했으나 서쪽으로 2km 떨어진 마을에서 부서진 교량 때문에 다시 정지하였다. 이번에 연 대는 오랜 수색 끝에 우회로를 찾을 수 있었다.[73]

제1기갑사단 예하부대가 경쟁하듯 전진하는 과정에서 오직 장애물로 인해 기동을 중단했다. 이 때문에 사단 사령부는 간단없이 전진하기 위 해 세무아 강의 온전한 교량을 확보하려 했다. 사단 선두부대였던 제1/1 전차대대는 부이용을 신속히 공격하여 세무아 강을 건너는 교량을 탈취 하고 보병이 도착할 때까지 이를 확보하라는 명령을 받았다. 제1/1전차 대대는 전진하면서 프랑스군 전차 몇 대와 포화를 주고받으며 적이 도 로 양 측방을 점령하고 있음에도 두 차례에 걸쳐 적을 밀어냈다. 적 전 차가 서쪽으로 도주하고 있다는 항공정찰보고에 따라 대대는 더욱 신속 하게 전방으로 기동했다.

17시 30분경, 대대는 부이용 외곽에 이르렀다. 선두 중대인 2중대가 도시에 진입했을 때 교량이 폭파되는 소리가 들렸다. 중대는 세무아 강 으로 접근하면서 온전한 교량 하나를 발견했다. 독일군은 프랑스군이 교량을 파괴하는 것을 막고자 그 주변으로 기관총 사격을 가했다. 동시 에 4중대는 시가지를 지나 교량을 탈취하라는 명령을 받았다. 그러나 전차가 닿기 직전 교량이 폭파되고 말았다. 그리고 거의 동시에 중대장 이 탑승한 전차가 대전차탄에 직격당해 포수가 전사하였다. 피격당한 전차가 더는 가용하지 않아 승무원은 전차를 포기했다.

그러는 동안 2중대가 다리 근처에서 도섭하여 세무아 강을 건넜다. 중대가 대안을 확보하였으나 대대장은 중대를 다시 차안으로 돌아오도록 했다. 대대장은 사후보고서에 그 이유를 기술하지는 않았으나 아마도 울창한 숲에서 전차를 보호할 보병이 없었다는 점이 원인이었던 것으로 생각된다.[74]

독일군이 부이용을 공격하고 있을 때 독일 공군이 기습 폭격을 가하여 전차 주변으로 폭탄을 투하했다. 오폭으로 최소 1명의 병사가 부상당했다. 제1/1전차대대가 백색 신호탄을 발사했음에도 폭격이 계속되었다. 또한, 그때 적이 강력한 포격을 가해왔다. 보병지원이 없는 상황에서 적 포탄마저 떨어지자, 대대장은 전차를 부이용에서 누아퐁텐느Noirfontaine(부이용 북쪽 3km)로 빼내기로 했다.[75] 결국 5월 11일 저녁 부이용에서 세무아 강을 건너 신속하게 전진할 수 있는 기회는 무산되었다.

그러나 낮 동안 제1기갑사단이 성취는 자랑스러울 만했다. 이러한 자긍심은 사단의 일지에도 나타났다.

전투, 장애물, 우회, 봉쇄, 행군종대 혼재 등 직면했던 모든 어려움에도 오늘은 제1기갑사단에게 첫 성공의 날이다. 벨기에군의 두 번째 방어선에서 프랑스군과 처음으로 조우한 오늘, 사단에는 서방의 적보다 우리가 우월하다는 격정이 일어났다. 사단은 양측방에 상관하지 않고, 첫날의 느린 전진에도 전역 둘째 날의 목표에 도달 ― 같은 군단 소속의 다른 두 사단이 전진한 것보다 더 멀리 ― 했다.[76]

제1기갑사단의 세무아 강 도하The 1st Panzer Division Crosses the Semois River

독일군에게는 다행스럽게도 제1기갑사단이 과감하게 전진함으로써 프랑스군이 세무아 강을 따라 형성한 방어선이 무너졌다. 비록 세무아 강에 도섭가능지점이 다수 존재했다 할지라도 굵은 수목과 높은 언덕은 방자에게 매우 유리한 지형조건이었다. 그러나 프랑스군은 독일군의 강력한 압박 때문에 상당히 조기에 철수했고, 방어를 필요한 만큼 충분히 강력하게 시행하지 못했다.

제1기갑사단장은 사단이 부이용에서 빠져나온 이후 예하부대를 2개 전투단으로 재편했다. 그는 기갑여단장 켈츠Keltsch 대령의 지휘 아래 제 2/2전차대대, 제1/1대대, 제1/73포병대대, 대전차중대로 켈츠 전투단을 편성했다. 다른 하나는 보병연대장 크뤼거 대령의 지휘 아래 사단의 나머지 대부분 기동부대로 구성한 크뤼거 전투단이었다. 크뤼거 전투단은 부이용에서 세무아 강 도하지점 확보를 목표로, 켈츠 전투단은 그 북쪽에서 도하지점을 확보하는 임무를 부여받았다.

사단 주공은 크뤼거 전투단이 공격하는 부이용 방향이었다. 5월 12일 02시 20분경, 제1/1대대는 부이용을 지나 세무아 강을 건너 강 남안의 구릉을 공격, 확보하라는 명령을 받았다. 배속부대로서 제1전차연대 전차 2개 소대가 대대에 편조되었다. 또한, 제2/73포병대대는 화력을 직접지원*했다. 만약 프랑스군이 공격한다면 대대는 부이용 북쪽 구릉을 고수할 계획이었다. 공격개시 시간이 03시에서 05시로 변경된 후 보병이 부이용으로 진입하여 신속하게 주도로에 도착하였으나 적이 없었다. 3중대가 선두로 세무아 강을 건너 교두보를 확보했고, 2중대와 공병소대가 3중대를 후속했다. 1중대는 부이용 경비를 위해 후방에 남았다. 2개 중대가 세무아 강을 도하한 이후 제3/1대대와 전차소대가 기동하여 교두보를 확장했다.[77]

그런데 켈츠 전투단이 제1기갑사단의 가장 중요한 도하지점을 만들어냈다. 물론 그들의 전투기술과 리더십도 중요한 역할을 했지만 행운이 켈츠 편에 있었다. 11일 오후, 켈츠는 제1오토바이대대와 제2/2대대, 제 73포병연대 1개 포대에 페이 레 뵈네Fays les Veneurs(베트릭스 서쪽 6km)에서 꼬흐니몽Conimont(부이용 북서쪽 6km)으로 기동하라고 명령했다. 제2/1 대대는 뿌퐁Poupehan(부이용 북서쪽 5km)으로 기동하여 도하지점을 확보하

---

* 한 부대가 다른 특정부대를 지원하도록 요청하는 지휘관계로 지원부대는 피지원부대의 요청에 최우선으로 대응해야한다.

라는 명령을 받았다.

5월 11일 19시 15분, 제1오토바이대대 3중대는 무자이브(부이용 북서쪽 10km)로 진격하라는 명령을 수령했다. 전차소대로 증강한 중대는 세무아 강의 교량이 온전하다면 그것을 확보할 계획이었다. 만약 교량이 파괴되었다면 알르라는 작은 마을을 남쪽에서 공격하여 탈취하고 교두보를 형성하는 임무를 부여받았다.[78]

무자이브의 교량을 확보하라는 명령은 그 출처가 불분명했다. 하지만 아마도 부이용 서쪽에서 도하지점을 확보하는 임무를 가지고 있던 켈츠가 내렸으리라 추측된다. 그 명령은 사단 사령부에서 하달한 것은 분명히 아니었으며, 사단참모부는 일지에서 명령에 대한 공을 제 것이라 주장하지 않았다. 더구나 무자이브는 제2기갑사단의 도하 예정 지점으로 제1기갑사단 책임지역 밖이었다. 이렇게 다른 사단 작전지역에서 도하지점을 확보한 행동은 아마도 다른 사단보다 먼저 전진하고 싶다는 사단 사령부의 열망보다는 공세적인 예하 지휘관 때문이었던 것으로 생각된다.

그럼에도 11일 야음이 깔리기 직전 제1오토바이대대 3중대는 명령을 받고 30분 후 무자이브를 향해 내달렸다. 숲을 지난 중대는 교량 북동쪽에서 쓰러진 나무가 도로를 막고 있었기 때문에 오토바이에서 내려 도보로 전진했다. 그들이 수목을 헤쳐 나왔을 때 무자이브 근방에서 강을 가로질러 기관총탄이 날아왔다. 교전 중에 프랑스군 기병순찰대가 출현했고, 그들은 가까스로 독일군을 우회하여 다리를 건너 무자이브로 퇴각했다. 3중대는 급속공격으로 23시 35분경 교량을 확보했다.[79]

오토바이중대는 사단 작전지역 밖이었음에도 알르 북쪽을 소탕하고 교두보를 확장했다. 사단 사령부는 즉시 군단에 도하지점 사용 승인을 요청했다. 제2기갑사단이 후방 멀리에 있었기 때문에 곧 승인이 떨어졌다. 이튿날 05시경, 제2기갑사단이 무자이브에 도착하여 도하지점을 탈취하려 했으나 이 지역은 이미 제1기갑사단 수중에 있었다.[80]

5월 12일 02시, 제1오토바이대대 1중대가 3중대를 증강하기 위해 도착했다. 그 다음 07시에 제2/2전차대대 1개 중대가 교량과 나란히 있는 도섭지점을 건너갔다. 08시에는 제4기갑수색대대 1개 중대가 도하지점의 방어를 강화하기 위해 도착했다. 뿌퐁에서 도하하려다 실패한 제2/1대대가 무자이브에서 강을 건너라는 지시를 받고 신속하게 기동하여 세무아 강을 건넜다. 07시 30분까지 전차와 오토바이가 무자이브에서 남쪽으로 기동하여 알르와 상트 멩니스St. Menges(세당 북서쪽 3km)로 향했고, 제2/1대대가 그들을 후속했다.[81]

켈츠 전투단이 무자이브에서 도하지점을 확보하는 동안 크뤼거 전투단은 부이용에서 세무아 강을 건너고 있었다. 그들은 부이용에 도착한 이후 부대를 남쪽으로 보냈고 세당 방향으로 직진하지 않았다. 물론 공격방향을 전환해야 하는 곤란함이 있었지만, 사단은 서쪽 꼬흐비옹으로 기동한 뒤 남쪽으로 세당을 향해 선회했다. 이처럼 어색하게 공격방향을 바꾼 이유는 군단이 부이용에서 세당으로 향하는 도로의 사용우선권을 제10기갑사단에 부여함으로써 제1기갑사단은 더 서쪽 통로를 사용하도록 지시했기 때문이었다. 군단이 이러한 지시를 한 이유는 부이용 남쪽 도로가 세당으로 기동할 수 있는 거의 몇 개 없는 도로 중 하나였기 때문이었고, 제10기갑사단은 모르테한에서 서쪽으로 10km를 이동한 뒤 세당을 향해 남진 했다.

공병이 12일 아침에 부이용에 도착하여 교량가설을 시작하기 전에, 앞서 언급한 바와 같이 제1기갑사단은 이미 강을 건너 새벽에 확보한 교두보를 확장하고 있었다. 제3/1대대는 교두보로 진입한 뒤 꼬흐비옹(부이용 서쪽 4km)을 향해 신속하게 전진했다. 물론 프랑스군이 커다란 도로 대화구를 조성했고, 도로 곳곳을 파괴하였으나, 독일군 보병은 장애물을 쉽게 우회했다. 꼬흐비옹에서 미약한 저항을 받은 대대는 1개 중대만으로 이들을 소탕했다.[82]

제3/1대대 후방의 제1보병연대 참모부는 부이용에서 꼬흐비옹으로

차를 타고 기동했으나, 도로대화구 탓에 정지했다. 도로대화구를 메우기 위해 공병을 기다리는 동안 그들은 장애물과 통합 계획되어 있음이 분명했던 맹렬한 포격을 받았다. 이 사건에 대하여 사후보고서에는 참모단이 "커다란 손실"로 고통 받았다고 기록되어 있었다.[83] 도로대화구와 통합한 프랑스군의 포격은 사단에 커다란 문제를 일으켰다.

꼬흐비옹을 소탕한 이후 제3/1대대는 남쪽으로 향한 뒤 다시 서쪽으로 방향을 바꾸어 3km 정도 전진했다. 대대는 알르와 상트 멩니스 간 도로에 이르기 전에 남쪽으로 방향을 바꾸어 프리뉴Fleigneux로 향했다. 그러나 대대가 전진하는 동안 "위협이 없어 보이는 가옥"들에서 강력한 사격이 가해졌다. 프랑스군이 "요새화 가옥fortified house"이라 부르는 건물에서 총탄이 날아온 것이었다. 마크Ⅳ 전차의 엄호사격 아래 소위 1명이 공격분대를 조직하여 프랑스군 진지를 탈취했다. 그러나 좁은 도로 폭 때문에 차량이 산개하지 못한 상태에서 프랑스군 포격이 행군종대 선두에 낙탄했다.[84] 다른 부대가 전진하고 있을 때 제3/1대대는 매우 강력한 포병화력에 노출되어 있었다. 이처럼 크뤼거 전투단의 전진은 무자이브에서 도하했던 켈츠 전투단 보다 느렸다.

제1기갑사단은 켈츠 전투단이 무자이브에서 도하할 줄은 예상하지 못했으나 이를 신속하게 이용했고, 프랑스군이 세무아 강을 따라 구축한 방어선에 거대한 돌파구를 형성했다. 크뤼거 전투단은 도하 직후 공격 방향을 부이용에서 서쪽의 꼬흐비옹으로 전환해야하는 어려움에 봉착했었다. 그러나 제1기갑사단은 무자이브에서 신속히 남진하여 10시 10분경, 프리뉴(세당 북쪽 3km) 인근 숲 외곽 도달할 수 있었다. 다만, 제2/1대대는 13시경까지 상트 멩니스(프리뉴 남서쪽 2km)의 작은 마을을 공격하지 않고 대기했다. 북쪽에서는 제1/1대대가 세당을 향해 남쪽으로 기동하라는 명령을 13시경에 받았다. 이처럼 제1기갑사단은 처음에는 — 프랑스군이 뫼즈 강 북쪽에 구축한 마지막 방어선을 공격하면서 — 무자이브와 부이용을 공략하였고, 곧 프랑스군의 방어중심을 향해 내달렸다.

10시 10분경, 독일군의 첫 번째 부대가 프리뉴 북쪽의 울창한 숲을 헤치고 뫼즈 강 북안의 완만하게 구릉지고 평탄한 지역에 진입하였다. 그들의 출현은 독일군이 아르덴느를 성공적으로 돌파함으로써 전역이 새로운 단계로 접어들었음을 알리는 신호탄이었다. 독일군의 첫 부대가 14시경 뫼즈 강에 도착했다.

독일군이 뫼즈 강에 도착하는데 57시간이 걸렸다.

뫼즈 강을 향한 마지막 전진The Final Push to the Meuse River

제19기갑군단의 3개 사단은 20km의 전면에 걸쳐 세무아 강을 도하했다. 물론 군단의 우익인 제2기갑사단이 다른 2개 사단보다 늦게 도하하였으나 독일군은 좁은 전면에 압도적인 전투력을 집중하여 프랑스군의 마지막 방어선을 손쉽게 쓸어버렸다. 제1기갑사단 소속 전차가 무자이브에서 강을 건너 쇄도하였으며, 제10기갑사단 보병이 모르테한에서 경쟁하듯 질주하여 프랑스군이 세무아 강을 따라 배치한 방어병력을 포위하려했다. 이러한 위협은 이미 취약해진 프랑스군의 붕괴를 가속했다.

Chapter 3
아르덴느에서 프랑스군의 전투
The French Fight in the Ardennes

5월 10일, 프랑스군은 독일군이 공격해오자 기병대를 아르덴느로 보냈다. 제2군과 제9군 휘하 기병대는 독일군과 맞부딪치리라 예상은 했으나 적 주공과 마주하게 되리라 생각지는 못했다. 그 때문에 그들은 강력한 방어를 위한 편제와 대비를 갖추고 있지 못했으며, 특히 세무아 강 전방지역에 대해서는 더욱 그러했다.

벨기에가 중립성 유지에 민감한 반응을 보였기 때문에 프랑스군과 벨기에군 사이에 협조는 거의, 혹은 전혀 이루어지지 않았다. 양국 간 협조 부재와 예상치 못한 적 주공과 직면한 상황 때문에 양국군은 독일군을 지연하거나 격퇴하기 위한 연합행동을 할 수 없었다. 아르덴느에서의 비조직적인 전투 결과 프랑스군 기병대는 그들이 조우한 거대한 독일군의 중요성을 식별하고 보고하는 데 실패했다.

프랑스의 첩보 판단French Intelligence Assessments of the German Order of Battle

1940년이 되기 전 프랑스는 독일과 관련하여 가능한 정확하고 다량의 첩보를 수집하고자 적지 않은 노력을 기울였다. 외국군과 관련한 자료를 수집하고 분석하는 주책임은 육군 고위사령부 제2국The Second

Bureau of the Army's High Command에 있었다. 또 다른 중요 첩보수집기관은 평시에는 첩보국Servie de Renseignements으로, 전시에는 제5국으로 알려진 기관이었다. 제5국은 대간첩활동, 첩보원 운용, 감청 등 프랑스의 모든 비밀스러운 첩보수집작전을 수행했다. 이들이 수집한 첩보는 제2국으로 보내졌고 다른 기관이 보고한 정보와 결합되었다.1)

독일군의 무선교신 감청과 암호해독을 위해 프랑스는 폴란드와 밀접한 협력관계를 발전시켰고, 전문을 암호화하고 해독하는 독일군의 주요 암호기계인 이니그마Enigma를 복제하고자 했다. 이러한 노력을 지속하는 동안 독일의 통신 및 첩보조직에 침투한 프랑스 첩보원이 폴란드가 복제한 이니그마를 사용하여 독일군 암호를 해독할 수 있게 되었다는 핵심 정보를 제공했다. 1939년 7월 말, 폴란드는 최신 부품을 규격대로 조립한 이니그마를 런던과 파리로 보냈고, 프랑스 첩보전문가들은 복제품 40개를 만들어내기 위해 복제 성공을 자신했던 민간회사에 신속하게 생산을 요청했다.2)

폴란드 패망 이후 통신 전문가 몇 명이 프랑스로 탈출했고, 프랑스 육군 총참모부 예하 제5국 소속 작은 암호실은 복제 이니그마로 독일 육군과 공군의 고급 비밀 전문 다수를 해독하였다. 독일 육군이 주로 유선 텔레타이프로 전문을 송수신하면서 거의 모든 무선교신 감청과 암호 해독은 독일 공군을 대상으로 행해졌다. 1939년 10월 28일에서 1940년 6월 14일 사이, 프랑스는 전문 4,789개를 해독했다. 제2국과 제5국은 암호실에서 해독한 전문을 분석하여 독일군 전투명령에 대한 막대한 정보를 획득하였다. 그러나 이러한 정보는 주로 독일 공군에 대한 내용이었다.3)

프랑스군은 1939년 10월 28일부터 독일군이 암호체계를 변경한 1940년 5월 12일까지 방해받지 않고 정보를 습득할 수 있었다. 독일군이 암호체계를 변경한 이후 프랑스는 주야로 노력하여 이를 풀어냈고, 5월 20일에 독일군 무선전문을 다시 해독하기 시작했다.4) 따라서 프랑스군은 독일군이 뫼즈 강을 도하하여 서쪽으로 선회한 결정적인 기간에 송수신한 암호화 무선전문만을 해독하지 못했던 것이다.

해독한 전문은 프랑스군이 독일군의 전투명령을 이해하는 데 도움을 주었다. 제2국은 이니그마를 포함하여 다양한 출처에서 수집한 첩보를 분석함으로써 1940년 4월경에 네덜란드-벨기에-프랑스 국경을 따라서 자리한 약 110~120개 정도의 독일군 사단 위치를 알아냈다. 또한, 제2국은 독일군이 기갑사단 10~12개를 가지고 있으며, 기갑사단을 폴란드전역에서 구사한 작전과 유사한 전격적인 공격에 투입할 수 있다는 결론을 내렸다.5) 5월 1일에서 10일 사이, 프랑스 정보기관은 독일군 침공이 임박했으며 공격이 아마도 모젤 강 북쪽으로 집중되리라는 징후를 감지한 요원들로부터 다량의 보고를 받았다. 또한, 보고 중 하나는 독일이 개전 1개월 내에 프랑스전역(全域)을 점령하려 한다는 내용을 담고 있었다.6)

독일군의 침공징후가 뚜렷해짐에 따라 가장 중요한 의문 중 하나는 주공 지향방향이었다. 1939년 9월에서 1940년 5월 10일 사이, 프랑스 정보기관이 독일군 부대 배치를 세심하게 분석한 결과는 독일군이 주공을 "모젤 강 북쪽"으로 지향할 것이라 암시했다. 독일군이 모젤강 북쪽에 주공을 투입하리라는 점은 거의 확실하였으나, 주공이 구체적으로 네덜란드, 마스트리히트와 젬블루 갭, 또는 동벨기에의 아르덴느 등 어느 곳으로 지향될지에 대해서는 상세하게 분석되지 않았다. 그런데 프랑스 정보분석가들은 독일군이 네덜란드나 동부 벨기에로 전개할 수도 있으나, 이는 "부차적인 집중"이 되리라 예상했다.7) 슐리펜 계획과 유사한 방법으로 주공 임무를 수행하기에 충분한 부대가 마스트리히트와 젬블루 갭으로 공격할 수 있는 지역에 자리했음이 확실했기 때문이었다.

비록 대부분 정보기관이 독일군의 공격이 저지대를 통해서 오리라 예상했지만, 프랑스는 공격 전야에 독일군이 룩셈부르크와 동벨기에로 공격을 지향할 가능성을 점차 우려하게 되었다. 1940년 3월 초, 벨기에는 리에주 남쪽의 독일군이 강화됨을 확인하고 가믈렝에게 경고하였다. 그럼에도 양국은 전략을 수정할 필요성을 느끼지는 않았다. 3월 중순, 프랑스군은 항공정찰로 대규모 독일군 기계화부대와 차량화부대를 룩셈부르크 동쪽에서 식별하였다. 이는 룩셈부르크를 통한 기동이나 마지노선 공격을 위한 부대전환을 암시했다. 그러나 기갑사단 몇 개가 모젤 강을 따라 코블렌츠 남서지역으로 기동했음에도 다른 정찰기는 이를 관측하지 못했다.[8] 4월 중순경, 신뢰할만한 요원이 독일군이 세당-샤를르빌Charleville-생 캉탱St. Quentin축선을 따라 지형과 도로에 대한 첩보를 수집하고 있다고 알려왔다. 또한, 정보원은 독일군이 5월 초에 공격할 예정이며, 1개월 이내에 파리의 센 강Seine R.에 도달하려 한다고 말했다.[9] 이러한 보고와 이니그마로 획득한 정보 분석을 결합한 결과는 독일군이 아르덴느를 통해 공격할 높은 가능성을 시사하고 있었다.

이 시기 제5국은 아르덴느에 큰 우려를 표하였다. 4월 중순, 제5국 국장이었던 리벳Rivet 대령 등 정보장교 2명은 독일군이 아르덴느로 공격할 가능성이 있음을 알리고자 가믈렝을 만나려 했다. 그러나 가믈렝의 실무장교가 가믈렝이 노르웨이전역에 너무 몰두해있다고 말하면서 대신 조르주 장군을 만나보라 지시했다. 그들은 라 페르테 수 주아르La Ferté sous Jouarre에 있는 조르주의 사령부에서 독일군이 아르덴느로 공격할 가능성을 논의했다. 새로운 판단에 대한 세부적인 검토 이후, 조르주는 사의를 표하며 그들을 돌려보냈다. 그러나 새로운 정보에 대한 조르주의 입장은 리벳에게 새로운 정보가 적이 주요노력을 네덜란드나 북벨기에로 지향하고 있음을 암시하는 다른 첩보와 모순된다고 설명한 작전참모의 태도가 잘 대변해주었다.[10]

비록 조르주의 정보참모였던 바릴Baril 대령이 독일군이 주공을 아르덴느로 지향할 가능성이 있다고 인정했지만, 프랑스 정보기관의 전체적인 판단은 변하지 않았다. 독일군이 공격을 지향할 가능성이 큰 "지역"에 대한 제2국(고세Gauché 대령이 지휘하는)의 판단은 1939년 11월에서 1940년 5월 10일까지 변하지 않았다. 5월 5일, 제2국은 최고사령부에 제출한 마지막 정규 첩보판단에서 지난 두 달 동안 독일군 부대배치와 위치에 어떠한 중요한 변화도 없었다고 강조했다. 바릴 대령은 개인적으로는 얼마간 유보적인 견해를 가지고 있었지만, 독일군 전투명령에 대한 요약보고서에서 마지노선에 대한 직접적인 공격이나 스위스를 통한 기동을 시사 하는 어떠한 중요한 지표도 없다고 표명했다. 이렇게 요약보고에서 확인할 수 있듯이 프랑스군은 독일군의 작전지역이 될 가장 유력한 지역을 "모젤 강 북쪽"으로 보고 있었다.11)

모젤 강은 룩셈부르크 남동쪽 귀퉁이에서 라인 강Rhine R.을 향해 북동쪽으로 흘러갔기 때문에 위와 같은 정보판단은 마지노선에 대한 독일군의 직접적인 공세나 또는, 스위스를 통한 공격 가능성을 제외했다. 또한, 이러한 다량의 새로운 첩보는 마스트리트와 젬블루 갭에서 아르덴느로 향하려는 프랑스 최고사령부의 시선을 붙잡았다.

북쪽 침공로에 대한 압도적인 관심에도 육군 고위 지도층 사이에는 위와 같은 판단에 대한 몇 가지 의문점이 존재했다. 조르주와 가믈랭은 4월 중순에 연합군이 벨기에로 진출해야만 하는 것인지, 그리고 에스코 선에 부대를 계속 배치할지 아니면 딜 선으로 보내는 게 나을지에 대한 논의가 담긴 서신을 몇 차례 교환하였다.12) 조르주는 가믈랭과 서신교환을 시작한 이후 제5국의 첩보전문가와 면담을 했다. 조르주는 독일군이 아르덴느로 공격할지도 모른다는 생각을 하기는 했지만, 프랑스 최고사령부의 여타 구성원과 완전히 다른 생각을 하게 된 것은 절대 아니었다.

프랑스군 내에는 아르덴느가 통과하기 어려운 장애물이라는 견해에 별다른 의문이 없었다. 물론 프랑스군은 아르덴느를 통과 불가능한 지역으로 간주하지는 않았지만, ― 프랑스의 시각으로는 ― 자연장애물과 인공장애물을 조합함으로써 어떠한 돌파 시도도 지연하고 전진을 곤란케 할 수 있을 것으로 생각하였다. 룩셈부르크 서쪽의 아르덴느 대부분은 상당히 개활하고 완만한 구릉지대였으나 세무아 강 인근 및 메찌에르와 디낭 사이의 뫼즈 강 인근에는 좁고 굴곡진 도로와 우거진 삼림, 울퉁불퉁한 언덕이 많았다. 이론상으로는 쓰러진 나무와 지뢰지대, 낙석장애물은 대규모, 특히 기계화부대의 급속한 횡단을 차단할 수 있었다. 또한, 만약 적이 아르덴느에 길을 만드는데 성공했다 하더라도 여전히 뫼즈 강을 건너야만 했고, 강의 수심과 폭, 그리고 주변 지형은 강을 상당히 강력한 장애물로 만들었다.

심지어는 독일군이 아르덴느를 통과하고 뫼즈 강을 도하하더라도 막대한 자원과 준비가 필요하기 때문에, 프랑스군은 독일군이 주요 돌파구를 형성하기 전에 위협받는 지역으로 증원할 수 있다고 확신했다. 프랑스는 계획을 수립하면서 독일군이 아르덴느를 통과하는데 9일이 필요하며 뫼즈 강 도하를 위해서는 충분한 부대와 자원을 축적해야 한다고 가정했다. 프랑스군은 필요하다면 돌파가 예상되는 위험지역으로 전투력을 증강하기 위한 충분한 시간 여유가 있다고 믿었다.

그런데 프랑스군 최고사령부 소속 장교 몇 명은 독일군의 아르덴느 통과 예상시간을 이렇게 늘려 잡는데 의문을 가졌다. 1938년 봄, 프랑스군은 독일군 기갑부대와 차량화부대가 룩셈부르크 동부 지역에서 아르덴느를 통과하여 세당을 향해 기동하는 상황을 가정한 도상훈련(圖上訓練)을 시행했다. 이 훈련에서 독일군은 60시간 만에 뫼즈 강에 닿았다. 훈련결과 산출된 예상 소요시간은 1940년 5월 실제 기동에 걸린 시간과 거의 유사했다.[13] 이러한 도상훈련 결과에도 프랑스군은 여전히 아르덴느가 대규모 부대의 신속한 기동에 걸림돌이라고 확신했다.

역설적이게도, 독일군 역시 아르덴느의 지형이 부대기동을 방해하리라고 믿었다. 1940년 2월 7일, 할더 장군은 뫼즈 강을 따라 전투가 전개될 가능성을 분석하는 도상연습에 참가했다. 그는 "뫼즈 강을 도하하기 위한 협조공격[*]은 전역 개시 후 9~10일이 지나야만 이루어질 수 있다."
고 결론지었다. 같은 도상훈련에서 구데리안은 제19기갑군단과 제14군
단을 투입하여 공세 4일 차에 뫼즈 강을 도하하는 계획을 제시했다. 그
러나 A집단군사령관 군터Günther Blumentritt 장군은 구데리안의 의견을 거
부했고, 대신 공세 8일 차에 도하하는 계획을 제안했다. 1940년 2월 14
일에 실시된 다른 도상연습에서도 같은 결과가 도출되었다. 할더는 도
상훈련에서 아르덴느와 뫼즈 강을 가로지르는 기계화부대의 비교적 완
만한 기동에 대한 구데리안의 불평을 일기에 적었다. 그는 구데리안에
대해 "성공에 대한 확신이 없다는 것은 분명해 보였다. …… 그는 확신
을 잃어버렸다."라고 적었으며, 구데리안이 "모든 전차 작전이 잘못 계
획되었다."라고 불평했다고 기록했다. 구데리안의 강력한 이의 제기에
도 할더는 "개전 후 8일째가 광정면 공격을 할 수 있는 최단일이다. 기
술적으로는 9일이 지나기 전에는 불가능하다."라고 결론지었다.14)

　이처럼 2월 말경에는 독일과 프랑스 모두가 아르덴느 통과 예상소요
시간을 같은 값으로 산출하여 계획에 반영하였다. 양국은 공자가 공세
시작 이후 9일 이전에 룩셈부르크와 동벨기에를 지나 뫼즈 강을 건너
공격하는 것은 불가능하다고 가정했던 것이다. 두 나라에서 일부 장교
만이 이 지역에서 더 신속하게 전진할 수 있다고 생각했다. 독일군은 향
후 계획발전 과정에서 아르덴느에서 더 신속하게 전진할 수 있다는 사
실을 받아들였으나, 프랑스군은 이를 수용하지 않았다. 그러나 위험을
무릅쓰고 아르덴느를 가로질러 더욱 빠르게 전진하기로 한 독일군의 결
정은 전략 환경을 극적으로 변화시켰다.

　첩보기관에서 제기한 일부 이견과 1938년의 도상연습 결과에도 프
랑스군은 여전히 아르덴느는 애로 지역이며, 독일군의 공격은 십중팔
구 마스트리히트와 젬블루 갭을 통해 오리라 확신하고 있었다. 그리고

---

* 철저한 준비와 각 부대 간 긴밀한 협조 및 통제 하에서 실시하는 공격 작전 형태.

1940년 5월, 프랑스 육군은 거의 흠잡을 데 없이 완벽하게 딜 선을 점령하기 위한 계획을 실행에 옮겼다.

계획에서 가장 중요한 부분은 기병대를 벨기에로 보내는 것이었다.

프랑스 기병대의 임무와 편성Mission and Organization of the French Cavalry

1940년 5월, 독일군이 공격을 개시하기 전, 프랑스군 제2군과 제9군 소속 기병대의 핵심 현안은 얼마나 깊숙하게 벨기에로 진출해야 하는가에 관한 문제였다. 이 질문에 대한 답은 프랑스군 좌익이 에스코 강까지 갈지, 아니면 더 멀리 딜 강까지 진출할 것인지에 달려 있었다. 만약, 프랑스군이 에스코 강까지 진출한다면 제9군은 기존 위치에 머무르면 됨으로 새로운 진지를 점령하기 위해 기동할 시간이 추가로 필요치 않았다. 그러나 프랑스군이 딜 강까지 나아간다면 제9군은 벨기에로 진입하여 뫼즈 강을 따라 새로운 진지를 점령해야 했다. 따라서 제9군에게는 적이 공격하기 전에 예하부대가 전방으로 이동하여 새로운 진지를 점령하기 위한 추가 시간이 필요했다. 제9군이 전방에서 독일군의 전진을 지연하고 여유 시간을 확보하기 위한 가장 좋은 방책은 기병대로 엄호부대를 구성하여 벨기에에 전개하는 것이었다.[15]

영불연합군이 준비태세를 차츰 강화함에 따라 네덜란드와 벨기에도 방어태세와 진지를 강화했고 — 특히 알베르 운하를 따라서 —, 프랑스군은 에스코 선이 아닌 딜 선까지 진출할 가능성이 매우 크다고 확신했다. 동시에 제9군과 제2군 기병대를 벨기에로 더욱 깊숙하게 보내려는 계획을 수립하고 준비에 착수했다.

1940년 3월까지만 해도 프랑스군은 기병대를 국경 너머로 파견하려는 의도가 없었다. 대신 프랑스군은 주방어선에서 약 20km 전방으로 기병대를 보내는 계획을 수립해 놓았다. 제2군 책임지역에서 기병대의 작전계획은 세무아 강 남안에서 뫼즈 강까지를 먼저 확보하도록 되어있었던 것이다. 그런데 3월 15일, 제2군은 예하 기병대에 2가지 방책을 담은 서식명령을 하달했다. 첫 번째 방책은 기병대가 세무아 강까지 기동하고, 경무장부대는 더 전방으로 진출하는 내용이었다. 두 번째 방책은 기병대를 세무아 강 너머로 추진하고 경무장부대는 거의 룩셈부르크 국경까지 보내는 것이었다. 3월 말이 되자 제2군은 두 번째 방책을 선택하려했다. 물론 2가지 방책이 여전히 존재하였으나 세무아 강을 따라서 방어선을 형성하는 첫 번째 방책을 택하려는 생각은 거의 없어졌다.16)

제2군 소속 기병대의 임무는 1940년 3월 15일자 명령에 잘 나타나 있다.

> 적이 벨기에와 룩셈부르크 국경을 침범한다면, 제9군의 우측과 연계하여, 오른쪽에 자리한 제3군 예하 기병대 및 전위부대와 함께 아래와 같은 임무를 수행한다.
> — 적이 주노력을 집중하는 지역과 공격축선을 판단한다.
> — 벨기에군과 접촉한다.
> — 적의 공격을 저지하기 위해 필요한 모든 수단을 사용하여 지휘부에 시간 여유를 제공한다.17)

제2군 부참모장은 후에 야전군의 주요 예하부대가 이미 주방어선에 자리했기 때문에 부대전개를 위한 추가 시간이 필요치 않았다고 설명했다. 또한, 그는 제2군이 방어선 전방에서 지연작전을 수행했던 까닭은 장애물을 설치하기 위해 폭파계획을 시행하고, 주방어선 전방으로 장애물 설치구역을 확장하는데 필요한 시간을 확보하기 위해서였다고 말했다.18) 그러나 기병대가 벨기에로 깊숙이 기동한 진정한 이유는 좌측에 있는 제9군이 뫼즈 강에 새로운 방어선을 형성하기위해 기동할 여유 시간을 벌기 위함이었다.

기병대가 주방어선 전방으로 진출하는 작전은 통상 야전군 통제 아

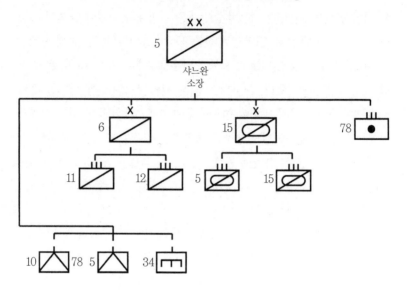

〈그림 3〉 프랑스군 제5경기병사단 편성

래 이루어졌다. 군단은 기병대가 지연작전을 펼치고 주방어선 전방 3~5km 안쪽까지 복귀한 뒤에야 야전군이 가진 통제권을 인수하였다. 제9군은 제1경기병사단, 제4경기병사단, 제3스파히여단을, 제2군은 제2경기병사단, 제5경기병사단, 제1기병여단을 휘하에 두었다. 또한, 제2군과 제9군에 속해있는 각 사단과 군단에는 수색정찰경기병대대가 편제되어 있었다.

　병력 1만 명과 말 2,200필을 보유했던 경기병사단은 2개 기병연대로 구성된 1개 기병여단, 각각 하나의 장갑차량연대와 자동차화보병연대로 구성된 1개 경자동차화여단, 2개 포병대대(75㎜와 105㎜ 포를 장비한 각 1개 대대)로 이루어진 1개 포병연대, 25㎜ 대전차포 12문을 보유한 대전차포중대와 47㎜ 대전차포 1개 중대가 사단직할부대를 구성했다. 1940년 5월, 제5경기병사단 대전차포중대는 대전차포를 새로이 지급받아 25㎜ 대전차포 28문을 보유함으로써 전력이 증강되었다. 장갑차량연대는 편제상 A.M.D 팬하드A.M.D Panhard차량 15대와 A.M.R 1935형 레날트 경기관총탑재차량A.M.R Renault Model 1935 22대, H-35전차 14대를 보유해야 했으나, 실제로는 사단마다 장갑차량의 종류와 수량이 조금씩 상이했다. 경자동차화여단 내의 자동차화보병연대는 2개 대대로 구성되고 각 대대에는 수색정찰차량과 트럭탑승보병부대, 중화기부대가 편제되어 있었다.[19]

한편 제10군단 전방에 투입한 기병대를 증원하기 위해 제55보병사단과 제3북아프리카사단에서 각각 1개 보병대대가 세무아 강 중요 통과지점을 확보하는 임무를 받았다. 제55보병사단예하 제1/295대대의 임무는 전방으로 기동하는 것이었다. 대대 우측은 제18군단 책임지역으로 제3북아프리카사단 제3/12주아브대대*가 세무아 강을 따라 방어진지를 점령했다. 제2군은 기병대의 예비대로 F.C.M 전차 44대를 편제한 제4전차대대를 지정했다.[20]

제9군 예하 제3스파히여단 우측에 있던 제5경기병사단의 임무는 우팔리즈Houffalize-생 위베르St. Hubert, 바스통-리브라몽, 보당주-뇌프샤토를 잇는 주요 접근로 3곳을 방호하는 것이었다. 더 남쪽에는 제2경기병사단이 아를롱-플로렌빌, 아를롱-비트롱Vitron을 연결하는 접근로를 방호하였다. 제1기병여단은 두 사단 중앙의 울창한 삼림지대를 방호했다.

기병대의 임무는 미 육군교리에서 "전방엄호부대Advance covering force"의 임무형태와 같았으나 세무아 강 대안에서 강도 높은 방어를 수행할 계획은 아니었다. 무자이브-바스통-아를롱-플로렌빌을 연하는 1,300 ㎢의 구역은 너무 넓었으며 적극적인 방어를 수행하기 위해 가용한 부대는 너무 적었기 때문이었다. 게다가 이 넓은 지역에는 자연장애물이 거의 없어 기병대가 일정 시간 동안 독일군을 저지하기에는 지형이 너

---

* 알제리인으로 편성된 경보병.

무 완만히 구릉져 있거나 개활하였다. 필연적으로 제2군은 기병대를 세무아 강 너머로 추진하여 독일군을 지연하거나 본대를 배치하려 하지 않았다. 기병대는 주방어선 바로 전방인 세무아 강을 따라 강도 높은 방어작전을 전개하려 했다. 물론 곳곳에 도섭가능 지점이 있어 강이 그 자체로 장애물은 아니었다. 그러나 험준한 지형에 자리한 몇 개 보병대대와 전차대대 전력이 기병대가 강을 감제하는 고지대에서 강력한 방어를 수행할 수 있는 여건을 조성해 주었다.

프랑스군은 기병대가 아르덴느로 진입하기 전까지는 임무를 완수할 것이라고 믿고 있었으나, 기병대는 독일군 주공과 마주치리라 생각지는 못했다. 자신감 있고 잘 훈련된 기병대는 자신보다 큰 규모의 적과 직면할 가능성 앞에 위축되지 않았지만, 그들 대부분이 거대한 기갑부대로 이루어진 압도적으로 우세한 적과 마주치리라고 예상하지는 못했다. 그들의 생각은 아마도 제2군사령관이었던 윙치제르 장군의 태도로 가장 잘 표현할 수 있을 것이다. 10일 14시, 윙치제르는 제1집단군 사령관 비요트 장군에게 서신을 보내어 만약 작전 초기에 기병대가 바스통—롱귀Longwy선을, 벨기에군이 북쪽에서 알베르 운하—리에주선을 확보한다면, 기병대는 반드시 벨기에에서 적을 방어해야 한다고 제안했다. 윙치제르는 이러한 방어계획은 아마도 성공할 것이고, 기병대가 상대할 독일군은 단지 "다른 지역에서 강력한 공세를 펼치는 부대의 엄호부대나 혹은 측위"일 것이라고 생각했다.[21]

이 같은 프랑스군의 낙관은 아르덴느를 돌파하여 신속하게 기동했던 거대한 독일군 주공과 조우했을 때 순식간에 무너져 내렸다.

벨기에에서의 프랑스 기병대French Cavalry in Belgium

5월 10일 05시 40분, 제5경기병사단은 암호 "틸지트Tilsitt"를 수령했다. 이것은 "3급" 경계태세를 취하라는 지시였다. 가장 높은 경보 수

준인 "4급"이 부여되면 사단은 부대원을 소집하고 벨기에로 진입할 예정이었다. 07시 20분, 전화로 또 다른 암호인 "와그램Wagram"이 전달되었다. 이는 기병사단으로 하여금 가장 높은 단계의 태세를 유지하고 벨기에로 진입하라는 지시였다. 07시 50분, 사단은 벨기에로 즉시 진입하라는 명령을 받았고, 08시 30분에는 세무아 강을 향해 기동하라는 명령이 떨어졌다. 사단의 첫 부대가 룩셈부르크 국경에 근접하여 진지를 점령하기 위해 08시 30분에 벨기에 국경을 넘었다.[22]

프랑스 제2군은 벨기에에서 작전을 통제하기 위해 몇 개의 통제선을 설정했다. 통제선 "1"은 세무아 강을 따라서 있었다. 통제선 "2"는 북서에서 남동 방향으로 베트릭스-스트라몽-자무아뉴Jamoigne 동쪽 지점을 연하는 선이었으며, 통제선 "3"은 리브라몽-뇌프샤토의 동쪽-에딸르를 연하였고, 통제선 "5"는 모헤Morhet-보당주를 연결하여 설정되었다.

샤느완Chanoine 장군이 지휘하는 제5경기병사단은 3개 전술제대 — 원거리 방호부대distant security, 전위부대, 본대 — 를 구성하여 전진했다. 14시 55분, 원거리방호부대가 통제선 "3"에 도착했다. 전위부대는 16시에, 본대는 18시에 각각 통제선 "3"에 도착했다.[23] 몇몇 원거리방호부대는 통제선 "5"를 향해 기동했다.

사단은 원래 바스통까지 전진할 계획이었다. 그러나 원거리방호부대가 니베 인근에서 대독일연대 3대대와 조우하자 사단은 적이 쉽게 우회할 수 있는 소규모임을 모른채 중요 도시인 바스통을 포기하고 말았다.[24]

제5경기병사단 남쪽에서는 제2경기병사단이 제2군 예하 기병대로서는 처음으로 독일군과 치열한 교전을 벌였다. 이 전투는 아를롱과 플로렌빌을 잇는 대로 — 두 도시 사이의 주로 넓고 개활한 계곡으로 이루어진 — 에서 발생했다. 제2경기병사단은 이 계곡에 대한 방어책임이 있었으며, 10일 오후 일찍 통제선 "3"을 따라서 에딸르 서쪽 수 km에 주방어진지를 설치했다.

제2경기병사단은 방호와 조기경보를 위해 주방어진지 전방으로 중대급 부대 몇 개를 내보냈다. 이들은 경기관총탑재차량 부대와 차량화보병부대로서 에딸르에 자리 잡았다. 그들 앞에는 오토바이부대가 차장부대로 활동하고 있었다. 12시 30분경, 독일군 제10기갑사단이 아를롱(에딸르 동쪽 약 15km)에 도착한 오토바이부대를 쉽게 격파했다. 차장부대를 격멸한 독일군은 에딸르를 방어하던 두 부대를 공격하여 이들을 손쉽게 격퇴하였다. 이후 몇 시간 동안 독일군이 제2경기병사단 주방어진지를 공격했으나, 오후에 이르러 공격 강도가 약해졌다. 제2경기병사단은 진지를 고수하고 있었으나 어둠이 깔리기 시작했을 때 사단장이 자무아뉴 (10km 후방이며, 통제선 "2" 서쪽)로 철수하라는 명령을 내렸다.[25]

제2경기병사단이 자무아뉴로 후퇴하자 윙치제르는 22시에 제5경기병사단과 제1경기병여단에 진지를 조정하라는 명령을 내렸다. 제5경기병사단은 스트라몽 바깥쪽 진지에서 철수함으로써 방어선 우측 날개를 접었다. 제1기병여단은 스트라몽, 쉬니, 자무아뉴 사이를 흐르는 작은 개천을 따라 방어선을 점령하였고, 작지만 중요한 마을인 쉬니에 기마대를 배치했다. 10일 밤에 제1기병여단과 제2경기병사단은 대부분 부대를 더 후방인 통제선 "2"로 물린 반면 제5경기병사단의 거의 모든 예하부대는 아직까지 통제선 "3"를 방어하고 있었다.[26]

제2경기병사단은 자무아뉴 근처의 새로운 방어진지에서 적의 공격을 대비했으나 제10기갑사단은 이들이 예상치 못한 방향인 북쪽으로 선회했다. 제10기갑사단은 방향을 바꾸어 쉬니로 향했고 종국에는 모르테한에서 세무아 강을 도하했다. 독일군의 방향전환이 매우 중대한 사건이었음에도 프랑스군은 여전히 독일군이 쉬니로 향한 사실을 모르고 있었다. 제10기갑사단이 북쪽으로 선회함에 따라 제5경기병사단은 사단 책임구역 내에서 제19기갑군단의 3개 사단 모두를 감당해야 했다. 이후 사건으로 기병사단이 대규모 적을 막아낼 능력이 없다는 사실을 극적으로 드러났다.

제10기갑사단이 북쪽으로 선회하면서 제1기병여단과 조우하였다. 5월 11일 아침, 쉬니의 제1기병여단은 대독일연대 보병과 첨예한 전투를 벌였고, 독일군은 제16강습포중대에서 강습포가 도착해서야 쉬니의 주요 교차로를 확보할 수 있었다.[27)

북쪽의 제5경기병사단은 10일에는 적과 미약한 접촉만을 유지하다가 11일에는 전역 중 가장 어려운 날을 맞이하게 되었다. 사단은 대략 북동쪽에서 남서쪽으로 형성된 두 개의 주요 접근로에 전투력을 집중하였다. 좌측 접근로는 우팔리즈-리브라몽-부이용 축선이었고, 우측 접근로는 바스통-뇌프샤토-에르베몽Herbemont를 잇는 축선이었다. 프랑스군은 좌측(혹은 북쪽) 축선이 더욱 위험하다고 판단했고, 우측(혹은 남쪽) 축선보다 많은 부대를 배치하였다. 또한, 제1/78포병대대는 좌측 축선으로, 2대대는 우측 축선에 화력을 지원했다.[28)

프랑스군은 적이 아르덴느보다는 마스트리히트와 젬블루 갭으로 공격할 가능성이 높다는 가정을 근거로 전투력을 분배했다. 다시 말하자면 기병사단이 점령한 방어진지는 룩셈부르크 중앙을 통과하는 공격에 특히 취약했다. 제5경기병사단의 가장 취약한 측면도 바로 우측이었다.

03시에 이르러 베르쇠Bercheux(뇌프샤토 북동쪽 7km)에서 헛되이 밤을 보낸 차량화기병대대가 바스통을 향해 북동쪽으로 이동했다. 그러나 이들은 약 1km 정도 이동했을 때 독일군과 조우했고 강요에 의해 철수했다. 몇 시간 뒤 다른 기병대가 비트리를 향해 동쪽으로 이동했으나 적과 강력한 접촉상태에 들어갔다. 동틀 녘이 되자 제5경기병사단 엄호부대는 강력한 적 압력을 받았고 곧 철수해야만 했다. 기병대는 뇌프샤토로 철수하면서도 때때로 강력한 방어진지를 점령하여 독일군을 저지하고자 했다. 그러나 소수 부대만이 전차 선도하에 공격하는 독일군을 지연하거나 잠시라도 저지할 수 있었다. 엄호부대는 10시까지 통제선 "3" 바로 전방이자 사단 주력이 점령하고 있던 리브라몽-뇌프사토-스트라몽을 연하는 선으로 철수 하였다.[29)

제5경기병사단은 적이 북동쪽에서 오리라 예상했기 때문에 통제선 "3"을 따라서 강력한 방어를 준비했다. 그러나 그들은 우측방으로 가해질 거대한 기갑부대의 공격에 대해서는 적절히 준비하지 못했고, 따라서 독일군은 쉽게 전투를 수행할 수 있었다. 특히 이는 뇌프샤토 인근에서 더욱 그러했다. 독일군 제2기갑사단 중무장 보병이 리브라몽을 공격하고, 제1기갑사단 전차연대가 뇌프샤토로 향하자 프랑스군은 독일군의 급습과 우익에 대한 종심 깊은 공격으로 말미암아 방어 균형이 완전히 붕괴하였음을 발견했다.

뇌프샤토 주변은 주로 개활지와 구릉지였으나, 수많은 작은 숲과 나무가 우거진 언덕이 방자의 관측을 방해했다. 제1기갑사단 전차는 지형의 이점을 교묘히 이용하여 뇌프샤토 남쪽에서 페띠부아(뇌프샤토 서쪽 약 5km)방면으로 프랑스군을 향해 커다란 반경의 왼쪽 훅*을 날렸다. 독일군은 곧 뇌프샤토와 베트릭스 중간지점인 페띠부아에 강력한 공세를 가했다. 물론 독일군이 결과를 미리 내다볼 수는 없었겠지만, 이 공격으로 뇌프샤토 방어선이 무너졌다. 또한, 전차연대가 제5경기병사단 책임지역 중앙을 공격함으로써 프랑스군이 뇌프샤토에 구축한 방어선을 절단하려는 위협요인이 되었다. 측방을 비롯하여 사방을 포위당할 위기에 처했음을 인지한 제5경기병사단은 독일군 보병이 남쪽에서 접근하자 페띠부아에서 철수했다.30)

프랑스군은 페띠부아에서 독일군 전차를 저지하기 위해 용감히 싸웠다. 그러나 시간과 화력은 독일군 편이었다. 프랑스군 제2/78포병대대 4포대가 페띠부아에서 격멸 당했다. 경기병사단 우측방에서 기습적으로 돌입한 독일군 전차는 철수하던 기병대에 화력지원 중인 105㎜ 포대를 순식간에 유린했다. 베트릭스로 향하는 도로에 대한 독일군의 기습공격은 뇌프샤토에서 철수하는 기병대를 혼란에 빠트렸고, 일부 부대

---

* 권투에서 횡으로 후려치는 공격.

가 베트릭스 후방까지 철수하게 된 원인이 되었다. 바스통-뇌프샤토-
에르베몽(부이용 동쪽 12km) 축선을 방어하던 기병대가 뇌프샤토에서 에
르베몽으로 철수할 것이 분명해졌으나, 독일군 전차는 이에 멈추지 않
고 페피부아를 넘어 서쪽으로 계속 공격함으로써 뇌프샤토에서 에르베
몽으로 이어지는 도로를 차단하였다. 이 때문에 프랑스 기병대는 더 서
쪽으로 물러나야만 했다.

뇌프샤토 북쪽에 있던 제5경기병사단 좌익도 베트릭스 후방으로 철
수한 우익의 일부 부대와 마찬가지로 리브라몽에서 강력한 압력을 받고
있었다. 제2기갑사단의 전차는 아직 룩셈부르크를 통과하지 못했다. 그
러나 보병은 뇌프샤토로 향했던 제1기갑사단의 전차보다는 느리지만 리
브라몽을 향해 꾸준히 전진했다. 뇌프샤토의 방어부대가 베트릭스를 향
해 서쪽으로 물러났을 때, 제5경기병사단 우익은 좌익 후방 쪽으로 무
너져 갔다. 또한, 독일군은 우익 부대를 포위했듯이 갑자기 좌측을 방어
하던 부대 후방을 차단하려 했다. 제5경기병사단은 사후보고서에서 베
트릭스와 통제선 "2" 후방으로 계속해서 철수한 것에 대해서 "사단은 공
황에 빠졌다. …… 통제선 "2"의 상황이 매우 빠르게 악화되었기 때문에
사단장은 …… 신속하게 세무아 강으로 철수해야 했다."[31]라고 설명하
였다.

비록 사후보고서에서 "패주"라고 표현하지는 않았지만, 예하부대가
서쪽으로 급하게 철수함에 따라 사단은 통제력을 상실했다. 전황은 철
수로를 차단당한 우측 축선의 기병대 자력으로는 결코 호전될 수 없는
지경에 이르렀다. 제2군의 기록에 따르면 제5경기병사단은 15시경 세무
아 강을 향해 철수했다.[32] 프랑스군은 방어진지에서 적을 격퇴하지 못
했고, 대신 독일군의 재기 넘치는 포위공격의 희생양이 되었다.

제9군 예하 기병대 중 가장 우측방인 제3스파히여단도 남쪽의 제5경
기병사단과 거의 비슷한 시간에 통제선 "2"와 세무아 강으로 철수했다.
물론 여단장인 마르크Marc 대령은 후에 제5경기병사단의 철수가 여단

에 통지되지 않았다고 불평했으나, 여단 본대는 19시에서 20시 30분사이 세무아 강 근처에 이르렀다. 그는 "세무아 강을 부족한 병력으로 방어해야 했기 때문에, 강의 굴곡진 지형을 따라서 도섭 가능한 모든 지점에 병력을 우선하여 배치했다."[33]라고 설명했다. 그러나 스파히여단은 중요 지점이었던 무자이브의 도섭 지점을 포함하여 세무아 강을 따라 확보하기로 계획한 모든 지점을 점령하는 데 실패했다. 뒤에서 설명하겠지만 이러한 실패는 프랑스군이 세무아 강에 대한 통제권을 상실하는 결정적인 원인이었다.

제5경기병사단 남쪽에 있던 제1기병여단은 07시 50분, 쉬니 서쪽 통로 상에서 공격받았다. 프랑스군을 약 3km 정도 밀어낸 이후 생 메다르St. Médard를 지나 모르테한으로 향하는 통로를 개방한 제10기갑사단은 반시계방향으로 돌아 프랑스군을 우회하여 세무아 강 도하지점으로 향했다. 제1기병여단은 독일군의 기동으로 거의 압력을 받지 않았음에도 결국 "제5경기병사단이 세무아 강으로 철수한다는 연락"[34]을 받고 물러났다.

기병대가 통제선 "2"의 베트릭스에서 세무아 강의 부이용으로 철수하자 독일군은 더욱 공세적으로 진출했다. 이때문에 프랑스군의 철수는 더욱 어려웠다. 후미를 추격하는 독일군보다도 퇴각속도가 느린 부대도 있었다. 이동속도가 느렸던 몇몇 부대는 도로에서 벗어나 숲을 지나 철수해야만 했다. 일부 독일군은 기병대가 세무아 강을 건너 철수를 완료하기 전에 강안에 도착하기도 했다.

한편, 이날 내내 피난민이 프랑스군 기병대의 작전을 방해하였다. 많은 피난민이 걷거나 자전거를 타고 룩셈부르크와 벨기에에서 몰려들었다. 어떤 이들은 귀중품을 실은 손수레를 끌고 이동했다. 운이 좋은 사람들은 자동차를 타기도 했다. 그들 중 농부는 농업용 말이나 젖소로 수레를 끌었기 때문에 쉽게 눈에 띄었다. 피난민을 동쪽으로 돌려보내려 설득했던 프랑스군의 노력에도 실의에 차고 겁먹은 피난민 수는 계속 증가했고 프랑스군의 기동을 자주 지연시켰다.

그러나 프랑스 기병대의 무능했던 행위를 피난민 탓으로 돌릴 수는 없다. 제2군은 예하 기병대가 독일군의 전진을 저지하지는 못해도 지연할 수는 있으리라 예상했다. 그러나 이러한 기대에도 독일군 제1기갑사단은 11일에 약 50km를 기동했다. 모든 측면을 검토했을 때 기병대의 실패 원인에 대한 최적의 설명은 아마도 그들이 비트리에서 뇌프샤토 후방을 향한 독일군의 돌파를 예상하지 못했다는 점에서 찾아야 할 듯하다. 독일군의 예상치 못한 돌파는 기습에 의해서 프랑스군을 완벽하게 올가미에 빠뜨렸다. 게다가 기병대가 독일군을 성공적으로 지연할 가능성은 그들이 극도의 광정면을 담당했고, 독일군보다 적은 수의 전차와 대전차무기를 보유했으며, 대적한 적의 압도적인 규모의 우세 때문에 낮아졌다. 또한, 독일군의 우세한 기동력도 프랑스군에게 불리하게 작용했다. 이렇게 불리한 조건에도 적 주공을 식별하기 위해 벨기에로 전진한 기병대는 우측방에 예상치 못한 많은 전차의 압력을 받아 거의 완전히 붕괴하고 말았다.

가장 중요한 사실은 제5경기병사단이 독일군 주공과 마주쳤음을 인지하여 그 정보를 제2군에 알리지 못했다는 점이었다. 이는 시간 측면에서 독일군에게 커다란 이익이 되었다. 한편, 기병대를 포함하여 모든 이들이 세무아 강의 험준한 지형에 기대어 전투한다면 방어에 성공할 수 있을 것이라 예상했다. 게다가 독일군이 제5경기병사단 측익을 쉽게 쓸어 내버린 사실 때문에 이러한 확신은 더욱 강해졌고, 통제선 "5"에 대한 프랑스군의 방어의지를 약화시켰다.

세무아 강에서On the Semois

프랑스군에게는 다행스럽게도 몇몇 보병대대가 세무아 강의 핵심 통과지점을 점령하고 있었다. 보병대대는 이미 진지를 방어하고 있었기 때문에 와해한 기병대가 강을 건너는 것을 도왔으며 독일군의 급속한 전진을 저지할 수 있었다. 제1/295대대는 제5경기병사단 예하 대부분 부대가 통과한 지점에 방어진지를 편성하고 있었다. 제55보병사단 예하였던 제1/295대대는 기병대가 세무아 강을 따라서 형성할 방어선을 보강하는 임무를 수행했다. 대대는 10일 정오에 세당을 출발하여 18시에서 19시 사이에 강안에 도착했다.

제1/295대대는 무자이브(부이용 북서쪽 10km)와 안 두 안Han du Han(부이용 동쪽 3km)으로 알려진 강의 만곡부에 방어진지를 점령했다. 대대 책임구역 정면은 직선거리로는 약 13km였으나, 구불거리는 강으로 인해 실제는 거의 3배에 달했다. 제1/295대대 우측에는 제3북아프리카사단 제3/12주아브대대가 있었다.

신장된 정면과 정면을 따라서 발달한 험한 지형을 방어하기 위해 대대장 클로제네Clausener 대위는 우측에 1중대, 중앙에 2중대, 좌측에 3중대를 배치하여 일선형 방어진지를 편성했다. 우측 1중대는 부이용을 방어하였으며, 좌측에서는 3중대가 가시거리 너머에서 무자이브의 도섭 지점과 인도교를 방어했으나, 사실 무자이브는 제9군의 제3스파히여단 작전지역이었다.[35)]

세무아 강 유역을 지나는 주요 통로가 부이용을 통과했기 때문에 독

일군은 주노력을 부이용으로 지향하였다. 도시는 세무아 강이 남쪽에서 북쪽으로 커다랗게 구부러져 억센 팔 끝에 달린 주먹과 같이 불쑥 튀어나온 곳에 있었다. 팔과 주먹 부분을 돌아 강이 흘렀고 주먹 정상부에는 고대(古代)에 건축한 요새가 있었다. 도시는 지난 한 세기 동안 요새 주변으로 성장하면서 강 건너 동쪽으로 확장되었다. 교량 2개가 도시의 "팔"과 우측 둑을 연결했다.

부이용을 방어했던 1중대장 피코Picault 대위는 독일군이 도시 동쪽에 도착하기 직전인 17시 30분경 교량을 파괴했다고 말했다. 그의 부대가 직면했던 가장 큰 문제는 교량을 파괴하기 위해 "거대하고 무질서한" 피난민 무리를 소개하는 것이었다. 교량을 폭파한 직후 중대는 슈투카의 폭격뿐만 아니라 보병과 전차의 사격을 받았으나, 최소한 1대의 독일군 전차를 파괴했다. 잠시간의 지연 이후 부이용 동쪽에 대한 통제권을 획득한 독일군은 ─ 피코의 말에 따르면 ─ 요새 서쪽과 강 북쪽으로 침투하기 시작했다. 그러나 독일군의 기록에는 부이용에 도착한 첫 부대에는 보병이 없는 것으로 적혀있다.

피코는 기병대가 도시 동쪽 구역에서 기관총탄이 쏟아진 이후에 철수했다고 말했다. 그는 중대에 기관총이 1정밖에 없었고 포위당할 위기에 처했었다고 설명했다. 아마도 1중대는 대대장과 연결을 두 차례정도 시

고성(古城)에서 내려다 본 부이용 전경

도한 후, 20시 30분에 진지에서 철수한 듯하다.[36] 이처럼 피코는 거의 혹은, 전혀 전투를 치르지 않고 부이용을 포기함으로써 도시를 통과하는 통로를 개방해버렸다. 그러나 프랑스군에게는 다행스럽게도 이들의 철수를 몰랐던 독일군은 프랑스군의 강력한 포격 탓에 도시에서 물러났다.

부이용에서 철수한 피코는 부이용 남쪽 약 2km 지점이며 물랭 아 벵Moulin à Vent으로 알려진 교차로에 방어진지를 점령했다. 부이용과 꼬르비옹Corbion에서 뻗어 나온 도로가 이곳에서 합류하여 세당으로 향하는 단일 통로가 되었다. 피코가 퇴각을 멈춘 이유는 확실치 않다. 아마도 그가 부이용에서 물러난 뒤 방어진지를 점령하라는 명령을 받았거나, 혹은 제5경기병사단 예하 차량화보병대대 지휘관 중 1명이 그에게 주요 교차로를 방어하도록 지시했기 때문으로 생각된다. 정지한 이유가 무엇이었든지 간에 가장 중요한 점은 그가 부이용 방어를 포기한 이후 마지못해서 겨우 전투에 임했다는 사실이었다. 다음 날 아침 08시경, 피코가 차량화대대와 함께 전진하여 세무아 강 방어진지를 재점령하고자 준비하고 있을 때 독일군이 전차 3대를 포함한 부대로 공격해왔다.[37] 이로써 프랑스군은 세무아 강의 강력한 방어선에서 얻을 수 있는 모든 이점을 상실하고 말았다.

"대략 1시간" 정도 저항한 피코의 중대와 차량화보병대대는 남쪽으로 철수하여 라 샤펠을 지나 쥐본느 북쪽에서 정지했다. 곧 더 후방으로 철수하라는 명령을 받은 피코는 세당 외곽의 비외Vieux 캠프로 물러났다. 새로운 방어진지에 대한 적 압력이 거의 없었기 때문에 피코는 방어 태세를 유지하면서 뫼즈 강 너머로 철수하기 시작했다. 마지막 소대가 19시경 도하를 마쳤다.[38]

피코와 기병대는 부이용에서 부여받은 임무를 졸렬하게 수행하였다. 그러나 세무아 강 방어 실패의 가장 큰 책임은 제9군 가장 우측이자 제2군의 좌측과 맞닿은 제3스파히여단에 있었다. 물론 제3스파히여단이 지녔던 문제 일부는 아마도 노병의 전투의지를 신뢰할 수 없다는 점, 어깨를 맞대고 있던 제5경기병사단의 전투수행이 형편없었다는 점도 있었지만, 가장 결정적인 것은 한 가지 불운한 사건 때문이었다. 스파히여단은 무자이브의 도하지점을 포함하여 세무아 강 방어선을 실질적으로 점령하지 않았다. 그 원인은 여단의 무능력보다는 운의 작용과 관련되어 있었다. 스파히여단의 실수는 독일군이 세무아 강의 도하지점을 탈취하고 마침내는 제5경기병사단 측방으로 선회할 수 있는 기회가 되었다. 독일군 도하지점에 있던 교량은 인도교에 불과했으나 그 주변으로 쉽게 도섭할 수 있었다. 따라서 독일군의 거대한 본대가 곧 무자이브와 알르 Alle에서 세당으로 향했다.

제3스파히여단장 마르크 대령이 말한 바로는 제1/2스파히대대 1중대가 무자이브를 향해 서쪽으로 철수했을 때 이미 도하지점을 탈취한 독일군과 조우했다고 한다. 치열한 전투를 치루며 가까스로 강을 건넌 기병들은 독일군을 무자이브의 도하지점에 남겨둔 채 남쪽으로 향했다. 이 불운한 사건은 어두워진 직후 벌어졌으며 스파히여단은 야음 때문에 우측의 제5경기병사단과 접촉할 수 없었다.39)

11일 24시 직후, 마르크는 제9군에 전화를 걸어 당직장교에게 상황을 알려주었다. 그는 무자이브에서 우측 부대가 증강되고 있으므로 그의 여단은 02시 정도에 뫼즈 강으로 후퇴하기를 원한다고 설명했다. 마르크는 제9군에서 명령을 받지 않았으나 02시 30분에 후퇴명령을 내렸다. 여단은 06시에서 09시 사이에 뫼즈 강 너머로 대부분 철수를 완료했다.40)

제2군 부참모장은 12일 04시에 제1집단군에서 걸려온 전화를 받고 제3스파히여단이 메찌에르 남쪽에서 뫼즈 강을 건너 후퇴하려는 의도를 가지고 서쪽으로 철수하고 있다는 사실을 알았다고 말했다. 스파히여단의 철수는 제5경기병사단 좌측방이 노출됨을 의미했기 때문에 제2군사령부는 심각한 우려를 하게 되었다. 제2군 파견참모장교가 제9군에

미친 듯이 전화를 걸어 스파히여단이 최선을 다할 것이라는 약속을 받았다. 그러나 그는 여단이 세무아 강으로 돌아가 싸우겠다는 약속은 전혀 받지 못했다. 09시가 되기 전에 마르크는 세무아 강으로 돌아가라는 명령을 받았다. 그러나 당시는 독일군을 격퇴하기에는 너무 늦은 상황이었다.41)

제5경기병사단은 08시에 독일군 장갑차량이 무자이브 인근에서 세무아 강 북쪽 제방에 나타났음을 알았다. 사단은 09시에는 무자이브 남쪽에 적 전차가 출현했다는 보고를 받았다. 또한, 거의 동시에 독일군 보병이 메종 블랑셰(부이용 동남동쪽 11km)의 교차로에 도착했으며, 이로써 적이 모르테한 근처에서 세무아 강을 도하했음이 확실하다는 보고를 접수했다.42) 기병사단은 양 측후방이 적에게 노출되어 극도로 불리한 상황에 처하였다.

제5경기병사단장 샤느완 장군은 급속하게 악화일로를 걷고 있는 전황을 제2군사령관 윙치제르에게 보고했고, 윙치제르는 다른 사단의 정찰기병대대로 구성한 증원부대를 보내겠다고 약속했다. 그러나 무자이브-세당 축선에 대한 독일군의 압력이 가중되고 적 전차가 급증함에 따라 샤느완은 다시 윙치제르에게 전황을 알림과 동시에 뫼즈 강과 세무아 강 중간 정도에 있던 선형요새인 "요새화 가옥"선상으로 물러나도 좋다는 승인을 받았다. 샤느완 장군은 11시에 철수명령을 내렸고 세무아 강과 요새화 가옥 사이의 장애물을 활성화하기 위한 모든 폭약을 폭파시키도록 했다.43)

기병대는 비교적 부드럽게 철수하였으나 제1/295대대의 철수 과정은 쉽지 않았다. 제1/295대대 우측을 방어했던 피코의 1중대는 정연하게 철수했지만, 다른 2개 중대는 신속하게 무자이브를 돌파하여 전진한 독일군이 퇴로를 거의 가로막았다. 대대 중앙인 2중대와 좌측의 3중대 소속 보병 다수가 포로로 잡혔다. 나머지 병력은 숲을 통해 이동하거나 독일군 보병과 장갑차량의 근접추격을 받았다. 나머지 2중대와 3중대 병력은 14시 40분에서 15시 사이에 뫼즈 강을 건너 철수했다.44) 상술한 바와 같이 1중대는 19시경 뫼즈 강을 건너 철수했다. 대대원 중 채 200명도 안 되는 인원만이 세무아 강에서 돌아올 수 있었으며, 대대장도 전사하고 말았다.

한편, 제5경기병사단은 요새화 가옥선도 단시간 밖에 지탱하지 못했다. 사단은 14시경 세당 외곽으로 철수하기 시작했다. 사단 마지막 부대는 17시에서 18시 사이에 뫼즈 강을 건넜다. 프랑스 최고사령부에게는 매우 실망스럽게도 세무아 강과 뫼즈 강 사이에서 제5경기병사단의 전투수행은 뫼즈 강에서의 전투수행보다도 더 형편없었다.

기병대는 독일군을 거의 지연하지 못했고 적 주공방향을 식별하지도 못했다. 그러나 이보다 더 중요한 사실은 이들의 초췌한 모습과 혼란스러운 철수로 숙련되지 못한 다른 프랑스군이 동요함으로써 전투의지가 현저히 약해졌다는 점이었다.

독일군 주공 방향 확인Identifying the Location of the Main German Attack

파리 최고사령부는 5월 12일 저녁까지도 독일군 주공방향이 아르덴느라는 사실을 몰랐다.45) 프랑스는 적 주력이 아르덴느를 통해 기동함을 암시하는 다량의 중요한 정보가 있었음에도 독일군 전략 의도를 알아채는 데 실패한 것이다.

독일군이 5월 10일 04시 35분에 룩셈부르크를 통과한 뒤 프랑스군은 룩셈부르크와 동벨기에 지역에 적이 나타났음을 알리는 다수의 보고를 받았다. 보고가 도착함에 따라 프랑스 정보부서는 룩셈부르크와 벨기에에 적이 출현했음을 알았지만, 이들이 주공이라고는 믿지 않았다. 지난 20년 동안 프랑스는 독일이 1914년에 사용했던 전략계획을 그대로 답습하리라 생각해 왔다. 그것은 독일군 주공이 알베르 운하와 뫼즈 강을 도하한 뒤 젬블루 갭을 통해서 파리로 향하리라는 예상이었다. 5월 10일 아침에 독일군이 마스트리히트 근방에서 알베르 운하와 뫼즈 강을 도하하여 에벤 에마엘 요새를 공격했다는 보고를 받은 프랑스 군사지도자들은 즉시 자신의 판단이 정확했다고 생각했다. 네덜란드와 북벨기에에서 올라오는 보고에 집중한 그들은 적절한 대응시기를 상실했을 때까지도 아르덴느로 가해지는 위협을 인지하지 못했다.

개전 초부터 독일군이 룩셈부르크에서 기동하고 있다는 보고가 계속 올라왔다. 초기의 보고로서 5월 10일 01시 20분경, 룩셈부르크 주재 대사는 룩셈부르크에 거주하는 독일인이 무장한 채 집결하고 있다고 본국에 보고하였다. 또한, 같은 보고서에는 "오늘 저녁에, 특히 독일 국경을 따라서 포병이라 생각되는 부대가 기동했다."라고 적혀 있었다. 06시 15분에 제3군은 독일군이 룩셈부르크로 진입했다는 보고를 받았고, 07시 20분에는 차량화부대가 출현했다는 신호를 받았다. 07시 45분, 제3군은 항공정찰을 시행하여 룩셈부르크의 도시로 접근하는 약 10km 길이의 "거대한 차량화 행군종대"를 촬영했다.46)

또한, 다른 몇몇 보고에는 룩셈부르크에서 활동하는 독일군에 대한 우려가 나타났다. 07시 30분에 제2군은 항공정찰로 룩셈부르크로 진입하는 적 "차량화 행군종대"를 탐지했다. 09시에는 다른 정찰기가 차량약 50대 규모의 행군종대가 룩셈부르크에서 벨기에로 진입하여 바스통으로 향하고 있음을 관측하였다. 10시 12분에는 제3군의 제3경기병사단이 룩셈부르크 남서쪽 끝에서 "적 기갑부대"와 접촉했다.47)

독일군이 벨기에에 나타났다는 보고도 있었다. 13시경, 정찰기가 차량 약 40대가 아를롱에서 비르통Virton으로 이동하는 것을 발견했다. 제2군은 18시 10분에 제2경기병사단이 낮 동안 아를롱 인근에서 적 장갑차량 20여 대와 교전했다는 사실을 보고받았다. 제2군은 차후 발행한 보고서에 기병대가 강력한 적 압력을 받으며 퇴각하여 아를롱에서 에딸르로 이동했다고 적었다. 그러나 프랑스군이 전략을 시행하면서 더 위협적인 느낌을 받은 것은 독일군이 마스트리히트 서쪽에서 알베르 운하

도하에 성공했다는 내용을 담은 23시 35분에 접수했던 보고였다.[48]

같은 날 제2군사령부는 첩보요약보고를 발행하면서 다음과 같이 결론지었다. "적 차량화 부대가 벨기에 아르덴느경보병부대Belgian Chasseure Ardennais를 격퇴하였다. 그리고 우리 엄호부대와 접촉했다. 벨기에군 장애물은 적을 저지하기에 충분한 듯하다. '그리고 **야전군 정면에 적 기갑 부대가 출현한 징후는 전혀 없다.**'*"[49]

제10기갑사단이 제2경기병사단을 강력하게 공격했음에도 야전군 정면에 적 기갑차량이 없었다는 내용과 대문자를 사용한 강조는 이해하기 쉽지 않다. 이는 제2군사령부 작전참모부에서 발행한 5월 10일 자 일일보고의 "에딸르 지역에서 적 전차부대가 우리 기병대에 일격을 가했다. 손실 때문에 어려움에 처했다. ……."[50]라는 구절을 볼 때 더욱 그러하다. 야전군 정면에 적 전차가 없다는 제2군 정보참모부의 강력한 주장은 작전참모부의 자신감 결핍 혹은, 정보 및 작전 분야 사이에 협조가 없었음을 명확하게 보여준다. 정보참모부와 작전참모부가 더 긴밀하게 의견을 교환하고 밀접한 관계를 유지했다면 제2군은 전방에서 벌어지는 상황에 대해 더 나은 판단을 할 수 있었을 것이다.

공군은 10일 17시에서 11일 06시 사이에 수집한 첩보를 정리하면서 "요약하자면, 수집한 첩보에서 도출한 전황 전반은 다음과 같다. 1)적은 마스트리히트와 네이메헌 사이로 주노력을 지향함 2)(아르덴느를 통해서) 룩셈부르크 서쪽지역으로 부차적이지만 극도로 강력한 공세를 지향함 3)리에주 지역으로 매우 평이한 정도의 진격이 이루어지고 있음."이라고 결론지었다.[51] 이처럼 전역 첫날은 독일군 주공이 마스트리히트와 젬블루 갭을 통해서 이루어진다는 관념에 대한 아무런 반박 없이 흘러갔다.

오히려 전역 첫날 독일군의 공격에 대한 보고내용은 프랑스 최고사

---

* 대문자로 강조.

령부의 선입관을 뒷받침했다. 전역 첫날 독일군 제1기갑사단과 제2기갑사단이 보당주, 마르틀랑주, 스트랭샹을 확보하기 위해 상당 시간을 허비하는 동안 연합군 정찰기는 제19기갑군단 휘하 사단의 선두를 찾아내지 못했다. 대신 프랑스 정보기관은 적이 아를롱 서쪽에서 기동했으며 다른 일부는 바스통으로 향하고 있다는 보고를 받았다. 35km 이상 떨어진 두 부대의 기동(아마도 남쪽은 제10기갑사단이고, 북쪽은 제7기갑사단으로 보임)에 대한 자료는 분명히 극도로 큰 규모의 적이나 거대한 주공의 위치를 암시하지는 않았다. 게다가 제2군사령부를 지원하는 항공부대 지휘관은 나중에 보고하기를, 피관측 적 부대와 적 전투력이 증가하고 있다고 식별한 지역의 강력한 방공망이 항공정찰을 방해했다고 말했다.[52] 프랑스는 1914년처럼 일부 독일군이 아르덴느를 통해 기동하리라 예상했기 때문에 그들의 관점에서는 접촉 보고와 항공정찰결과가 아르덴느의 독일군이 주공임을 암시하는 것은 아니었다.

매우 흥미롭게도, 전역 첫날 최소한 1대 이상의 프랑스 항공기가 제19기갑군단 선두 위로 비행했다. 10일 10시경, 독일군이 마르틀랑주를 향해 기동하고 있을 때 프랑스 전투기가 기갑군단 상공을 비행하던 독일군 정찰기를 격추했다. 전투기 조종사는 지상에 독일군이 있음을 알아차리고 아르덴느로 적이 진출하고 있음을 보고했다.[53] 그러나 제1기갑사단 전위부대에는 전차가 없었기 때문에 조종사는 단지 차량 몇 대와 보병만을 관측했을 뿐이었다. 이번에는 행운이 독일군 편에 있었다.

11일의 어떤 보고에는 아르덴느에 많은 독일군이 출현한 징후가 나타났다. 07시 30분, 제2군이 운용한 정찰기는 "룩셈부르크의 도로에 많은 활동이 있다. 동쪽에서 시작된 기동은 서쪽의 다이키르크로 향했다. ……."고 보고했다. 08시 45분, 제1집단군 사령관 비요트 장군은 조르주의 사무실에 전화를 걸어 "독일군의 주요 행군종대가 플륌Prum에서 바스통을 향하고 있다는 보고를 받았다."라고 말했다. 또한, 그는 아를롱 서쪽 상황이 "미묘"하며 제2경기병사단이 "심각한 손실"을 입은 뒤 자무아뉴(아를롱 서쪽 30km)로 후퇴했다고 부언했다. 12시에 제2집단군 사령관 앙드레 프레틀라André G. Prételat 장군은 제3군은 책임지역 좌측에서 강력한 적과 조우한 바가 없다고 보고했다. 또 그는 "적의 기동이 동쪽에서 서쪽으로 향하고 있다."고 말했다.[54]

11일의 보고에는 아르덴느에 적 전차가 출현했다는 내용이 나타나기 시작했다. 12시 30분에 제2군은 30대 규모의 전차 행군종대가 뇌프샤토 남서쪽 10km 지점에 있다고 보고했다. 또한, 제2군은 기병대 전방에 상당한 규모의 적이 있다고 알렸다. 20시 15분이 되자 제2군은 더 심각한 상황을 보고했다. 이 보고는 "오후로 접어들면서 제5경기병사단 우측인 뇌프샤토에 중(重)전차가 강력한 압박을 가해왔다. 그 직후 베트릭스에도 전차의 공격이 이어져 사단은 세무아 강으로 철수를 강요당했다. …… 뇌프샤토 근처에서 매우 격렬한 전투가 벌어졌다. 1개 포대를 상실하였으나 포대는 대구경포를 장착한 전차 3대를 파괴하였다."[55]라는 내용을 담고 있었다.

위의 보고 보다 앞서 제1집단군은 18시 35분에 벨기에에서의 전황을 조르주의 사무실로 보고했다. 제1집단군은 아를롱에서 에딸르와 자무아뉴로 가해지는 압력이 감소하였으나 더 북쪽의 바스통에서 뇌프샤토와 베트릭스 방향으로는 공세가 강해졌음을 지적했다. 두 번째 축선상의 프랑스 기병대는 세무아 강 너머로 기동했다. 이들은 대구경 주포를 장착한 독일군 전차와 더 빨리 조우했다. 프랑스군은 벨기에에 있는 적에 대한 더 많은 정보를 수집하기 위해 11일 23시에 항공정찰을 시행하였고, 그 결과 각각 약 5km에 달하는 행군종대 4개를 식별하였다.[56]

5월 11일 23시 45분에 제2군은 아르덴느에서 적 부대 몇 개를 식별하였다고 보고했다. 아마도 프랑스군은 베트릭스에서 전사한 독일군을 보고 대독일연대가 이곳으로 투입되었음을 알아챘을 것이다. 한편, 11일 16시에는 무선 감청부대가 제1기갑사단으로 하달되는 메시지를 감청하였다.[57]

그러나 아르덴느에 상당한 규모의 독일군이 있다는 강력한 증거와 제5경기병사단이 거의 참패에 가깝게 세무아 강으로 철수했음에도 제2군을 지원하는 항공부대가 수집한 11일 자 첩보요약보고서에는 어떠한 경고성 전망도 포함되어 있지 않았다.

　　리브라몽과 뇌프샤토에서 적 전차 활동이 강력했기 때문에 벨기에로 진출했던 기병대는 철수해야만 했다. …… 해 질 녘까지 지연작전을 수행하였으며 …… 사전에 수립한 계획에 의하면 기병대는 세무아 강 동안에 방어진지를 점령하고 적을 최대한 지연하는 임무를 가지고 있었다. 포로를 심문한 결과 야전군 전방에서 적 사단 3개가 활동하고 있음을 확인하였다.

　　보고서는 "제2군 전방의 적은 자신을 일부러 드러내고 있는 것으로 보인다. 따라서 우리 경기병사단은 예정했던 표준 속도로 지연작전을 수행하고 있다."[58]라고 결론지었다. 특별한 관심을 끌지 못했던 이 보고서는 프랑스군의 보편적인 태도를 보여주는 좋은 예였다. 전날과는 달리 제2군 작전참모부는 뇌프사토를 공격한 적 전차가 아마도 제1기갑사단 소속일지 모른다는 내용 외에는 정보참모부에서 제시한 것과 다른 견해를 내보이지 않았다.[59] 적이 아르덴느에 중요 부대를 투입한 것처럼 보이기는 했지만, 제2군과 제1집단군 및 조르주의 북동부전선사령부로 독일군의 기습 기동이 있을 가능성이 암시되었던 11일에는 아무 일도 일어나지 않았다. 그러나 세무아 강 방어선을 지키기 위해 분투하던 프랑스군 보병과 기병은 상급부대와는 분명히 다른 생각을 하고 있었을 것이다.

　　비록 프랑스 최고사령부가 아르덴느의 독일군에 특별한 관심을 쏟기는 했지만, 11일의 다른 보고서들은 여전히 마스트리히트와 젬블루 갭에 우선하여 초점을 맞추고 있었다. 11일 13시 20분, 제1집단군은 아직 리에주의 요새를 고수하고 있으나 독일군이 에벤 에마엘 요새의 벙커 2

개를 화염방사기로 무력화했다고 보고했다. 2시간 뒤, 제1집단군은 적이 요새 내부를 탈취했다고 알렸다. 17시에는 가믈렝 장군이 조르주에게 벨기에 제1군단이 "위태로운 상황"에 처했으며 독일군 전차가 마스트리히트 남서쪽에 도착했다는 사실을 전하였다.60) 이러한 전황은 명백하게 프랑스 고위 군사지도부의 커다란 관심거리가 되었다.

프랑스 최고사령부의 이목이 마스트리히트와 젬블루 갭에 가장 많이 집중되었기 때문에 그들은 아르덴느에 존재했던 상당한 규모의 독일군에 대한 증거 ― 점차로 늘고 있던 ― 에 신중하게 대응했다. 12일 08시 15분, 조르주는 핵심 참모와 회의를 열어 제53보병사단을 제9군으로, 제1식민지보병사단을 제2군에 배속하기로 했다. 또한, 그는 제14보병사단을 메찌에르 남서쪽으로 이동하도록 지시했다.61) 이 결정은 제5경기병사단이 적 중(重)전차가 무자이브에서 세무아 강을 도하했다는 보고를 받은 시간에 내려졌다. 그러나 아르덴느의 제2군과 제9군을 증강하였음에도 최고사령부의 주요 관심은 여전히 마스트리히트와 젬블루 갭 근방의 전황에 쏠려있었다.

12일에는 세무아 강을 향해 기동하려는 독일군의 의도가 더욱 명확하게 드러났다. 07시에 공군은 "확실치는 않으나 적이 세무아 강을 향해 남서진하고 있다."라고 보고했다. 07시 30분, 제2군은 독일군 제1기갑사단으로 보이는 적이 기병대를 세무아 강 남안으로 밀어냈다고 보고했다.62) 제2군 전방 기병대로 독일군의 강력한 공세가 이어졌다. 10시 25분, 제2군사령부 참모장 라카유Lacaille 대령이 "세무아 강을 따라 설치한 장애물을 활성화 했음에도 기병대는 세당 방향으로 진출하려는 적 전차와 보병의 매우 강력한 압력을 받았다."라고 보고했다. 13시 30분에 제2군은 북동부전선사령부로 전화를 걸어 추가 항공지원과 방어를 강화하기 위한 기갑사단 위임을 요청했다. 15시 15분, 라카유는 "야전군 좌측(세당) 상황이 매우 심각하다. 막대한 손실을 입었으며 ……. 기병대는 뫼즈 강 서쪽으로 철수했다."라고 보고했다. 라카유는 22시에 다시 전화를 걸어 보고하기를 "전방이 순간 고요해졌다."63)라고 보고했다.

같은 날 11시 30분경, 제9군은 아르덴느에서 독일군 4개 사단을 관측하였으며 그중 2개는 기갑사단이라고 보고했다. 또한, 제9군은 기갑사단 중 하나는 마르셰Marche에, 다른 하나는 뇌프샤토에 있으며, 종류를 알 수 없는 사단 2개는 아를롱의 근방에 있다고 보고했다.64) 프랑스군에게는 알려지지 않았으나 뇌프샤토의 사단은 제1기갑사단이었다. 아를롱에 있다던 사단 2개는 아마도 제10기갑사단이었거나 후속하던 다른 사단이었을 것이다.

그러나 제2군을 지원하는 항공부대가 수집한 12일 자 첩보요약은 여전히 어떠한 경고도 제시하지 않았다. 보고서 결론에는 "제2군과 맞서는 적은 활동적으로 공격하고 있다. 야전군 예하 경기병사단은 가장 좌측을 제외하고는 계획한 표준 속도로 지연작전을 수행하는 데 성공했다. 단지 속도가 얼마간 빨라졌을 뿐이었다."65)라고 기술되어 있었다. 그러나 항공정찰자가 지상에서 작전을 보았다면, 그는 속도가 훨씬 빨라졌다는 사실을 알게 되었을 것이다!

12일자 일일요약에서 제2군은 적의 압박이 부이용에서 세당으로 향하는 축선에서 기인하는 것으로 판단한다고 결론지었다. 또한, 보고서는 "부이용−세당 축선으로 거대한 적 기갑부대가 기동하는 것으로 보인다."66)라고 덧붙였다. 그러나 윙치제르가 결재했던 제2군 작전참모부의 일일보고는 놀라우리만치 긍정적이었다. 보고서에는 "적의 압박과 전차의 출현에도 우리 전선은 어느 곳도 붕괴하지 않았다. 지연작전도 만족스러웠다."라고 기술되었다. 이에 더하여 보고서에는 "최근 3일간 부대의 사기와 정신력은 이전의 손실과 피로로 말미암은 고통에도 매우 훌륭했다."67)라고 기록되어 있었다.

가믈렝의 사령부 역시 12일의 전황을 단정적인 어조로 묘사했다. 가믈렝의 참모장이 결재한 작전보고서에는 "12일 내내 아르덴느에서 지연작전을 수행했던 우리 부대는 강요에 의해 철수했다. 같은 지역에서 적 활동이 증가했다. 적은 요새선 전방에서 방어하던 우군과 접촉했다. 반면에 마스트리히트 서쪽에서 독일군의 전진은 확연히 둔화하였다 ……."[68]라고 기술되어 있었다.

그런데 13일 09시 45분, 공군은 "야간폭격 임무를 수행한 항공기가 뇌프샤토와 바스통에서 부이용과 세당을 연하는 구역에서 적 활동을 관측했다고 보고했다."라고 발표했다. 또한, 보고에는 밤새 위 지역 도로에서 기동 하는 차량 불빛을 관측했다고 부언하였다. 10시 45분에는 조르주의 사령부에 같은 내용의 보고서가 전달되었다. 보고서는 "모든 증거가 독일군이 강력한 전투력을 부이용–세당 축선으로 투입하고 있음을 증명한다."라고 결론 내렸다.[69]

1940년 5월 당시 프랑스 최고사령부 작전장교 앙드레 보프르André Beaufre는 13일 아침에 전날 야간과 이른 아침에 전달받은 정보를 지도 위에 표시하여 정보를 종합했다고 한다. 도상에 표시된 정보는 독일군의 주노력이 젬블루 갭이 아닌 아르덴느로 지향되고 있음을 보여주었다. 보프르는 거의 같은 시간에 조르주의 사령부도 동일한 결론에 도달했다고 말했다. 역설적이게도 새로운 판단은 프랑스에게 "특히 유리하다고"[70] 생각되었다. 그들은 여전히 아르덴느를 통한 기동이 어렵다는 것과 뫼즈 강 방어선의 강도를 확신하고 있었다.

독일군이 세당에서 뫼즈 강을 도하하고 1시간이 지난 13일 16시경, 제2군은 조르주의 사무실에 세당 북쪽으로 적이 계속 "침투"하고 있으며, 적 포병이 "나타났다"고 보고했다. 독일군이 이미 1시간 전에 강을 건넜지만 보고서는 "주방어선에서는 아직 어떠한 접촉도 없다."라고 마무리 지었다. 늦은 저녁 무렵 제2군은 독일군의 뫼즈 강 도하를 보다 사실적으로 묘사했다. 그렇지만 제55보병사단의 혼란에 대한 내용은 없었다. 대신 보고서에는 "좌측방 사단에게는 매우 힘든 하루였다 ……."[71]라고 적혀 있었다.

13일에 독일군이 3곳에서 뫼즈 강을 도하했다. 그러나 가믈렝의 사령부는 일일활동요약의 결론에서도 도하를 언급을 하지 않았다. 보고서는 네덜란드, 마스트리히트와 리에주 인근, 부이용-세당 축선 근방에 주요적 기갑부대가 출현했다는 내용만을 포함했다. 14일 아침, 딜 강에 배치할 예정이었던 대다수 연합군 부대의 상황을 확인한 가믈랭의 사령부는 보고서에서 "아직은 적이 주공을 지향한 지역을 확인할 수 없다."라고 결론 내렸다. 보고서 마지막 줄에는 가믈랭의 작전참모부장이었던 쾰츠 Koeltz 장군의 수기(手記)로 보이는 첨언이 달렸다. "[전체적인] 느낌이 매우 좋다"[72]

군사지도자의 판단은 이처럼 틀리기도 한다.

Chapter 4
프랑스군의 뫼즈 강 방어태세
The Franch Defenses Along the Muses

프랑스군 기병대가 뫼즈 강 너머로 철수한 이후 제19기갑군단은 프 랑스군에서 가장 유능한 지휘관중 하나라는 평판의 윙치제르Charles Huntziger 장군이 지휘하는 제2군과 맞서게 되었다. 평판 좋고 지적이었 으며 프랑스 식민지 육군에서 탁월하게 복무했던 윙치제르는 매우 빠르 게 진급했다. 그는 시리아 주둔 프랑스군 사령관에 취임하면서 1938년 에 고위전쟁위원회Superior Council of War의 일원이 되었다. 매우 젊은 나이 에 제2군사령관이 된 후, 그는 종종 미래에 육군의 최고사령관 될 것이 라고 회자되었다. 그의 충직한 부하는 "제2군이 더 나은 지휘관을 가질 수는 없었을 것이다."라고 회고하기도 했다.[1] 그러나 윙치제르의 뛰어 났던 재능에도 그의 야전군은 훈련수준이 높지도 않았고, 능력이 뛰어 난 것도 아니었다.

제2군The Second Army

제2군은 세당 서쪽에서 롱귀용까지 방어선을 점령했다. 방어선은 직 선거리로 65km이었으나 지형이 방어에 유리하게 구불거리며 형성되 어 있었기 때문에 실제는 75km에 달했다. 야전군 책임구역은 마지노선 일부와 상대적으로 요새화가 덜된 마지노선 서쪽을 포함했다. 독일군이 공격했을 때 벨기에로 진입하기로 계획했던 타 야전군과는 달리 제2군은 전방으로 진출하여 새로운 방어선을 점령하지 않았다. 제2군은 기존 위치에서 전방으로 진출을 준비하던 다른 야전군의 경첩hinge역할을 했다.

전체 국면에서 보자면, 제2군의 임무는 마지노선 좌측방을 엄호하면서 가장 동쪽 부대로서 제1집단군 우측을 단단히 고정하는 것이었다. 임무수행을 위해 제2군은 부여 받은 방어선을 공격하는 독일군뿐만 아니라 스테니 갭으로 진입하려는 적도 방어해야 했다. 독일군이 스테니 갭으로 신속하게 기동한다면 랭스Reims나 동쪽의 베르덩Verdun을 향해 쇄도하여 마지노선 측방으로 선회할 수 있었기 때문이었다.

제2군은 마지노선 측방을 방어하고, 서쪽으로 기동하는 다른 야전군의 경첩으로 행동하는 중요한 임무를 수행하면서도 기본적으로는 작전부대를 경제적으로 절약하여 운용하려 했다. 제2군 전방 지형이 방어에 유리했기 때문에 프랑스군은 예상되는 적 위협이 다른 곳보다 적다고 생각했고, 부대를 절약하여 더 결정적인 지점이 될 것으로 생각했던 곳에 높은 전투력을 유지하려 했다. 프랑스군은 제2군에 부대와 장비 보급 우선순위에서 낮은 등급을 부여함으로써 벨기에와 네덜란드로 전진하여 방어선을 형성하는 부대에 더욱 많은 전력을 집중할 수 있었다. 5월 10일 기준으로 제2군은 5개 사단을 보유했다. 그중 2개는 B급 사단으로, 북아프리카사단과 세네갈에서 온 식민지사단이었다. B급 사단의 장교와 사병 중 현역은 거의 없었으며, 병력 대부분은 가장 고령의 징집병이었다.

제2군은 방어를 위해 책임구역 정면을 네 개의 주요 작전 지구sector—좌에서 우로 세당, 무종Mouzon, 몽메디Montmédy, 마르빌Marville — 로 나누었다. 세당 지구는 야전군 좌측 경계에서 퐁 모지Pont Maugis 동쪽지점까지였고, 무종 지구는 세당 지구 서쪽에서 라 페르테 쉬르 시에La Ferté sur Chiers 서쪽 1km 지점까지였다. 몽메디 지구는 라 페르테에서 벨로네 Velosnes 동쪽 수 km 까지였다. 끝으로 마르빌 지구는 제2군 동쪽 경계인 롱귀용까지였다. 라 페르테에서 시작하는 마지노선의 주 요새지역은 몽메디와 마르빌 지구 전체를 통과하며 동쪽으로 뻗어 있었다. 이처럼 제2군이 담당했던 방어선 절반은 마지노선에 걸쳐져 있었고 나머지 절반은 상대적으로 적은 수의 요새 시설을 배치한 전면을 따라 있었다.[2]

그런데 제2군의 주요 관심지역은 세당이 아닌 야전군 우측방이었다. 파리 최고사령부는 북동쪽 국경의 요새화 작업을 시작할 당시부터 독일군이 마지노선 측방으로 기습할 가능성을 극도로 우려했었다. 독일군은 벨기에 남부지역의 아를롱, 에딸르, 탱티뉘Tintigny, 자무아뉴, 플로렌빌 사이의 넓고 개활한 계곡으로 공격함으로써 세무아 강을 도하하는 어려움 없이 까리냥Carignan과 무종을 향해 신속히 공격할 수 있었다. 이 접근로는 50년이 넘는 기간 동안 스테니 갭으로 알려졌다. 스테니 마을은 무종 남동쪽 15km 거리에 있었다.

지형과 적 능력에 대한 분석에 근거하여 제2군은 가장 큰 위협이 세당이 아닌 까리냥과 무종으로 향하리라 판단했다. 제2군 사령부는 독일군이 세당을 공격하기 위해서는 아르덴느의 지형이 가장 험악한 지역 어딘가를 통과해야 하므로 더 동쪽에서 공격하는 것보다 훨씬 어려운 작전이 될 것임을 알고 있었다. 아르덴느를 통틀어 세당과 독일 사이에 유용한 장애물이 될 만한 지역은 룩셈부르크 국경과 맞닿은 벨기에의 마르틀랑주와 보당주 근방 세무아 강 유역이 유일했다. 그런데 역설적이게도 제19기갑군단은 양개 지역 모두를 통과하여 진격했다.

프랑스군이 왜 그렇게 세무아 강을 강력한 장애물로 생각했는지를 이해하기 위해서는 세무아 강변에 있는 부이용 동쪽과 서쪽을 한 차례씩 방문해 보는 것으로 충분하다. 지금은 그 수려한 경관 탓에 관광객으로 가득한 세무아 강 유역은 지역에 따라서 강 양안으로 수면보다 200m 이상의 높은 제방이 형성되어 있는, 서유럽에서는 가장 기복이 심한 지역 중 한 곳이었다. 이 지역의 방어강도는 강 — 도섭이 용이한 — 에서 나오는 것이 아니라 절벽 때문이었다. 굵은 수목이 가득한 삼림과 다수의 가파른 제방으로 끊어진 세무아 강안은 완만하게 흐르는 뫼즈 강보다 더 강력하고 극복하기 어려운 장애물로 작용했다. 반면, 프랑스군은 플로렌빌에서 까리냥으로 이어지는 접근로를 차량화 및 기계화부대가 신속하고 더 쉽게 접근하기에 쉬운 통로로 판단하였다. 제2군은 동쪽의 이 접근로를 방어함으로써 마지노선 측방을 엄호하고 스테니 갭을 차단하여 베르덩이나 랭스로 진입하려는 독일군을 막을 수 있었다.

제2군은 접근로 분석을 근거로 가장 강력한 부대를 야전군 우익에 배치해야 한다고 믿었다. 제2군의 편성은 동원령 선포 이후 몇 차례 바뀌었으나, 1940년 봄을 전후하여 2개 군단 사령부와 보병사단 5개를 지휘하고 있었다. 욍치제르는 우측에 제18군단을, 좌측에 제10군단을 배치했다. 그는 예비대로 사단 1개와 독립 전차대대 4개를 지휘했으며, 책임구역 내 공군에 대한 통제권도 가지고 있었다. 그는 예하 사단 중 제일 우수했던 제41보병사단을 가장 우측인 마르빌 지구에 배치했고, 제3식민지보병사단을 몽메디 지구에 두었다. 제18군단이 두 사단을 지휘했다.

욍치제르는 제10군단이 방어했던 나머지 2개 지구 중 무종 지구가 세당 지구보다 방어하기가 더 어렵다고 생각했다. 그는 세당 지구는 특화점의 수가 적었지만, 뫼즈 강이 감제되는 고지에 훌륭한 방어진지와 강을 대전차 장애물로 가진 이점이 있다고 보았다. 결론적으로 그는 야전군의 5개 사단 중 2번째로 우수한 전투력을 가지고 있던 사단을 무종 지구에 배치했다. 제2군은 제71보병사단이 수개월 동안 방어진지를 점령하고 있었지만 지휘력과 훈련 분야에 취약점이 있어 사단을 곧 교체해야만 한다고 확신하고 있었다. 욍치제르는 더 강력한 사단이 핵심지역인 무종 지구를 담당하기를 원했다. 4월, 욍치제르는 제3북아프리카 사단을 야전군 예비대에서 무종 지구로 전환하여 제10군단 통제를 받도록 했다.

제2군 참모로 근무했던 뤼비Ruby 장군은 프랑스전역을 분석하면서 제3북아프리카사단의 전투력을 "군 복무 경험을 가진 기간요원 다수를 포함한 2개 북아프리카연대는 믿을 수 있었으며 훈련이 잘되어 있었다."라고 강조했다. 또한, 그는 제3북아프리카사단에 대하여 "최후로 뛰어난 사단"이라고 평가했다.[3] 제71보병사단은 취약점 때문에 야전군 예비로 전환하여 훈련을 시작했다.[4] 한편, 제1집단군은 예비대로 후방에 있던 제1경기계화사단이 제2군을 증원해야 할지도 모른다는 점을 알고 있었음에도 제1경기계화사단을 제7군 ― 프랑스 육군의 가장 좌측에 위치 ― 으로 배속 전환하면서 집단군 예비대 임무를 해지하였다.

물론 제41보병사단과 제3식민지보병사단, 또는 제3북아프리카사단과 제55보병사단의 전투력을 같은 수준으로 평가할 수는 없겠지만, 제71보병사단과 비교했을 때는 당연히 이들 사단의 전투력이 우수했다. 지휘관의 자질이 특히 문제였다. 제71보병사단장은 체력이 현저히 떨어졌으며 부하의 자신감을 고취하지 못했고 임기 만료를 목전에 두고 있었다. 반면, 뤼비의 언급으로는, 1940년 3월 1일, 브리슈Britsch 장군의 후임으로 제55보병사단장에 취임한 라퐁텐 장군은 활동적이고 "열의"와 전투의지를 갖춘 사람처럼 보였다고 한다. 그는 부대원과 책임구역을 잘 알고 있었고, 사단 전투력을 강화하기 위해 매진했다.[5] 1940년 5월이 되자 제2군은 가장 강력한 사단을 전방에 두었고, 제71보병사단의 전투력을 향상하기 위해 열정적으로 일했다.

제2군은 방어작전을 준비하며 서로 다른 형태지만 종종 상충하는 임무 ― 제2군은 훈련을 하면서도 요새 축성과 장애물 구축에 상당한 시간과 노력을 투자했다. ― 를 수행했다. 욍치제르는 특히 요새 건설에 많은 관심을 쏟았다. 누구나 그의 걱정을 이해할 수 있는 것이, 제2군은 진지를 떠나 벨기에로 진입할 계획도 아니었으나 야전군 중 유일하게 전선에 요새가 구축되어 있지 않았다. 제2군의 작전지역은 더 동쪽 전선과 비교하자면 거의 벌거벗은 상태나 마찬가지였다.

프랑스군은 '가짜전쟁phony war' 동안 세당 주변 방어선의 많은 곳을 개선했다. 5월까지 제2군 지역 특화점 밀도는 km당 2.5개에서 5개로 증가하였다. 이를 위해서 야전군은 52,000㎡의 시멘트를 사용했다.6) 또한, 제2군은 주방어선 후방 약 15km에 제2방어선second line을 준비했다. 제2방어선 준비에는 세당 지구의 가장 큰 특화점 보다 더 큰, 거대한 특화점을 구축하는 것도 포함되어 있었다. 요새 건설에 막대한 노력이 필요하다는 사실을 잘 알고 있던 윙치제르는 공사 결과에 만족했다.

또한, 제2군은 훈련 수준을 높이고자 했다. 예비군이었던 병력 중 다수가 매년 소집기간의 훈련을 제외하고는 정규훈련을 거의 또는, 전혀 받지 않았다는 사실을 알고 있던 제2군사령부는 훈련장과 학교를 설치하고 부대를 교대로 훈련하도록 두 군단을 독려했다. 계획상으로는 모든 사단이 순환훈련계획에 따라 교대로 훈련을 시행했어야 했지만, 4개 사단이 주방어선을 방어해야 했기에 계획을 온전히 실행하기란 거의 불가능했다. 이에 더하여 윙치제르는 30대가 되어 무기력하고 동작이 굼떠진 노병의 민첩성 향상을 위해 운동을 권장했다.

훈련에 강력한 의지를 보이기는 했지만, 그래도 역시 야전군의 가장 큰 관심사는 방어선 강화였다. 뤼비는 1주일에 반나절만을 훈련에 사용하였다고 적었다. 그러나 제55보병사단과 제71보병사단을 비롯한 휘하 부대의 현격한 훈련 부족을 고려한다면 곧 이어진 전역은 예하부대에 요새보다는 더 훌륭한 전투기술과 강도 높은 훈련이 필요했음이 드러났다.

제2군은 작전지구 4곳 중 세당 지구의 취약성이 가장 적다고 판단했음에도 몇 가지 고려사항 때문에 골머리를 앓고 있었다. 첫 번째 문제는 주방어선의 위치였다. 세당 시가지는 뫼즈 강 북안에 마구 뻗어 있었다. 또한, 도시 북쪽에는 방어에 적합한 지형이 거의 없거나, 전혀 없었다. 세당은 국경에서 10km밖에 떨어져 있지 않았고, 벨기에에서 시작하는 긴 경사면 밑바닥에 자리했기 때문에 군은 침략자의 손에 도시(도시 북쪽)를 넘겨주는 것 외에는 다른 선택이 없다고 믿었다. 제2군은 뫼즈 강을 따라서 도시 남쪽에만 방어진지를 설치하여 자연장애물인 강과 좌안의 높은 언덕의 이점을 이용하려 했다.

1939년 11월, 프랑스 최고사령부는 도시가 침략자의 수중에 떨어지는 것을 보고 싶어 하지 않았던 지역 민간 지도자들의 우려를 참작하여 제2군에 도시를 보호하기 위해 방어선을 수 km 추진하여 구축하는 방안을 검토하도록 지시했다. 그러나 제2군의 입장은 변함없이 완고하여 도시 후방 뫼즈 강을 따라서 방어선을 설치하기로 했다. 제2군은 방어선을 전방으로 추진하기 위해서는 도시 주변에 연속한 대전차장애물, 철조망 그리고 최소 12개의 특화점이 더 필요하다고 주장했다. 또한, 새로운 방어선을 구축하여 방어력을 발휘하기 위해서는 적어도 1개 보병연대를 더 투입해야 했으며 포병 화력지원에도 심각한 문제가 발생했다. 새로운 방어선에 화력을 지원하려면 포병 부대는 세당 남쪽 언덕의 북동사면으로 이동해야 했다. 이는 적의 관측과 화력에 자신을 스스로 드러내는 행위였다. 이처럼 기존 계획을 유지하는 것이 논리상 타당했기에 최고사령부는 제2군의 계획을 묵인했다.[7]

다른 주요한 문제는 세당 남쪽 모서리를 흐르는 강의 굴곡이었다. 프랑스군은 그 모양새 때문에 "글레르의 버섯mushroom of Glaire"이라 부르는 돌출부가 방어에 불리하다는 점을 잘 알고 있었다. 문제를 더욱 복잡하게 하는 것은 "버섯"의 위쪽에 "죔쇠buckle"로 알려진 또 다른 곡류가 형성되어 있다는 사실이었다. 굴곡져 흐르는 하천은 방어에 불리했기 때문에 프랑스군은 강안에서 남쪽 수 km 지역으로 주방어선을 이전할 수 있을지 검토했고, 그에 따라 프레누아Frénois 북쪽인 벨뷔Bellevue와 와들랭쿠르 사이에 추가로 방어선을 설치했다. 상대적으로 단거리였던 후방 방어선은 더 높은 지형이라는 점과 병력을 절약할 수 있다는 장점이 있었지만, 전차에 대한 자연장애물이 없다는 단점도 있었다. 뤼비 장군이 말한 바로는, 프랑스군은 양개 방어선을 모두 준비했지만 주방어선을 후방으로 이전하려는 "동요"가 생겼다고 한다. 그런데 제10군단장은 상황을 다소 다르게 파악하고 있었다. 그는 방어선을 옮기기로 한 결정을 1939년 11월에 내렸다고 말했다. 그러나 1940년 5월까지 새로운 방어선에 특화점과 장애물 설치작업이 종료되지 않았고 주방어선은 여전히 뫼즈 강을 따라 있었다.[8]

해당 지역을 담당했던 대대장들도 혼란스러워하고 있었다. 누군가는 프레누아와 와들랭쿠르를 연하는 선을 "제2주방어선second principal line of resistance"이라고 불렀고 다른 이는 "제2방어선second line"이라고 칭했다.

1940년 3월과 4월에는 세당 방어를 위한 최선의 방책이 최고 화두로 떠올랐다. 국회 육군위원회Chamber of Deputy's Commission on the Army 위원자격으로 파리에서 온 테탱제Pierre Taittinger 의원은 세당 방어준비를 통렬하게 비판한 보고서를 제출했다. 모뵈주Maubeuge, 지베, 메찌에르, 세당, 까리냥, 몽메디를 방문하여 세밀하게 조사한 테탱제는 달라디에Edouard Daladier와 가믈렝에게 세당에 "무덤 자리가 부족"할 것이며, "흔적만 있는" 방어진지를 강화하기 위한 "긴급 대책"이 필요하다는 서한을 보냈다. 그는 세당 지구를 방어했던 B급 사단의 수준에서 아무런 감흥을 느끼지 못했으며 대부분 사단에 방공무기가 부족한 실정이었음을 강조했다. 테탱제는 1914년에 독일군은 삼림과 험준한 지형을 통과해 쉽게 이동할 수 있음을 보여준 바 있다고 설명했다. 만약 독일군이 몽메디의 강력한 방어선을 우회하기를 원한다면 세당 — 테탱제가 방어체계 상에서 "특히 약한 지점"이라고 부른 — 방향으로 기동할 가능성이 있다고 주장했다. 그는 독일군이 세당을 공격하여 벌어지게 될 일을 생각하면서 "전율"에 떨었다.[9]

테탱제는 달라디에(당시 그의 정부는 실각하였으나, 달라디에는 아직 국방성 장관을 역임하고 있었다.)와 가믈렝에게 보내는 3월 12일 자 서한에서 북동부전선사령관 조르주에게 대응 방책을 준비하도록 지시하라고 요청했다. 조르주는 제2군사령관 욍치제르에게 책임을 넘겼다. 한마디로 말하자면 욍치제르는 분노하면 날선 반응을 보였다. 그는 동원령 선포 이후 세당 지구의 수많은 요새와 장애물을 개선하였다고 강조했다. 욍치제르는 테탱제가 제기했던 벨기에군의 방어선 강도, 아르덴느 통과의 어려움, 장애물로서 뫼즈 강의 가치에 대한 의문을 일축했다. 그는 당연한 것보다 더 강한 자신감을 내비추며 여러 대응수단으로 독일군의 아르덴느 기동을 방해하여 공격은 "심각하게" 지연될 것이고, 적이 강을 건너 공격하기 전에 프랑스군이 방어진지를 강화할 수 있다고 주장했다. 그는 "나는 세당 지구의 전투력을 증강하기 위한 긴급 조치가 필요하다고 생각지 않는다."라고 단언했다.[10] 결론적으로 제2군은 방어강도를 강화하려는 노력을 늘리지 않았으며 또한, 최고사령부에도 방어준비가 적절하다고 표명했다. 욍치제르는 그의 야전군이 임무를 수행하지 않고 있다는 비판을 수용할 생각이 없었다.

제2군은 임무달성을 위한 능력이 충분하다고 만족하며 안주하고 있었다. 그러나 욍치제르의 만족은 차후 일어나는 일련의 사건에서 보이듯 전황에 절대 도움이 되지 않았다.

제10군단The 10th Corps

제2군 일부로서 제10군단은 뫼즈 강과 시에 강Chiers R.을 따라 37km의 "방어선을 고수"하는 임무를 부여받았다. 시에 강은 개천보다 조금 더 큰 작은 강으로 세당 남동쪽 약 6km 지점에서 뫼즈 강과 합류했다. 군단 좌측 경계는 브리뉴 오 브와Vrigne aux Bois—브리뉴 뫼즈Vrigne Muse—아노뉴Hannogne—오몽Omont—샹뉘Changny 동쪽을 연하는 선으로 제2군과 제9군 간 전투지경선과 일치했다. 우측 경계는 빌리에Williers(플로렌빌 남쪽)—필리 에 샤르보Puilly et Charbeaux—비Villy—말랑드리Malandry—이노르Inor—뤼지Luzy 서쪽—생 마르탱St. Martin을 연하는 선이었다. 군단 방어선 전면은 뫼즈 강을 따라 프티 레미이Petit Remilly를 거쳐 북동쪽으로 뫼즈 강과 시에 강 사이 고지대를 가로질러 브레빌리Brévilly을 연하였다. 이어서 비Villy에 이르기까지는 시에 강과 뫼즈 강 사이 고지대와 시에 강 유역 평야 지대가 만나는 와지선을 따라 방어선을 형성했다.11)

제10군단 우측 경계였던 비Villy 남동쪽 1km 지점에 라 페르테 쉬르 시에La Ferté sur Chiers가 있었고 프랑스군은 이곳에 포곽(砲廓) 2개를 설치하였다. 두 포곽은 마지노선 최서단 일부였다. 몽메디 지구 요새의 일부이자 제18군단 책임지역에 있었던 이 포곽선은 라 페르테에서 소넬Thonnelle과 몽메디까지 순환하며 연결되어 있었다. 라 페르테와 몽메디 사이의 포곽은 처음 건설했던 마지노선 일부가 아니라 1930년대 후반에 추가한 시설이었다. 몽메디에서 시작하는 더 크고 강력한 요새보다는 대개는 작고 약했던 이 두 포곽은 무종 지구와 세당 지구 시설보다는 더 크고 강력했다. 이러한 차이 때문에 제2군과 제10군단의 관심은 야전군 좌측방 요새시설 강화에 쏠릴 수밖에 없었다.

1939년 9월에서 1940년 5월까지 제10군단은 주 방어선을 따라 서쪽 세당 지구에 제55보병사단을, 동쪽 무종 지구에 제71보병사단을 배치하였다가, 추후 제71보병사단을 제3북아프리카사단으로 교체하였다. 3월 초, 제71보병사단은 제3북아프리카사단과 진지를 교대한 뒤 야전군 예비로 전환되었으며 추가 훈련을 시작했다. 세당 지구 전면은 약 17km였으나, 무종 지구 전면은 20km에 달했다. 두 사단의 경계는 뤼베쿠르 에 라메루르Rubecourt et Lamecourt—두지Douzy 북서쪽—프티 레미이—로쿠르 에 플라바Roucourt et Flaba를 연하는 선이었다.12)

제10군단은 주방어선 전방으로 부대를 추진했다. 진출하는 부대 중 보병은 1개 대대뿐이었으며 나머지는 기병정찰대대였다. 전방으로 진출한 기병정찰대대 중에는 2개 사단에서 차출한 대대뿐만 아니라 군단 직할대대도 있었다. 이 기병정찰대대는 전역 간 제2군 소속 다른 기병대와 함께 작전을 수행했다.

한편, 군단은 벨기에에서 세당으로 향하는 뫼즈 강 북안의 접근로 상에 요새화 가옥 다수를 설치하였다. 요새화 가옥 — 세당 지구에 8곳, 무종 지구에 7곳 — 은 주방어선 앞에서 방호선 역할을 했으며, 기습을 방지했다. 벨기에 국경이 10여 km 밖에 떨어져 있지 않았기 때문에 — 어떤 지역은 그보다도 짧았다. — 프랑스군은 국경과 주방어선 사이에 무엇인가 조치를 취하고자 했던 것이다. 세당 인근에서 국경수비대 소속 1개 중대가 ①벨뷔(세당 남쪽 벨뷔가 아닌 뫼즈강 북안 생 망주St. Menges 북서쪽에 있는 242고지 부근), ②생 망주와 무자이브를 연결하는 도로 수목선, ③프리뉴 북동쪽에 있는 라 아트렐La Hatrelle, ④일리Illy 북동쪽인 올리Olly, 4곳의 요새화 가옥을 방어하고 있었다. 이들은 독일군 공격을 지연한 뒤 국경 너머로 철수하여 보병대대의 통제를 받을 예정이었다.

요새화 가옥은 철조망에 둘러싸인 벙커보다 조금 더 강화된 방어진지에 지나지 않았다. 요새화 가옥에는 대전차무기가 없었으며, 실제는 전초*의 복합체였다. 전후 제147요새보병연대의 한 대대장은 요새화 가옥이 돌파구 주요 축선 상에 있었으나 "쉽게 괴멸되었다."고 말했다. 또한, 그는 연대의 주요 약점으로 뫼즈 강 좌안에 있던 포병의 무능력을 꼽았다.13) 이 같은 취약점에도 제2군은 기병대가 요새화 가옥선을 통과하자 이들에 대한 작전통제권을 제10군단에 이양하였다.

주방어선에 자리한 두 사단 후방에는 군단 예비대로써 1개 보병연대가 있었다. 1940년 5월에는 제213보병연대가 예비대로 임무 수행 중이었다. 또한, 기병대도 벨기에에서 돌아와 주방어선 후방에 자리한 뒤에는 군단 예비로 전환될 예정이었다. 그랑사르 장군은 전후 출판한 저서에서 군단 예비대가 책임구역 정면에 비해 충분치 않았다고 설명했다.14) 그러나 그의 평은 전쟁 결과가 반영된 것이다. 그랑사르는 전역 시작 전에는 추가 예비대의 필요성을 강력하게 주장한 바가 없었다. 그는 군단

---

* 방어시 적을 경계하기 위하여 방어진지 앞쪽에 배치한 경계부대나 그 임무를 말하며 적극적인 방어보다는 적의 공격방향을 식별하고 접근을 조기에 경고하는 역할을 한다.

이 전투력을 절약해야 하는 부대이며 전투력 할당 우선순위가 다른 지구에 있음을 잘 알고 있었다. 결론적으로 말하자면, 그는 군단이 보유한 부대만으로 전투에 임해야 함을 충분히 인식하고 있었고, 큰 규모의 예비대가 필요하다고 생각지도 않았다. 그러나 그는 야전군이 군단을 지원해 주리라는 기대는 하고 있었다.

1940년 4월, 제10군단은 세당 지역에서 역습을 훈련하였다. 이 훈련은 적이 1개 기갑사단과 세당 남쪽에서 돈좌한 기갑사단을 후속하여 2개 보병사단을 투입하는 것으로 묘사하였다. 제2군과 제10군단은 군단 예하부대로 적을 지연 또는 정지시킨 다음 제2군이 지원한 부대로 적을 완전히 저지하여 적을 뫼즈 강 동쪽으로 격퇴하는 작전을 구상했다.15) 그랑사르는 윙치제르가 훈련에 참가하였으며, 이 같은 역습 방법에 찬성했다고 말했다.

제10군단은 주방어선에 배치한 2개 사단과 예비대인 1개 보병연대, 주방어선 전방의 진지 15개소에 자리한 경무장 차장부대를 비롯하여 벨기에에서 철수한 이후 군단이 통제할 예정인 여러 기병대를 전투력으로 가지고 있었다. 또한, 군단은 전투공병과 시설공병, 통신부대 등 여러 부대를 포함한 직할대 다수를 편제하고 있었다. 군단 수색정찰대는 여전히 말을 타는 기마보병중대 4개로 이루어져 있었으나, 그랑사르는 수색정찰대를 군단에서 "최고"의 조직력을 지닌 부대로 평가했다. 그러나 그는 포병에 대해서는 다르게 평가했다. 그는 "식민지 부대에서 온 간부단*은 2류 수준이었다. 간부단의 대부분이었던 예비역 장교들은 평시에 포병운용을 숙달하지 않았다. 현역장교도 그보다 뛰어나다고 보기 어렵다. 부사관 수준은 매우 낮았다. 그들은 능력도 지휘하고자 하는 의지도 없었다."라고 설명했다. 또한, 그는 110~280명에 달하는 부사관은 해임해야만 한다고 말했다.16)

---

* 장교과 부사관 계층을 통칭.

항공정찰대대도 심각한 전투력 부족에 시달렸다. 대대는 노후 항공기 8대를 가지고 있었으며, 이들은 우군 작전선 너머로 비행이 금지되어 있었다. 대대는 11월에 정찰기 8대를 반납하였으나 4월까지 대체 정찰기를 보급 받지 못했다. 이후 군단은 정찰기 3대를 받았으나 그중 1대만이 "현대적인" 것이었다. 그랑사르는 군단 예하부대의 전투력이 불균형하다고 불평했다. 그가 보기에 포병부대는 그저 그런 수준이었고 항공대는 하잘 것 없었다. 전체적으로 군단은 즉각 작전을 수행하기 위한 훈련이 불충분했다. 이는 간부나 병사나 마찬가지였다.[17]

동원령 선포 직후 군단은 훈련을 강조했다. 군단 목표는 가용시간 2/3는 요새건설과 장애물설치에, 1/3은 훈련에 사용하는 것이었다. 계획상 각 부대는 온종일 훈련하거나 공사에 매진해야 했다. 그러나 1939년과 1940년 겨울의 악기상과 엄청나게 많은 건설 작업량 탓에 종일토록 훈련하는 처사는 비효율적이라 치부되었다. 군단 사령부는 이내 일주일 중 반나절만 훈련에 사용하라는 지침을 하달했다.[18]

군단은 기관총 사수나 박격포 포수 등 일부 전문기술이 필요한 인원을 먼저 베르덩으로 보내 훈련 하도록 했다. 이러한 조치가 별다른 효과가 없음이 밝혀진 이후 군단 사령부는 후방지역에 연대급 훈련장 2곳을 조성했다. 훈련장에는 소총사격장과 수류탄 훈련장도 같이 설치하였다. 그러나 혹독한 추위로 훈련이 중단되었다. 이듬해 3월에야 제55보병사단과 제71보병사단 예하 각 1개 연대가 새롭게 설치한 훈련장에서 3주간 일정으로 훈련했을 뿐이었다. 양개 연대가 훈련을 종료한 후 제213연대가 훈련장에 입소하였다. 반면 4월 초 제2군 예비로 전환된 제71보병사단 예하 연대는 입소하지 않았고, 야전군 후방에서 자체로 훈련했다. 이처럼 5월 13일 뫼즈 강에서 독일군을 상대했던 제55보병사단의 연대 중 1개만이 집중 훈련을 이수했다.

제10군단 휘하 사단과 연대는 1939년 10월에서 1940년 4월까지 대부분 시간을 진지구축 및 강화에 사용하였다. 혹한으로 공사가 늦어졌기 때문에 1940년 3월, 그랑사르는 군단 책임지역 안에서 진행하고 있던 공사를 완료하는 데 필요한 연인원을 군단 공병에 문의했다. 놀랍게도 공병대는 사단이 그동안 공사한 것에 추가로 연인원 90,500명을 투입해야 한다고 보고했다.[19]

한편, 군단 사령부는 수개월 동안 예하 사단에 주 단위 공사진척 보고를 요구했다. 이러한 요구는 모든 예하부대 지휘관에게 군단 주 관심사가 요새 건설에 있음을 분명히 전달했다. 그랑사르는 가능한 많은 특화점을 건설하기 위해 지원을 아끼지 않았으나, 훈련에 필요한 지원은 강력하게 실시하지 않았다. 제10군단은 부대와 병력의 전투기술을 향상하기 보다는 요새 건설에 열정과 자원을 투입했다. 그러나 전투가 벌어지자 요새보다는 추가 훈련이 필요했음이 여실히 드러났다.

제55보병사단The 55th Infantry Division

1939년 10월, 제55보병사단은 뫼즈 강을 따라서 세당을 포함하는 방어진지를 점령했다. 사단 임무는 아르덴느 운하와 뫼즈 강 합류점에서 프티 레미이 인근까지 약 17km에 달하는 전면을 방어하는 것이었다. 사단은 방어진지를 준비하면서 정면을 3개 분구subsector로 분할하였다.[*] 첫 번째는 빌레르 쉬르 바르Viller sur Bar 분구로 사단 좌측경계에서 샤토 벨뷔 인근 교차로까지였고, 두 번째는 프레누아 분구로 벨뷔에서 퐁 모지의 동쪽까지였다. 마지막은 앙쥐쿠르Angecourt 분구로 퐁 모지에서 사단 우측경계인 프티 레미이까지였다.

동원령이 선포되자 사단장은 하천선을 방어하고자 제147요새보병

---

* 제55보병사단은 책임구역을 세 개의 분구(subsector, 연대가 방어)로 분할하였으며, 각 분구를 다시 3개의 지역(area, 대대가 방어)으로 나누었다. 또 각 지역은 3개의 저항거점(center of resistance, 중대가 방어)으로 분할했고, 저항거점은 다시 4개의 전투거점(fighting position)으로 구분하여 방어를 위한 지면을 편성하였다.

연대를 기존 진지에서 이동하여 하천과 접한 주방어선을 점령하도록 했다. 뫼즈 강 특화점을 방어하도록 편제된 연대는 강안 방어를 위한 사단 중심 부대로서 최전방 방어선 전면(全面)에 예하 대대를 좌에서 우로 3대대-2대대-1대대의 순으로 각 분구에 배치했다. 연대는 각 대대를 분구를 방어하던 타 연대로 배속해주었다.

제331보병연대장 라퐁트Lafont 중령은 사단 좌측인 빌레르 쉬르 바르 분구에서 제3/147요새보병대대와 제1/331대대, 제11기관총대대 1중대를 통제했다. 제147요새보병연대장 피노Pinaud 중령은 중앙인 프레누아 분구에서 제2/331대대, 제2/147요새보병대대, 제2/295대대를 지휘했다. 우측 앙쥐쿠르 분구에서는 제295보병연대장 드메Demay 중령이 제1/147요새보병대대, 제3/295대대와 제11기관총대대 2개 중대를 전투력으로 가지고 있었다. 이처럼 사단은 좌측 분구에 1개 기관총중대로 증강한 2개 대대를, 중앙에는 2개 기관총중대로 증강한 3개 대대를, 우측 분구에는 2개 기관총중대가 증강한 2개 대대를 배치했다.[20]

포병 화력지원은 좌측 분구에 2개, 중앙 분구에 3개, 우측 분구에 2개 포병대대가 화력을 직접지원하도록 계획하였다. 또한, 제55보병사단은 군단에서 2개 포대로 증강한 4개 포병대대를 추가로 지원받았다. 각 포대에는 야포 4문이 있었으며, 대대는 12문을 보유하여 5월 초에 사단은 총 야포 140문을 운용하였다.[21] 보병사단의 표준적인 야포 할당량은 원래 75㎜ 야포 36문과 155㎜ 야포 24문을 합쳐 총 60문이었으나, 사단은 일반적 수치의 두배에 달했다.*

야포 수량은 독일군이 5월 10일 룩셈부르크로 진입한 이후 더 늘어났다. 군단 사령부는 5월 12일, 3개 포병대대에 세당 지구로 이동하라고 명령했다. 1개 포병대대는 도착하지 못했으나 나머지 2개 대대는 사단 지휘권 아래 들어왔다. 특히, 그중 1개 대대는 높은 수준의 전문 지

---

* 즉, 제55보병사단은 총 11개 포병대대(132문)와 2개 포대(8문)를 보유했다.

식과 정확한 사격으로 사단장에게 깊은 인상을 주기도 했다.[22] 포병대대 2개가 추가됨으로써 제55보병사단은 5월 13에서 14일 사이에 야포 총 174문을 운용하였다.

제5경기병사단이 예비대로 1개 대대만을 남겨 놓고 세무아 강을 방어하기 위해 모두 벨기에로 진출하고, 사단 기병정찰대대 역시 경기병사단과 함께 벨기에로 진입하자, 사단의 모든 대대는 제2군이 지정한 주방어선을 방어하기 위한 준비에 착수했다. 곳에 따라 달랐으나 주방어진지의 종심은 대략 1~4km에 달했다. 세당에서 강 흐름에 만곡이 생겼기 때문에 벨뷔와 토르시Torcy의 종심은 각각 4.0km와 3.5km에 이르렀다. 종심이 가장 짧은 지역은 돈셰리Donchery와 와들랭쿠르Wadelincourt로 종심이 각각 1.1km와 2.0km였다.[23]

제55보병사단은 여전히 1개 보병대대만을 예비대로 보유하고 있었다(5월 10일 기준 제1/331대대). 그러나 사단은 세무아 강을 방어하던 제1/295대대가 철수하고 나면 예비대로 편성할 계획이었다. 사단 기병정찰대 역시 제5경기병사단에서 배속이 해지되면 예비대로 전환될 예정이었다. 이처럼 소규모 예비대를 보유하는 것은 주방어진지에 전투력 배치를 강조하는 프랑스군 교리와 합치되었다. 만약 방어선에 돌파구가 형성되면 사단은 '저지colmater'라 부르는 대응과정을 시행하는데, 이는 군단이나 야전군의 예비대 운용과 동일하게 사단 예비대가 공격하는 적 정면으로 이동하여 전진을 둔화시켜 마침내는 적을 멈추는 행동이었다. 사단은 세 곳의 주요 돌파예상지점과 방향을 선정하였다. 이는 와들랭쿠르 동쪽, 프레누아 동쪽, 돈셰리와 빌레르 쉬르 바르 사이였다.[24]

그러나 사단의 진정한 관심은 역습이 아니라 방어선 고수에 있었다. 제10군단 사령부는 교리에 근거한 작전 명령을 작성하여 방어 작전 지침을 아래와 같이 하달하였다.

주방어선에 설치한 모든 진지의 종심 지역 — 저지선이나 두 방어선의 중간 지역도 동일하게 ― 은 적에 의해 고립되고, 심지어는 적 보병과 전차가 진지를 우회하더라도 독립적이고 사주방어가 가능한 전투거점fighting position과 저항거점the center of resistance으로 조직하여야 한다. 결론적으로 전투거점이나 저항거점은 자연장애물, 수목, 마을 등과 연계하여 설치해야 한다.25)

저항거점을 고수함으로써 공격을 차단하거나 방해할 수 있다고 생각한 프랑스군은 적이 집중 포격으로 정지하면 그 전방에 새로운 방어진지를 형성하려 했다. 프랑스군 교리에 따르면 역습으로 적의 돌파를 격퇴할 수도 있지만, 전진을 저지하는 것이 우선이었다.

교리에서 강조하듯이 제55보병사단의 예비대는 특정 연대를 돕기 위해 준비하는 것이 아니라 방어선 중앙에 자리했다. 때문에 예비대는 돌파 위협이 있는 지역으로 신속히 이동할 수 있었다. 즉, 예비대는 노출된 적 측방을 공격하는 것이 아니라 정면에서 적 공격 속도를 둔화시키고, 결론적으로는 더 대규모 역습을 보조하는 역할을 했다.26)

5월 13일 저녁, 공황에 빠져 붕괴하긴 했지만, 제55보병사단은 특별히 전투력이 나쁜 사단은 아니었다. 1940년 5월, 사단 번호가 51에서 71까지였던 다른 18개 B급 사단과 마찬가지로 제55보병사단의 병력 대부분은 약 20여 년 전에 군 생활을 했던 노령의 예비군이었다. 이들 중 일부는 해군이나 공군에서 근무한 인원도 있었으나 대다수는 육군에서 복무한 병력이었다.

동원령으로 소집된 사단은 다른 일부 B급 사단과 마찬가지로 "전투" 수행에 적합한 편성을 갖추고 있지 못했으나, 점차 많은 현역이 간부단에 합류하였다. 제55보병사단의 장교는 각 보병 연대장을 포함하여 단 4%만이 현역이었다. 이처럼 현역장교가 적었지만, 주요 지휘관 중 2명만을 현역으로 보충 받았고 현역 대다수가 이제 막 군사학교를 졸업한 초임장교였던 제71보병사단보다는 많은 장교가 편성되어 있었다.27)

제55보병사단은 5월 10일에 편제인원의 80~85%만을 보유하고 있었으며, 병력 상당수가 성령강림절Pentecost 휴가로 출타해 있었다. 보병사단 정원은 사병(士兵)* 16,100명, 장교 500명이었으나, 4월 21일 상황보고에 따르면, 사병 15,053명(정원의 93.4%)과 장교 442명(정원의 88.4%)이 있었다. 5월 13일에 집계 병력의 80%가 임무수행이 가능했다고 가정한다면, 비상을 발령한 이른 아침 사단에는 사병 12,429명, 장교 359명보다 적은 인원이 있었으리라 추정할 수 있다.

그러나 5월 13일자 가용 병력의 실제 수는 추정치보다 더 많았다. 독일군 공격전까지 부대원 상당수가 복귀함에 따라 5월 13일에 사단 병력은 4월 21일 자 집계에 근접하였다. 또한, 그보다 더 중요한 사실은 제147요새보병연대(장교 71명과 사병 2,898명)와 제11기관총대대(장교28명과 사병 927명)가 사단을 증강하였으나 인원 현황에 포함하지 않았다는 점이었다.28) 이에 더하여 군단장 그랑사르 장군은 나중에 제55보병사단의 결원은 5월 초부터 보충병으로 채워지고 있었다고 주장했다. 따라서 사단 실제 병력은 5월 10일 이전에 집계한 병력 현황보다 더 많았을 것이다.29)

또한, 훈련과 전투의지가 부족했다 할지라도 사단은 보병을 거의 완전히 보충 받았다. 보병연대 편제는 장교 80명과 사병 3,000명이 정원이었다. 4월 21일 당시 제295·213·331보병연대에는 장교 222명(정원의 92.5%)과 사병 8,892명(정원의 98%)이 있었다. 또한, 보병사단 2개 포병연대는 편제상 장교 120명과 사병 3,750명이 정원이었고 제55보병사단의 경우 장교 113명(정원의 94.1%)과 사병 3,552명(정원의 94.7%)이 충족되어 있었다.30)

사단의 주요 병력 부족현상은 직할부대인 대전차부대 및 공병에서 나타났다. 그렇지만 5월 10일에 대전차부대와 공병으로 추가 증원이 이루

---

* 부사관과 병사를 통칭하는 말.

어짐에 따라서 병력부족 현상이 현저히 완화되었다. 이처럼 만약 사단이 인사 분야에 심각한 문제를 가지고 있었다면 그것은 분명히 인원 부족은 아니었다.

그랑사르는 전후 출판한 저서에서 제55보병사단과 제71보병사단 병력을 통렬하게 비난했다. 그는 "고급지휘관을 제외한 모든 장교가 예비군이었으며 지휘능력이 전혀 없었다."라고 말했으며, 이에 더하여 "부사관은 현역이었을 당시 상병 이상의 계급으로 훈련받아본 적이 없었던 인원들이 예비역에서 진급하였으며⋯⋯ 그들은 자신의 임무가 무엇인지도 잘 몰랐을 뿐만 아니라 지휘하려 하지도 않았다. 부사관은 민간인이었을 당시 상관이었던 전우를 위압할 능력이 없었다."라고 말했다. 또한, 그랑사르는 병사에 대해서 "불복종은 드물었으나 작업이나 훈련에 대한 열정이 없었으며 전투의지는 더욱 찾아보기 어려웠다."라고 비판했다.[31]

그랑사르는 전후 이 같은 비판을 가했으나 전역 전에는 이러한 격렬한 견해를 밝힌 적이 없었다. 그랑사르가 전쟁 전에 갖고 있던 견해는 그가 세당 지구의 요새와 참호 건설을 묘사하면서 책에서 걸러졌다. 그는 후에 "사단장 브릿치 장군이나 라퐁텐 장군이 열정적으로 지휘했지만, 제55보병사단이 더 좋은 결과를 얻기란 불가능했다."[32]라고 설명했다. 또한, 그랑사르는 1940년 5월 이전에는 제2군에 대해서도 부정적인 견해를 보인 적이 없었다. 실제 가장 강력한 비판은 제2군사령관 욍치제르가 제기하였다. 그는 1940년 3월 1일 휘하 사단장에게 일침을 가하는 메시지를 보냈으나, 사단장들은 훈련과 장병의 전투의지 고양에 무관심했다.

우리 지휘 아래 있는 주요 직위자 ― 특히 많은 장교와 상위 고급장교들 ― 들은 작전지역 지면편성이나 주방어선 후방지역에서 전투준비의 중요성이 떨어진다고 생각하고 있는 듯하다. 이는 잘못되고 위험한 생각이다. 사

격 및 기동과 마찬가지로 진지공사나 장애물 설치 등은 전투를 구성하는 요소이다.33)

제55보병사단은 훈련수준을 높이기 위해 많은 시간과 노력을 투자했다. 군단 후방지역에서 2개 연대가 순환하며 훈련함에 따라 일부나마 개선이 이루어졌다. 그러나 커다란 진척은 사단 자체의 노력으로 달성되었다. 사단 후방지역에서 시행한 중대급 부대의 주기별 순환훈련으로 많은 중대가 교육훈련을 받음으로써 다른 방법으로는 그들이 얻을 수 없었던 전투기술 다수를 습득했다. 그럼에도 1940년 5월의 전투경과를 볼 때 여전히 훈련이 충분치 못했음을 알 수 있다.

한편, 물적 측면의 심각한 문제를 인식하고 있었던 프랑스군 지도부는 1940년 이후 이 문제에 대해 종종 언급한 바 있었다. 명백하게 취약점이라 여겨지던 것 중 하나는 대전차무기 부족이었다. 사단은 17km에 달하는 정면에 56정의 현대적인 대전차무기만을 보유하고 있었다. 이는 km당 3.3정의 밀도였다. 1km당 대전차무기 10정을 배치하도록 한 프랑스군 대전차교리와는 상당한 차이가 있었던 것이다. 물론 제55보병사단이 보유한 대전차무기 수량은 보병사단 평균 보유수량인 58정에 근접하긴 했다. 그러나 사단은 연대를 지원하는 대전차중대를 1개밖에 편제하고 있지 않았으며 2개 중대는 미편성 상태였다. 그래도 사단은 47㎜ 대전차포 8문을 장비한 1개 중대를 사단 직할중대로 보유했다. 추가로 야전군이 일반예비대에서 47㎜ 대전차포 1개 중대를 더 배속해주었다. 그러나 이보다 더 중요한 사실은 제147요새보병연대가 25㎜ 대전차포 22정을 보유했으며, 제11기관총대대가 25㎜ 대전차포 2정과 47㎜ 유탄포 3문을 장비했다는 점이다. 그리 효과적이지는 못했지만 사단은 구형 37㎜형 유탄포 2문도 장비하고 있었다.34) 이처럼 비록 연대를 직접 지원할 대전차중대가 부족했지만, 제55보병사단은 세당 지구에서 현대적 대전차무기를 충분히 보유하고 있었다.

더구나 전후 교훈 분석에 따르면 독일군 전차 상당수가 뫼즈 강을 도하하기 전에 이미 사단이 붕괴했기 때문에 대전차무기 수량에 대해 의문을 제기하는 것은 아마도 무의미할 것이다. 또한, 제55보병사단을 상대로한 독일군의 성공, 특히 뫼즈 강 도하 성공은 전차보다는 보병의 뛰어난 임무수행이 바탕이었다.

사실 제55보병사단의 무기 부족은 방공분야에서 두드러졌다. 불행하게도 방공무기 부족은 프랑스 육군 전체의 문제였다. 1938년도 전력증강계획에서 육군은 대공포 6,739문 — 이 중 90%는 25㎜ 대공포 — 을 장비한 방공포대 923개를 창설하려 했다. 그러나 대공포생산계획은 연간 약 300문을 생산할 수 있었던 군수산업능력을 초과했다. 또한, 육군은 다른 무기체계 생산에 우선권을 할당하기로 했다. 육군은 고고도 항공기를 파괴할 수 있는 75㎜ 대공포를 다량 확보하려 했으나 이는 곧 90㎜ 함포 생산계획으로 대체되었다.[35]

이에 더하여 1939~1940년에 아르덴느는 방공무기 보급 있어 우선순위가 낮은 지역이었다. 제2군은 75㎜ 대공포를 장비한 2개 방공대대를 책임 지역 내에 두었다. 그중 1개 대대가 세당 인근에 전개하여 있었다. 1939년 11월 세당 지구로 이동한 제3/404방공대대가 9포대를 누와예-퐁 모지(세당 남쪽 약 4km)에, 8포대를 로쿠르Roucourt에, 7포대를 보몽Beaumont에 배치했다. 제3/404방공대대는 10일에서 15일 사이 독일군 항공기 9대를 격추했다 주장했으나, 누와예-퐁 모지에 있던(5월 12일에는 불송으로 이동) 9포대는 같은 기간 동안 적기 1대만을 격추했다고 보고했다. 독일 공군이 가장 활발히 활동했던 5월 13일에는 대대 전체가 단지 적기 1대를 격추했다고 밝혔다. 대대는 19시 45분에 라 마르페 숲Bois de la Marfee에 독일군 전차가 출현했다는 오보고를 받고 작전지역에서 물러났다.[36]

다른 방공대대는 세당 지구 변두리에서 대공방어를 지원했다. 군단 우익이었던 제3북아프리카사단은 25㎜ 대공포 1개 포대를 보유하고 있었다. 이들은 최소한 1기 이상의 적기를 격추했다.[37] 한편, 제1식민지보병사단 직할 방공포대는 5월 10일 세당 지구로 이동하라는 명령을 수령하였으나 계속 몽메디에 머물렀다.[38]

5월 13일, 독일 공군이 세당 지구를 몰아쳤을 때 제55보병사단에는 오직 방공포대 1개가 즉각 가용하였다. 그러나 이들의 전투수행은 소총이나 기관총으로 싸우는 것보다 조금 나은 정도의 수준이었다.

또한, 사단은 지뢰 부족에 시달리고 있었다. 제2군의 지뢰 보유 수량은 16,000개를 넘지 않았다. 그런데 제2군은 지뢰 7,000개를 벨기에서 사용하도록 기병대에 지급했으며 7,000개는 뫼즈 강 우안에 매설했다. 나머지 2,000개만이 주방어선에 매설되었다.[39]

1940년 4월 23일 자 재고 목록에 따르면, 제10군단은 대전차지뢰 1,972개를 보유하고 있었다. 군단은 472개를 군단 기병정찰대에 지급하였고 1,500개는 요새화 가옥선에 매설하였다. 제55보병사단의 지뢰 인가량은 6,722개였으나 사단은 대전차지뢰 422개를 수령할 수 있었다.[40] 인가량 조차 적었던 대대는 사살 상 지뢰를 전혀 받지 못했다. 예를 들어 벨뷔의 제1/331대대는 프레누아 근방에 설치한 지뢰지대에 겨우 19개를 매설했을 뿐이었다.[41] 5월 13일에서 14일 사이 독일군 제1기갑사단 전차 대부분이 이곳을 통과했다. 따라서 만약 지뢰 매설 밀도가 아주 조금이라도 늘었더라면 전황에 중요한 변화가 나타났을지도 몰랐다.

물론 프랑스 군사지도자들은 벨기에로 진입한 기병대가 지뢰를 매설하도록 계획했으나 대전차지뢰에 대해서는 별다른 관심을 쏟지 않았다. 특히 주요 전장에 대전차지뢰를 매설하는 것에는 더욱 그러했다. 대전차작전을 수없이 분석했음에도 프랑스 군사지도자들은 대전차지뢰를 매설하는 방법보다는 대전차무기 배치와 부대 정면의 자연장애물(강과 같은) 이용을 매우 강조했다. 주전장이나 적 돌파구 전면에 지뢰를 매설하는 방법에 대한 고려는 명백하게 거의, 혹은 전혀 이루어지지 않았다. 이러한 근시안적 조치는 프랑스군이 1940년 5월에 중요한 결과를 가져

올 수도 있었을 값싼 무기를 고려대상으로 삼지 않았기 때문이었다.[42]

　제55보병사단이 여러 측면에서 장비 및 물자부족과 여타 문제점을 가지고 있음에도 사단장은 적지 않은 시간과 자원을 사단 사령부가 사용할 거대한 콘크리트 벙커건설에 투입했다. 아직도 퐁 다고Fond Dagot에 남아 있는 이 벙커는 몇 개의 참모용 방과 멋진 석조 실내장식을 갖추고 있다. 사단 지휘소 이동을 예상했거나 진실로 사단 전투력에 관심이 있었던 지휘관이라면 호화롭다고밖에 표현할 수 없는 사령부를 건설하기 위해 이처럼 커다란 노력을 기울이지는 않았을 것이다.

제147요새보병연대The 147th Fortress Infantry Regiment

　세당 인근에서 전투가 진행되는 동안 제147요새보병연대장 피노 중령 지휘 하에 있던 3개 대대가 가장 핵심 역할을 수행하였다. 돈셰리 동쪽과 퐁 모지 동쪽 지점 사이 뫼즈 강을 따라 프레누아 분구를 방어했던 이 연대급 부대는 독일군 제1기갑사단 제1보병연대와 대독일연대, 제10기갑사단을 포함함 제19기갑군단의 공격 예봉을 받아내야 했다. 독일군의 주요 도하지점은 글레르Glaire와 토르시 사이, 와들랭쿠르였다. 제2기갑사단은 제1기갑사단이 제147요새보병연대 예하부대를 벨뷔에서 구축한 후에야 마침내 벨뷔 서쪽이며 다른 연대 책임구역인 빌레르 쉬르 바르 분구의 돈셰리에서 도하할 수 있었다. 제19기갑군단이 형성한 주요 도하지점 4곳 중 3개는 제147요새보병연대 책임구역이었으며, 나머지 하나는 연대가 철수함으로써 만들어졌다.

　제147요새보병연대는 B급 연대로서 1939년 8월 23일에서 27일 사이에 제3/155요새보병대대를 모체로 세당에서 창설되었다. 여타 연대 편성과 마찬가지로 제3/155요새보병대대는 부대원 대부분을 3개의 신편 대대 창설을 위해 분할하였다. 9중대는 3대대 간부단의 기반이었으며, 10중대는 2대대, 11중대는 1대대 간부단을 형성했다.[43] 예비역 장교였던 제3/155요새보병대대장 피노 중령은 제147요새보병연대장이 되었다.

창설 당시 제147요새보병연대에는 제3/155요새보병대대에서 온 장교 15명과 부사관 80명, 병사 600명이 있었다. 연대는 아르덴느, 파리, 엔Aisne에서 동원한 예비군으로 거의 모든 인원을 보충하였다(4월 12일 당시 예비역 장교 71명과 사병 2,898명이 보충).44) 예비군 중 1/3은 1918~1925년 사이에 복무를 했고, 다른 1/3은 1926~1930년에 복무하였으며, 나머지 1/3은 1931~1935년에 군 생활을 경험했다. 연대원 평균연령은 31세였으며 중·소위는 33세, 대위는 42세였다. 영관급 고급장교의 평균연령은 51세였다.45)

연대장 피노 중령이 말한 바로는 예비군의 훈련 수준은 절대 높지 않았다고 한다. 물론 그가 5월 10일에서 15일 사이의 모진 전투를 겪은 뒤 훈련 수준을 평가했을 것이나, 5월 10일 이전에도 훈련을 마친 부대원의 전투력에 대해 유보적인 태도를 보였음은 분명하다. 연대 창설 당시 그는 모든 연대원을 2등 사수로 만들려 하였으나, 탄약이 부족했다. 또한, 그는 뫼즈 강 북안과 강 위 표적에 대한 최후방어사격을 강조하였지만, "이러한 전투기술을 결코 숙달할 수 없었다." 훈련부족의 주원인은 연대가 다른 여러 임무를 수행해야 했기 때문이었다.

1939년 12월 1일까지 훈련은 대대장 감독 아래 중대별로 통상 주 2회 실시하였다. 12월에서 1940년 4월 1일 사이, 연대는 가용시간 상당 부분을 요새건설과 경비지원 및 잡역(雜役)과 같은 기타 임무를 수행하는 데 사용하였다. 4월 첫 주에는 몇 개 중대가 연대 후방지역에서 15일간 훈련을 받았다. 5월 10일까지는 연대의 절반에 가까운 중대가 이 훈련을 이수하였다. 그러나 피노의 견해에 따르면, 이 훈련은 연대원의 불충분한 준비를 "검증"한 것에 불과했다.46) 이러한 실패가 그의 잘못인지, 아니면 다른 요인 때문인지는 명확하지는 않다. 다만, 연대가 훈련이 부족했다는 점은 분명한 사실이었다.

제147요새보병연대의 방어진지|The 147's Defensive Position

제147요새보병연대장 피노 중령은 프레누아 분구를 방어했다. 연대 책임 지역은 뫼즈 강을 따라 벨뷔 교차로에서 퐁 모지 동쪽에 이르는 약 8.5km 구간이었다. 연대 예하 3개 대대 중 2개는 다른 분구를 방어하고 있었기 때문에 피노는 1개 요새보병대대와 2개 보병대대를 휘하에 두고 있었다. 이 3개 대대는 제2/331대대, 제2/147요새보병대대, 그리고 제2/295대대였다.

피노는 분구를 3개 지역area(벨뷔, 토르시, 와들랭쿠르)으로 나누어 각 대대가 1개 지역을 방어하도록 했다. 좌에서 우로 제2/331대대가 벨뷔 지역을, 제2/147요새보병대대가 토르시 지역을, 제2/295대대가 와들랭쿠르 지역을 담당했다. 좌측의 2개 대대는 "글레르의 버섯"이라고 알려진 곳을 점령했다. 각 대대장은 뫼즈 강에서 연대 후방지역까지 늘어있는 지역area 내 저항거점을 방어할 책임이 있었다.

각 대대장은 책임 지역을 저항거점 3개로 분할했다. 좌측 제2/331대대와 중앙 제2/147요새보병대대는 동(東)운하de l'Est Canal와 뫼즈 강을 연하는 주방어선을 따라서 각기 1개 저항거점을 설치했다. 두 번째 저항거점은 제2방어선(프레누아 및 와들랭쿠르 서쪽과 퐁 모지 서쪽 사이의 고지대에 있는 특화점을 포함)을 따라 있었다. 마지막 저항거점은 저지선(라 불렛, 라 마르페 숲, 프랑스군인 묘지, 누와예를 연하는 선)을 따라서 설치되었다.

따라서 두 대대장은 강안의 주방어선과 제2방어선, 저지선에 각기 1개 중대씩을 배치했다. 제2/331대대의 한 중대는 프레누아와 와들랭쿠르 사이 제2방어선에 설치한 특화점 4곳을 방어했다.[47] 그들의 의도는 공자가 3개의 연속 방어선을 돌파하도록 강제하기 위해 핵심 지형지물과 특화점으로 각 중대를 연결하는 것이었다. 프랑스군은 강안의 방어력을 강화하기 위해 제2방어선과 저지선을 방어하던 보병소대 몇 개를 주방어선으로 추진하여 배치하기도 했다.

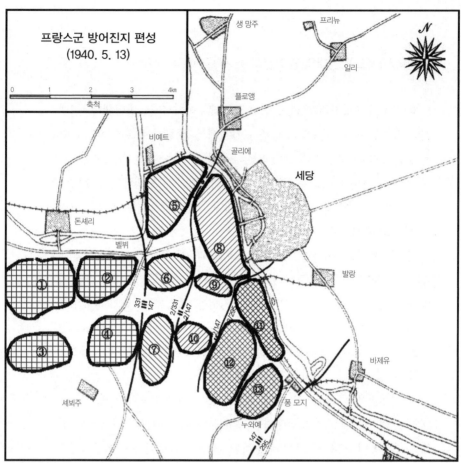

프랑스군 방어진지 편성
(1940. 5. 13)

지역(Area) 방어 부대	지역명칭/ 지휘관	구분	저항거점 방어 부대	저항거점 명칭	지휘관
제3/147요새 보병대대	돈셰리/ 크라우스 대위	①	제3/147대대 10중대	포브르	헤프 대위
		②	제3/147대대 9중대	라 크레테	드라피에 소위
		③	제1/331대대 1중대	크루아 피오	기베르 소위
		④	제1/331대대 3중대	라 불렛	리탈리앙 대위
제2/331대대	벨뷔/ 푸케 대위	⑤	제2/147대대 7중대	글레르	코르디에 대위
		⑥	제2/331대대 5중대	프레누아	샤리타 소위
		⑦	제2/331대대 7중대	꼴 드 라 불렛	부에 대위
제2/147요새 보병대대	토르시/ 카리부 대위	⑧	제2/295대대 6중대	토르시	오자 대위
		⑨	제2/147대대 5중대	라 프라이엘	드비 대위
		⑩	제2/331대대 6중대	프레 드 쾨	방덴브로크 대위
제2/295대대	와들랭쿠르/ 가벨 대위	⑪	제2/147대대 6중대	와들랭쿠르	르플롱 대위
		⑫	제2/295대대 7중대	에타탕	리갈 대위
		⑬	제2/295대대 5중대	누와예	리비에르 대위

가장 우측을 방어하던 제2/295대대장 역시 책임 지역을 3개 저항거점으로 구분하였으나, 3개의 연속 방어선으로 조직하지는 않았다. 대대장은 중대를 세심하게 배치하여 중대가 지형의 이점을 이용할 수 있도록 하였다. 대대장은 주방어선에 1개 중대를 배치했으나 그 후방에는 2개 중대를 나란히 종심 깊게 배치했다. 주방어선 후방에 자리한 2개 중대는 제2방어선과 저지선을 동시에 방어했다. 이러한 지면편성으로 화력통제과정이 단순해졌으며 병력이 제2방어선에서 철수하여 자신의 소속 중대가 점령하고 있는 저지선을 증원할 수 있었다. 주방어선 후방의 2개 중대는 프랑스군인 묘지에서 작은 마을인 누와예를 따라서 저지선을 설정했다.[48]

독일군이 뫼즈 강을 도하한 5월 13일, 벨뷔 지역은 제2/147요새보병대대 7중대와 제2/331대대 5·7중대를 지휘했던 제2/331대대장이 방어하고 있었다. 토르시 지역은 제2/147요새보병대대장이 제2/147요새보병대대 5중대와 제2/295대대 6중대, 제2/331대대 6중대로 방어했다. 제2/147요새보병대대장은 요새보병대대가 편제한 중화기중대를 추가 전투력으로 보유하고 있었다. 와들랭쿠르 지역은 제2/295대대장이 제2/147요새보병대대 6중대와 제2/295대대 5·7중대를 지휘하여 방어에 임했다.[49]

제2/331대대와 제2/295대대 주방어선에는 제2/147요새보병대대 7중대와 6중대가 강안을 따라 주방어진지를 점령하고 있었다. 제2/147요새보병대대 5중대는 최초 제2/147요새보병대대장 지휘 아래 주방어진지를 방어하고 있었으나 훈련 때문에 제2/295대대 6중대와 진지를 교대하였다. 따라서 피노가 담당했던 프레누아 분구의 강안을 방어하던 3개 중대 중 단 2개만이 제147요새보병연대 소속이었다.

프레누아 분구의 저항거점은 3~5개의 전투거점으로 구획되어 있었다. 예를 들어 제2/295대대 6중대가 방어했던 토르시 지역의 저항거점에는 전투거점 6개가 있었다. 전투거점 4개는 뫼즈 강을 따라 있었는데, 첫 번째는 토르시와 글레르 사이의 중간쯤인 글레르 천(川)Ruisseau de Glaire 하상에서 남동 방향으로 600m 정도까지 뻗어 있었다. 두 번째 전투거점은 세당 가장 북쪽 교량 인근인 퐁 뇌프 근방이었다. 세 번째는 세당 중심으로 이어지는 레클뤼즈 다리Pont de l'Ecluse에 있었으며, 네 번째 전투거점은 철도역으로 이어지는 라 가르 철교Pont de la Gare 근처에 설치하였다. 마지막 전투거점은 다른 전투거점 후방에 있었는데, 토르시 북서쪽에 있는 철도역과 묘지 사이를 아울렀다.50)

이와 유사하게 제2/147요새보병대대 7중대가 방어했던 벨뷔 저항거점에는 4개 전투거점이 있었다. 이 중 3개 거점은 뫼즈 강과 접하고 있었다. 첫 번째 거점은 돈셰리까지 뻗어 있는 화력구역과 함께 벨뷔 주변이었고, 두 번째는 비예트Villette로 이어지는 동운하 상 교량 주변에, 세 번째 거점은 글레르 마을에서 글레르 천 하상까지 뻗어있었다. 네 번째 전투거점은 나머지 3개 후방에 있었으며, D-29번 도로와 철도가 교차하는 지점에서 레 포르쥬Les Forges 공장을 연하여 있었다.51) 그러나 프랑스군은 동운하 너머 "죔쇠"에는 거의 아무런 병력도 배치하지 않았다.

이러한 정연한 부대배치에도 4월 초 중대 및 소대 배치에 커다란 동요가 있었다. 사단 사령부가 대대 및 중대의 특수훈련을 원했기 때문에 훈련주기에 따라 대대와 중대가 순환훈련을 하고 있었으나, 훈련을 마친 부대가 항상 본래 방어진지로 원복되지는 않았다. 제55보병사단은 수개월 동안 순환훈련과 이에 따른 부대 재배치를 시행했다. 그에 따라서 피노 중령이 지휘했던 프레누아 분구 내 거의 모든 보병은 5월 13일 당시 방어진지를 점령한 지 채 한 달이 지나지 않은 상태였다. 실제로 5월 13일에는 1개 중대 ─ 제2/147요새보병대대 7중대 ─ 만이 훈련을 마치고 3월에 점령했던 와들랭쿠르의 원래 진지를 방어하고 있었다.

프레누아 분구의 3개 대대 중 2개는 새로운 지역을 방어하는 것이었으며, 피노의 지휘를 받기도 처음이었다. 4월 초, 수차례 피노의 지휘를 받았던 와들랭쿠르 지역의 제1/331대대가 훈련을 위해 제2/295대대와 교대하였다. 한편, 5월 초에는 제2/331대대가 벨뷔 지역을 방어하게 되었다. 제2/213대대는 제2/331대대와 교대하고는 훈련을 위해 후방으로 이동해버렸다.

2개 대대를 재배치한 조치는 연대 중앙을 방어하던 제2/147요새보병대대에 커다란 영향을 주었다. 제2/147요새보병대대는 단지 2개 중대만이 대대 예하 중대(화기중대와 요새보병중대 각 1개)였고, 다른 2개 중대는 대대 좌우측에 자리하고 있던 제2/295대대와 제2/331대대로 배속해주어야만 했다.* 한편, 제2/295대대와 제2/331대대가 각각 1개 보병중대를 배속해줌으로써 제2/147요새보병대대는 3개 중대를 지휘하게 되었다.

매우 익숙했던 방어진지에서 타 진지로 이동시킨 조치는 각 요새보병중대에 부정적인 영향을 주었다. 5월 13일경, 3개 요새보병중대 중 2개 중대가 점령한 방어진지는 3월에 이들이 점령했던 진지와 동일한 곳이 아니었다. 사단 사령부는 순환훈련계획에 따라 요새보병중대를 재배치하기 위해 3월 초에 제213보병연대에서 기관총을 증강한 보병중대를 차출하여 임시중대를 만들었다. 임시중대는 제2/147요새보병대대 6중대를 대신하여 토르시를 방어했다.

그러나 6중대는 훈련을 마치고 토르시로 복귀하지 않고 4월 25일에 와들랭쿠르의 제2/147요새보병대대 5중대와 교대하였고, 5중대는 훈련장으로 향했다. 대신 기관총소대로 증강한 제2/295대대 6중대가 5월 5일에 토르시 지역으로 이동하여 뫼즈 강을 따라서 특화점과 저항거점을 점령하였다. 6중대는 제213보병연대에서 차출되어 임시로 토르시를 방어하던 중대와 교대하였으며 제213보병연대 임시중대는 훈련을 위해 5월 5일에 토르시를 떠났다. 5월 10일 독일군이 룩셈부르크로 진입하였을 때 제2/147요새보병대대 5중대는 주방어선으로 복귀하는 대신

---

* 제2/147요새보병대대의 7중대는 제2/331대대의 지휘 하에 벨뷔 지역을, 6중대는 제2/295대대의 지휘 하에 와들랭쿠르 지역을 방어했다.

247고지 인근 고지대를 포함한 라 프라이엘 저항거점을 점령하였다. 제2/295대대 6중대는 토르시 저항거점에 있었다. 이처럼 5월 10일경, 제55보병사단은 제2/147요새보병대대 2개 중대를 새로운 진지에 배치하였다. 그러나 이보다 더 중요한 사실은 세당 지구의 중요 지역인 글레르와 토르시에서 6개월 넘게 훈련했던 요새보병중대가 강안이 아닌 후방에 있었고, 새롭게 제2/295대대 6중대가 강안의 주방어선을 방어하였다는 점이었다.52)

이러한 교대배치 결과, 5월 10일에는 피노 중령 지휘 아래 저항거점을 방어하던 9개 중대 중 단지 1개 중대 — 제2/147요새보병대대 7중대 — 만이 진지를 점령한 지 45일이 지난 상태였다. 강안을 따라 배치한 나머지 2개 중대 중 하나는 4월 25일에, 다른 1개 중대는 5월 5일에 전개하였다. 즉 피노 중령 휘하의 거의 모든 중대가 저항거점에 전개 된지 채 한 달이 지나지 않았던 것이다. 물론 제55보병사단이 1939년 10월 20일부터 세당 인근에서 뫼즈 강 서안을 점령하고 있기는 했지만, 중요 지역을 방어하던 피노 휘하 각 중대는 진지에 친숙해질 만한 시간 여유를 거의 갖지 못했다. 프랑스에게는 비극적이게도 독일군 제19기갑군단이 이곳에 주공을 지향하였다. 그러나 더욱 역설적인 사실은, 다른 2개 중대 보다 더 오랫동안 저항거점을 점령하고 있던 제2/147대대 7중대가 가장 형편없이 전투를 수행했다는 점이었다.

제147요새보병연대의 문제점Problems within the 147th Regiment

대대전투단 역시 이전처럼 단결력 있는 조직이 아니었다. 제2/147요새보병대대장 카리부 대위는 단결력의 결핍을 매우 강조했다. 패망 이후 보고서에서 그는 제147요새보병연대가 창설 직후에는 "완벽하게" 단결된 부대였다고 말했다. 그는 "연대는 하나의 "정신"을 가졌으며, 전투 준비가 되어 있었다."라고 설명했다. 이러한 단결력은 연대원 간의 친

밀함에서 기인하였다. 특히 동원 이후 이수한 특수훈련과 제3/155요새보병대대였을 당시의 훌륭한 준비가 제147요새보병연대의 구심점 역할을 했다. 제3/155요새보병대대 소속 베테랑이 제147요새보병연대의 유용한 기반이 되었지만, 연대의 단결력은 나이든 예비군이 충원됨으로써 약화되었다. 제55보병사단이 보충해준 이 노병들은 명백하게 훈련이 부족했으며 젊은 병사에 비해 정신무장 수준이 낮았다.

한편 돈셰리 남쪽을 방어하던 제3/147요새보병대대장은 연대와 사단 사이의 인원 교류에 대해 매우 강한 불만을 제기했다. 전투 후에 작성한 보고서에서 그는 "병력 교대가 계속 이루어진 탓에 연대에 젊은 병사가 줄어들었다. …… 젊은 병사가 노병과 교체되어 사단의 다른 부대로 흘러들어 갔다. 수년간 끈기 있게 이루어졌던 [전쟁 이전의 훈련이] 완전히 무의미해졌다."라고 기술했다. 제147요새보병연대 병력은 자신의 임무에 대해서 아주 작은 부분까지도 상세히 알고 있었으나, 요새방어를 위한 그들의 전투기술이나 기관총 사격술은 일반 보병부대에서는 아무런 쓸모도 없었다.[53]

5월 초에 추가 보충이 이루어지면서 보병부대의 신뢰와 상호관계가 희석되었으나, 병력 수준은 편제상 정원에 근접하였다. 제147요새보병연대와 병력을 교환했던 제55보병사단으로 또 다른 보충병이 유입되었다. 이처럼 프랑스 최고사령부는 훈련을 통해서 얻어지는 단결력이나 전투기술보다는 병력 숫자에 많은 관심을 보였다. 라퐁텐 장군은 후에 사단의 단결력이 혼란스런 병력 보충 때문에 "손상되었다"고 시인했다.[54]

제147요새보병연대의 단결력 역시 다른 연대 및 대대의 중대를 혼합 편성함으로써 약해졌다. 훈련을 마친 중대는 본래 방어진지나 대대로 복귀하는 경우가 드물었다. 5월 10일에 카리부 대위의 제2/147요새보병대대전투단은 제2/147요새보병대대 2개 중대, 제2/295대대 1개 중대, 제2/331대대 1개 중대로 이루어져 있었다. 카리부 대위는 중대를 혼성함으로써 대대가 "지리멸렬"로 이어졌다고 주장했으며, 아무런 임무도 수행하지 않고 적 포격아래 흩어진 제2/331대대 6중대 보충병의 공황을 날카롭게 비판했다. 요새보병부대의 다른 인원도 특화점을 엄호해야 할 보병부대가 쉽게 도망치는 풍조를 통렬하게 비판했다. 카리부 대위는 "병사가 진지를 지키는 이유는 옆에 있는 전우가 방어선을 지킬 것을 알고 있기 때문이다."라고 강조했다.55) 이처럼 프랑스군은 이전 역할을 고려하지 않고 중대를 혼합하여 대대를 편조함으로써 전투원 사이의 친밀성과 신뢰가 상실되고 말았다.

한편, 프랑스군은 병력과 물자 부족을 요새를 추가함으로써 보완할 수 있다고 확신했다. 야전군 사령관, 군단장, 사단장은 콘크리트로 보병을 방호하고 저지력을 향상할 수 있다고 믿었기에 요새 구축에 관심을 쏟았다. 앞서 살펴보았듯이 세당 지구와 마지노선 동쪽 구역의 요새 밀도차이가 현저했기 때문에 프랑스군 지휘관들은 요새 건설에 더욱 큰 관심을 두었다. 불운하게도 프랑스군은 이처럼 훈련을 강조하지 않고 방어진지를 강화하기 위한 육체노동에 대부분 시간을 쏟아 부었다.

제147요새보병연대가 방어했던 프레누아 분구의 거의 모든 요새는 벨뷔와 와들랭쿠르를 연하는 제2방어선을 따라 있었으나, 특화점 몇 개는 뫼즈 강을 건너 비예트로 진입하는 교량과 세당으로 이어지는 3개의 교량 근처에 자리했다. 퐁 네프 바로 서쪽에 설치한 특화점 2곳은 독일군 제1보병연대와 대독일연대 도하지점과 가까이 설치한 유일하게 강력한 요새 시설물이었다. 특화점의 강도와 요행수가 겹친 위치 때문에 해당 특화점의 프랑스군은 제압당하기 전까지 대독일연대 보병에 큰 피해를 입혔다.

독일군 제1보병연대의 도하지점인 글레르와 토르시 사이 강안에는 작은 벙커 3개만이 있었는데, 이것들은 "축성하기 간단"한 구조였다. 이 "간단"한 벙커는 콘크리트가 주재료이긴 했으나, 글레르와 토르시 사이 벙커에는 통나무를 사용하였고, 이로 인해 교량 근처나 제2방어선의 특화점보다 그 강도가 약했다. 작은 벙커 3개 중 하나는 글레르 외곽에 있었고, 다른 2개는 뫼즈 강으로 흐르는 글레르 천 하상에 서로 반대 방향을 바라보면서 나란히 있었다. 독일군이 이 벙커들을 통과하면 레 포르쥬와 샤토 벨뷔 근처 특화점과 맞닥뜨리게 되며, 이후 더 진출한다면 벨뷔와 와들랭쿠르 사이 특화점 선상에 전선이 형성될 것이었다.

프랑스군은 25㎜와 47㎜ 대전차포를 조심스럽게 배치했다. 프랑스군은 독일군이 도하작전에 전차를 투입하리라 예상하지는 않았지만, 그들이 벨뷔-글레르-토르시를 지난다면 전차를 사용하여 방어선을 돌파 할 것으로 판단했다. 따라서 대전차포는 적 돌파를 차단하기 위해 연대 제2방어선을 따라 우선 배치할 필요가 있었다.[56] 그런데 프랑스군은 대전차포를 적 사격에서 보호하기 위해 특화점 안에 배치하였기 때문에 진지변환이나 전용이 불가능 했다. 이것은 화기가 정해진 곳에만 사격할 수 있으며 더 위태로운 지역으로 이동할 수 없음을 의미했다. 즉, 프랑스군은 화기를 보호하기 위해 기동성을 희생했다. 이후 전투에서 화기 수가 상대적으로 적다는 점보다 이러한 취약점이 더 중요했다는 사실이 증명되었다.

한편, 프랑스 몰락 이후 세당 지구에 특화점과 금속제 총안구 덮개가 부족했기 때문에 패배했다는 주장이 종종 제기되었다. 이러한 목소리가 높았다는 사실은 논쟁의 참여자들이 현대전에서 요새의 취약성에 대한 중요한 교훈을 알지 못했다는 점을 시사한다.

프랑스군은 벨뷔와 와들랭쿠르를 연하는 선을 따라서 벙커 대부분을 건설하였거나, 건설할 계획이었다. 강변을 따라서는 축성계획이 거의 없었지만, "가짜전쟁" 시기 프랑스군 지휘관들은 벨뷔와 와들랭쿠르 사이의 제2방어선에 추가 특화점을 건설하여 종심을 연장하고 방어강도를 강화하는 조치에 많은 관심을 쏟았다. 물론 고위 지휘관들은 주방어선의 특화점 수를 늘리는 것을 선호하였지만, 진지강화 우선순위를 제2방어선에 부여하였으며, 주방어선을 강변에서 그 후방으로 이전하기 위해 준비 중이었다. 이처럼 프랑스군은 너무 많은 것을 하려다 보니, 결국 가장 핵심 지역으로 밝혀진 곳에 대한 준비를 거의 하지 못했다.

단결력과 훈련 부족The Lack of Cohesion and Training

제55보병사단은 1939년 10월에서 이듬해 5월까지 세당 지구를 점령하고 있었음에도 부대 단결이 잘 안되었고 훈련이 부족하여 어려움을 겪고 있었다. 윙치제르와 그랑사르가 강도 높은 훈련보다 요새축성에 관심이 많았기 때문에 사단은 전투능력을 향상하기 위한 기회를 거의, 혹은 전혀 갖지 못했다. 결론적으로 3월 1일에 브릿치 장군 후임으로 사단장에 취임한 라퐁텐은 사단 전투력을 견실하게 만들 수 없었다. 프랑스군에게는 안타깝게도 단결력 부족과 부적절한 훈련은 벙커의 상실과 불완전한 준비보다도 전투수행에 더 많은 영향을 주었다.

단결과 훈련에 관한 문제는 독일군과 비교했을 때 특히 현저했다. 폴란드전역의 전투경험과 장기간 강도 높은 훈련 결과 독일군은 전쟁 준비의 모범이 되었다.

역설적이게도 라퐁텐이나 그랑사르, 윙치제르는 1940년 5월 전에는 예하부대의 전쟁 준비상태를 상당히 만족스러워 했다. 세당 주변 방어 준비의 심각한 취약점을 다룬 테탱제의 보고서에 대한 윙치제르의 반응은 진행 중인 계획에 대해 놀라우리만치 분명하게 만족감을 표명하는 것이었다. 그는 "나는 세당 지구에 전투력 증강을 위한 긴급한 조치가 필요하다고 생각지 않는다."라고 기록했다.[57]

그러나 5월 13일, 구데리안의 부대는 그 말이 확실하게 틀렸음을 보여주었다.

Chapter 5
독일군의 뫼즈 강 도하공격
The German Attack Across the Muses

　제19기갑군단의 뫼즈 강 도하방안에 대한 문제는 군단이 도하공격 임무를 부여받았을 때부터 구데리안과 클라이스트의 두통거리였다. 두 지휘관은 도하지점에 대하여 서로 다른 견해를 가지고 있었다. 클라이스트는 군단 주력이 아르덴느 운하 서쪽에서 도하하기를 원했다. 반면 구데리안은 군단 전체가 운하 동쪽에서 강을 건너야 한다고 생각했다. 5월 11일, 제19기갑군단으로 하달된 클라이스트 기갑군의 12번째 작전명령은 "군단 주공 방향을 …… 아르덴느 운하 서쪽에 지향해야 한다."라고 명확하게 지시했다.[1] 5월 12일에 하달한 기갑군의 13번째 작전명령에는 "15시경 플리즈Flize와 세당 사이에서 뫼즈 강을 도하할 것"[2]이라 명시되어 있었다(플리즈는 세당 서쪽 12km 지점이며, 아르덴느 운하 서쪽 5km에 있다.). 그러나 클라이스트가 제19기갑군단에 하달한 명령이 모두 수용될 수는 없었다. 독일군 지휘철학에 입각한 한계에 가까운 작전적 자유가 구데리안에게 주어졌을 뿐만 아니라 의지가 굳고 강했던 그는 제19기갑군단으로하여금 아르덴느 운하 동쪽에서 뫼즈 강을 도하할 준비를 하도록 지시했다.

　제19기갑군단이 세당 양측방에서 도하를 준비하는 동안 도하작전에 막대한 영향을 주었던 두 가지 중요한 문제가 제기되었다. 첫 번째는 도하시점이었고, 두 번째는 항공지원에 관한 것이었다. 구데리안은 도하지점에 대한 클라이스트의 명령을 용케도 무시했지만, 그는 곧 클라이스트가 도하시점과 항공지원 문제에 있어서만큼은 양보하지 않으리라는 사실을 알게 되었다.

독일군의 계획The German Plan

제19기갑군단이 세당에 접근했을 때 각 사단은 서쪽으로 향하는 행군로 상에 흩어져 있었다. 제1기갑사단은 가장 양호한 행군로를 부여받는 행운과 함께 무자이브에서 제2기갑사단보다 먼저 도하했기* 때문에 다른 두 사단보다 세당에 근접해 있었다. 더 동쪽에서는 제10기갑사단이 모르테한에 이르는 굴곡 심한 도로 때문에 기동에 어려움을 겪고 있었다. 제2기갑사단은 전위부대 일부가 뫼즈 강에 도달했으나 사단 본대는 여전히 세무아 강 동쪽 멀리에 있었다. 또한, 구데리안은 군단 포병부대 상당수가 후방 멀리에 있었기 때문에 많은 걱정을 하고 있었다.

12일 늦은 오후, 슈토르히 1대가 기갑군 지휘소로 구데리안을 수송하기 위해 군단 지휘소에 도착했다. 클라이스트는 구데리안을 소환한 자리에서 13일 15시에 뫼즈 강 도하공격을 개시하라고 명령했으며 아르덴느 운하 동쪽에서 도하하려는 방안에 대해 우려하고 있음을 강조했다. 구데리안은 제2기갑사단이 시간에 맞추어 도착할 수 없으므로 도하 시점을 13일로 선정하는 것에 강한 의구심을 표명했다. 물론 그도 프랑스군이 방어를 강화하기 전에 급속도하 하는 방안이 유리하다는 점은 인정했다. 그러나 그는 아르덴느 운하 서쪽에서 도하하려면 군단이 서쪽으로 선회해야만 하는데 그러면 14일 이전까지는 도하작전이 이루어질

---

* 무자이브는 원래 제2기갑사단의 세무아 강 도하 예정 지점이었으나, 제1기갑사단이 군단의 승인을 득하여 도하지점으로 사용하였다. 제2기갑사단이 무자이브에 도착했을 당시는 이미 제1기갑사단이 도하에 한창이었다.

수 없다는 점을 예리하게 지적했다. 시간과 공간의 제약 때문에 클라이스트는 운하의 동쪽에서 도하하는 방안을 받아들일 수밖에 없었다.

그러나 구데리안의 말을 빌리자면 클라이스트는 "훨씬 덜 유쾌한" 또 다른 명령을 내렸다. 5월 초, 구데리안은 뫼즈 강 도하작전 간 항공지원을 위해 공군과 협조한 바 있었다. 그와 제2항공단장 뢰르처Lörzer 장군은 지상군이 도하와 강습을 진행하는 동안 간단없는 항공지원을 시행하기로 협의했었다. 공군은 폭격기와 급강하폭격기로 단시간 동안 강력한 폭격을 가하는 것이 아니라, 지속적이지만 비교적 저강도 폭격 — 특히 노출된 적 포병을 목표로 — 을 가하기로 했다. 이러한 폭격방법은 적이 엄폐하도록 강제하고 적 전투의지와 지속적인 화력지원 능력에 영향을 줄 것이었다.

그런데 구데리안에게는 당혹스럽게도 클라이스트는 포병과 연계하여 단시간 동안 강력한 폭격을 시행하기로 결정했다. 구데리안은 클라이스트의 방책이 적 포병에 본질적인 영향을 줄 수 없다고 믿었기 때문에 전체 공격계획이 "위기"에 처했다고 생각했다. 클라이스트의 결정 때문에 적 포병을 침묵시키거나 방해하기 위해 포병의 중요성이 높아졌음을 인식한 구데리안은 포병부대에 진지를 점령하고 화력지원과 대포병사격을 시행하기 위한 충분한 시간을 부여하기 위해 도하를 14일까지 미루자고 주장했다. 구데리안의 강력한 노력에도 클라이스트는 명령을 고집했다. 클라이스트는 기갑군이 도하에 성공하기 위해서는 제41기갑군단과 제19기갑군단이 동시에 공격해야만 하며, 어느 한 군단이 지연되면 전체 작전이 위태로워지리라 생각했다. 이처럼 같은 이유로 클라이스트가 제19기갑군단의 새로운 도하지점을 받아들여만 했듯이 동시에 구데리안도 변경된 항공지원작전계획을 수용해야만 했다. 구데리안은 부이용으로 출발하였으나 상황변화에 당혹감을 감추지 못했다.3)

구데리안은 군단 지휘소로 돌아온 후 워 게임에 사용했던 명령을 수정하여 하달했다. 그의 비망록에 따르면, 주요 변경사항은 공격개시 시점이었다. 프랑스군 방어선을 돌파하기 위해 그는 군단의 3개 사단이 병진 — 제2기갑사단은 돈세리 서쪽에서, 제1기갑사단은 주공으로서 세당 중앙에서, 제10기갑사단은 와들랭쿠르 동쪽에서 — 하여 공격하도록 계획했다.

제2기갑사단은 세당 서쪽에서 뫼즈 강을 도하하여 강이 내려다보이는 고지대인 크루아 피오Croix Piot를 확보하고, 중앙에서는 제1기갑사단이 라 불렛La Boulette과 라 마르페 숲 고지대를 탈취하여 셰에리Chehéry와 쇼몽Chaumont을 연하는 선을 향해 남쪽으로 전진하도록 했다. 군단은 주공의 성공을 보장하기 위해 대독일연대를 제1기갑사단에 배속하였다. 제2기갑사단 및 제10기갑사단도 각각 1개 중포병대대를 제1기갑사단으로 지원하였다. 동쪽에서는 제10기갑사단이 와들랭쿠르와 바제유Bazeilles에서 도하하여 불송을 향해 남진하기로 했다.

구데리안은 뫼즈 강을 도하하여 강안 남쪽 고지대를 성공적으로 탈취한 뒤, 르텔을 향해 서쪽으로 선회하여 프랑스군의 마지막 방어선에 일격을 가하려 했다. 그는 군단이 서쪽으로 선회할 교두보 종심은 약 15km보다는 짧을 것으로 예상했다. 구데리안은 군단 측방을 방호하기 위해 대독일연대나 제10기갑사단, 또는 양개 부대를 모두 투입하여 몽 디외Mont Dieu와 스톤Stonne 부근 고지대를 점령하려했다. 그러나 그는 적 대응을 정확하게 예측할 수 없었기 때문에 서쪽으로 선회하는 계획에 대한 최종 결단은 도하 이후로 미루기로 했다.

그럼에도 구데리안이 제10기갑사단이 서쪽으로 선회하여 나머지 2개 사단과 같이 진격하는 것을 선호했음은 분명했다. 만약 제10기갑사단이 스톤과 몽 디외의 고지대를 방어함으로써 교두보를 보호하기 위해 남아 있거나, 심지어 상황이 더 나빠져 제10기갑사단과 대독일연대 및 제1기갑사단 일부가 교두보 확보를 위해 잔류해야 한다면, 군단이 프랑스군 방어선을 돌파하여 종심 깊숙이 진출할 수 있는 능력은 극히 약해질 것이었다. 얼마나 많은 부대가 군단 측방을 방어할지는 독일군이 얼마나 신속하게 뫼즈 강을 도하할 수 있는지, 그리고 프랑스군이 세당으로 얼마나 빠르게 증원하는가에 달려있었다.

클라이스트가 항공지원 계획의 주요 대강을 수정하여 도하를 5월 13일 오후로 결정한 이후, 구데리안은 작전 성공에 심각한 의문을 품었음이 분명했다. 제19기갑군단 일지에는 공격 정면과 종심, 시점에 대한 구데리안의 걱정이 장황하게 적혀 있었다. 일지에는 "기갑군의 명령은 …… 군단장의 개념과는 철저하게 달랐다."[4]라고 쓰여졌다. 구데리안은 거의 재판을 준비하듯이, 장황하고 자연스러운 논평을 제시하여 도하가 실패한다면 클라이스트를 비난하기 위한 모든 준비를 갖췄다.

독일군의 항공작전German Aerial Operations over Sedan

클라이스크 기갑군은 제19기갑군단과 제41기갑군단의 뫼즈 강 도하를 지원할 항공공격을 협조하기 위해 도하지점을 6개의 거대한 구역 — 2개 구역은 샤를르빌 북쪽에, 2개는 플리즈와 아르덴느 운하 사이에, 나머지 2개는 운하와 퐁 모지 사이에 설정 — 으로 분할하는 계획을 입안했다. 두 개씩 짝지어진 구역 중 하나는 강안에 맞닿았고 나머지 하나는 프랑스군 방어선 종심 상으로 구획하였다.[5]

제19기갑군단 역시 군단 구역을 커다란 구획으로 분할하고 이것을 더 세분화하여 작은 지역표적으로 구분하였다. 대부분 지역표적의 면적은 0.25~0.5㎢에 달했다. 예를 들어 독일군은 "글레르의 버섯"을 "K" 구획으로 지정하였고, 10개의 원형, 혹은 타원형 지역표적으로 분할하여 숫자로 구분하였다. 군단은 지역표적 10곳을 ①뫼즈 강의 "쵬쇠", ②글레르, ③토르시와 글레르 간 도로, ④토르시 북서쪽 지역, ⑤토르시 남서쪽 지역, ⑥벨뷔-토르시간 도로와 철도 교차점 서쪽 지역, ⑦레 포르쥬, ⑧"버섯" 안에 가설된 철도 극서단부, ⑨벨뷔 교차로 북동쪽 지역, ⑩같은 교차로 북쪽 지역에 각각 설정하였다. "버섯" 남쪽은 "L"구획이

었으며 내부에 원형 지역표적을 설정하였다. 다른 구획 역시 동일한 방법으로 구분하였다.[6]

지상군과 공군의 협조는 기계획표적을 사용함으로써 용이해졌다. 독일군은 공격 직전 시행한 워 게임에서 기계획표적 사용절차를 연습했고, 마지막 워 게임에서 적용한 기계획표적을 약간 수정하여 실제 도하공격에도 적용하였다. 그런데 구데리안의 예측에 따라서 공군과 지상부대 사이에 이루어졌던 많은 협조 사항이 장시간보다는 단시간의 폭격방법을 적용하기로 한 클라이스트의 결정으로 무용지물이 되는 듯 했다.[7]

5월 13일, 뫼즈 강 도하공격이 시작되기 전 구데리안은 초조하게 항공지원을 기다리고 있었다. 놀랍게도 대규모 폭격기 행렬이 아니라 폭격기와 급강하 폭격기 몇 대가 호위 전투기를 대동하여 세당 상공에 나타났다. 이후 폭격의 물결이 끝임 없이 이어졌다. 의기양양해진 구데리안은 연이은 폭격으로 적 포격이 차단되리라 확신했다. 밤이 되자 그는 뢰르처 장군에게 전화를 걸어 훌륭한 항공지원에 사의를 표했다. 그런데 대화가 오가는 동안 그는 클라이스트의 집중 폭격 요청이 작전에 적용하기에는 너무 늦게 도착했기 때문에 뢰르처가 불가피하게 이전 합의를 따랐음을 알게 되었다.[8] 전역 대부분에서 그랬던 바와 같이 이번에도 행운은 구데리안 편에 있었다.

13일, 독일 공군은 클라이스트 기갑군으로 항공기 약 1,000여대를 지원하였으며 거의 모든 항공기를 세당 인근에 투입하였다. 독일군 항공기 수백 대가 프랑스군 위를 선회하며 공격했음에도 프랑스군 제55보병사단의 대공방어는 거의, 혹은 전혀 이루어지지 않았다. 제2군은 야전군 전면 전체에 75㎜ 대공포로 무장한 2개 방공대대만을 보유하고 있었으며 그 중 1개가 세당 인근에서 상공을 방어하고 있었는데, 독일군 항공기가 셀 수 없이 출현했음에도 제404방공연대 3대대는 13일에 적기 1대만을 격추했다고 보고했다. 제1식민지보병사단 소속 1개 방공포대(25㎜ 대공포)가 5월 10일 이후 세당으로 이동하라는 명령을 받았으나 포대는 세당에 도착하지 못했다.[9] 그 때문에 13일에 독일 공군이 파도처럼 연속해서 세당을 폭격했을 때, 제55보병사단은 소총과 기관총으로 대항할 수밖에 없었다.

제10군단은 일지에 독일군 폭격의 중요성을 강조했다. 일지에는 "독일군의 항공 작전이 일고의 의심할 바 없이 압도적인 역할을 했다. 주방어선과 후방지역에 간단없는 폭격이 이어졌고 …… 대량의 폭격이 끝없이 가해졌다."라고 기록하였다.[10]

피노 중령은 독일군의 폭격을 아래와 같이 묘사했다.

> 05시부터 수많은 적 정찰기가 분구 위를 비행했다. …… 09시경, 적기가 진지를 폭격하기 시작했다. 적은 특히 주방어선과 세당 기차역, 토르시에 강력한 폭격을 가했다. 곳곳에서 화재가 발생했다. …… 11시 이후 폭격이 더욱 강해졌으며, 17시까지 폭격과 소강상태가 반복되었다. …… 모든 방어 진지, 특히 주방어선은 두꺼운 폭연으로 뒤덮였다. 폭격은 연속 제파로 이루어졌으며 각 제파 당 폭격기 40여 대가 포함되어 있었다. 전투기도 기관총으로 공격에 가세했다.[11]

제2/147요새보병대대장 카리부 대위 역시 폭격을 아래와 같이 묘사했다.

> 10시경, 폭격기 40대가 진지를 강타했다. 거의 17시까지 다섯 제파의 폭격이 각각 1시간 동안 이어졌다. 우리는 폭격이 소강상태에 접어들 때면 끊어진 전화선을 계속 복구하였으나 전화선 유지는 점점 어려워졌다. 제공권 확보를 대담하게 확신한 적 전투기는 기총사격을 가했다. 나는 무선통신망 사용 승인을 요청했으나 거부되었다.[12]

장시간 강력한 폭격에도 전화선 절단을 제외하고는 실제로 발생한 피해는 거의 없었다. 그러나 폭격의 진정한 효과는 방자의 전투의지에 작용하였다. 벨뷔를 방어했던 제2/331대대장 푸코Foucault 대위는 폭격이 물리적 파괴 효과를 발휘했다기보다 방자의 사기에 더 큰 영향을 주었다고 밝혔다.[13]

　물론 보병도 영향을 받았으나 특히 폭격이 포병에 미친 영향이 더 중요했다. 야포 다수는 깊숙하게 파묻혀 있지 않았으나 폭격으로부터 잘 방호되었고, 실제로 파괴된 것도 거의 없었다. 그러나 폭격 때문에 병력이 엄폐함에 따라 뫼즈 강 북안에서 밀집 및 노출되어 있던 독일군에 대한 포격이 중단되었다. 게다가 연속적인 폭격은 프랑스군의 불안감을 가중시켰으며, 13일 저녁에 제55보병사단과 사단 후방지역에 자리한 포병부대를 휩쓴 막대하고 파멸적인 공황상태를 조성했다.

　독일군 보병이 강 너머로 공격함에 따라, 독일 공군은 즉각 효과적으로 화력을 지원했다. 기계획 표적을 계속 사용함으로써 급강하폭격기는 벙커를 방어하던 프랑스군을 위압했고, 독일군이 벙커에 더욱 가까이 이동하여 마침내는 벙커를 파괴할 수 있도록 도왔다. 폭격과 기총사격 역시 제1보병연대가 방자를 쓸어버리고 라 불렛으로 질주하는 데 중요한 역할을 했다. 공중지원 없었다면 보병은 박격포와 편제 소화기를 사용하여 참호 속 프랑스군을 공격해야 했을 것이다.

　이처럼 독일 공군은 적시에 화력을 지원함으로써 방자의 의지를 약화시켰고 수많은 포대의 사격을 차단함으로써 13일 오후 지상 작전에 중요한 공헌을 하였다. 공군의 훌륭한 지원이 없었더라면 제19기갑군단의 임무 달성은 더욱 어려웠을 것이었다.

골리에의 제1기갑사단With the 1st Panzer Division at Gaulier

　제1기갑사단 사령부는 13일에 시행할 도하공격의 세부 계획을 완성할 만한 시간 여유가 없었기 때문에 3월 21일에 독일 코블렌츠에서 시행했던 도상훈련 계획을 예하부대로 하달했다. 군단 계획과 마찬가지로 사단 계획도 전시에 사용하려는 의도는 없었다. 그러나 도상훈련 계획은 도하대기지점 식별과 점령, 뫼즈 강 도하공격에 대한 기본 개념의 바탕이 되었다. 물론 이미 수립되어 있던 계획을 수정함으로써 정확한 명령을 내리기 위한 노력이 줄어들긴 했지만, 사단 예하부대는 매우 늦은 밤까지도 명령을 받지 못했다. 예를 들어 제2/1대대는 5월 13일 01시 30분까지도 연대에서 공격명령을 받지 못했다.14) 이처럼 대대가 뫼즈 강을 도하하는 선두부대 중의 하나였음에도 마지막 계획 수립이나 작전준비를 위해 사용할 수 있었던 시간이 거의 없었다.

공격개시시간을 정함에도 혼란이 있었다. 구데리안은 13일 15시에 공격을 개시하라는 명령을 받아 12일 17시경 지휘소로 돌아왔다. 그런데 제1기갑사단은 13일 아침에 공격을 시작하라는 준비명령을 받았다. 군단은 13일 07시 15분까지도 공격개시시간을 확정하지 못한 상태였다.15) 제1기갑사단은 13일 이른 아침까지도 09시에 공격하려 준비 중이었다. 그런데 군단은 공격개시시간을 계속 변경하여 14시 15분으로 정했다가 또다시 15시로 늦추었다. 사단은 07시가 넘어서야 이 사실을 알고 09시에 시작하려던 공격을 미루었다. 제2/1대대는 공격 직전에 시간이 바뀐 사실을 알았다.16)

제1기갑사단은 12일 저녁과 밤사이 예하부대를 전방 공격대기지점으로 이동시켰다. 부이용 인근 세무아 강 유역의 험한 지형 때문에 부대 이동이 매우 어려웠다. 좁고 휘어진 길을 따라서 긴 도보 행군종대와 차량행렬이 세당을 향해 천천히 이동했다. 독일군 병사들은 "차단된 도로"나, 불타거나 무너진 건물, 탄흔, "악취를 풍기는 말의 시체"에 대해서 적어두었다.17) 한편, 이 시기 충분한 포병전력을 전방으로 추진하기가 매우 어려웠고 그래서 중요하기도 했다.

뫼즈 강 동안이 개활지였던 탓에 공격을 위한 마지막 준비, 특히 각 부대가 공격대기지점 및 공격진지로 이동하기가 매우 어려웠다. 강 서안 고지대에 자리한 프랑스군 관측소의 가시거리가 6~8km에 달했기 때문에 프랑스군은 독일군의 노출 병력과 장비에 막대한 화력을 집중할 수 있었다. 심지어는 화기나 야포가 1정이라도 부주의하게 노출될 때면 여지없이 포탄이 떨어졌다. 제1기갑사단장은 사단이 공격 개시시간에 맞추어 전투력을 전방으로 추진할 수 있을지를 극도로 걱정하고 있었다. 사단의 부대이동은 여전히 어려웠으나 공격시간이 09시에서 15시로 연기됨에 따라 이러한 걱정을 점차 덜 수 있었다.

뫼즈 강 동안에 밀집한 독일군은 프랑스군에게 좋은 표적이었다. 참호를 구축했지만 제2/1대대 6중대와 9중대에는 5월 12일에서 13일 밤사이 특히 많은 사상자가 발생했다.[18] 그러나 다음날 프랑스군 포병화력의 효과가 현저하게 감소했다. 독일 공군의 강력한 폭격이 제1기갑사단이 이동하고 뫼즈 강을 건너는 결정적인 시간 동안 프랑스군 포병을 거의 완전히 침묵시켜버렸다. 또한, 독일군은 포복 등 이동기술을 사용하여 병력 전진을 다소나마 은폐 및 엄폐함으로써 지형을 유리하게 이용했다.

제1기갑사단에 대한 화력지원 책임은 사단 직할인 제73포병연대와 제2/56포병대대에 있었다. 제2기갑사단과 제10기갑사단이 군단 주공인 제1기갑사단을 지원하기 위해 각각 1개 포병대대를 제1기갑사단으로 배속했고, 이에 따라 제2/45포병대대와 제1/105포병대대가 제1기갑사단 작전 지역으로 이동했다. 나중에 독일군이 뫼즈 강을 성공리에 도하한 뒤 포병대대 일부가 문교 2개를 이용하여 강을 도하했다. 마침내 교량 가설이 완료되자 포병대대의 잔여 병력과 장비가 더 쉽고 빠르게 강을 건넜다.

한편, 계획을 작성할 만한 시간이 거의 없었기 때문에 구체적인 화력지원계획도 수립할 수 없었다. 그럼에도 포병은 보병부대의 진출 방향을 정확히 식별하여 공격방향 유지를 돕기 위한 화력지원계획을 작성했다. 13시경, 대부분 포대가 사격진지를 점령하여 화력지원 준비를 마쳤다. 일부 포병 부대는 보병과 함께 전방으로 진출할 준비를 하고 있었다. 예를 들어 제73포병연대의 6포대장은 제3/1보병대대와 함께 뫼즈 강을 도하할 준비를 했고, 덕분에 독일군은 강 서쪽에도 매우 효과적으로 화력을 지원할 수 있었다.[19]

제1보병연대의 뫼즈 강 도하The 1st Regiment Crosses the Meuse

제1보병연대가 주공으로써 제1기갑사단의 뫼즈 강 도하작전을 선도했다. 뫼즈 강 도하를 시작한 13일에서 돌파구를 형성한 16일까지 제1보병연대의 활약은 정말 대단했다. 연대가 이렇게 훌륭한 전과를 거둘 수 있었던 가장 중요한 원인 중 하나는 바로 연대장 발크 중령의 뛰어난 리더십에 있었다. 제1차세계대전의 화려한 베테랑이자 휘하 장병의 존경을 받았던 발크는 독일군에서 가장 뛰어난 전투지휘관중 하나였다. 1940년에 그는 중령에 불과했지만, 1945년에는 서유럽 G집단군 사령관에 취임했다. 전쟁 내내 그는 제1기갑사단의 다른 지휘관 보다 빠르게 진급했다. 1940년 5월 13일, 프랑스군 제55보병사단과 제147요새보병연대의 불행은 발크가 지휘하는 제1보병연대와 대적하게 되었다는 사실이었다.

제1보병연대 — 제2/1전차대대 8중대, 제8중(重)대전차포대대 1중대, 제660강습포대, 제702중포보병중대로 증강한 — 는 골리에 부근에서 뫼즈 강을 도하하는 임무를 부여받았다. 연대 동쪽에서는 대독일연대가 공격했다. 두 연대 사이 전투지경선은 글레르 천(川) 하상을 따라 프레누아 동쪽 400m 지점을 지나 쇼몽 남서쪽 약 1km에 있는 생 캉탱 농장까지였다.[20] 대독일연대가 1개 대대를 먼저 보내고 나머지 2개 대대는 후속하기로 계획한 데 반해, 제1보병연대는 2개 대대가 동시에 강을 건너는 계획을 수립했다.

대독일연대는 예하에 전투지원대대가 편성되어 있었기 때문에 제19기갑군단 사령부는 연대를 증강하지 않았으나, 제1보병연대에는 전차와

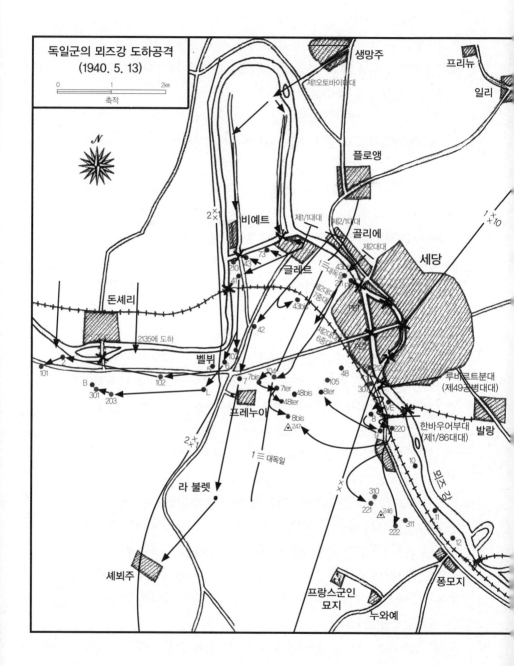

독일군의 뫼즈강 도하공격
(1940. 5. 13)

축적
0   1   2km

N

생망주
제1오토바이대대
프리뉴
일리
플로앵
골리에
세당
비예트
제1/1대대 제2/1대대
제2대대
2×1
73
210 43
41
글레르
1독대독9
7IP
제2대대 제3중대
제2대대 6중대
43bis
42
루바르트분대
(제49공병대대)
돈셰리
2135에 도하
벨뷔
101
102
B
301 203
L
7bis
104
48
105
8ter
301
7ter 48bis
48ter
VE
8
한바우어부대
(제1/86대대)
발랑
9 220
프레누이
8bis
247
1×10
2×1
1三 대독일
10
뫼즈강
라 볼렛
310
221
246
311
222
11
12
셰뫼주
프랑스군인
묘지
퐁모지
누와예

강습포를 배속해 주었다. 사단 2개 전차연대가 코르비옹 인근 집결지에서 대기하는 동안 75㎜ 포로 무장한 마크Ⅳ 전차 1개 중대가 제1보병연대로 배속되어 강안에서 보병의 도하를 지원했다. 추가로 마크Ⅳ 전차와 유사한 75㎜ 포로 무장한 제660강습포대가 연대를 지원했다. 제1보병연대가 뫼즈 강을 도하하는 동안 75㎜ 포의 정확하고 강력한 화력지원이 프랑스군 벙커를 제압하는데 매우 효과적이었음이 드러났다. 또한, 마크Ⅰ 전차 차체에 150㎜ 유탄포를 얹은 포를 장비한 제702중포보병중대도 연대를 지원했다. 비록 150㎜ 포는 75㎜에 비해 정확성은 떨어졌으나 파괴적인 화력을 지원했다.

공병은 도하작전에서 결정적인 역할을 했다. 제43강습공병대대가 연대의 뫼즈 강 도하를 통제하는 동안 제37장갑공병대대는 도선장을 설치했다. 동시에 제505공병대대는 통과하중 16톤의 교량 가설을 준비했다.[21]

제43강습공병대대는 특히 어려운 임무를 맡았다. 대대는 적 벙커를 파괴하기 위한 특수훈련을 받았고, 도하지점 부근의 벙커 몇 개를 파괴하는데 중추 역할을 했다. 제37장갑공병대대 역시 중요한 역할을 수행했다. 비록 도착은 늦었으나, 대대는 강폭이 60~70m에 달하는 뫼즈 강을 병력과 장비가 건널 수 있게 도왔다. 이 임무의 복잡성은 도하에 사용했던 고무보트의 수량을 보면 알 수 있다. 제1기갑사단은 도하를 위해 대형 고무보트 42척과 소형 고무보트 66척, 강습정 9척을 배치했으며, 이중 일부는 프랑스군의 포격 탓에 오토바이를 사용해서 전방으로 추진하기도 했다. 보트 1/3은 강습공병이, 나머지는 보병이 사용하였다.[22]

철저한 준비와 노력에도 제1보병연대를 위해 고무보트를 조작하기로 예정된 공병은 약속한 시간에 도착하지 못했다. 발크 중령은 대독일연대 소속 공병대대장을 붙잡아 그의 대대원으로하여금 보트를 조종하라고 명령했다. 그러나 공병대대장은 대대원이 강습공병으로 훈련했기 때문에 보트 조종은 할 줄 모른다고 말하며 발크의 명령을 거부했다.

발크에게는 연대원이 직접 보트를 조종하는 것 외에는 다른 선택이 없었다.[23]

13일 15시경, 제1보병연대가 강습도하를[*] 시작했다. 독일군은 전차포, 대전차포, 강습포 등으로 벙커에 직사를 가했고 방호 강도가 낮은 진지에 포병 간접화력을 운용하여 핵심 총좌 몇 곳을 먼저 제압했다. 거의 15시가 다되어 우측 부대로서 2대대(서쪽)가, 좌측 부대로서 3대대(동쪽)가 골리에에서 강을 건너기 시작했다. 1대대는 두 대대를 후속했다.

특화점 몇 개를 무력화했음에도 강습도하 중인 공병과 보병을 향해 강력한 기관총 사격이 가해졌다. 포탄 몇 발이 떨어지긴 했지만 적 포격은 폭격 전과 비교하면 거의 완전히 침묵한 것이나 다름없었다. 7중대와 8중대가 제2/1대대의 도하를 선도하는 와중에 병사 몇 명이 전사했다. 대형 고무보트 1척도 수류탄으로 부서졌다. 8중대의 또 다른 대형 보트 역시 강력한 사격으로 심각한 손상을 입었다. 대안에 도착했을 때 보병이 적의 강력한 사격 하에서 우왕좌왕하자, 7중대와 같이 도하했던 대대장은 대대원이 전진하도록 독려했다.[24] 이러한 일시적인 위기와 이후 왔던 위기 속에서 지휘관의 개인적인 용기와 진두지휘는 독일군이 끝내 성공할 수 있었던 가장 중요한 요인 중 하나였다.

제1기갑사단의 전시 공보자료는 도하작전 초기 전투를 아래와 같이 묘사했다.

첫 번째 장애물을 신속하게 극복하였으며 첫 벙커들의 측방을 공격했다. 그럼에도 프랑스군의 저항이 다시 살아났다. 적 포병이 도하지점을 포격하기 시작했다. 벙커 안의 적은 우리 보병의 전진을 막기 위해 결사 항전했다. 벙커 1개를 탈취한 다음 다른 벙커로, 그 다음은 대전차포 및 기관총 진지와 특화점을 개별 전투로 탈취해나갔다. 이때 지휘관이 선두에 서서 모범을 보였다. 또한, 대전차포와 대공포가 적을 격파하는데 굉장한 역할을 했는데

---

[*] 도섭이 불가능한 하천에서 이용 가능한 수단을 최대한 활용하여 신속하게 도하하는 방법.

때로는 아주 먼 거리에서도 프랑스군을 가차 없이 파괴했다.25)

제1보병연대 선두의 목표는 여전히 라 불렛과 라 마르페 숲의 고지대였지만, 그들은 우측으로 흘러들어 벨뷔 북쪽의 작은 숲으로 진입하였고, 강안 경사면에서 차폐할 수 있는 곳을 찾아냈다. 7중대는 벨뷔 근처 숲으로 직행했지만, 8중대는 글레르와 비예트의 바로 남쪽을 지나 기동했다. 제2/1대대는 사후 보고서에 "강력한 측방 사격"을 받았다고 적었다.26) 물론 적 포격이 근처에 낙탄 하기도 했지만, 가장 큰 위협은 247고지에서 좌측방으로 가해지는 프랑스군 소화기 사격이었다.

다른 어떤 요인보다도 제1보병연대가 신속하게 전진함으로써 제1기갑사단과 제19기갑군단이 프랑스군 방어선을 돌파할 수 있었다. 연대는 급강하폭격기의 근접지원을 받으면서 벨뷔와 프레누아로 재빨리 공격했다. 제1보병연대는 벨뷔 인근 숲을 통과하며 공세적으로 돌격했고, 때로는 전방 고지대에서 가하는 강력한 사격을 무시하면서 연대 좌측(동쪽)의 대독일연대보다 신속하게 전진했다. 도하 중인 대독일연대가 뫼즈 강 양안에 분리되어 있었을 때, 제1보병연대는 벌써 샤토 벨뷔 근처에 있는 벙커 몇 곳과 첨예한 교전에 돌입하였다.

제1보병연대 서쪽에서는 제1오토바이대대가 병진했다. 마지막 폭격이 끝남과 동시에 대대는 생 망주 남서쪽으로 향하며 뫼즈 강으로 보트를 날랐다. 15시에 첫 오토바이대대원이 "쬠쇠" 북동쪽 모서리의 도하지점 — 강 중간에 섬이 있는 — 에서 뫼즈 강을 재빨리 도하했으나 전대대가 유속이 느린 강을 건너 도하를 마치기까지 거의 1시간이 소요되었다. 대대의 도하를 제37장갑공병대대 1중대가 지원했다.

"쬠쇠" 기저부인 동(東)운하Canal de l'Est를 따라 방어했던 프랑스군은 "쬠쇠" 안에는 병력을 전혀 배치하지 않았으나, 독일군은 최소한 1개의 특화점이 설치되어 있을 것이라고 예상했다. 1중대장 폰 보트머Von Bothmer 대위와 중대원 몇 명은 도하 도중 전사하고 말았다. 보트머는 포탄 파편 상으로 사망했다. "죔쇠" 안에 프랑스군이 없었거나 있었더라도 극소수에 불과했기 때문에 약 0.5~2km 남쪽 글레르 부근에 있는 벙커의 사격 외에는 소화기탄이 거의 날아오지 않았다. 그러나 독일군이 뫼즈 강 도하 지점을 지도와 쉽게 비교하여 확인할 수 있는 곳인 섬 근처로 선정했고, 아마도 프랑스군 역시 포병화력집중 구역을 해당지역에 준비했을 것이다.[27]

이주Iges와 비예트 사이 3km를 도보로 천천히 이동한 오토바이대대는 마침내 18시경 동운하를 건너 "글레르의 버섯"으로 진입했다.[28] 오토바이대대가 운하를 건널 당시 제1보병연대는 이미 동운하선의 저항을 거의 일소하고 프레누아 외곽으로 이동 중이었다. 그 때문에 오토바이대대는 저항을 거의 받지 않았다.

제1보병연대는 종심으로 전진함에 따라 벨뷔 근처에 있는 프랑스군의 핵심 방어선과 마주하였다. 벨뷔 바로 후방의 프랑스군 방어선은 프레누아에서 와들랭쿠르까지 이어진 2개의 벙커선으로 구성되어 있었다. 첫 번째 벙커선에는 대형 벙커 3개만이 있을 뿐이었다. 뫼즈 강 근처 103번 벙커는 벨뷔 교차로 북쪽 약 200m 지점 — 글레르에서 서남쪽으로 뻗어 벨뷔 교차로로 이어지는 도로 위 — 에 있었다. 103번 벙커에서 약 700m 동쪽에는 104번 벙커가 있었다. 105번 벙커는 104번 벙커의 동쪽 약 1km에 있었다. 그러나 105번 벙커는 아직 미완성으로 병력이 없었던 듯하다. 두 번째 벙커선은 첫 벙커선 후방에 있었다. 프랑스군은 벨뷔 교차로 바로 동쪽에 7번 벙커를, 그로부터 동쪽으로 500m 지점에 7bis벙커를 두었으며, 다시 500m 동쪽에는 7ter벙커를 설치하였다. 다른 벙커는 7ter벙커와 와들랭쿠르 사이에 자리했다. 프랑스군은 이 지역의 진지 강도를 강화하기 위해 첫 번째 벙커선 전방에 강과 근접하여 벙커 2개를 추가로 설치하였다. 43bis벙커를 레 포르쥬에 설치했고, 42번 벙커를 43bis벙커와 103번 벙커사이에 — 103번 벙커 북쪽인 글레르로 이어지는 도로 삼거리 상 — 에 구축했다.[29] 42번 벙커는 43bis벙커를 엄호했다.

제1보병연대는 전진하면서 벙커 4곳(북에서 남의 순서로, 43bis, 42, 103, 7)과 맞닥뜨렸다. 제1보병연대는 레 포르쥬 인근 43bis벙커를 우회하여 17시 30분에서 45분경 포도원 근처의 42번과 103번 벙커를 공격했다. 독일군이 처음 마주친 42번 벙커에서 무슨 일이 일어났는지 정확히 알 수는 없지만, 프랑스군은 별다른 저항 없이 벙커를 포기하고 도주해 버렸다. 계속 전진한 독일군은 베롱Verron 중위가 방어했던 103번 대형 벙커를 공격하여 신속하게 탈취했다. 103번 벙커는 상대적으로 쉽게 공략됐지만 104번 벙커는 계속해서 저항했다. 104번 벙커는 103번 벙커 동쪽 700m 지점에 있었기 때문에 연대의 공격 방향 정면은 아니었으나 연대 측방으로 계속 사격을 가해왔다. 104번 벙커는 10,000발 이상을 사격했고, 사상자가 50%를 넘었음에도 독일군에 따르면 17시경까지도 함락되지 않았다고 한다. 프랑스군 기록에 따르면 벙커는 18시 45분 이후에야 함락되었다고 한다.30) 그러나 제1보병연대가 벨뷔와 토르시간 연결 도로에 17시 30분경 도착했으므로 독일군이 104번 벙커를 대략 18시경 탈취했을 것이다.

제1보병연대는 18시 15분경에 벨뷔를 지나 남진했다. 연대는 화염방사기를 사용하여 벨뷔에서 남쪽으로 뻗은 도로 서쪽에 자리한 벙커들을 후방에서 공격했다. 기본적으로 독일군은 벨뷔를 향해 남쪽으로 공격했지만, 일부는 우측(서쪽)으로 방향을 바꾸어 전진했다. 제1보병연대는 벨뷔 근처의 고립된 벙커와 "글레르의 버섯"에서 계속 전투가 이어지고 심지어는 대독일연대가 뫼즈 강을 도하하여 불과 수 백m 밖에 전진하지 못했어도 공격을 멈추지 않았다.

독일군의 종심 깊은 공격에 대한 세부사항은 추후 기술할 것이나, 프레누아에서 벨뷔 후방을 향한 제1보병연대의 공격은 돌파의 시작점이었다. 제1보병연대의 전진은 제2기갑사단이 돈셰리에서 도하에 실패했고 제10기갑사단은 와들랭쿠르에서 매우 소수 병력만이 도하했던 사실을 고려한다면 그 의미가 더욱 컸다.

대독일연대The Gross Deutschland Regiment

제1보병연대 동쪽에서 병진 공격했던 대독일연대는 가까스로 도하 예정시간을 맞출 수 있었다. 5월 12일 16시, 연대는 베트릭스 남동쪽 5km에 있는 오르쥬Orgeo 근방 집결지에서 트럭을 타고 세당으로 향했다. 직선거리로는 25km에 불과했으나 세무아 강 근처의 구불거리며, 경사지고, 숲이 우거진 지역을 통과했던 도로 때문에 그보다 훨씬 먼 거리를 이동해야 했다. 연대는 세무아 강에 도착하지 못했음에도 12일과 13일 사이의 야간 동안 정지하여 잠시 휴식을 취했다. 5월 13일 02시경, 연대는 부이용을 향해 기동했다. 이런 이른 출발을 예측하지 못한 많은 연대원이 1시간 이상 취침하지 못했다.[31]

연대는 부이용을 통과한 뒤 코르비옹을 지나 세당 숲Bois de Sedan과 일리 숲Bois d'Illy으로 진입했다. 연대는 이곳에서 하차하여 도하대기지점을 점령했다. 13시에 연대 예하 대대가 뫼즈 강을 향해 출발했다. 연대는 도하대기지점에서 프리뉴-생 망주-플로앵Floing을 거쳐 도하지점까지 10km를 2시간 동안 급속행군했다. 그들은 매우 조금밖에 자지 못한 상태에서 중기관총, 박격포, 탄약을 지고 나른데다 지난 3일 반 동안 매우 먼 거리를 기동해왔기 때문에 몹시 지쳐 있었다.

대독일연대가 뫼즈 강을 향해 행군하는 동안 행군종대는 플로앵의 좁은 길로 너무 많은 부대가 통행하는 바람에 잠시 정체하였다. 다행스럽게도 그 시간 가장 집중적인 폭격이 가해져 프랑스군 포병은 거의 사격할 수 없었다. 병목현상으로 위험한 상황이 잠시 있었으나, 보병에게는 거의 포탄이 떨어지지 않았다. 적의 침묵을 알아챈 일부 독일군은 적이 폭격으로 인해 사격을 못하는 것인지 아니면 강력한 포격을 위한 최적의 순간을 숨어서 기다리는지 궁금해 했다.[32] 그러나 이후 벌어진 사건으로 폭격 효과의 중요성이 드러났다.

2대대가 선두로 나섰으며 나머지 대대는 후속하여 도하했다.[33] 도하 지점은 글레르 천 하상과 뫼즈 강 만곡부 남동쪽 약 400m 지점 사이였다. 원래 2대대장이었던 포스트Fost 소령은 벨기에 에딸르에서 전사했고 당시는 그라임Greim 소령이 새로운 대대장으로 대대를 지휘하고 있었다.

대대가 사용할 보트는 마지막 순간에야 도착했다. 제37공병대대 소속 하사는 오토바이를 타고 14시 15분에 국경에서 강습용 고무보트를 적재한 트럭들과 만나기로 되어 있었다. 그러나 도로 정체로 도하물자 일부만 도착하였다. 14시 35분, 트럭이 5대밖에 도착하지 않았지만, 공병 부사관은 뫼즈 강으로 출발했다. 포탄이 도로를 따라서 계속 떨어졌기 때문에 부사관은 운전병에게 최대한 빨리 이동하도록 지시했다. 운좋게도 단 1대의 트럭도 피격당하지 않았기 때문에 충분한 수의 강습보트를 도하에 사용할 수 있었다.[34]

2대대 도하지점에서 공병이 보트를 강기슭으로 날랐으나 강력한 적 포격 때문에 보트를 강에 띄울 수 없었다. 대독일연대 4대대 제15중포보병중대가 150mm 포로 화력을 지원했음에도 프랑스군 벙커의 사격을 잠재우지 못했다.[35] 독일군은 세당 시내의 건물과 석조 울타리를 엄폐물 삼아 강습포를 전진시켰지만 소구경탄으로는 콘크리트와 철제 벙커를 관통할 수 없었다. 88mm 대공포가 연대 도하지점 바로 동쪽의 퐁 네프로 알려진 교량 근처 벙커 2곳의 총안구로 직접사격을 가하기 위해 전방으로 이동하기 전까지 귀중한 시간이 흘러갔다. 강력하고 속사가 가능했던 이 대공포는 곧 부수적인 대전차무기로 명성을 얻었지만, 전투 초기에는 벙커 파괴자로서 가장 중요한 공헌을 했다. 대공포는 높은 정확도로 총안구 주변으로 직사탄을 날렸다.

88mm 대공포의 직사 이후 공병은 보트 진수를 시도했으나, 또 다시 프랑스군이 사격으로 그들을 저지했다. 젊은 공병 중위 1명과 병사 2명

이 총탄을 무릅쓰고 전진하려 했으나 용기의 대가를 목숨으로 치르고 말았다. 88㎜ 대공포가 재차 불을 뿜었다. 대공포 엄호 아래 2대대 7중대가 마침내 강습도하를 시작했다. 6중대의 어떤 소대는 소대장 선도하에 7중대와 함께 강을 건넜다. 6중대의 다른 소대와 기관총반이 곧바로 뒤따랐다. 곧 대독일연대 2대대의 2개 중대가 뫼즈 강 서안에 자리하였다.36) 마침내 2개 소대가 도하를 마치자, 6중대는 7중대 동쪽(왼쪽)으로 이동했다. 두 중대는 프랑스군 진지를 향해 전진했다. 일단의 독일군이 뫼즈 강 남안에 출현했음에도 퐁 네프 부근의 벙커 2개소는 결연한 태도로 다른 독일군이 강을 건너지 못하게 계속 방어하고 있었다.

2대대 6·7중대는 훈련한 대로 적 방어선 깊숙이 돌파하고자 열정을 다해 공격했지만, 연대 우측(서쪽)의 제1보병연대처럼 신속하게 전진할 수 없었다. 약 3km 전방 247고지를 목표로 한 2대대는 혼란으로 치달을 토르시 외곽의 시가전을 피하고자 마을을 우회하려 했다. 그러나 측방 및 247고지에서 대대 정면으로 날아오는 적의 강력한 사격으로 전진이 늦어졌다. 이 때문에 독일군은 곧바로 전진하여 작은 과수원과 토르시 변두리로 이동함으로써 프랑스군의 강력한 사격에서 은폐와 방호를 받을 수 있었다. 도하 간 여러 가지 어려움에 직면했고 도하 이후 전진이 지연된 결과, 대독일연대 2대대와 제1보병연대 선두 사이에 상당한 거리 차이가 발생했다. 또한, 2대대로 증원과 지원이 거의 이루어지지 않았다.

마침내 대독일연대 3대대가 2대대를 후속하여 뫼즈 강을 도하했으나 일부에 지나지 않았다. 대대장 가르스키 중령은 강 동안에서 대대를 정렬하고 전진을 독려했다. 처음으로 도하한 중대는 크뤼거가 지휘하는 11중대였다. 중대장과 중대 장교들은 3대대 선두로 도하했다. 중대 나머지가 중대장을 후속했다. 크뤼거는 다른 중대의 도하를 기다리지 않고 동쪽(왼쪽)으로 이동하여 토르시 외곽을 우회, 도시의 프랑스군 방어진지를 후방에서 공격했다. 중대가 토르시—벨뷔 간 도로에 도착했을 때

대대장이 전령을 보내와 슈투카가 전방의 벙커를 공격할 때까지 현 위치에서 기다리라고 지시했다.[37]

가르스키가 도강하는 동안 크뤼거와 그의 중대원은 토르시 외곽의 진지를 공략하고 있었다. 그러나 대대의 나머지는 기관총 사격과 저격으로 도하에 어려움을 겪고 있었다. 또한, 대대의 11중대는 토르시 변두리에서 혼란스러운 시가전을 수행 중이었다. 오후에는 대대 절반만이 도하할 수 있었다. 나머지 2개 중대는 어두워진 이후에야 강을 건널 수 있었다.

대독일연대는 신속하게 전진하기를 갈망했으나, 연대 보병의 절반도 안 되는 인원만이 제1보병연대보다도 늦게 도하했고, 전진 속도도 느렸다. 또한, 토르시를 방어하던 소수 프랑스군이 계속 저항하여 연대의 전진이 늦어졌다. 그럼에도 이미 도하한 2대대 6중대와 7중대는 곧 신속하게 전진하기 시작했다.

2대대 6중대와 7중대는 강을 건너자마자 순식간에 토르시 외곽에서 전투에 휘말렸으나 곧 세당−메찌에르 간 철도와 벨뷔−토르시 간 도로에 도착했다. 양개 중대장 사이에 짧은 교신이 오가며 협조가 이루어졌다. 동쪽(왼쪽)의 6중대장 쿠르비에르 중위는 서쪽(우측)의 7중대장과 6중대가 공격하는 동안 7중대가 앞쪽 벙커에 제압사격을 가하는데 동의했다.

양개 중대는 연대 서쪽 전투지경선을 살짝 넘어서 기동하긴 했지만, 매우 중요한 공격을 적에게 가했다. 두 중대장이 전투지경선을 넘어간 행동은 분명히 임무형지휘의 전통이나 임무기반 전술에 기초한 것이었다. 그리고 이번 경우 두 중대장의 행동은 프랑스군 방어선을 돌파하려는 독일군에게 매우 유리하게 작용했다. 임무형지휘 개념에 따르면 지휘관은 시시각각 변화하는 환경에 따라 행동할 수 있으며 그 행동이 부대 임무 달성에 공헌한다면 전투지경선과 같은 통제수단이나 지침을 무시할 수 있었다.

6중대장 쿠르비에르는 중대가 직면했던 상황을 다음과 같이 묘사했다. "신속한 지형정찰로 총안구 6개를 가진 커다란 벙커*가 접근하기 쉬운 과수원 외곽의 도로 남쪽 200m 지점에 있음을 확인하였다. 다른 벙커** 하나는 조금 작았는데 첫 벙커의 남서쪽 250m 지점에 있었다."[38] 커다란 벙커가 가장 가까웠기 때문에 1소대는 벙커와 맞닿아 있는 과수원을 가로질러 공격했고, 2소대는 벙커 동측방으로 기동하여 나무 덤불을 헤치며 전진했다. 벙커의 위치가 매우 적절한 탓에 전진이 심히 어려웠음에도 짧은 교전 이후 부사관 1명과 병사 2명이 벙커에 닿았다. 이들은 수류탄을 이용해서 신속하게 104번 벙커의 수비대를 일소했다.

프랑스군이 손을 들고 나왔는데, 몇몇 인원이 "쏴라!"라고 외쳤다. 이에 놀란 독일군 장교가 포로에게 그 연유를 물었다. 그들은 자신들이 독일군이 벙커에서 잡힌 포로를 죽일 것이라 말해왔다고 대답했다.[39] 벙커의 중요성과 포로로 잡히면 사살될 것이라는 두려움에도 프랑스군은 강력한 항전의지를 보이지 않았다. 그럼에도 벙커는 18시경이 다 되어서야 함락되었다.[40]

2대대 6중대는 프레누아 저항거점의 극히 중요한 104번 벙커를 탈취했다. 프레누아 저항거점은 라 프라이엘 저항거점 바로 서쪽으로 제1보병연대 측방으로 계속 사격을 가하던 곳이었다. 6중대와 7중대는 104번 벙커를 탈취함으로써 벨뷔와 와들랭쿠르 사이 프랑스군 방어선에 균열을 넓혔으나 휴식을 취할 수는 없었다. 프레누아의 공원과 성(城) 근처에서 중기관총탄이 날아왔다. 또한, 프랑스군이 소구경 화포로 사격해왔다. 그러나 독일군은 정확한 위치를 찾을 수 없었다.

6중대와 7중대는 커다란 벙커(104번) 후방에 있던 두 번째 벙커(7bis)를 재빨리 점령했다. 104번 벙커는 제1보병연대와 대독일연대의 경계선에 있었으나 7bis벙커는 분명히 대독일연대 작전구역 밖이었다.

---

* 104번.
** 7bis.

6중대와 7중대는 여전히 발사 위치를 알 수 없는 포의 사격을 받고 있었기 때문에 그 위치를 탐색하기 시작했다. 그들은 곧 언덕 중턱에서 미심쩍은 회색 기저부를 가진 헛간을 찾아냈다. 독일군은 더욱 세심하게 헛간을 탐색한 결과 야포가 작은 총안구로 사격하는 것을 확인했다. 6중대와 7중대는 양개 연대 사이 전투지경선을 넘어가기는 했지만 신속하게 공격했다. 기관총반이 동측방에 제압사격을 가했고 보병이 벙커를 탈취했다(아마도 7ter 벙커였을 것이다.). 한편, 이들은 벙커 안에서 식수 20여 병을 발견하고 매우 기뻐했다.[41]

오후 늦게 6중대는 잠시 휴식을 취했다. 이들은 5월답지 않은 무더운 날씨 속에서 강력한 적 사격을 받으면서 거의 3시간 동안 공격을 계속했다. 잠시 휴식을 취하는 동안 2대대는 우측(서쪽)의 제1보병연대와 접촉할 수 있었다.

곧 전진을 재개한 2대대는 연대 작전구역으로 돌아왔다. 대대 목표는 라 프라이엘 저항거점을 포함한 247고지 정상이었다. 2대대는 프랑스군의 휴식과 재편성을 차단하려 했기 때문에 계속 전진해야 했다. 247고지의 마지막 능선을 오르고 철조망과 깊게 파인 탄흔을 통과하는 동안 그들은 후사면 진지에서 가해진 강력한 사격을 받았다. 여러 소규모 공격팀이 박격포 엄호사격 아래 기관총과 자동권총을 쏘고 수류탄을 투척하면서 전진했다. 백병전 끝에 마침내 2대대는 프랑스군의 마지막 진지를 빼앗았다.[42]

독일군은 247고지를 19시경 탈취했다. 대독일연대 2대대가 임무 달성에 성공한 것이었다. 6중대의 전투기술과 용맹 덕분에 독일군은 프랑스군 방어선에 균열을 확장할 수 있었다. 제1보병연대가 탈취했던 벨뷔의 프랑스군 방어지역이 1㎢보다 조금 더 넓었던 것에 비해 대독일연대는 글레르와 벨뷔, 그리고 남쪽으로 사격할 수 있었던 벙커 3곳과 247고지 북서쪽 진지를 빼앗았다. 프랑스군은 계속해서 저항했지만, 프레누아 지역의 주요 방어 중추는 이미 붕괴하고 말았다.

이처럼 대독일연대가 돌파에 성공했음에도 프랑스군은 247고지 남쪽라 마르페 숲에서 계속 저항했다. 대독일연대의 나머지 대대는 뫼즈 강을 건너지 못했고, 3대대는 늦은 밤까지도 247고지에 도달하지 못했다. 3대대의 나머지 2개 중대는 야음 — 소수 프랑스군이 계속해서 가해오는 소화기 사격의 엄폐물로서 — 을 이용하여 강을 건넜다.

후술하겠지만 제10기갑사단이 대독일연대가 247고지를 탈취하는데 도움을 주었던 듯하다. 물론 세부 사항이 명확하지는 않지만, 제10기갑사단 예하부대가 와들랭쿠르 외곽에서 이동하면서 측방에서 고지를 공격했다. 그렇지만 쿠르비에르의 대독일연대 6중대가 247고지 북서쪽 경사면에 있는 벙커 3곳을 탈취함으로써 작전에 커다란 공헌을 했음은 분명한 사실이었다.

교량 가설Bridging the Meuse

19시 30분까지 5개 보병대대의 거의 모든 예하부대와 1개 오토바이 대대가 보트를 사용하여 강을 건넜다. 이들 후방에서는 추가로 부대와 물자를 도하시키기 위한 노력이 펼쳐지고 있었다. 제1보병연대가 가장 먼저 뫼즈 강을 강습도하한 직후 제505공병대대 2중대, 제37공병대대 1개 중대가 골리에 서쪽 200m 지점에 교량가설자재를 하역하며 문교 가설을 시작했다. 대독일연대 2대대 6중대가 프랑스군 제2방어선의 첫 대형 벙커를 탈취하기 직전에 공병은 문교 2개를 조립하기 시작했다. 공병은 방호를 위해 강과 그들 사이에 있던 커다란 공장 담벼락 뒤에서 작업했다.

공병은 19시 20분에 첫 문교를 진수하였다. 19시 40분에 두 번째 문교도 가설이 끝났다. 도하 소요 시간을 단축하기 위해 공병은 문교를 갈고리로 연결했다. 처음으로 문교를 이용하여 도하한 부대에는 제73포병연대도 있었다. 19시 30분이 되자 공병은 골리에 서쪽에 전술교량을 가설하기 위해 매진했다.[43] 23시가 지나자마자 공병은 통과하중 16ton인 교량의 가설을 마쳤다. 교량가설이 끝났을 때 자재가 거의 남아 있지 않았다. 만약 연합군이 어떻게든 교량을 파괴했다면 제1기갑사단의 도하는 위태로운 상황에 처했을 것이었다.

경전차 몇 대가 문교로 도하할 수도 있었지만, 독일군은 전차를 강안에서 물리기로 했다. 독일군은 전차 대신 견인포와 장갑수색차량, 자주포, 대공포, 반괘도차량을 먼저 도하시켰다. 1941년에 발행된 「주간 군사, *Military Wochenblatt*」에서 제505공병대대 2중대 그뤼브노Grübnau 중위는 전차가 문교로 강을 건넜다고 증언했다.[44] 그뤼브노의 주장과 수많은 프랑스군이 전투 매우 초기에 독일군 전차가 도강했다고 보고했지만, 독일군의 사후작전보고서에는 전차가 문교를 이용하여 도하했다는 언급이 전혀 없다. 실제로도 단 1대의 전차도 교량 가설을 완료한 23시 이전에 뫼즈 강을 건너지 않았다. 전차 도하를 뒤로 미룬 것은 구데리안의 독단이었다.[45]

멜렌틴F. W. von Mellenthin 소장이 나중에 설명한 바로는 세당에서의 전투가 기갑교리 발전에서 중요한 전환점이 되었다고 한다. 비록 독일군이 처음에는 보병부대와 기갑부대를 분리하여 운용했지만, 이후 전투 경과에서 제병협동부대에서 기갑전력과 보병의 편조가 중요함이 드러났다. 제1보병연대가 자력으로 강을 건너 전진 중이었던 반면, 전차는 문교 설치 이후 소수 나마 도하할 수 있었음에도 즉각 강을 건너지는 않았다. 구데리안이 전차의 집결 보유를 선호했기 때문이었다. 그는 전차를 집결보유 함으로써 결정적인 전투에 투입할 수 있었다. 그러나 전차가 뫼즈 강을 도하한 이후의 전투나 전역의 나머지 전투에서 양개 병과가 서로 지원할 필요가 있었고, 그러한 필요는 도하 이후 즉각 나타났다.[46]

한편, 사단은 일지에 이날 사건을 아래와 같이 요약하였다.

1940년 5월 13일은 …… 제1기갑사단에게 최고의 날이었다. 사단은 뫼즈 강 도하를 최초로 성공했다. 프랑스군 방어선에 구멍을 뚫어 그들이 불가능하다고 생각한 지역으로 돌파했다. 모든 인원이 오늘 임무의 중요성을 확실히 인식하고 있었다. 세당에 형성한 이 돌파구의 중요성은 사단이 콕헴에서 군단으로 배속된 그 순간부터 모든 개개인에게 주입되어 왔다.47)

또한, 일지에는 키르히너 장군이 사단의 훌륭한 전투수행을 치하하기 위한 메시지도 포함되어 있었다. "여러분은 공격의 최첨단이다. 모든 독일의 시선이 여러분에게 집중되어 있다."48)

와들랭쿠르의 제10기갑사단With the 10th Panzer Division at Wadelincourt

제10기갑사단 사령부는 13일 공격을 위해 세부 작전명령을 작성할 시간이 부족했기 때문에 01시 30분에 명령을 구두로 하달했다. 이 명령은 5월 8일, 베른카스텔Bernkastel에서 시행했던 마지막 도상연습에서 사용한 전투편성 및 작전개념을 그대로 사용하였다. 12시, 사단 사령부는 도상연습 간 사용했던 것과 매우 유사한 서식명령을 하달했다.49) 제1기갑사단이 그랬던 것처럼 이전 도상훈련의 서식명령을 사용함으로써 사단은 귀중한 시간을 절약하였고 예하부대는 다른 어떤 방법보다 신속하게 임무에 대한 정보를 얻을 수 있었다.

그런데 불행히도 사단이 군단 서식명령을 11시에 수령함에 따라 전체 기동계획을 수정해야만 하는 상황에 처했다. 새로운 계획은 제10기갑사단이 교두보 2개를 형성하는 대신 누와예-퐁 모지에서만 교두보를 형성하는 내용을 담고 있었다. 그러나 군단 명령이 늦게 도착했기 때문에 사단은 계획을 수정할 시간이 거의 없었다. 결국 사단은 수정 사항을 무시하고 2곳에서 강을 건너기로 했다. 첫 번째 도하지점은 세당 남쪽 가장자리와 퐁 모지 사이였고, 두 번째 지점은 퐁 모지와 레미이 알리쿠르

Remilly Aillicourt 사이였다. 사단 주공은 세당과 퐁 모지 사이로 도하하는 제86보병연대였다. 남동쪽에서는 조공으로 제69보병연대가 공격했다. 공격을 위한 화력지원은 제90포병연대가 담당하였다. 다만 연대의 제 1/105중포병대대는 제1기갑사단에 배속해준 상태였다.

다른 부대와 마찬가지로 제10기갑사단은 12일 야간에 강력한 포탄 세례를 받았다. 자정 직후 사단 지휘소는 포격을 피해 이동해야만 했으며 13일 오전 중간쯤에 한차례 더 이동했다.[50] 사단 예하부대도 포탄에 피해를 입었다.

사단은 강을 향해 이동하는 동안 기동로 위의 장애물을 걱정하였으나 교통체증은 접근로에 너무 많은 부대가 밀집함으로써 발생했다. 지형이 협소했기 때문에 사단은 세무아 강 도하지점인 모르테한에서 단일통로를 이용하여 전진해야만 했다. 도로가 심각하게 손상된 상태였으며 몇몇 마을 — 특히 쥐본느 — 에서는 길 위에 널려진 건물 잔해를 치우고 전진해야만 했다.[51]

공병은 높은 이동 우선순위와 긴급한 임무에도 뫼즈 강 강습도하에 사용할 보트를 수송하는데 어려움을 겪고 있었다. 도하 개시 2시간 전, 제41공병대대장은 직접 사단 사령부와 참모에게 예정한 시간에 보트가 도착할 것이라고 장담했다. 그러나 보트 도착이 늦어짐으로써 보트를 보유한 공병과 공격부대인 제86보병연대의 연결이 너무 늦게 이루어졌다. 결과적으로 퐁 모지 북쪽에서 도하가 지연되어 폭격으로 인한 프랑스군의 충격이 가라앉은 후에 공격이 시작되었다.

더욱 중요한 점은 공병이 퐁 모지 인근에서 도하하기로 되어 있던 제 69보병연대를 지원하기 위해 장비를 하역하려 전진하는 동안 포격으로 장비가 산산 조각나 버렸다는 사실이었다.[52] 공병이 보트 진수를 서두르던 중 포격에 노출된 것이었다. 그 결과 연대는 보트를 대부분 상실했다. 이로써 가장 동쪽에서 예정한 도하작전은 위기에 처했다.

그런데 더 나쁜 소식이 있었다. 폭격이 바제유 인근을 포격하는 프랑스 포병을 무력화하지 못했고, 개활한 목초지에서 전진하던 독일군은 기습적이고 효과적인 화력집중 탓에 분쇄되고 말았다. 16시, 제69보병 연대장은 사단장에게 연대가 바제유에서 공격을 시작할 수 없으며 포병 및 항공자산이 적 포병을 타격하지 못했다고 불평했다. 제10기갑사단의 공격은 일시 실패였다.53)

그러나 프랑스군에게는 불운하게도 매우 뛰어난 전투수행능력을 보여준 몇몇 독일군이 진격로를 개척해냈다. 제49공병대대의 루바르트 Rubarth 중사와 휘하 분대는 전역 전체를 통틀어 가장 빛나는 무훈을 세웠다. 부이요네Pont du Bouillonais 철교 바로 북쪽에서 도하에 성공한 루바르트는 벙커 7곳을 파괴함으로써 프랑스군이 뫼즈 강을 따라 구축한 주 방어선을 돌파했다.

루바르트는 나중에 그와 분대원이 수행했던 5월 13일의 전투에 대해 묘사했다. 그는 공격지점을 향해 5km를 행군하여 보병과 합류했고 도하지점을 정찰하기 위해 전진했다. 다음은 그의 전투보고서 내용이다.

우리 전방은 적이 관측하기 쉬운 개활지였다. 정면과 좌측의 뫼즈 강이 개활한 목초지 중앙을 400~500m가량 가로질러 흐르고 있었다. 강 너머와 그 후방 위쪽에 있는 적 벙커가 확연하게 보였다. 우리 우전방 및 반우전방인 세당 일부를 적이 점거하고 있었다. 공격하기에는 지형이 매우 좋지 않았다. 유탄포가 우리를 지원하기 위해 전방으로 나왔다. 나는 유탄포를 지휘하는 이에게 전진을 방해하고 있는 벙커 위치를 알려주었다.

슈투카가 적 방어선을 강타했다. 15시경 폭격이 끝나자 우리는 보병과 함께 공격했다. 즉각 적 기관총탄이 날아왔다. 사상자가 발생했다. 우리는 공원과 운동장을 가로질러 뫼즈 강 차안 제방에 도달했다. 적 기관총탄이 우측방에서 강을 넘어 날아왔다.

또다시 모든 부대가 집결했다. 고무보트가 강을 가로질렀고 우리 분대는 보병분대와 함께 대안에 닿았다. 도하하는 동안 아군 기관총이 계속해서 제압사격을 가한 덕분에 사상자가 1명도 발생하지 않았다. 나는 고무보트를 작지만 강력한 벙커 근처에 접안하여 포드주스Podszus 상병과 함께 벙커의 적을 사살했다. 적 포병이 도하지점에 강력한 포격을 가했다. 나는 철조망을 절단했다. 우리는 보병 분대 앞의 철조망을 극복하면서 …….

우리는 다음 벙커를 후방에서 공격하여 탈취했다. 나는 폭약을 사용했다. 잠시 후 폭발로 벙커 후면이 무너졌다. 우리는 이 기회를 이용하여 수류탄으로 벙커의 프랑스군을 공격했다. 짧은 교전 끝에 적은 백기를 내걸었고 벙커 위에 우리 깃발(나치의 만자기)이 나부꼈다. 강 건너편에서는 전우들이 우리를 향해 환호성을 질렀다.

기세가 오른 우리는 연달아 작은 벙커 두 곳을 — 좌측 100m 지점에 있는 — 공격했다. 이 과정에서 우리는 늪지대를 통과해 이동했는데 때로는 엉덩이까지 물이 잠기는 곳에 서 있어야 했다. 브라이티감Brautigam 상병이 무모하고도 용감무쌍하게 홀로 왼쪽 벙커를 공격하여 능숙한 솜씨로 적을 사로잡았다. 두 번째 벙커는 나와 테오펠Theophil 하사, 그리고 포드주스 상병 및 몽크Monk 일병이 함께 탈취했다. 마침내 우리가 뫼즈 강 바로 너머에 있는 첫 번째 벙커선의 정면 300m가량을 무너뜨리고 돌파한 것이었다.

우리는 전진을 재개하여 철길 제방 너머 도로에 닿았다. 여기서 적의 강력한 화력에 노출된 우리는 지형지물을 이용하며 뛰어서 이동해야만 했다. 그리고 그제야 나는 처음으로 내가 하사 1명, 병사 4명, 그리고 우리 좌측방을 엄호하는 보병분대만을 대동한 채 뫼즈 강 대안 상에 홀로 있음을 깨달았다. 탄약을 모두 소진했기 때문에 더는 계속 공격할 수 없었다.

병력을 증원 받고 탄약을 가져오기 위해 나는 도하지점으로 되돌아갔다. 그때 도하작전이 적의 강력한 화력 탓에 중단되었음을 알았다. 고무보트는 바람이 빠지거나 부서져 있었다. 소대원 4명이 그곳에서 전사했다. 중대장은 즉시 새 고무보트를 끌어와 우리 소대원으로 새로운 승무원을 편성하라고 명령했다. 나는 병사 4명을 보충 받아서 철길 둑에 남겨둔 테오펠 하사를 비롯한 3명의 병사와 합류하기 위해 되돌아갔다.

쉴데르트Schildert 병장은 내가 없는 사이 다음과 같은 상황이 있었다고 말해주었다. : 적이 잠시 공격을 멈추고 재집결하여 우측방을 공격했다. 격렬한 교전으로 우군 몇 명이 전사했다. 우리 모두의 친한 친구였던 브라이티감 병장이 이 교전에서 젊은 나이에 희생되고 말았다. 몽크와 포드주스 상병도 부상당했다.

우리는 보병분대와 함께 철길을 따라 좌측으로 공격해 나갔다. 철길 둑에 닿은 나와 분대원은 개활지에 자리하여 교전을 엄호하던 적 기관총을 공격했다. 적은 철길 둑을 따라서 포병화력을 집중했고, 우리는 소수 병력으로 적의 두 번째 벙커선을 재빨리 공격했다. 우리는 약 150m에 달하는 개활지를 가로질러야만 했다. 전방 고지 와지선에는 철조망이 깔려 있었다. 발 닿는 곳마다 포탄이 떨어졌다. 우리는 총안구 2개가 있는 벙커* 앞에서 멈춰섰다. 우리는 벙커를 양 측방에서 공격했다. 왼쪽에서 벙커를 빠져나온 한 프랑스군이 나를 조준했으나, 수류탄으로 제압했다. 우리는 벙커를 향해 전진하며 압박을 가했고 흙으로 축성한 보루를 통과하며 적과 교전했다. 그 사이에 호세Hose 상병이 열려 있던 벙커 입구로 맹공을 가했다. 벙커 안의 적은 더 이상 저항이 무익하다는 것을 깨닫고 항복했다. 우리는 이 벙커에서 사격을 가하던 적 기관총을 빼앗아 다른 전투에서 유용하게 사용하였다. 우리는 좌측 벙커 2곳을 탈취함으로써 돌파구 정면을 확장하였다. 총안구를 덮어 놓은 두 번째 벙커**의 적은 저항 없이 항복했다. 이로써 우리는 두 번째 벙커선을 완전히 돌파하였다. 포로로 하여금 부상병 1명을 후송하게 했다.

그 사이 보병소대 하나가 우리를 지나쳤다. 또 적 탄막사격이 15분간 우리를 뒤덮었다. 우리는 참호에서 엄폐해야만 했다. 포격이 멈추자 보병과 함께 앞의 고지를 공격했다. 날이 어두워질 때쯤 우리는 목표인 전방의 고지 — 세당 남쪽 2km 지점에 있는 — 에 도달했다. 이로써 임무를 완수하였다.[54]

루바르트 중사와 그의 분대는 파괴된 부이요네 철교 바로 북쪽에서 강을 건넜다. 그들은 먼저 뫼즈 강변의 벙커 4곳을 파괴했고 계속 전진

---

* 8번.
** 9번.

하여 3개를 더 파괴했다. 엄청난 행운의 일격으로 그들은 프랑스군의 제2방어선을 따라 벨뷔에서 뻗어 나온 벙커선과 강을 따라 이어진 벙커선 교차지점 근처에서 가까스로 뫼즈 강을 도하했다. 소규모 부대가 단독으로 프랑스군 방어선의 중요 부분에 돌파구를 형성한 것이었다. 뛰어난 전공을 인정받아 소위로 임관한 루바르트는 철십자훈장도 받았다.

루바르트가 도하에 성공한 직후 제1/86대대의 다른 작은 소부대가 와들랭쿠르 근처에서 뫼즈 강을 건넜다. 프랑스군의 보고로는 그들이 와들랭쿠르 바로 동쪽의 작은 섬 근방에서 도하했다고 한다. 루바르트의 전투수행과 유사하게 한바우어Hanbauer 소위가 이끌었던 이 작은 보병 부대는 와들랭쿠르 인근 프랑스군 방어선을 돌파하며 전투를 이어갔다. 제2/69대대가 그들을 후속했다.[55)

이들은 와들랭쿠르에 돌파구를 만들어냈다. 한바우어의 부하 중 돌파구 형성에 참가한 어떤 이는 보고서에 다음과 같이 기록했다.

첫 보트가 이미 대안에 도착했다. 어떤 공병은 세 번째 보트로 뛰어들어 탑승했고 사상자 없이 뫼즈 강을 건넜다. 마지막 보트 2대가 벙커에서 날아온 기관총사격에 피격되어 가라앉았다. 승선 인원 중 2명을 제외하고는 모두 스스로 빠져나왔다. [도하한] 인원은 적었으나 모두 결연한 태도를 보였다.

소위님은 참호를 좌우에서 포위하기 시작했다. 공병 병장 1명이 벙커로 전진하여 혼자서 벙커의 적을 격멸했다.[56) 우리는 앞을 가로막은 철조망을 재빨리 절단했다. 마지막 철조망이 아직 절단되지 않았음에도 소위님은 자신에게 쏟아지는 기관총탄을 아랑곳하지 않고 철조망을 뛰어넘었다. W 병장은 동료 2명과 함께 전진하여 벙커 우측에 자리 잡았다. 그들은 벙커로 살금살금 접근하여 양손에 쥔 수류탄으로 적을 끝장내버렸다. 다른 이들은 즉시 소위님을 따라 철조망을 넘었다. …… 몇몇 적이 손을 들고 항복하려 했지만, 한 차례 더 수류탄을 던지자 사위가 고요해졌다. 흑인 프랑스군 1명을 2발의 조준사격으로 재빨리 사살했다. 소위님의 투지는 멈추지 않았다. 소위님은 병사 몇 명과 함께 내리막을 미끄러져 내려갔다. 그는 잠깐 숨을 고르며 다른 전우들이 뒤따르길 기다렸다. 잠시 시간이 흘렀지만 아무도 뒤따르는 이가 없었고 …….

병력이 거의 없었는데도 소위님은 위험을 무릅쓰고 적의 방어선을 돌파해서 전진해야만 했을까? 그는 뒤로 돌아 어떠한 고난이라도 함께할 전우들을 재빨리 훑어보았다.

우리는 철길 제방을 엄폐물로 삼아 도로 너머로 전진해야 했다. 재빨리 따라온 병력은 충분했고, 작은 하상은 좋은 엄폐물이었다. 우리는 철길 제방을 이용하여 미끄러지듯 전진했다. 순간 소위님이 길 건너편에서 대형 벙커*를 발견했다. 우리 위치는 벙커에서 그리 멀지 않았다. 우리는 모두 도로 가장자리를 따라 조심스레 포복했다. 그때 소총탄 몇 발이 주변으로 날아왔다. 그렇지만 운 좋게도 아무도 피격되지 않았다. 우리는 곧 나무에 잘 은신해있던 위험한 저격수를 발견했다. 그는 비록 잘 은폐하고 있었지만 병장 한 명이 높은 위치에서 정확한 조준사격으로 그를 명중시켰다.

엄호사격 하에 소위님이 벙커로 접근했다. 적은 가진 모든 무기를 쏘아댔다. 찜통더위 때문에 벙커 뒷문이 열려 있었다. 우리 중화기 역시 강 건너에서 벙커를 향해 제압사격을 가했다. 사격 중 잠시 간단이 있자 소위님은 벙커를 정찰하면서 자신을 다잡았다. 아군 화기가 사격을 재개했다가 갑자기 멈추었다. 소위님은 이 순간을 기다렸던 것이다. 그는 힘차게 도로로 뛰어오르며 권총을 높이 들고, 이번 전역에서 처음 프랑스어로 외쳤다. "무기를 버려라!"

마치 귀신에 홀린 것 마냥 뒤를 돌아본 프랑스군은 믿을 수 없는 일이 벌어진 듯 소위님을 빤히 쳐다보았다. 소위님은 번뜩이는 눈초리로 손을 들어올린 프랑스군의 눈을 바라보았다. 그의 시선이 적의 자기 통제력을 빼앗아버렸다. 적은 1명씩 벙커를 빠져나와 소위님 곁을 지나쳤다. 그 순간 적병 하나가 소위님 뒤로 뛰어들었다. 그는 소위님의 목을 졸라 쓰러뜨린 다음 권총을 뺏으려 했다. 싸움이 벌어졌다. 두 사람은 서로 엎치락뒤치락하며

---

* 220번.

싸웠다. 다른 프랑스군이 전우를 도우려 했다. 그 순간 몇 발의 총성이 울렸고 적들은 치명상을 입고 쓰러졌다.

바로 그때가 소위님과 싸운 프랑스군의 운명이 결정된 순간이었다. 프랑스군이 총성을 듣고 움찔한 순간 소위님은 권총을 잡을 수 있었고 적을 향해 몇 발을 사격했다. 이 총탄으로 소위님과 싸우던 마지막 프랑스군이 죽었다. 그의 잘못 때문에 벙커를 방어하던 모든 이가 죽음을 맞이했다.

그곳은 와들랭쿠르에서 그리 멀지 않은 곳이었다. 그때까지도 중대의 나머지 병력은 보이지 않았다. 가자! 우리는 이미 마을 근처에 있었다. 다시 기관총성이 울렸다. 총성은 강 만곡부에서 들렸다. 아직 적을 전부 처리하지 않았단 말인가? 무슨 일이 일어난 것일까? 소위님이 병사 3명을 이끌고 강으로 되돌아갔다.

그들은 적이 철길 제방의 야전축성진지에서 사격하는 것을 발견했다. 소위님은 진지를 향해 살며시 기어올라 다시 권총을 치켜들었다. 그는 진지를 향해 돌격했다. 번개가 치는 듯했다. 찰칵! 탄창이 비었다. 빌어먹을! 진지의 적이 이미 빈 공이가 치는 소리를 들었다. 그들은 뒤를 돌아보며 깜짝 놀랐다. 적은 이내 무슨 일이 벌어졌는지 깨닫고 사격을 가해왔다. 소위님은 엄폐물을 찾아 뛰었다. 그때 수류탄이 벙커 바로 앞에서 터졌다. 다른 병사가 즉시 사태를 간파하고는 영리하게도 수류탄을 던진 것이었다. 우리 소위님은 기적처럼 전혀 다치지 않았다. 그때 그는 3m 떨어진 곳에 누워서 권총을 재장전 하고 있었다. 다치지 않은 나머지 프랑스군이 항복했다. 우리는 포로 3명을 잡아 와들랭쿠르 입구로 호송하였다.

적이 와들랭쿠르 시가지를 점거하고 있는 듯 했다. 또다시 총성이 몇 번 울렸다. 모두 엄폐물을 찾아 도로 가드레일 뒤로 숨었다. 앞에는 공원이 있었다. 우리는 반드시 전진해야 했다. 대원 1명이 프랑스군 포로와 함께 남기로 했다. 다른 1명은 소위님이 지시한 대로 중대로 돌아가 도움을 요청했다. 나머지 대원은 한 명씩 작은 입구를 통해서 공원으로 진입했다.

갑자기 우군 포병이 포격을 시작했다. 포탄이 우리 앞에서 멀지 않은 곳에 떨어졌다. 더 전진해야만 하는 것일까? 우리는 우군 포격 속으로 바로 뛰어들고 있는 꼴이었다. 또한, 우리는 신호탄도 없었으며 단 1정의 기관총도 이미 탄약을 거의 소진해서 대략 50발밖에 남아 있지 않았다. 어떻게 해야 우군 포병과 접촉할 수 있을까? 다른 대안은 없을까?

우리는 조심스레 주위를 경계하며 와들랭쿠르의 교회를 향해 이동했다. 사방에 참호와 1인용 호가 구축되어 있었다. 다시 한 번 앞쪽으로 우군 포병의 일제포격이 떨어졌다. 저 포격을 우리가 이용할 수만 있다면! 우리는 계속 전진했고 공원을 통과하여 교회에서 매우 가까운 공원묘지 담벼락에 접근했다. 우리는 아주 큰 언덕 뒤편으로 숨었다.

갑자기 더 많은 포탄이 떨어졌다. 이것은 우군의 포격일까, 아니면 적의 것일까? 어느 쪽인지는 알 수 없었다. 포격으로 동료 2명이 중상을 당했다. 우리는 그들을 조심스레 참호로 옮겼다. 그때 갑자기 소규모 적이 공원묘지 뒤쪽 담벼락 너머에 나타났다. 신속하게 조준사격 몇 발을 가했다. 프랑스군은 대응사격도 없이 재빨리 후퇴해 버렸다.

몇 분이 지났다. 우리는 더는 이곳에서 머무를 수 없음을 깨달았다. 증원은 아직 도착하지 않았다. 재빨리 결심한 소위님은 동료와 작은 언덕을 기어올랐다. 전우들이 우리를 식별할 수 있도록 신호판을 설치했다. 그러나 그들은 신호판을 보지 못했다. 소위님이 더 할 수 있는 일은 없었으나 그는 동료 2명을 데리고 강으로 돌아갔다. 소위님은 경험 많은 병장에게 남은 인원을 통제하게 한 뒤 가장 빠른 경로를 따라 강기슭으로 되돌아갔다.

철도원의 초소를 지나려 할 때 그는 프랑스군의 소리를 들었다. 아하! 초소가 벙커로 개조되어 있었다. 소위님은 측면에서 벙커로 재빠르게 접근하여 사격을 준비했다. 그는 구멍으로 총을 집어넣고 사격했다. 그와 동행한 병사 1명이 벙커 안으로 수류탄을 던졌다.

그들은 신호판을 들고 잽싸게 철로로 올라갔고 뫼즈 강 너머 멀리 벌판에 다른 여러 중대가 전개해 있는 것을 보았다. 그러나 누구도 앞으로 오지는 않았다. 그것은 그들이 어떻게 해서든 도하지점으로 되돌아가야 함을 의미했다. 저기서 무슨 일이 벌어지고 있는 것일까? 절반쯤 갔을 때 소위님은 20명의 병사와 함께 있던 G병장과 마주쳤다. 소위님은 즉시 방향을 바꾸어 스스로 무리 선두에 서서 이들을 공원묘지로 이끌었다. 그들은 이동하던 중 프랑스군 포로와 만났다. 포로 3명이 도주하려 했으나 이를 막기 위해서 병장이 그들을 사살했다. 우리는 곧 교회에 남아 있던 동료와 합류했다.

이제 그 무엇도 소위님을 멈출 순 없었다. 기관총이 소위님과 다른 대원들이 전진하는 동안 사방을 경계했다. 아무도 사격하지 않았다. …… 그는 한걸음 한걸음 조심스럽게 전진했다. 교차로에 적 야포가 방열되어 있었다. 소총 사격으로 모든 포병을 좇아버렸다. 적병 중 1명은 야포의 바로 앞에서 쓰러져 죽었다. G병장은 앞으로 돌진하여 포로 40명을 잡았다.

동시에 소위님은 중도에 합류했던 대원 중 가장 큰 무리를 이끌고 기관총 진지를 탈취하고는 취수장을 지나쳐 더욱더 앞으로 나가고 있었다. 오른쪽에는 공병대대의 병장이 파괴한 커다란 벙커가 있었다. 사방에 슈투카가 만든 탄흔이 널려 있었다. 우리는 작은 관목 숲을 통과했다. 다른 무리는 오른쪽으로 갔다. 그들은 반대편에서 30명의 포로를 잡아 후송했다.

이제 우리가 반드시 도달해서 적을 격멸해야 할 고지가 멀지 않았다. 사방에서 작은 무리의 적군이 나타났다. 그들은 무기를 버리고 후퇴했다. 우리는 참호와 기관총진지를 계속해서 탈취했다.

마지막 수 m를 남겨놓고 잠시 휴식을 취했다. 그리고 우리는 재충전된 에너지와 용기를 가지고 고지의 정상으로 향했다. 개인호가 연달아 우리 앞에 나타났다. 당황한 프랑스군이 웅크린 채 사방에 있었으며, 끔찍한 전투 소음에서 벗어나서 기뻐하고 있었다. 그들은 모두 포로가 된 것에 만족스러워했다. 우리는 그들을 커다란 탄흔으로 모았다. ……

오직 7명만이 고지 정상에 올랐으며, 프랑스군의 역습을 막기 위해서 사방을 방어해야 했다.57)

와들랭쿠르 바로 위의 고지는 위와 같은 과정을 거쳐 독일군 수중에 들어왔다. 처음에는 전투 진행이 매끄럽지 못했지만, 강을 건넌 소부대는 결코 그들 전방 고지를 향해 전진하는 임무의 중요성을 잊지 않았다.

제10보병여단의 사후보고서를 보면 제1/86대대는 246고지 부근 에타당Etadan 전투거점을 탈취했다.58) 그러나 2중대의 사후보고서를 살펴보면 대대의 정확한 목표는 — 명확하지는 않으나 — 326고지를 탈취하는 것이었다. 그런데 세당 인근에 326고지가 없었기 때문에 아마도 중대는 서쪽 247고지와 남쪽 246고지로 공격한 듯하다. 한바우어가 이끈 소부대는 물랑 천Ruisseau du Moulin 하상을 타고 246고지의 측후방으로 이동했을 것이고, 다른 소부대는 247고지로 향함으로써 쿠르비에르 중위의 대독일연대 2대대 6중대가 프랑스군을 격퇴하는 것을 도왔다.

프랑스군의 보고가 독일군이 246고지를 탈취하고 247고지에 압력을 가하기 위해 물랑 천을 따라서 이동했던 사실을 입증한다. 프랑스군은 일단의 독일군이 물랑 천 하상을 따라 엄폐 하에 남서쪽으로 이동했다가 서쪽으로 방향을 바꾸어 247고지로 향했으며, 다른 무리는 와들랭쿠르에서 남쪽의 246고지를 향해 곧바로 공격했다고 보고했다. 어쨌든 독일군은 18시경 246고지를, 19시경 247고지를 탈취했다.

제10기갑사단은 도하를 시작한 지 4시간 만에 프랑스군이 강안을 따라 설치한 가장 강력한 방어선을 돌파했다. 제10기갑사단 보병여단장은 17시 30분에 세당 남서쪽 뫼즈 강 서안을 보병부대가 확고하게 장악했다고 보고했다. 사단은 성공적인 돌파에 신속하게 대응하기 위해 제69보병연대와 제86보병연대의 보병을 전진시켰으나, 뫼즈 강 남안에서의 전진 속도는 여전히 극도로 느렸다. 독일군은 누와예와 프랑스군인 묘지를 방어하던 프랑스군을 쉽게 제압하거나 격퇴하지 못했다.

보병이 대안에서 천천히 전진함에 따라 제10기갑사단은 와들랭쿠르의 서쪽 — 파괴된 라 가르 철교 남쪽 약 100m 지점 — 에 교량을 가설하기 시작했다. 14일 05시 45분에 다리가 완성되었다.[59] 마침내 독일군은 교두보를 확보했고, 전차가 교량을 건널 수 있게 되었다.[60]

돈셰리의 제2기갑사단The 2nd Panzer Division at Donchery

제19기갑군단의 3개 사단 중 제2기갑사단은 뫼즈 강을 도하하면서 가장 큰 어려움에 직면했으며 사실상 자력으로 강을 건너지 못했다. 제

2기갑사단은 제1기갑사단이 돈셰리 건너편인 뫼즈 강 남안의 벙커를 일소한 후에야 마침내 13일 22시에 강을 건널 수 있었다.

제2기갑사단은 전역 시작부터 악재 속에서 작전을 수행해왔다. 사단은 룩셈부르크를 돌파하는 동안 유럽에서 가장 험악한 지형을 가진 지역을 통과해야 했다. 사단 예하 기갑여단은 다른 사단과 뒤엉켜 전진이 매우 더뎠다. 때문에 사단은 전차를 후방 멀리에 둔 채 보병을 선두로 내세워 공격해야만 했다. 그 결과 사단은 다른 두 사단보다 세무아 강에 뒤늦게 도착했다. 세무아 강에서도 사단이 사용하려 했던 멍브레와 브레스의 교량을 프랑스군이 파괴했으며 무자이브의 교량은 제1기갑사단이 사용하고 있었다. 이 때문에 사단은 세무아 강을 건너기 위해 브레스에 교량을 가설해야만 했다. 사단 선두부대였던 보병여단은 갈퀴 2개가 달린 포크 모양으로 뫼즈 강을 건너 공격하기로 계획하였으나, 5월 12일 9시 30분까지도 세무아 강에 도달하지 못했다. 보병여단은 12일 21시 45분에 제2오토바이대대의 선도 하에 쉬니를 지나 보세발(돈셰리 북쪽 6km)에 도착했다. 날이 어두워졌기 때문에 제3전차연대는 동이 틀때까지 브레스에서 세무아 강의 교량을 건너지 못했다.[61]

5월 13일 6시 45분, 제2기갑사단 보병여단은 임무가 담긴 전보를 받았다. 여단의 임무는 돈셰리 좌·우측에서 뫼즈 강 북안을 확보하고 도하하여 공격하는 것이었다. 여단은 제대를 2개로 구분하였다. 서쪽에서는 제1/2대대 및 제3/2대대가 제2/74포병대대의 화력을 지원받으며 공격하고, 동쪽에서는 제2/2대대 및 제2오토바이대대가 제1/74포병대대의 화력지원 하에 공격하기로 했다. 오전 내내 각 대대가 보세발에서 세무아 강을 도하했다.[62]

보병여단은 임무수행을 위해 전진을 3단계로 구분하여 계획했다. 1단계는 두 공격 집단이 병진하여 브리뉴 오 브와("쟁쇠" 서쪽) 동쪽 고지를 탈취하고, 2단계로 돈셰리 주변 뫼즈 강 동안을 확보한 뒤, 끝으로 강을 도하하는 것이었다. 이렇게 작전을 단계화함으로써 사단의 전진이 간단하고 용이해졌으며 작전을 연속된 흐름으로 파악할 수 있었다. 그러나 이러한 작전 단계화는 프랑스군의 그것과 달리 별개로 구분한 이동의 집합체는 아니었다.

브리뉴 오 브와를 향해 공격하기 2시간 전인 11시에 여단은 공격작전 기본계획을 수령했다. 계획에는 제1/3전차대대, 제38대전차중대, 제38 장갑공병대대, 제70공병대대가 공격을 지원하도록 되어 있었다. 또한 도하작전간 항공지원도 예정되어 있었다.[63]

계획대로 공격을 시작하였으나 강력한 적 포격 때문에 전진이 더뎠다. 13시에 제3/2대의 작은 예하대가 돈셰리로 진입했다. 한편, 양개 공격 집단이 강과 맞닿은 개활지를 가로지를 때 동쪽에서 소화기탄이 날아왔으며 철로에 도달하자 프랑스군이 맹렬한 포격을 가해왔다. 제2기갑사단은 오후 동안 다른 두 사단 보다 포탄에 더 많이 피격 당했다. 결론적으로 동쪽에서 공격했던 전투단의 주력은 16시 30분이 되어서야 돈셰리 외곽에 이르렀다. 잠시 후, 서쪽 전투단 역시 돈셰리에 도착했다. 양개 전투단 모두 전차가 선도하였다. 전차는 철로를 따라서 차체차폐진지*를 점령했다. 제2보병여단은 사후보고서에 고지대에서 강을 감제하는 프랑스군의 강력한 방어진지 때문에 공격은 "불가능"해 보였다고 기록하였다.[64]

프랑스군은 효과적인 포격으로 제2기갑사단의 공세를 계속 방해했다. 제2/2대대는 공병 지원을 받아 돈셰리 동쪽에서 고무보트 6대로 강을 건넜으나, 적 사격으로 거의 모든 보트가 부서졌고 1대 만이 강 남안에 닿았다. 돈셰리 서쪽의 독일군도 맹렬한 적 포격으로 도하하지 못하고 있었다. 오직 장교 1명과 병사 1명이 강을 건넜으나 이내 헤엄쳐 돌아왔다. 첫 도하공격은 실패였다.[65]

제2기갑사단은 다음 몇 시간 동안 전차와 88㎜ 대공포, 37㎜ 대전차

---

* 전차의 포탑은 노출되고 차체는 가려지는 진지.

포로 벙커에 계속 사격했다. 다소 피해를 주긴 했지만, 사단은 여전히 뫼즈 강을 도하하지 못했다. 제2기갑사단은 제1기갑사단이 벙커를 후방에서 타격한 뒤에야 도하할수 있었다. 제1보병연대가 돈셰리 부근 벙커를 파괴한 뒤, 고무보트를 전방으로 끌고온 제2/2대대가 22시경 돈셰리 동쪽에서 강을 건너는 데 성공했다. 다른 부대가 이들을 후속했고 사단은 즉시 프랑스군의 제2방어선을 공격했다.66) 만약 제1기갑사단이 도와주지 않았더라면 돈셰리에서 도하하는 정말 "불가능"했을 것이었다.

5월 14일 9시, 제2기갑사단은 돈셰리 남동쪽에 교량가설을 시작했다. 그러나 프랑스군의 지속적인 포격 때문에 사단의 상당한 부대가 도하하고 30시간이 지난 5월 15일 4시가 되어서야 교량가설을 마칠 수 있었다.67)

도하|The Crossing

이처럼 다양한 강도의 저항에 직면한 제19기갑군단의 3개 사단은 각기 다른 수준의 성공을 거두었다. 6곳의 주요 도하 지점 중 단지 3개소 — 제1기갑사단에 의해 2곳(제1보병연대와 대독일연대가 각 1개소), 제10기갑사단의 1곳(두 소부대의 뛰어난 성과 덕분에 성공한) — 만이 작전 초기에 성공할 수 있었다. 위의 집계에 제1기갑사단 오토바이대대의 성공은 포함하지 않았다. 제2기갑사단(2개소)과 제10기갑사단(1개소)이 실패한 3개소는 전투력을 보존하고 있던 프랑스군이 독일군의 도하를 쉽게 격퇴하였다.

주요 도하지점 6곳 중 3곳이 실패한 사실에서 보이듯이 독일군의 뫼즈 강 도하 성공은 프랑스 최고사령부가 인식한 바와 같이 쉽게 이루어진 일은 절대 아니었다. 만약 프랑스군이 다른 도하시도를 격퇴했다면(제1기갑사단 오토바이대대의 도하를 제외하고) 충분한 면적의 교두보를 확보하기 전까지 독일군에는 더 많은 전사상자가 발생했을 것이었다.

Chapter 6
프랑스군의 뫼즈 강 방어
The French Fight Along the Meuse

독일군이 뫼즈 강을 도하할 때 결정적인 전투는 제147요새보병연대 가 방어하는 전선 정면의 작은 부분에서 발생했다. 제19기갑군단 3개 기갑사단은 제147요새보병연대 좌측을 방어하던 제3/147요새보병대대 (당시 제331보병연대로 배속)를 포함해서 4개 보병대대가 방어하고 있던 정

〈그림 4〉 프랑스 제55보병사단 편성(1940. 5. 13)

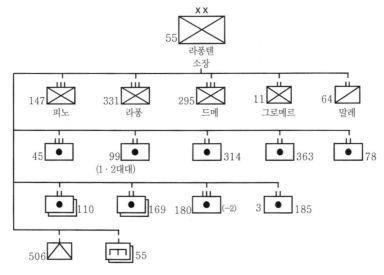

면에 공격을 집중했다. 4개 대대의 어떤 중대는 공황상태에 빠져 도주했지만, 다른 중대는 맹렬히 싸웠다. 그러나 독일군에게는 다행스럽게도 발크 중령이 지휘하는 제1보병연대의 전진축 상에서 방어하던 프랑스군은 저항이 아닌 도주를 선택했다.

전투 초기|The First Days of the Battle

프랑스전역이 시작된 후 이틀 동안 세당 주변은 다른 지역에 비해 조용한 편이었다. 5월 10일 4시경, 독일 공군기가 세당 상공을 비행하여 남서쪽으로 향했다. 7시에서 8시 사이, 준비태세를 전환하라를 암호지령을 수신한 제55보병사단은 신속히 방어진지로 이동했다. 공습에 대비해서 인원은 주간에 소부대 단위로 행군했으며 차량은 야음이 깔릴 때까지 대기했다. 독일 공군이 세당을 얼마간 폭격하였으나 적 주공이 접근하고 있다는 징후는 전혀 보이지 않았다.[1]

10일과 11일에, 프랑스군은 세당 인근 지역에 거주하는 민간인 소개를 도왔다. 소개를 거부하던 일부 주민도 헌병대가 도착한 이후 대부분 별다른 반발 없이 떠났다.[2] 주방어선을 방어하는 부대는 전쟁 첫날과 둘째 날에 진지를 축성했으며 보급품 보충을 마쳤다. 참호를 보강하고 방어진지를 강화하는 공사는 지난 7개월 동안 그래 왔듯이 제대로 이루어지지 않았다.

12일 정오경, 뫼즈 강안의 방어병력이 독일군 오토바이와 트럭을 관측하기 시작했다. 프랑스군 포병은 포격을 시작했고 독일군 주공이 세당 방향이라는 사실이 점차 드러났다. 전방으로 나섰던 마지막 프랑스군이 뫼즈 강을 건넌 뒤* 제2군은 책임지역 내 모든 다리를 파괴하였다. 이후에 독일군이 파괴되지 않은 교량으로 뫼즈 강을 건넜다는 보고와는

---

* 앞서 살펴보았듯이 프랑스군 기병부대가 세무아 강에서 지연작전을 시행했었다.

달리 교량폭파는 순조롭게 이루어졌다. 만약 전역의 다른 모든 양상이 프랑스군에게 유리하게 흘러갔다면, 독일군은 곤란에 빠졌을 것이다.

5월 12일 야간동안 와들랭쿠르를 방어하던 제55보병사단 우측 부대는 제71보병사단과 진지를 교대하였다. 교대가 이루어졌음에도 제295보병연대 1개 대대(1개 중대일 수도 있다.)와 제11기관총대대 일부만이 앙쥐쿠르 분구에서 빠져나와 프레누아 분구로 이동했다. 제71보병사단과 교대한 제55보병사단 예하부대는 사단장 라퐁텐 장군의 명령에 따라서 쇼몽(불송 북쪽 2km) 남쪽으로 이동했다. 라퐁텐은 교대한 부대를 5월 13일 야간에 주방어선에 배치하려 계획했다.3) 그러나 독일군의 공격 때문에 해당부대를 주방어선에 보낼 수 없었다.

전투 직후 라퐁텐은 13일 오후에 있었던 전투 첫 단계를 아래와 같이 요약했다.

크루아 피오, 토르시, 와들랭쿠르, 누와예—퐁 모지, 라 바쉬 숲Bois de la Vache을 따라서 설치한 주방어선에 강력한 폭격이 가해졌다. 벙커가 완전히 파괴되었거나 진흙에 파묻혔다는 보고가 들어왔다. 사단 지휘소를 포함하여 여타 지휘소도 폭격을 받았다. ……

오후로 접어들면서 적은 극도로 강력한 폭격 — 특히 돈셰리와 와들랭쿠르 — 과 뫼즈 강 동안을 따라 배치한 수많은 전차의 — 기관총과 105㎜ 포 — 엄호를 받으며 강을 건넜다.

방어진지 내에서 적 전진은 특히 라 마르페 지역에서 강력했으며 신속한 침투기동으로 라 불렛으로 향했다. 적은 우리 진지를 후방으로 우회하여 탈취했다. 이 순간 사단 지휘부에는 예비대가 전혀 없었다. ……

전방지역과 사단 지휘소간에 유선 통신망이 두절되었다(사단 통신 안테나는 폭격으로 매우 초기에 파괴되었다.).

전후방에서 올라오는 소란스러운 정보와 지휘권이 없는 간부나 출처 불명의 구두 및 전화로 하달되는 명령 때문에 어떤 보병 부대는 무질서하게 철수했고(13일 저녁에) 일부 포대는 화력지원을 위한 대기 상태에 있지 않았다. 또한, 어떤 포병 보급부대는 호송을 받으며 후방지역으로 철수하여 도로의 병목현상과 후방에 혼란을 야기했다.4)

프레누아의 제331보병연대 2대대With the 2/331th Infantry at Frénois

제147요새보병연대 좌측에서는 제2/331대대가 종심을 따라 글레르와 라 불렛 고지 사이를 방어했다.* 독일군 강습이 시작되었을 때 프랑스군 그 누구도 제2/331대대에 핵심 돌파구가 형성되리라고는 생각하지 않았다. 그러나 독일군 제1보병연대가 제2/331대대 방어진지를 종심 깊게 돌파함으로써 제19기갑군단의 나머지 부대를 위한 문을 개방하였다.

제2/331대대장 푸코 대위는 저항거점 3곳을 지휘했다. 첫 번째 거점은 글레르에서 벨뷔 사이 뫼즈 강과 동운하를 따라 뻗어 있었다.** 두 번째는 제2방어선인 프레누아 벙커선을 따라 설치했다.*** 세 번째는 "꼴 드 라 불렛Col de La Boulette"이라 불렀는데 저지선을 따라 구축되어 있었다.**** 그는 이처럼 전선 정면에서 종심까지 정연하게 배치한 3개 중대 — 제2/147요새보병대대 7중대는 "글레르의 버섯" 서쪽 절반을 방어했다. 제2/331대대 5중대와 7중대는 각각 제2방어선과 대대의 저지선을 방어했다. — 를 가지고 있었다. 제2/331대대 7중대 우측에는 제2/147요새보병대대로 배속해준 대대의 6중대가 저지선을 따라서 진지를 방어했다. 제2/331대대 6중대와 7중대는 앞으로 다가올 전투에서 방어임무를 거의 수행하지 않음으로써 매우 불명예스럽게 행동했다.

제331보병연대가 제213보병연대 책임지역 일부를 인수함에 따라 제

---

* 벨뷔 지역(Bellevue Area)을 방어.
** 글레르 저항거점으로 코르디에(Cordier) 대위가 지휘하는 제2/147요새보병대대 7중대가 방어.
*** 프레누아 저항거점으로 샤리타(Charita) 소위가 지휘하는 제2/331대대 5중대가 방어.
**** 꼴 드 라 불렛 저항거점은 부에(Bouet) 대위가 지휘하는 제2/331대대 7중대가 방어.

2/331대대는 5월 4일과 5일에 정찰을 한 뒤, 5월 6일 월요일에 프레누아 주변 지역을 점령했다. 새로운 진지를 점령하였기 때문에 대대원은 방어진지에 익숙하지 못했다. 제2/147요새보병대대 7중대만이 뫼즈 강을 상당기간 방어한 경험이 있을 뿐이었다. 이처럼 전년 10월부터 준비한 진지를 점령함으로써 프랑스군이 얻을 수 있었을 많은 강점은 독일군 공격 전야 적절치 못한 부대 교대가 이루어짐으로써 상실되었다.

5월 13일 이른 아침, 프랑스군은 뫼즈 강 동편에서 많은 적 활동을 목격했다. 8시 이후 독일군 활동이 증가했으며 특히 생 망주, 프리뉴, 플로앵에서 더욱 활발했다. 몇몇 부대가 제147요새연대본부로 적 활동을 보고했다.[5] 제2/331대대장은 동운하 앞쪽과 대대 병력 대부분을 배치한 주방어선의 전방인 "쬠쇠"에는 적 활동이 거의 없다고 적었다. 글레르에서 벨뷔 사이 뫼즈 강과 동운하를 따라서 진지를 점령한 중대는 인원과 장비 대부분을 "쬠쇠"방향에서 강을 건너는 적을 상대하기 위해 배치하였다.[6]

12시경, 독일군의 폭격이 더 강력해졌고 글레르에는 가장 강력한 폭격이 가해졌다. 운하 근처 기관총진지가 폭격으로 파괴되었다. 골리에의 적 전차가 글레르와 이주Iges를 연결하는 교량 근처 벙커를 파괴하였었다. 또한, 독일군은 뫼즈 강으로 흐르는 글레르 천에 자리한 작은 벙커 2곳을 파괴했다. 프랑스군은 두 벙커에 기관단총을 배치하여 토르시와 글레르 사이 강안의 중앙을 방어했었다. 이 외에도 포격으로 기관총진지 근처 다른 벙커가 하나 더 파괴되었다. 이 때문에 글레르와 토르시 사이 방어선에는 사격구역이 단절되어 간격이 발생하였다. 이 간격은 작았으나 독일군에게는 중요한 것이 되었다.[7]

15시경, 독일군 제1보병연대가 글레르에서 강을 건넜다. 대독일연대는 골리에 동쪽에서 도하를 시도했다. 양개 연대의 경계는 글레르 천 하상 사이였는데, 이는 제2/147요새보병대대 7중대와 그 우측의 제2/295대대 6중대간 전투지경선이기도 했다. 독일군은 제2/147요새보병대대

7중대 우측 전투지경선 근처에서 처음으로 도하했다. 글레르에서 진지를 점령하고 있던 어떤 프랑스군 병장은 "수많은" 독일군이 강을 도하하여 전진하는 것을 관측했다. 그는 기관총을 사격하였으나 기능고장이 발생하면서 다른 무기를 손에 쥐었다. 또한, 그는 도하지점에 집중포격을 요청했으나 아무런 응답이 없었다. 골리에에서 뫼즈 강을 건넌 독일군은 이내 글레르의 방어진지를 향해 전진했다. 진지를 방어하던 프랑스군 병장과 다른 병사들은 독일군의 압박으로 벨뷔에 있는 벙커로 철수하여 전투를 재개했다.[8]

독일군은 신속하게 전진하여 글레르를 통과했다. 그들은 이동하면서 진격로 상의 벙커는 파괴하고 바깥에 있는 것은 남겨둔채 지나쳤다. 독일군의 목적은 기동로 상에서 강안 진지로 엄호사격을 가하는 방어진지를 파괴하는 것이었다. 골리에에서 남진하면서 프랑스군이 예상했던 접근방향과 수직으로 이동한 독일군은 저항거점을 방어하는 프랑스군을 측방에서 소탕해 나갔다. 당시 프랑스군은 독일군이 "쬠쇠"에서 동운하를 건너 방어진지를 공격하리라 예측하고 있었다.

일부 소수 진지만이 독일군의 공격을 정면에서 맞이했고 그런 진지 중 하나였던 레 포르쥬의 벙커는[*] 적에게 효과적인 소화기사격을 계속해서 가했다. 이 벙커는 16시 30분에 독일군 제2/1대대의 좌측방 우회공격을 받은 이후에도 얼마간 전투를 계속했다. 레 포르쥬의 프랑스군은 전방 철로를 따라서 독일군을 고착하다 프레누아 방향으로 철수했다. 그러나 이들이 철수함으로써 독일군이 강을 따라서 자리한 나머지 벙커를 차례로 파괴해 버렸다.

라메Lamay 소위가 지휘했던 레 포르쥬의 프랑스군은 벨뷔로 철수했다. 철수하던 도중 그는 벨뷔 근처 42번 벙커가 잠잠한 것을 발견했다.[9] 42번 벙커는 그의 후방 남서쪽 600m 지점에 있었는데 벙커 수

---

[*] 43bis.

비군이 전투 없이 도주한 것이었다. 독일군이 도하한 지 채 1시간 반이 지나지 않아 여러 불길한 징조가 다른 중요 벙커에서 무슨 일이 벌어지게 될 것인지를 암시했다.

독일군 보병은 전진하면서 비예트에서 운하를 건너 프랑스군 진지를 우회했다. 제2/147요새보병대대 7중대장은 레클뤼즈l'Ecluse 전투거점을 방어하던 중대원에게 철수명령을 전하고자 전령을 보냈다. 그러나 독일군이 이미 전투거점 후방의 철로에 도착하여 퇴로를 차단했기 때문에 전령은 전투거점에 닿지 못했다.10)

상황이 심상치 않았음에도 제2/331대대장 푸코는 전황 파악에 어려움을 겪고 있었다. 그는 당시 상황을 아래와 같이 설명하였다.

모든 전화선을 급하게 가설하느라 매설하지 못했다. 제147요새보병연대에서 배속온 중대(7중대)와의 전화선이 5월 13일 9시경, 분구의 연대장과는 11시경, 우측 부대와는 12시에 끊겼다. 제2/331대대의 5중대 및 6중대와 통신은 15시에서 16시 30분까지 단절되었다. 포병관측자와의 통신은 21시까지 정상적으로 이루어졌다. 포병과 전화 연결은 10시 30분경 단절되었다.11)

전화선을 매설하지 않은 이유는 아마도 대대가 진지를 점령한 지 채 1주일도 지나지 않았고, 더불어 요새공사와 참호구축, 철조망설치 등에 우선순위를 두었기 때문일 것이다. 그렇지만 전화선을 매설하지 않은 조치는 변명할 수 없는 잘못이었다. 15시 이후, 독일군의 공격으로 돌파구가 점차 확장되었지만, 프랑스군 지휘부는 전황에 대한 정확한 정보를 거의 파악하지 못했다.

레 포르쥬에서 프랑스군 측면으로 선회한 독일군은 벨뷔 숲으로 진입하여 프랑스군 측방을 계속 타격했다.12) 프랑스군 보병은 벙커 사이 간격으로 요새가 더 취약해졌고 독일군이 간격을 이용하여 신속하게 전진했다고 느꼈다. 독일군은 레 포르쥬와 글레르의 벙커를 우회한 뒤 비어 있음이 분명했던 42번 벙커를 재빨리 지나쳤다. 그리고 샤토 벨뷔 근처에 있던 103번 벙커와 조우했다. 베롱 중위가 지휘했던 제2/147요새보병대대 7중대가 103번 벙커를 점령하고 있었다.

돈셰리 방향을 바라보고 있던 벨뷔 근처 벙커 2곳의 프랑스군 — 베롱 중위 지휘 아래 있던 — 은 관측에 어려움이 없었으나 다른 방향을 향하고 있던 가장 큰 103번 벙커의 사계는 수목과 과수원으로 가려져 있었다. 두 벙커 사이에는 전령통신 외에는 통신수단이 없었으며 프레누아에 있던 본부와는 수 km 떨어져 있었다. 벙커 수비대는 5월 10일에 독일군이 룩셈부르크 국경을 넘은 이후의 전황을 거의 알지 못했다. 외부와의 접촉은 오직 그들에게 식량은 가져다주는 이와의 만남이 고작이었다.[13]

벙커 외곽 경계는 국지 방호를 제공하는 보병에게 의지하는 바가 매우 컸다. 많은 지역이 벙커의 사각지대였다. 만약 적이 글레르에서 벨뷔로 이어지는 도로 서쪽으로 이동한다면 특히 사격이 닿지 않았다. 적이 벙커를 방어하는 중대 측면을 따라 남진한다면 강안 경사면과 과수원을 엄폐물로 이용할 수 있었으며 전방 고지대에서 가해지는 사격도 피할 수 있었다. 따라서 글레르와 벨뷔 사이 프랑스군은 적이 강안을 엄폐물로 이용하거나 벙커 사각지대로 공격하지 못하도록 해야만 했다.

103번 벙커에서 돈셰리 방면을 바라본 전경

13일 아침에 폭격이 소강상태로 접어들었다. 이때 베롱은 프랑스군 한 무리가 무기도 없이 후방으로 도망치는 광경을 목격하였다. 어떤 도망병이 멈추어 서서는 폭격이 모든 것을 파괴하였으며 벙커에 수비대가 아무도 남아 있지 않다고 베롱에게 설명했다. 베롱은 자신의 부대가 매우 큰 위험에 노출되었음을 알게 되었다.[14] 보병이 강안으로 기동하는 적을 차단해주지 않는다면 벙커는 쉬운 먹잇감에 불과했기 때문이었다.

제1보병연대 보병이 벨뷔 근처 벙커 2곳에 도달하기 전까지 베롱과 그의 부하들은 돈셰리에서 도하하려는 독일군을 저지했다. 독일군이 13시 30분에서 14시 사이에 돈셰리 철로 너머로 이동하려 하였으나 벨뷔와 비예트의 프랑스군은 독일군 측방에 매우 강력한 사격을 퍼부었다. 독일군이 전진하여 돈셰리 주변을 정찰하거나 진지를 점령하려 했지만, 측방에 있는 프랑스군 벙커는 매번 독일군을 격퇴했다.[15] 곧 독일군은 프랑스군 방어선을 약화시키기 위해 전차를 전방으로 가져왔다. 독일군의 기록에 따르면 전차 도착시각은 프랑스군이 보고한 것보다 1시간가량 늦었다.

돈셰리의 프랑스군 지휘관은[*] 당시의 상황을 다음과 같이 묘사했다.

우리 포병과 박격포 사격은 매우 효과적이었다. 그러나 적은 전차를 가져오려는 시도를 멈추지 않았고 — 13시에서 14시 30분 사이 전차 60대가 몽

* 제3/147요새보병대대장 크라우스(R. Crousse) 대위.

티몽Montimont에서 왔다. ― 15시경에는 장갑차량을 철로 제방으로 방호되는 곳에 배치했다. 독일군은 전차 4대로 우리 벙커에 일제사격을 가할 수 있었다. 독일군은 벙커를 상대하면서 기관총과 경기관총 포좌로 계속 사격했다. ……16)

독일군은 특화점과 벙커로 조직적인 사격을 가하여 프랑스군의 방어를 약화시켰고 철로를 따라서 병력을 전개했다. 한편, 비예트와 글레르, 벨뷔를 방어하는 프랑스군은 독일군의 측방에 계속 사격했다.

벨뷔와 글레르의 벙커는 돈셰리에서 강습도하를 시도하는 독일군 보병의 노출된 측방으로 매우 강력한 사격을 퍼부었고 전진을 저지했다. 그 결과 프랑스군의 사기가 올랐으나 곧 다시 한 번 폭격이 그들을 강타했다.

16시 45분에서 17시 사이, 독일군 급강하폭격기가 벨뷔와 와들랭쿠르의 제2방어선 벙커에 집중 폭격을 가했다. 벨뷔의 가장 큰 벙커(베롱이 방어했던 벙커 중 하나인 103번)는 폭탄에 직격 당하였으나 그다지 큰 피해 ― 물론 폭발로 부상자 몇 명이 발생하긴 했다. ― 를 입지는 않았다. 무수히 많은 폭격에도 직격 당한 벙커는 단 1개소였으며, 벙커 부근 가옥만 부서졌다. 잘 보호된 벙커 안의 프랑스군은 여전히 저항할 능력이 있었다. 다만 그들을 엄호할 보병이 없었기 때문에 벙커는 극도로 취약해졌다. 때문에 독일군 진격로 상에 있던 42번 벙커(샤토 벨뷔 북쪽 수 백m 지점)의 프랑스군은 전투가 아닌 도주를 선택했다.

제1보병연대 보병은 글레르에서 뻗어 나온 도로의 배수로와 벨뷔 근처 강안의 숲으로 전진했다. 레 포르쥬의 43bis 벙커를 우회한 그들은 42번 벙커를 지나 17시 45분경에는 베롱의 103번 벙커와 접촉했다. 벙커는 포도원 남쪽 약 100m 지점에 있었다. 베롱은 벙커 환풍구에서 수류탄이 폭발했을 때 독일군 보병이 출현했음을 처음 인지하였다. 격렬한 근접전투 도중 벙커의 기관총이 망가졌다. 베롱은 곧 항복 외에는 다른 선택이 없다는 결론을 내렸다. 그와 그의 부대원들은 벙커에서 1명씩 빠져나간 뒤 독일군이 다른 벙커를 공격하는 것을 보면서도 도와줄 수 없었다.[17]

일부 독일군 보병이 계속 남하하는 동안 다른 보병들은 마침내 베롱의 벙커 동쪽 1km 지점에 있던 104번 벙커를 공격했다. 104번 벙커는 베롱이 있던 103번 벙커 방향을 포함하여 모든 방향으로 사격할 수 있는 매우 중요한 벙커였다. 104번 벙커의 프랑스군이 오랫동안 저항했기 때문에 독일군은 돌파구를 확장하거나 많은 병력으로 전진할 수 없었다. 이 벙커는 베롱의 벙커보다 더 오랜 시간 필사적으로 싸웠다. 104번 벙커는 18시 45분경 — 프랑스군 보고를 기준으로, 독일군의 보고에는 최소한 1시간은 일찍 — 약 10,000발 이상의 탄을 사격하고 전투원 50% 이상이 죽거나 다치고서야 항복했다.[18] 이러한 분투에도 18시경에는 벨뷔의 주요 교차로가 독일군의 수중에 떨어졌다. 독일군은 이미 벨뷔를 지나 교차로 바로 서쪽 방어선 후방으로 이동했다. 이처럼 일부 독일군이 104번 벙커를 공격하는 데 집중하는 동안 다른 이들은 뫼즈 강과 나란하게 서쪽으로 기동하거나 남쪽의 라 불렛으로 향했다.

제1기갑사단 참모장교 킬만스에크 소령이 말한 바로는 독일군은 이때 그들이 마주한 방어선(103번과 104번 벙커를 포함하여)이 프랑스군의 주방어선이라고 판단했다고 한다. 이 방어선은 프레누아에서 와들랭쿠르를 향해 설치한 벙커선을 따라서 뻗어 있었다.[19] 그런데 독일군은 뫼즈 강을 따라 설치한 방어선을 돌파하여 벨뷔 교차로를 향해 전진함으로써 이미 프랑스군의 가장 강력한 방어선의 상당 부분을 돌파했다. 이처럼 독일군은 프랑스군이 프레누아와 와들랭쿠르를 연한 방어선의 진지 공사를 마치지 못해 매우 강력한 주방어선으로 전환하는 데 실패했다는 점을 실감하지 못했다. 킬만스에크는 독일군이 프레누아와 벨뷔를 탈취한 다음 날 아침에 전장을 지나가면서 포도원의 피해를 기록했다. 또한,

그는 주방어선에 대한 "첫 번째 침투공격"*이 이곳에서 이루어졌다고 평가했다.[20]

베롱을 사로잡은 독일군은 그가 포로로 잡힌 직후 104번 벙커가 함락되기 바로 전까지 독일군 병장을 따라가라고 명령했다. 잠시 후 중위는 지도를 응시하면서 프레누아 상공을 선회하고 있던 작은 항공기와 무전교신 중인 장군에게 안내되었다. 장군은 그를 머리끝에서 발끝까지 훑어보며 호기심을 충족시킨 뒤, 그를 데려온 병사에게 무어라 명령을 내렸다. 이후 베롱은 부하와 합류하였으나 왜 독일군 장군이 생포된 프랑스군 장교인 자신을 보고자 했는지, 그리고 아무런 대화나 심문도 없었는지 결코 이해할 수 없었다.[21]

이처럼 독일군 장군은 가장 결정적 작전이 이루어진 프레누아에서 불과 수 백m 밖에 떨어지지 않은 곳에 있었다. 반면에 프랑스군 장군은 여전히 후방 멀리에 있었다. 제55보병사단장 라퐁텐 장군은 프레누아에서 후방으로 약 8km 떨어진 퐁 다고Fond Dagot의 지휘소에서 작전을 지휘했다. 제10군단장 그랑사르 장군은 몽 디외 고지대 남쪽 20km 지점에 설치한 군단 지휘소에 있었다. 제2군 사령관 윙치제르 장군은 45km 남쪽인 세눅Senuc의 지휘소에 있었다. 다음 이틀 동안 모든 장군이 1차례 이상 전방을 방문하거나 직접적인 목격담을 들었지만, 그 누구도 베롱을 보고자 했던 독일군 장군보다 전장에 가깝게 있었던 이는 없었다.

사후보고서를 보아도 주방어선을 방어하던 대대장 중 그 누구도 전투 도중 연대장이 방문했다고 언급한 이가 없었다. 이와 유사하게 연대장도 독일군의 강요에 의해 전투진지에서 완전히 철수하기 전까지 사단장이나 부사단장을 보지 못했다. 사단장도 군단장을 결코 만나지 못했다. 프랑스군 각 제대 지휘관은 그들의 지휘소에 붙박여 움직이지 않았던 것이다.

---

* 사실 독일군이 "첫 번째 침투공격"을 가한 곳은 프랑스군의 제2방어선이었다.

독일군 장군은 지휘용장갑차량에 탑승하여 강력하고 효과적인 무전기로 지휘하거나 소형 항공기로 전장을 정찰했지만, 프랑스군 장군은 편안한 후방에서 지휘했다. 그렇다고 프랑스군 장성이 겁쟁이라는 의미는 결코 아니다. 제1차세계대전 때부터 지휘관이 지휘소에서 전체 전황을 보여주는 대형지도 앞에 앉아 있는 지휘방식을 강조한 점이 그들 몸에 배었던 것이다. 프랑스군은 자신들의 지휘 방식을 손에 "부채를 쥐고 다룬다."라고 표현했는데, 이는 장군은 결심하고, 전투편성을 조정하며, 작전을 예측하지만, 전방에 나서거나 휘하 장병을 고무하지는 않았음을 의미했다. 즉, 프랑스군 장군은 결심을 내리고 자원 분배를 관리하였으나 전투에서 몸소 부대를 통솔하지는 않았다.

불행하게도 1940년 5월, 프랑스군 장군의 결정은 빈번히 그 시기가 너무 늦었으며, 독일군 장군은 후방에 있던 프랑스군 장군보다 급속한 전황의 흐름에 따라서 변화하는 환경을 더 빠르게 인식했다. 한쪽은 직접 공격을 주도했던 반면, 다른 한쪽은 지휘관이 후방 멀리서 수세적인 전투를 수행하려했다. 이처럼 프랑스군 장군들은 진지에 머무르며 조직적인 전투를 할 수는 있었으나 고도의 기동전을 수행할 수는 없었다.

토르시의 제147요새보병연대 2대대With the 2/147th Behind Torcy

제2/147요새보병대대는 제147요새보병연대의 중앙인 토르시와 라마르페 숲 사이를 방어했다.* 대대장 카리부Carribou 대위는 저항거점 3곳을 지휘했다. 첫 번째 저항거점은 뫼즈 강을 연한 토르시 일대에 있었고,** 두 번째는 247고지를 포함하여 제2방어선을 따라서 뻗은 "라 프라이엘La Prayelle"저항거점이었다.*** 마지막으로 "프레 드 쾨Prés Des Queues"저

---

* 제2/147요새보병대대는 토르시 지역(Tory Area)을 방어했다.
** 토르시 저항거점으로 오자(Auzas) 대위가 지휘하는 제2/295대대 6중대가 방어.
*** 라 프라이엘 저항거점은 드비(Devie) 대위가 지휘하는 제2/147요새보병대대 5중대가 방어.

항거점은 라 마르페 숲에 걸친 저지선을 따라 있었다. 카리부 대위는 제2/295대대 6중대를 토르시에, 제2/147요새보병대대 5중대를 라 프라이엘에, 제2/331대대 6중대를 프레 드 쾨에 배치했다.* 따라서 카리부는 종심을 따라서 주방어선, 제2방어선, 저지선에 각각 1개 중대를 배치하여 총 3개 중대를 지휘했다.

또한, 카리부에게는 네 번째 중대도 있었다. 제2/147요새보병대대는 요새보병대대로서 보병과 중화기가 편성된 네 번째 중대가 있었다. 그는 네 번째 중대를 보병소대 2개, 박격포소대, 대전차반으로 나누었다. 보병소대 1개와 박격포소대, 대전차반은 전방으로 보내 토르시 저항거점의 제2/295대대 6중대를 증원하도록 조치했다. 나머지 보병소대는 후방으로 보내어 제147요새보병연대본부를 경계하도록 했다. 중대본부, 통신반에 불과했던 중대 나머지는 프레 드 쾨 저항거점 내의 우측 진지를 점령했다.[22]

토르시 저항거점을 방어했던 제2/295대대 6중대는 다른 대부분 중대보다 규모가 컸으나, 카리부 대위는 12일에 라 프라이엘 저항거점을 방어하던 제2/147요새보병대대 5중대에서 1개 소대를 분리했을 때, 6중대를 증강하려했다. 결국 그는 분리한 소대로 오자Auzas 대위의 제2/295대대 6중대를 증강했다. 그런데 6중대는 이미 제2/331대대 기관총소대로 증강된 바 있었다. 이로써 오자 대위는 제2/147요새보병대대의 네 번째 중대에서 배속 받은 부대를 포함하여, 대대 세 곳과 중대 네 곳에서 배속해준 부대를 지휘하게 되었다. 그의 중대는 대독일연대가 도하하려했던 지점을 방어하고 있었다.

13일 5시경, 오자의 제2/295대대 6중대는 세당에서 뫼즈 강을 건너 세당과 토르시 사이의 커다란 섬으로 진입하는 독일군 정찰대를 관측했다. 7시에 토르시의 프랑스군 보병이 사격을 개시했고 토르시와 섬을

---

* 프레 드 쾨 저항거점은 방덴브로크(Vandenbrok) 대위가 지휘하는 제2/331대대 6중대가 방어.

연결하는 파괴된 교량 근처에서 독일군 1명을 사살했다. 아침나절 포병 전방관측자는 뫼즈 강 우안에서 활동하는 독일군에 화력을 유도했다. 14시가 넘어가면서, 파괴된 교량 — 세당 가장 북쪽에 있는 — 근처 몇몇 벙커 — 특히 퐁 네프 근방의 — 는 강력한 직접사격을 받았다. 벙커에는 철제 덮개가 없었기 때문에 총안구를 폐쇄할 수 없었다. 이 때문에 벙커의 많은 프랑스군이 파편상을 입었고 몇몇 벙커는 기능을 상실하고 말았다.[23]

15시가 지난 어느 시점에 대독일연대가 토르시와 글레르 천 사이에서 뫼즈 강을 건넜다. 2대대가 1제파로 공격했고, 다른 2개 대대는 2대대를 후속했다. 대독일연대는 기관총 2정과 기관단총 1정이 방어하던 토르시 서쪽의 벙커를 공격했다. 글레르 천이 뫼즈 강과 합류하는 지점에 있던 작은 벙커의 기관단총은 조기에 무력화되었으며, 기관총 역시 아마도 포병화력에 의해서 파괴된 상태였던 것으로 추정된다. 그러나 퐁 네프 근처의 여러 벙커는 여전히 강력한 사격을 독일군에게 퍼부으므로써 대독일연대 2대대 7중대의 첫 번째 도하를 저지했다.

잠시 후, 독일군이 더욱 강력한 직접사격을 벙커에 가하였고, 벙커는 곧 사격을 멈추었다. 이러한 엄호사격 하에 7중대가 재빨리 강을 건넜고, 6중대도 같이 도하했다. 도하에 성공한 이후, 이들의 목표는 남쪽으로 3km 지점에 있는 프레누아와 와들랭쿠르 사이의 247고지였다.

대독일연대 2대대는 즉시 프랑스군이 강안을 따라서 설치한 방어선을 돌파했다. 이들은 곧바로 토르시 외곽에 있는 방어선에 직면하였으나 시가전에 말려드는 것을 피하려 했다. 2대대가 계속 전진을 시도하고 있을 때 3대대는 강을 건너 토르시를 방어하는 프랑스군을 일소하기 위해 싸웠다. 그럼에도 토르시의 벙커가 2대대 측방으로 가하는 사격과 레 포르쥬 및 247고지(라 프라이엘 저항거점) 근처에서 날아온 총탄이 독일군의 전진을 방해했다. 독일군 제1보병연대는 대독일연대 2대대가 강안에서 상당한 거리를 전진하기 전에 이미 벨뷔에 이르렀다.

17시경, 토르시 저항거점의 프랑스군은 라 프라이엘 저항거점으로 철수하라는 명령을 받았다. 일단의 독일군이 도시 주변으로 우회했기 때문에 철수하는 프랑스군은 소화기 사격과 포격에 노출되기는 했으나 대부분 안전하게 제2방어선으로 물러날 수 있었다. 제55보병사단의 지휘관들은 토르시 저항거점의 제2/295대대 6중대가 강안을 따라 방어했던 어떤 중대보다도 잘 싸웠다고 생각했다. 사단의 보병지휘관이었던 샬리뉴Chaligne 대령은 후에 토르시에 배치되었던 오자의 중대원이 특별한 상찬 받을만한 가치가 있다고 말했다.[24]

그러나 만약 오자의 6중대가 토르시에서 잘 싸웠다면 제2방어선으로 퇴각하지 않았을 것이다. 247고지와 라 마르페 숲 외곽이 이미 적의 강력한 압력을 받고 있었음에도 수많은 프랑스군이 방어선을 강화하기보다는 계속해서 후방으로 이동했다. 후에 어떤 소위는 자신이 전투에서 멀리 떨어져 있었다고 진술했다. 그는 자신의 부대가 야간에 셰뷔주에 있는 제2/295대대의 좌측 진지를 점령하라는 명령을 받았으나 적의 사격 때문에 더욱 남쪽으로 물러났다고 말했다.[25] 카리부 대위의 대대가 곧 직면할 절박한 상황을 고려한다면 이 장교의 설명은 아마도 그와 그의 부대원이 느꼈을 공황을 숨기기 위한 변명에 불과할 것이다.

전투가 진행되는 내내 카리부는 극도의 고립감을 느꼈으며 대대 좌·우측의 전황을 알지 못했다. 독일 공군이 강력한 폭격을 가할 때마다 연대본부와 연결한 전화선이 끊어졌다. 제2/331대대를 통과했던 전화선이 노상에 가설되었기 때문이었다. 독일군 항공기가 개활지에서 전화선을 보수하는 병사들에게 기총사격을 가했기 때문에 재가설은 점점 어려워졌다. 카리부 대위는 무선통신망 사용을 승인해 달라 하였으나 연대본부는 이를 거부했다.[26]

16시 30분경, 카리부는 대대 좌측이 완전히 비었음을 발견했다. 프레 드 쾨 저항거점을 방어했던 제2/331대대 6중대가 사라져버렸던 것이다. 좌측에 생긴 공백을 발견하고 30분 뒤에 카리부는 대대본부와 함께 있던 공병 일부를 간격으로 이동시켰고 직접 그곳에 가서 "심상치 않은" 상황을 점검했다. 2주일 후에 작성한 보고서에서 그는 프레 드 쾨 저항거점의 제2/331대대 6중대는 방어진지를 점령한지 3일밖에 안되었고 진지를 완전히 점령하지도 않았다고 설명했다.27) 6중대는 제2/147요새보병대대의 저지선을 점령하기로 되어 있었으나 중대는 전투보다는 도주에 더 관심이 있는 듯했다. 심지어는 카리부가 개별적으로 진지를 지키도록 지시하였음에도 여전히 많은 중대원이 도망쳐 버렸다.

다음 2시간 동안 많은 장교와 사병들이 도주하여 대대본부로 돌아가는 길을 찾았다. 이러한 무리 중 1명이었던 로리트Loritte 소위는 와들랭쿠르에서 포로로 잡혔으나 심각한 부상에도 도주에 성공했다. 그는 카리부에게 자신이 지휘했던 벙커의 병사 모두가 죽거나 다쳤다고 말했다.28)

카리부는 방어진지를 보강하기 위해 비트Vitte 대위(보병과 중화기로 혼합 편성된 제2/147요새보병대대의 네 번째 중대 중대장. 이 중대는 다른 중대로 각 전투소대를 배속해 주었다.)를 붙들어 주방어선에서 도주하는 병사를 규합하여 지휘하라고 지시했다. 카리부는 비트에게 좌측의 꼴 드 라 불렛 저항거점에서 프레 드 쾨 저항거점 오른쪽 외각까지 대대의 작전구역을 가로지르는 선을 점령하도록 명령했다. 즉, 그는 라 마르페 숲 외각을 따라서 새로운 방어선을 재구축하고자 했다.29)

카리부는 대대 지휘소로 돌아와서 모든 서류 및 기밀문서를 파기하도록 지시했다. 또한, 그는 대대본부 병력으로 비트의 진지 후방에 두 번째 방어선을 구축하려 했다.

카리부가 토르시 지역Torcy Area의 방어종심을 늘리려 분투하는 동안 독일군은 계속 전진했다. 독일군은 라 프라이엘 저항거점의 247고지를 두 방향에서 공격했다. 18시경, 북서쪽에서 진출한 대독일연대가 프레누아 북동쪽 700m 지점에 있는 대형벙커(104번)와 북동쪽 400m 지점의 소형벙커(7bis)를 탈취했다. 동쪽에서는 제10기갑사단이 철도역 남서쪽 700m 지점의 벙커(8ter)를 탈취했다. 독일군은 위의 벙커들을 탈취하고 북서쪽과 북동쪽에서 공격하여 247고지를 압박하였다.

18시 40분경, 비트는 라 프라이엘 저항거점에서 가장 강력한 지점인 247고지 정상을 향해 이동하는 독일군 몇 명을 보았다. 이들은 아마도 대독일연대 2대대 6중대 소속이었을 것이다. 독일군이 전진하며 압력을 가하자, 한 프랑스군 장교는 비트에게 뛰어가 "우리를 증원부대로 보내주십시오. 독일 놈들이 가까이 왔습니다. 그들이 방어선을 돌파하고 있습니다. 우리를 즉시 소대로 보내주십시오. 아직 시간이 있습니다."라고 외쳤다.

비트는 벌떡 일어나면서 "전진하라."라고 외쳤다. 그러나 그는 숲에서 나오는 순간 적의 강력한 사격을 받았다. 그는 땅에 엎드려, 포복으로 되돌아왔다. 라 프라이엘 저항거점으로 아무런 증원도 이루어지지 않았고 잠시 후 저항거점의 마지막 벙커가 함락되었다.30) 독일군은 라 프라이엘 저항거점을 대략 19시경 탈취하였다. 이곳은 세당 전투에서 그들이 얻은 가장 중요한 곳 중 하나였다. 대독일연대 2대대는 프랑스군 제2방어선에서 핵심 지점을 탈취하고 주방어선에 대한 제2방어선의 엄호사격을 중단시킴으로써 벨뷔에서 돌파구로 진입하는 제1보병연대에 중요한 도움을 주었다. 또한, 독일군은 247고지를 탈취함으로써 글레르의 교량가설작업에 박차를 가할 수 있었다.

대대 본부를 프레 드 쾨 저항거점 남쪽 숲으로 이전한 저지선을 방어할 책임이 있었으나 저항거점을 포기한 제2/331대대 6중대 잔여인원을 발견했다. 그는 19시 15분에 연대장 피노 중령에게 절망적인 상황을 보고하는 전령을 보내는 일 외에는 달리할 수 있는 바가 없었다.31) 247고지와 라 프라이엘 저항거점은 함락되었고, 대대 좌·우측부대와는 접촉이 끊겼다. 또한, 카리부 대위는 연대의 다른 지역 전황을 알지 못했다.

그러나 더 불길한 징조는 병력이 계속 도주하고 있다는 사실이었다. 제2/147요새보병대대의 정보장교는 공황상태로 도망치는 병사를 진정시켜 새로운 방어진지로 투입했다.[32] 그러나 그들 중 많은 인원이 금세 도주해버렸다. 곧 아무도 찾을 수 없었다.

20시 45분경, 비트의 병력이 카리부와 그의 부하 몇 명이 지키고 있는 방어선으로 황급히 철수했다. 그들은 독일군의 강력한 추격을 받고 있었다. 어떤 독일군은 비트의 일행보다 앞서기도 했다. 카리부는 기관단총 2정과 기관총 1정으로 진지 전방 약 200m 지점에서 독일군을 저지했다. 그 즉시 진지로 포탄이 떨어졌다. 이로 인해 1명이 전사했고 다른 1명은 상처를 입었다. 카리부 대위는 그의 측방으로 가해지는 사격을 식별했다. 독일군이 진지를 우회하여 곧 포위당할 지경이었다. 예비대가 없었던 카리부는 철수하기로 했다.

카리부와 대원들은 21시 45분에 라 마르페 숲 중앙에 있는 산지기의 집에 도착했다. 집 옆 교차로에 사단 대전차중대 소속 25㎜ 대전차포 3문과 인원 몇 명이 있었으나 그들은 철수 준비를 하고 있었다. 대대 정보장교였던 마르샹Marcharnd 소위는 그들을 만류하려 설득하였다. 그러나 대전차포소대의 하사는 사단 사령부에서 대전차포가 적의 수중에 들어가지 않도록 조치하라는 명령을 받았다고 대답했다.[33] 그럼에도 카리부는 그들에게 남아서 줄어든 그의 병력을 증강하라고 명령했다.

카리부는 교차로 주변에 초병을 배치하고 방어준비를 하였다. 그리고 그는 프랑스군인 묘지(누와예 북서쪽 1km 지점이었으며, 카리부의 진지에서 동쪽으로 1km)에서 전투 중인 부대와 접촉하기 위해 장교 3명을 보냈다. 그가 보낸 장교들은 묘지에 있던 제2/295대대장 가벨Gabel 대위의 지휘소에 겨우 도착하였으나, 두 부대 사이에 800m의 간격이 있음을 발견했다. 그들은 가벨에게 상황을 보고하고 귀환했다. 이들은 출발하여 200m도 채 지나기 전에 독일군의 기관총사격을 받았으나 02시에 안전하게 복귀하였다.[34]

카리부 휘하에는 장교 9명을 포함하여 50명밖에 없었으나 02시경 연대에서 라 마르페 숲의 진지를 포기하고 남쪽으로 이동하여 쇼몽 부근의 방어선을 증강하라는 명령을 받았다. 지치고 초췌한 상태였지만 그는 부하를 이끌고 4시에 쇼몽에 도착했다.

와들랭쿠르의 제295보병연대 2대대With the 2/295th Behind Wadelincourt

제147요새보병연대 우측은 와들랭쿠르 지역Wadelincourt Area으로 제2/295대대가 방어하였다. 대대장은 책임지역을 저항거점 3개로 구분했다. 첫 번째 저항거점은 뫼즈 강을 따라서 설치하였고,* 두 번째 거점은 246고지에서 프랑스군인묘지까지 대대의 서쪽 지역이었으며,** 마지막 거점은 몽 푸르네Mont Fournay에서 누와예까지 대대 동쪽에 있었다.*** 따라서 대대는 1개 중대를 전방에, 2개 중대를 후방에 나란하게 배치한 형태를 취했다. 대대장 가벨 대위는 전방 저항거점에 제2/147요새보병대대 6중대를, 후방 서쪽 저항거점에 제2/295대대 7중대를, 동쪽 저항거점에 제2/295대대 5중대를 배치했다. 후방 2개 중대는 246고지와 몽 푸르네 사이 고지대를 연하는 제2방어선과 프랑스군인 묘지와 누와예 사이의 저지선을 공유했다.

대대 저항거점은 상당히 이상스럽게 편성되어 있었다. 강을 따라 있던 와들랭쿠르 저항거점의 북쪽 전투거점****(물랑 천과 부이요네 철교 사이) 후방에는 제2/295대대 소속 부대가 자리하지 않았다. 대신 와들랭쿠르 저항거점 뒤쪽 제2방어선은 제2/295대대 서쪽을 방어했던 제2/147요새보병대대가 통제했다. 따라서 해당 지역에서 철수한 병력은 다른 대대 지역으로 진입해서 이동해야만 했다.

대대장과 중대장들은 저항거점을 더 작은 전투거점으로 분할했다. 이

---

* 와들랭쿠르 저항거점으로 르플롱(Leflon) 대위가 지휘.
** 에타탕 저항거점으로 리갈(Rigal) 대위가 지휘.
*** 누와예 저항거점으로 리비에르(Rivière) 대위가 지휘.
**** 에글리즈 전투거점과 파사쥬(Passage) 전투거점.

러한 전투거점 중 가장 중요한 곳은 와들랭쿠르 남쪽, 246고지 인근 에 타탕 전투거점이었다. 대대 책임구역 내에 있던 벙커 13개중 4개가 에타탕 전투거점에 있었다. 그러나 벙커 13개중 강안의 3곳만 완공되었고 다른 10곳에는 화기나, 총안구 강철 덮개, 혹은 기타 필요한 물자가 부족했다.35)

제2/147요새보병대대 6중대장 르플롱Leflon 대위는 와들랭쿠르 저항거점을 방어하고 있었다. 그는 저항거점을 전투거점 4개로 구분했다. 전투거점 중 3곳은 강을 따라서 있었다(북에서 남으로, 파싸쥬Passage, 부와 페레Voie Ferrée, 에롱Héron). 나머지 하나는 와들랭쿠르 북쪽 지역에 있던 커다란 교회 근처로 에글리즈Eglise라고 불렀다. 와들랭쿠르 저항거점 내에 교량은 와들랭쿠르 바로 동쪽 작은 섬과 세당 철도역으로 이어진 교량 중간지점에 있었던 부이요네 철교가 유일했다(이 철교는 현존하지 않는다.). 르플롱은 철교 후방에 파사쥬 전투거점을 두었다. 그는 5월 12일 17시에 별다른 어려움 없이 철교를 파괴했다.

몇 차례 폭격이 있었지만 13일 아침의 작전은 순조롭게 진행되었다. 르플롱은 대부분 시간을 전투거점을 방문하는 데 사용했다. 대대본부와 유선연결은 양호하였으며 전투거점과 전령통신도 정상 운용되었다. 모든 것이 잘되어 가는 듯했다.

그런데 폭격이 "극도로 강력"해졌을 때 갖가지 난점이 나타나기 시작했다. 14시 30분경, 대대와 전화선이 단절되었음에도 르플롱은 대대본부로 전령을 보내지 않았다. 그는 나중에 전령이 대대본부에 도착하는 데는 최소한 1시간이 걸렸고, 왕복에는 2~3시간이 걸렸기 때문이라고 설명했다. 르플롱은 강안의 전투거점을 방문하려 했으나 그가 전방으로 이동하자 소화기탄이 날아왔다. 처음에 그는 가옥 뒤편을 지나 계속 이동하려 했지만 곧 전투거점으로 가길 포기하고 중대 지휘소로 돌아왔다.

르플롱은 즉시 대대본부로 전령을 보냈으며 라 프라이엘 저항거점으로 소위 1명을 급파했다. 그러나 전령으로 간 소위는 라 프라이엘 저항 거점의 제2/147요새보병대대 5중대와 접촉하는 데 실패했다.[36]

그러는 동안 강안에서 전투가 격화되었다. 그랑사르 장군은 나중에 독일군이 15시에 와들랭쿠르 남쪽에서 뫼즈 강을 건넜고 북쪽에서는 15시 45분에 도하했다고 설명했다.[37] 그러나 독일군과 프랑스군 참전자들의 개인적인 판단에 따르면 도하는 남쪽이 아닌 북쪽에서 먼저 이루어졌다고 한다.

독일군이 15시에 공격했을 때 부와 페레 전투거점의 프랑스군이 와들랭쿠르 중앙에서 도하하려는 독일군을 사격으로 저지하여 엄폐하도록 강제했다. 루바르트 중사의 분대가 부이요네 철교(이 철교는 철도역과 연결된 교량 남동쪽 500m에 있었다.) 바로 북쪽에서 도하를 시작했을 때 가벨이 그들을 발견했다. 그는 제45포병연대 전방관측자에게 화력지원을 요청했다. 그러나 전방관측자는 포병연대와 전화선이 두절되었다고 말했다. 가벨은 인접 지역의 다른 전방관측자 2명을 재촉하여 화력을 요청하게 했다. 그러나 그들의 전화선 역시 모두 단선되어 있었다. 결국 그는 신호탄을 쏘아 화력지원을 요청했다.[38] 포병부대와 통신두절은 프랑스군 방어 체계에 매우 심각한 핸디캡으로 작용했다. 포병사격 결과는 알 수 없으나 루바르트 중사와 제10기갑사단의 다른 대원들은 부이요네 철교 바로 북쪽에서 도하하는데 성공했다. 사단의 나머지 부대도 추후에 와들랭쿠르 근처 섬을 통해서 도하했다.

부이요네 철교 근처 프랑스군은 전투 매우 초기 단계부터 강력한 압력을 받았다. 철교 남쪽 에글리즈 전투거점의 지휘관 티라크Thirache 소위는 강력한 폭격이 진행되는 동안 부하 몇 명과 함께 남쪽으로 물러나 마을 읍장의 주택 근처에 있던 공원으로 대피했다고 설명했다. 15시 30분경, 폭격이 잠잠해지자 그는 부하들과 함께 진지로 되돌아가려 했으나 공원 담벼락에서 날아오는 적 사격을 받았다. 그들은 다른 진지로 향했으나 또다시 전방에서 총탄이 날아왔다.[39] 이처럼 티라크가 진지에서 후퇴했기 때문에 한바우어 소위가 쉽게 도하할 수 있었다.

강안의 와들랭쿠르 저항거점을 방어했던 제2/147요새보병대대 6중대장 르플롱 대위는 전투 가장 초기에 저항거점 좌측방으로 강력한 압력이 가해짐을 느꼈다. 저항거점 우측(남쪽)의 에롱 전투거점은 열정적으로 전투를 계속했지만, 좌측(북쪽)에서는 오직 1개 벙커만이 전투에 임하고 있었다. 중대 저항거점 중앙인 부와 페레 전투거점은 독일군이 뫼즈 강의 섬을 통해서 도하하자 곧 사격을 멈추었으며 독일군에게 진지를 탈취 당했다. 르플롱은 중대 지휘소로 사격이 지향되자 곧 포위될 형국이라고 판단했다.

17시 30분, 그는 저지선으로 철수하기로 했다. 그와 중대원은 사격을 받으면서 다음 방어선 — 아마도 제2/295대대 책임구역이 아니라 제2/147요새보병대대의 토르시 지역으로 — 으로 철수했다. 티라크와 그의 부하 역시 17시 30분에 와들랭쿠르 교회 근처 진지에서 철수했다. 그들은 양측방에서 사격을 받으면서 물랑 천 하상을 따라서 후방으로 향했다. 그러나 그들은 자신들이 기대했던 바를 찾지 못했다. 르플롱은 "놀랍게도, 저지선에는 방어부대가 없었다. 나는 아무도 만나지 못했다."라고 설명했다. 그는 계속 후방으로 이동하여 라 마르페 숲 깊숙한 곳에서 카리부 대위의 부대를 만난 후에야 후퇴를 멈추었다.[40]

강안 진지들은 무너졌지만, 프랑스군은 246고지의 에타탕 저항거점을 계속 고수하고 있었다. 17시 30분경 적 사격, 특히 벙커 총안구에 대한 전차의 직접사격이 강력해졌다. 또한, 두 방향에서 전투거점으로 압력이 가해졌다. 독일군 보병이 티라크의 철수로였던 물랑 천의 하상을 따라서 에타탕 전투거점의 북쪽으로 침투했다. 침투 기동한 독일군 보병이 남서쪽에서 전투거점을 공격하여 진지를 양분하려 했으나 프랑스군은 효과적인 사격으로 이를 저지했다. 그러나 마침내 18시에 프랑스군은 탄약을 모두 소진하였고 좌측과 좌후방에서 강력한 공격을 받게

되자 저항거점의 지휘관*은 저지선으로 철수하라고 명령했다.[41]

물랑 천 하상을 따라서 침투한 제10기갑사단 독일군 보병이 대독일연대가 제2/147요새보병대대의 책임구역이었던 247고지 근처 라 프라이엘 저항거점에 강력한 공세를 가하는 것을 도왔다. 라 프라이엘 저항거점의 프랑스군은 17시경까지 독일군의 공격을 저지하였다. 그런데 그랑사르 장군이 말한 바로는 독일군이 물랑 천 하상을 따라서 저항거점 동쪽으로 이동하여 진지를 측후방에서 공격했다고 한다.[42] 그러나 대독일연대 2대대 6중대장은 중대가 북서쪽에서 247고지를 공격했다고 말했다. 아마도 무슨 일인가 일어나면서 제10기갑사단이 247고지 바로 북동쪽의 벙커를 성공적으로 공격하였고 이 때문에 프랑스군이 독일군 주공이 북동쪽에서 온다는 느낌을 받았던 것으로 보인다. 어찌 되었든 프랑스군은 라 프라이엘 및 에타탕 저항거점을 돌파한 독일군을 프랑스군인 묘지와 누와예를 연하는 선에 설치한 새로운 방어선에서 마주하게 되었다.

2시에 가벨은 역습으로 그의 책임지역인 와들랭쿠르 지역Wadelincourt Area을 다시 확보할 예정이라는 연대장 피노 중령의 전화를 받았다. 제3/295대대 예하 중대가 프랑스군인 묘지에서 역습을 시행하여 와들랭쿠르를 탈환하려는 계획이었다. 그러나 잠시 뒤에 피노가 다시 전화를 걸어와 명령을 변경하였다. 피노는 제3/295대대가 제2/147요새보병대대와 제2/295대대 사이 간격을 메우는 것으로 작전을 수정하였다.

22시, 제3/295대대 10중대가 가벨 대위의 지휘소에 도착했다. 잠시 뒤에는 제3/295대대장과 2개 보병소대, 제11기관총대대에서 배속해준 3개 기관총반도 합류했다. 가벨은 즉시 이들을 대대 좌측에 투입했다. 그러나 프랑스군인 묘지와 누와예에 대한 증원이 그의 좌측 너머까지는 미치지 않았다. 가벨은 카리부 대위의 제2/147요새보병대대에 병력 50명과 25㎜ 대전차포 3문만이 남아 있는 사실을 알고는 섬뜩함을 느꼈다.[43]

---

* 제2/295대대 7중대장.

연대 우측방에 증원이 이루어짐으로써 가벨이 지휘하는 제2/295대대가 강화되었다. 하루 중 가장 치열한 전투 끝에 마침내 프랑스군은 독일군을 프랑스군인 묘지와 누와예를 연하는 선에서 가까스로 저지할 수 있었다.

그러나 라 불렛과 라 마르페 숲 주변의 독일군은 전방으로 압력을 계속 가하였다.

프레누아 돌파The Breaking through at Frénois

독일군 보병은 제147요새보병연대 좌측을 쉽고 신속하게 절단했다. 발크 중령이 지휘하는 제1보병연대가 뫼즈 강에서 벨뷔까지 2.5km를 전진하는 데 3시간이 걸렸고 벨뷔에서 세뵈주에 이르는 3km를 이동하는 데는 약 4시간이 소요되었다. 제147요새보병연대와 제331보병연대 사이 전투지경선을 따라서 돌파했던 독일군의 신속한 속도는 부분적으로는 그들이 서로 인접한 프랑스군 부대 사이의 협조가 실패한 점을 이용했기 때문이었다. 그러나 한편으로 독일군의 신속함은 두 연대 사이 간격을 따라서 방어했던 부대 — 특히 제147요새보병연대에 배속된 중대를 포함하여 제331보병연대 예하 중대 — 의 전투수행이 형편없었던 탓이기도 했다.

독일군은 샤토 벨뷔 근처 핵심 벙커를 탈취했을 뿐만 아니라 프레누아 저항거점 내 벙커를 공략하거나 전투 없이 유기된 곳을 확보함으로써 돌파를 시작하였다. 제2/331대대가 방어했던 벨뷔 저항거점에서는 제2/331대대 5중대가 대대 제2방어선의 벙커를 점령하고 있었다. 이 벙커선은 247고지의 북쪽 및 북서쪽 사면에서 벨뷔 교차로까지 이어져 있었다.[*] 17시에서 18시 사이, 5중대는 양 측방에서 독일군의 강력한 압

---

[*] 이 벙커들은 7, 7bis, 104, 7ter를 말한다.

력을 받았다. 대독일연대 2대대 6중대가 벨뷔 — 토르시간 도로의 북쪽 200m 지점에 있는 대형 벙커(베롱이 지휘하던 103번 벙커)를 17시 45분에 탈취했으며, 제2/1대대와 제3/1대대는 18시경 벨뷔 교차로 바로 동쪽 숲을 통과해 전진했다.

전쟁에서 그 누구도 행운의 효과를 예측할 수는 없겠지만, 제2/331대대 5중대를 향해 쏟아진 불운은 중대 방어작전 전체에 매우 심대한 영향을 주었다. 강력한 폭격 동안 5중대 지휘소에 행운의 폭탄 1발이 명중하여 12명이 전사하였다.[44] 지휘소 피폭은 다른 여러 요소에 영향을 주었겠지만, 이 사건으로 5중대의 전투의지가 제147요새보병연대의 푸레누아 분구에 속해있던 다른 중대보다 약해진 듯하다. 5중대는 독일군에 저항하였으나 그들의 전투의지는 필요했던 수준에는 미치지 못했다. 더욱 불행한 사실은 제1기갑사단이 전진했던 방향의 매우 중요한 저항거점을 방어한 5중대가 취약한 방어로 독일군의 전진을 거의 둔화시키지 못했다는 점이었다.

5중대장 샤리타Charita 소위는 글레르와 비예트 주변에서 남쪽으로 도주한 제2/147요새보병대대 7중대 병사를 통합하여 진지를 강화하고자 필사적으로 노력했지만 별다른 성과를 거두지 못했다. 17시경, 독일군 제1보병연대가 그의 중대진지 좌측방을 공격했으며 18시경에는 대독일연대가 진지 우측방을 압박했다. 중대 진지 좌측에 있는 중요 벙커는 벨뷔 교차로 동쪽이자 프레누아 바로 앞에 있었고 기관총 2정을 배치한 7번 벙커였다. 이 벙커는 지금도 존재하며 어떤 손상도 입지 않은 상태다. 7번 벙커의 프랑스군은 사격 받지 않았음에도 도주해버렸다. 이 벙커가 유기되었거나, 또는 거의 저항을 하지 않았기 때문에 제1보병연대는 라 불렛 근방 방어선과 조우하기 전까지 거의 2km를 전진할 수 있었다. 대독일연대는 5중대 우측 7bis, 7ter, 104번 벙커를 탈취했다. 5중대의 전투수행을 최대한 호의적으로 평가한다고 해도 세당 지구에 배치되었던 제331보병연대의 다른 중대보다는 나았다는 정도가 최선일 것이다.

독일군은 동요하며 붕괴하는 프랑스군을 가차 없이 공격했다. 제1/1대대는 전투력을 벨뷔 서쪽에서 크루아 피오 저항거점으로 집중했다. 제2/1대대는 프레누아 서쪽과 라 불렛으로 이어진 도로를 따라서 공격했다. 제3/1대대는 프레누아 바로 동쪽에서 전진함으로써 라 블렛으로 기동하는 연대 측방을 방호했다.

프랑스군이 와들랭쿠르와 벨뷔를 연하여 설치한 방어선 전체가 17시에서 19시 사이에 붕괴하였다. 프레누아 동쪽 지역에서 247고지 인근 라 프라이엘 저항거점을 방어하던 프랑스군은 전투 초기에는 대독일연대의 전진을 저지하고 있었다.[45] 그러나 대독일연대와 제10기갑사단은 라 프라이엘의 프랑스군을 격파했고 19시경 247고지 나머지 부분을 탈취했다. 루바르트 중사가 이끌었던 소부대의 주목할 만한 공격이 작전 지역 내 중요지형이었던 이 고지를 탈취하는 데 매우 중요한 역할을 했다는 점은 분명했다. 독일군은 프레누아 동쪽과 라 프라이엘 저항거점이 무너지자 프레누아와 벨뷔에서 거둔 성공을 확대하기 위해 신속하게 행동했다. 독일군은 프랑스군 제2방어선을 뒤에 남겨두고 빠르게 전진했다.

독일군은 프레누아의 협소한 돌파구를 확장하기 위해 벨뷔 서쪽을 방어하던 프랑스군에게 훅*을 날렸다. 앞서 살펴보았듯이 제2/331대대가 제147요새보병연대 좌측부대로써 글레르-벨뷔-프레누아를 잇는 전면을 방어하고 있었다. 그 왼쪽에서는 제331보병연대가 벨뷔와 빌레르 쉬르 바르를 연하는 빌레르 쉬르 바르 분구를 방어했다. 제3/147요새보병대대가 제331보병연대 우측을 방어했고, 따라서 제147요새보병연대 및 그 휘하 제2/331대대와 우측 전투지경선이 맞닿아 있었다. 크라우스 대위가 지휘하는 제3/147요새보병대대는 돈세리 지역Donchery Area을 방어

---

* 권투에서 말하는 횡으로 후려치는 공격.

했다.

제3/147요새보병대대에는 4개 중대가 예속 또는 배속되어 있었다. 9·10중대는 대대 예하였고, 나머지 2개 중대는 제1/331대대에서 배속받은 1·3중대였다. 대대 중화기중대는 박격포 1/3과 25㎜ 대전차포 2문, 2개 보병소대를 다른 대대로 배속해주었기 때문에 수중에는 박격포 2/3와 25㎜ 대전차포 5문만이 남아 있었다. 그럼에도 크라우스 대위의 대대는 4개 중대(+) 규모로서 우측에서 방어하고 있던 제147요새보병연대의 어떤 대대보다도 — 조금이지만 — 많은 전투력을 보유하고 있었다.

크라우스는 지역area을 4개 저항거점으로 편성했다. 2개 저항거점은 강을 따라서, 2개는 후방에 설치하였다. 강안을 따라서 설치한 저항거점 2개 중 우측 것은 라 크레테La Crête 저항거점으로 제3/147요새보병대대 9중대*가, 왼쪽 포부르Faubourg 저항거점은 10중대**가 방어했다. 후방 저항거점 중 좌측 라 불렛 저항거점은 제1/331대대 3중대가,*** 우측 크루아 피오 저항거점은 1중대****가 점령하고 있었다. 각 중대장은 저항거점을 다시 전투거점으로 구획하였다.46) 그런데 대대는 독일군이 뫼즈 강을 건너 대대 전면으로 지향할 공격은 대비하였으나 측후방에서 가장 큰 위협이 가해지리라고는 예상치 못했다.

크라우스의 4개 중대 중 9중대가 앞으로의 전투에서 가장 결정적 지점될 벨뷔 바로 서쪽 라 크레테 저항거점을 방어하고 있었다. 9중대는 주방어선을 방어하다가 훈련을 위해 후방으로 물러났었고, 독일군이 룩셈부르크를 돌파했을 때 주방어선을 재점령하였다. 처음에 중대는 제2방어선에 자리하였으나 프랑스군 지휘관들이 제331보병연대 예하 중대

---

* 드라피에(Drapier) 소위가 지휘.
** 헤프(Heff) 대위가 지휘.
*** 리탈리앙(Litalien) 대위가 지휘
**** 기베르(Guibert) 소위가 지휘.

의 취약한 임무수행능력에 우려를 표하자 뫼즈 강을 따라서 주방어선에 재배치되었다. 따라서 9중대는 돈셰리 전방의 저항거점으로 이동했으나 5월 12일 5시가 넘어서야 도착할 수 있었다.[47]

리탈리앙Litalien 대위가 지휘하는 제1/331대대 3중대 역시 중요 지역인 라 불렛 저항거점을 방어하였다. 그런데 3중대는 공격 바로 며칠 전에야 거점을 점령하였다. 저항거점의 참호는 너무 얕고 방호력이 부족했다. 리탈리앙은 "수개월 동안 진지공사가 전혀 이루어지지 않았다."라고 적었다. 비상이 걸렸음에도 10일 아침에 중대원 대부분이 공병과 함께 대형 콘크리트벙커를 공사하러 갔고, 하루 대부분을 그곳에서 보냈다. 12일에 리탈리앙은 제11기관총대대 예하중대와 진지를 교대하고 4km 서쪽에 있는 새로운 진지로 이동할 준비를 하라는 지시를 받았다. 순간 순간이 귀중했으나 리탈리앙은 교대하기로 한 중대의 중대장을 찾느라 하루를 보내버렸고 나중에 그 명령은 잘못된 것으로 밝혀졌다. 13일 아침까지도 그는 라 불렛를 계속 방어하라는 명령을 받지 못했다.[48] 결국, 그날 밤 그의 중대가 후퇴함에 따라서 독일군이 셰뵈주와 셰에리로 향하는 길이 열리고 말았다.

제3/147요새보병대대 9중대의 라 크레테 저항거점 내의 우측 전투거점*을 방어하던 프랑스군이 13일 18시경 붕괴하기 시작했다. 독일군은 17시 45분경 벨뷔 근처에 있던 베롱의 벙커**를 공격하는 동시에 계속 전진했다. 독일군의 공세는 프레누아 저항거점 양측방과 벨뷔 서쪽인 라 크레테 저항거점 측방으로 동시에 가해졌다. 독일군은 강안에 있는 라 크레테 저항거점의 첫 번째 벙커 2개를 타격하는 대신 그 후방에 있던 벙커 2곳을 먼저 공격했다. 그다음 독일군은 앞의 벙커 2개를 후방에서 타격했다.

돈셰리 북쪽 철로를 따라서 자리한 제2기갑사단 전차가 제1보병연대

---

* 벨뷔 전투거점.
** 103번.

의 보병이 벙커를 향해 이동하는데 커다란 도움을 주었다. 보병이 벙커 후방으로 이동할 때 전차는 이미 벙커 몇 개에 피해를 주었다. 그러나 아마도 더욱 중요한 사실은 전차가 보병의 공격을 차단하는 벙커 상호 간 엄호사격을 막았다는 점이었다. 벙커 몇 곳은 총안구에 대한 매우 정확한 사격으로 무력화되기도 했다. 제1보병연대는 크라우스가 방어했던 돈셰리 지역Donchery Area의 앞쪽 벙커 2개를 탈취했다. 또 다른 한곳은 16시 30분경 전차 사격으로 심각한 피해를 입었다. 강과 나란하게 기동한 제1보병연대는 19시 15분에 라 크레테 저항거점의 프랑스군을 일소했으며 22시 30분에 포부르 저항거점을 제압했다.[49]

독일군은 라 크레테 저항거점에 대한 강력한 공세를 가하면서도 벨뷔를 탈취하자마자 프레누아 숲을 가로질러 전진했다. 제1보병연대 보병은 부크 천Ruisseau des Boucs 하상을 따라서 프레누아 서쪽으로 침투했다. 독일군은 벨뷔 모퉁이에 배치한 기관총의 엄호사격을 받으며 196고지(라 불렛 고지 북서쪽 약 1km) 바로 남쪽 전투거점* 배후로 진입하여 후방에서 고지를 강습했다.[50] 이곳은 라 불렛 저항거점으로 리탈리앙이 지휘하는 제1/331대대 3중대가 방어하고 있었다.

동시에 독일군은 벨뷔에서 남쪽으로 이어진 도로 양 측방을 따라서 계속 공격했다. 주통로는 세당에서 부지에Vouziers로 이어지는 도로였다. 처음에는 공격이 신속했다. 그러나 프레누아 남쪽 1km 지점에 있는 고지대가 독일군의 이동에 영향을 주었고 곧 전진속도가 둔화하였다. 그때 갑자기 연대장 발크 중령이 부관과 함께 나타나 전진을 독려했다. 제2/1대대는 8중대를 우측부대로, 6중대를 좌측부대로 두고 전진했다. 9중대는 적의 어떠한 기습공격에도 대응할 수 있도록 준비상태로 대기했다.[51]

독일군은 라 불렛을 향해 이동하면서, 제2/331대대의 좌측방 부대

---

* 라 불렛 저항거점의 까리에르(Carriere) 전투거점.

라 마르페 언덕에서 북쪽을 바라본 전경

라 마르페 언덕에서 남쪽을 바라본 전경

와 전투를 벌였다. 독일군은 19시에 프레누아 서쪽에서 소위 1명을 생포했다. 19시 30분에는 라 불렛 고지 북쪽 사면에서 랑그르네Langrenay 소위가 지휘하는 제2/331대대 7중대의 전투거점을 향해 수류탄을 투척했다. 랑그르네는 독일군이 우측으로 우회하자 전투거점에서 철수했고, 철수한 다음 좌측은 인접대대인 제3/147요새보병대대 접하고 우측은 제2/331대대 5중대와 맞닿은 진지를 점령하였다.[*] 랑그르네 우측으로 우회한 적은 아마도 독일군 제3/1대대였을 것이다. 랑그르네는 19시 30분에 라 마르페 숲 수목선 외각을 따라 라 불렛 고지 정상근처까지 물러났다.[52]

랑그르네 좌측 진지를 리탈리앙 휘하 제1/331대대 3중대가 방어했다.

---

[*] 프레누아 저항거점을 방어했던 제2/331대대 5중대는 이미 라 불렛 선으로 후퇴하였다.

3중대는 제3/147요새보병대대 책임지역인 돈셰리 지역Donchery Area의 라 불렛 저항거점을 방어하는 중대였다. 후에 대대장 및 제55보병사단장의 따뜻한 상찬을 받은 리탈리앙은 당시 중대가 처했던 상황을 아래와 같이 묘사했다.

사격이 점차 강력해졌고 우리는 수적으로 매우 우세한 독일군의 전진을 저지하는데 커다란 어려움을 겪고 있었다. 모든 자동화기가 격렬한 최후방어사격을 가했지만, 종국에 독일군은 더욱 빠르게 전진했다. 21시 30분, 독일군이 저항거점 전방 30m까지 진출하여 …… 거점의 좌측을 완전히 제압했고, 우측에서는 부지에로 향하는 통로를 따라 침투했다.53)

적의 압도적인 공세 때문에 리탈리앙은 대대장 크라우스에게 철수를 건의하였다. 크라우스는 이를 승인하였다. 제1/331대대 3중대가 철수함으로써 독일군에게 커다란 입구가 열렸다.

순식간에 라 불렛의 고지에 이르른 독일군 제2/1대대는 프랑스군 장교 1명과 병사 40명을 생포했다. 잠시 뒤 대대는 공격을 재개하여 22시에 셰뵈주를 탈취했다.54) 공격기세 유지를 위한 연대장의 필수적인 조정통제에서 보이듯이 전투는 첨예한 것이었으나 이들은 라 불렛을 탈취하고 셰뵈주로 전진함으로써 나머지 독일군을 위한 기동로를 개방했다.

라 불렛 동쪽에 자리한 프랑스군은 크고 작은 저항을 계속했다. 21시경, 제147요새보병연대원과 제295보병연대원을 수집하여 혼성 편성한 제2/331대대의 나머지 병력이 라 마르페 숲 전면을 따라서 빈약한 방어선을 구축했다. 대대장 푸코 대위는 채 100명도 안 되는 병력으로 라 불렛 고지 동쪽을 포함한 라 불렛 동쪽의 꼴 드 라 불렛 저항거점을 점령하고자 했다. 동시에 그는 책임지역 전체 전면(前面)에 병력을 배치하려 했으나 "좌우측에서 어떤 우군과도 접촉할 수 없었다". 더구나 독일군이 벨뷔와 라 불렛 간 도로 주변을 점유하고 있었기 때문에 그는 방어선을 서쪽으로 전개할 수 없었다. 프레누아의 소대와 제2/147요새보병대대 7 중대는 18시가 될 때까지 그에게 아무런 보고하지 않았다. 그는 "우리는 [라 불렛] 고지 정상을 확보하고 있으나, 독일군이 좌측으로 침투하는 중이다."라고 말했다. 동시에 적은 그의 우측방을 통과했고, 그는 "따라서 우리는 적 전선 상의 돌출부였다."라고 결론지었다.55) 푸코의 좌측에서 공격하던 적은 제1/1대대와 제2/1대대가 분명했고 우측의 적은 제3/1대대였다.

푸코는 다른 대대의 상황을 거의 혹은 전혀 알지 못했다. 15시에서 20시 30분 사이, 그는 병사 4명을 연대 지휘소로 보내 재접촉을 시도했다. 처음에 파견한 병사 2명은 사라져 버렸고 세 번째 병사는 연대 지휘소를 찾지 못하고 돌아왔다. 네 번째 병사는 20시 30분에 출발하여 셰뵈주 동쪽 숲을 따라서 진지를 점령하라는 명령을 가지고 23시에 복귀했다. 03시에 대대는 셰뵈주와 불송 간 통로를 따라서 진지를 점령하고 우측의 제11기관총대대와 접촉하라는 명령을 받았다. 명령이 도착했을 때 대대의 총원은 60명도 안 되는 상태였다.56)

제2/331대대의 나머지 인원이 철수함으로써 독일군은 세당 주변의 모든 고지대를 통제하고 셰뵈주를 확보하였다. 독일군 제1보병연대가 프레누아에서 돌파구를 형성하게 된 것이었다.

후방의 골리에에서는 공병이 전차와 포병이 이동할 수 있는 전술교량을 조립하기 시작했다. 돈셰리에서는 제2기갑사단 보병부대가 마침내 22시경에 뫼즈 강을 건넜다. 제2기갑사단의 도하는 제1기갑사단 보병이 뫼즈 남안의 프랑스군을 격퇴했기 때문에 성공할 수 있었다. 제1기갑사단의 도움이 없었다면 제2기갑사단은 아마도 결코 뫼즈 강을 도하할 수 없었을 것이다.

이처럼 독일군 보병이 포병과 전차, 그리고 공군 지원을 받으며 돌파구를 형성했다.

제55보병사단의 공황The Panic of the 55th Division

세당을 방어하던 프랑스군 중 소수는 독일군이 뫼즈 강을 도하하기 전에 도망치기도 했다. 5월 13일 오후, 독일군의 폭격이 강력해지자 도주하는 무리가 급증했다. 이러한 비겁한 행동에도 사단은 여전히 임무 수행이 가능했고, 독일군의 공격에 상당한 저항을 할 수 있는 상태였다. 13일 저녁이 되어서야 공황이 확산하면서 사단이 붕괴했고 전투효율이 급격히 낮아졌다.

사단 사령부가 무엇인가 몹시 나쁜 상황이 벌어지고 있는 징후를 감지 한 것은 18시경이 되어서였다. 퐁 다고의 사단 사령부는 불송으로 장교 1명을 급파하여 정보를 수집하도록 했다. 그러나 그는 출발하자마자 되돌아와서는 긴급한 소식을 알렸다. 그는 거대한 도망병 무리가 사단 사령부 옆 도로를 따라서 남하하고 있다고 보고했다. 바로 5분 전에 샬리뉴 대령이 이 길을 지났을 때는 아무런 이상도 없었다.

라퐁텐과 샬리뉴, 다른 여러 참모가 서둘러 도로로 뛰쳐나갔다. 그들은 수많은 병사가 전장에서 이탈하여 도망치는 광경을 목격했다. 도망병에는 보병과 공병뿐 아니라 포병도 있었다. 철수명령을 받았다고 주장하는 제1/78포병대대장은 야포와 차량을 호송하며 이동 중이었다. 그러나 그곳에는 무기도 없이 도주하는 다른 포병대대 및 연대 병력도 있었다. 어떤 장교들은 부대원을 통제하려는 시도조차 없이 그들 속에 파묻혀 이동했고 어떤 장교는 그들을 야포로 되돌려 보내기도 했다.

샬리뉴는 "공황에 빠진 모든 인원이 불송에 적 전차가 나타났으며 독일군이 곧 돌파할 것이라고 말했다."라고 설명했다.57) 라퐁텐은 도주하는 병사를 막기 위해 트럭 몇 대를 도로를 가로질러 2개의 채석 구덩이 사이에 세워 놓았다. 그리고 도로 중앙에 서서 권총을 손에 들고 도망병을 붙들었다. 또한, 라퐁텐과 샬리뉴는 독일군이 불송을 돌파한다는 두려움에 공병 및 사단 지휘소를 경계하던 보병중대와 사단 참모로 지휘소 북쪽에 급편방어진지를 편성했다. 이어 그들은 도망병을 통제하여 재편성하고자 했다.

그런데 19시까지도 적이 나타나지 않았다. 사단 지휘부는 독일군이 불송으로 돌파했다는 소문이 거짓임을 알았다. 소문은 거짓이었지만 피해가 발생했다. 그 규모가 줄어들긴 했어도 저녁 내내 공포에 질린 도망병이 계속 생겼던 것이다.

라퐁텐은 18시에서 19시 사이에 사단 사령부에서 발생한 사건에 대해서 거의 말한 바가 없었으나 샬리뉴는 나중에 퐁 다고의 사단 지휘소를 지나쳐 도망치는 병력을 재편하려했고, 장교와 부사관 통제 하에 전방으로 돌려보냈다고 설명했다. 그는 포병 역시 소속 포대로 귀환시켰다고 말했다.58) 샬리뉴가 묘사한 것처럼 5월 13일 저녁의 공황 그 자체만으로는 제10군단의 전투수행능력이 붕괴하지는 않았는지도 모른다. 그러나 개별 대원과 부대가 전장에서 도망친 사건은 거의 13일과 14일 내내 발생했다. 라퐁텐과 샬리뉴가 필사적으로 노력했으나 공황의 파괴적이고 부정적인 효과는 줄어들지 않았다. 두 사람이 퐁 다고를 지나는 도망병의 물결을 일시적으로 되돌렸을지도 모르지만 그들은 전장으로 돌아가지 않았다.

그럼에도 샬리뉴의 증언은 19시경 퐁 다고에 있던 다른 장교들에 의해 뒷받침되었다. 예를 들어 세당 지구 헌병반 지휘관이었던 루와예 Royer 대위는 도망병에 큰 의미가 없었다고 주장했다. 전투 이후에 그가 작성한 보고서를 보면, 그는 도로를 따라 이동했던 포병 부대는 지휘관의 통제하에 있었으며 새로운 부대로 재편성된 보병은 2~3개 소대 규모를 넘지 않았다고 주장했다. 그러나 추가로 밝혀진 사실로서 루와예는 "2시경, 리에주아Liègeois 소위가 지휘하는 헌병 기동소대를 찾을 수 없었다. 나는 나중에 그가 독단으로 소대원을 데리고 부지에로 철수했음을 알게 되었다."라고 설명했다.59) 실제로 많은 프랑스군이 리에주아처럼 행동했다.

포병이 원래 위치로 복귀했다는 샬리뉴의 주장에 대한 가장 강력한 반대 증거는 독일군이 제시하였다. 제1기갑사단은 14일에 야포 28문을, 제10기갑사단은 "40문 이상"을 노획했다고 보고했다.60) 대부분 야포는 방기되었음이 분명했다. 라퐁텐과 샬리뉴가 잠깐은 도망병 무리를 막았을지 모르지만, 병사와 부대는 계속해서 후방으로 도주했다. 19시가 되자 셰메리는 불송과 라 마르페 숲에서 도망친 프랑스군으로 가득 찼다.

오후 동안 보병이 개별로 도망치기도 했으나 나중 조사에서 18시경의 공황이 포병에서 시작되었음이 드러났다. 모든 포병부대가 도주함으로써 사단의 전투력은 밑에서부터 무너졌으며 독일군에 저항할 능력도 떨어졌다. 제10군단 예하 포병의 다수도 세당 남동쪽 고지대와 퐁 다고 북쪽에 자리하고 있었으며 그들 중 거의 모든 부대가 13일 저녁에 공황상태에 빠졌다. 프랑스군 포병부대는 독일군이 13일 오전과 오후 내내 가했던 폭격으로는 공황에 빠지지 않았지만, 끊임없는 폭격 탓에 불안감을 느끼고 사기가 저하되었음은 분명했다. 13일 저녁의 공황은 독일군의 공격으로 발생한 피해 때문이 아니라 사기가 저하된 탓이었다.

한편, 불송 주변에 군단 및 사단 포병부대 지휘소가 있었다는 사실이 13일 저녁에 발생한 공황의 규모와 성격에 커다란 영향을 주었다. 불송 주변에는 제10군단 예하 여러 중포병부대 지휘소를 비롯하여 제10군단 중포병 B포병단 지휘소, 제55사단 포병대 지휘소가 있었다. 퐁슬리Poncelet 대령이 지휘하는 제10군단 중포병여단 지휘소는 불송 남동쪽 3km 지점인 플라바Flaba에 있었고, 두르잘Dourzal 중령 휘하 제10군단 중포병여단 B포병단 지휘소는 불송에 있었다. 부데Baudet 대령이 지휘하는 제55보병사단 포병 지휘소는 불송 바로 남쪽에 있었다.61) 이 지휘소들이 가장 먼저 도주하지는 않았으나, 종국에는 공포와 공황으로 무너지고 말았다. 지휘소의 프랑스군이 남쪽과 서쪽으로 도주했을 때 그 주변에 자리 잡고 있던 포대와 보병중대들은 이미 겁을 먹고 독일군의 돌격을 피해 지휘소 인원과 마찬가지로 재빨리 도주해버렸다. 다시 말하자면 포병 지휘소가 도주함으로써 도망병의 무리가 작은 시내에서 격류로 변해버린 것이었다.

제10군단 포병여단장 뒤오투아Duhautois 준장이 공황과 이후 이어진 사건의 원인을 가장 확실하게 밝혔다. 그는 오토바이를 탄 보병이 18시에 두르잘 중령의 지휘소에 와서 적 전차가 불송 근처에 나타났기 때문에 포병의 진지 이동이 필요함을 알렸다고 증언했다. 나중에 그 누구도 전령의 이름이나 소속 부대를 기억하지 못했다는 점은 그가 거짓 전문을 유포한 독일군이었음을 암시하는 것일 수도 있다. 한편, 군단 포병 소속인 제B/169포병대대 6·7포대를 지휘했던 푸케Fouques 대위는 18시 30분에 대대장에게 포대에서 약 400m 또는, 500m 떨어진 곳에서 가해지는 "적의 강력한 소화기 사격"을 받고 있다고 보고했다. 그는 확인할 수는 없으나 "적 전차의 사격"인 듯하다고 말했다.[62]

거의 같은 시간에 부데 대령은 지휘소 근방에서 울리는 총성을 들었다. 참모들이 지휘소 밖으로 뛰쳐나가 권총으로 지휘소를 방어하려 했다. 적의 공격을 기다리는 동안 도망병이 독일군 전차를 불송 바로 남쪽에서 보았다고 보고했다. 푸케와 부데의 보고는 지체없이 두르잘에게 전달되었다.[63]

두르잘 중령은 18시 45분에 퐁슬리 대령에게 전화를 걸어 지휘소에서 불과 400~500m 떨어진 곳에서 전투가 벌어지고 있다고 알리며 철수를 건의했다. 퐁슬리는 두르잘에게 독일군이 사격하는 것인지 확인해보도록 했다. 곧 두르잘이 적의 사격이 맞는다는 확인 전화를 걸어왔다. 잠시 후 퐁슬리의 부관이 다급이 두르잘에게 전화를 걸어 그의 지휘소가 5분 안에 포위당할 것이라고 알려주었다. 퐁슬리는 두르잘에게 지휘소 이동을 승인함과 동시에 군단에 이 사항을 보고하였다.[64]

물론 어떠한 포병대대나 포대도 독일군 보병의 직접적인 위협을 받은 곳은 없었다. 셰뵈주 근처 제2/99포병대대를 제외하면 제147요새보병연대 지휘소보다 앞에 있는 포병부대는 없었다. 피노 중령은 14일 오전 중반까지 지휘소를 이동하지 않았던 것이다.

그럼에도 독일군의 공격에서 안전한 부대까지도 공황이 계속해서 번져나갔다. 02시경, 제1/110포병대대장은 제71사단 제120연대장에게 아로쿠르Haraucourt 북서쪽이자 누와예에서 5km 지점에 있던 대대 지휘소를 방어하기 위해 준비 중이라고 보고했다. 그는 탄약을 분배했고 서쪽 약 100m 지점에 대대원을 배치했다.[65]

19시 45분경, 플라바에 있던 퐁슬리의 지휘소가 이동했다. 퐁슬리가 예하부대를 방문하느라 지휘소를 비운 사이, 지휘소 요원들은 전방 부대에서 올라오는 혼란스러운 보고를 받고는 재빨리 지휘소를 옮겼다. 부재중이었던 연락장교 2명을 제외한 모든 장교와 병사가 지휘소와 함께 이동했다. 예비지휘소에 갔었던 연락장교들은 돌아와서야 주지휘소가 이동한 사실을 알게 되었다. 그들은 버려진 막대한 양의 장비를 발견하고는 중앙교환기를 파괴했으며, 지도와 문서를 소각하고, 전화기와 "자료"를 운반했다. 이후 그들은 A포병단 지휘소에 이 사실을 보고했다.[66]

퐁슬리가 철수는 시기상조였음을 깨닫는 데는 그리 오랜 시간이 걸리지 않았다. 그는 군단에서 지휘소를 재설치하라는 명령을 받은 뒤 지휘소가 있던 자리로 돌아왔다. 그러나 통신장비 상당수가 부서지거나 파괴되어 있었다. 퐁슬리는 지휘소가 경솔하게 이동되었다는 수치심과 공황의 끔찍한 여파를 이기지 못하고 5월 24일에 자살하고 말았다.[67] 퐁슬리는 자살로써 공황이 번져나간 사태에서 자신의 지휘소가 지고 있던 책임을 인정한 것이었다.

세당 주변에 자리하고 있던 프랑스군 포병의 비겁한 행태를 변호할 수는 없겠지만, 그 이유는 부분적이나마 설명할 수 있다. 많은 부대에서 공황이 일어났던 놀라운 이유 중 하나는 전방관측자와 포병 사이에 교신이 효과적으로 이루어졌기 때문이었다. 보병이 전화선 두절로 많은 곤경에 처했던 상황과는 달리, 포병은 지중가설로 대부분의 전화선을 보호하였기 때문에 원활한 통신이 가능했다. 방어선이 돌파되자 그에 대한 상황보고 ― 때로는 극도로 급박한 내용을 담은 ― 가 상급부대와 그 예하부대 ― 포병부대 내에서(역자 주) ― 로 전파되었다. 전방관측자는 화력을 요청하면서, 때로는 부정확하거나 아니면 매우 놀라운 내용을 담은 전문을 중계했다. 그리고 정보 전파는 포병부대의 전투의지를 약화시키는 방향으로 작용하였다.

동시에, 포병 통신망은 근거 없는 루머를 반복하여 유포하면서 하급부대에서 상급부대 지휘소로 잘못된 정보가 전달되는 통로 역할을 했다. 가장 극명한 사례는 바로 불송에 독일군 전차가 출현했다는 내용이었다. 포병 전방관측자가 프랑스군 장갑차량을 잘못 식별했다는 것 외에는 아마도 이러한 파멸적인 루머를 해명할 적절한 방법이 없는 듯하다. 실제로 독일군은 자정까지 라 마르페 숲 근방에서 프랑스군 장갑차량 9대를 격파했다고 보고했다.[68] 라 마르페 숲에 제55보병사단 전차가 배치되어 있지 않았으므로 이 차량은 프랑스군이 병력수송과 보급에 사용했던 경장갑차량이나 궤도차량으로 추측된다. 재미있는 사실은 프랑스군 포병 전방관측자가 그랬듯이 독일군도 이 차량을 전차로 오인했다는 점이었다. 한편, 독일군은 자주포 소수를 뫼즈 강 너머로 투입하였으나 13일 18시 기준으로 강을 건넌 독일군 전차는 없었다. 골리에의 교량은 23시경까지도 가설 중이었고 전차의 첫 도하는 더 나중에 이루어졌다. 공황이 발생한 진상은, 순식간에 진실처럼 되어버린 잘못된 보고가 포병부대 통신망을 거쳐 들불처럼 퍼져 나간 것이었다. 몇몇 포병부대에 소화기 사격이 가해졌다는 보고에 대해서 불송 인근 보병 대대장은 "공황은 고립된 공수부대원이 세뷔주와 불송간 도로를 따라 차량을 타고 달리며 사격을 가함으로써 야기되었다."라고 설명했다.[69]

결론적으로 5월 13일 저녁에 발생한 공황은 제55보병사단 전투력에 파멸적인 영향을 주었다. 화력에 높은 가치를 두고 장교와 병사에게 효과적인 화력지원이 필요하다고 되풀이하여 가르쳐왔던 프랑스 육군에게 거의 모든 포병화력이 사라진 상황은 엄청난 타격이었다. 그리고 포병은 적 도하지점을 막대한 화력으로 뒤덮었던 것이 아니라 밀집하여 취약점이 생긴 독일군의 약점을 살살 괴롭힌 정도에 불과했다. 이처럼 프랑스군은 상당 수준의 전투력을 불필요하고 어리석은 대응으로 상실하고 말았다.

또한, 13일의 공황은 포병에 국한된 것만은 아니었다. 불행하게도 모든 유형의 부대가 겁에 질려 남쪽으로 도주하는 병력의 영향을 받았다.

프랑스군 보병의 취약점The Weakness of the French Infantry

세당 지구Sedan Sector에서 전투에 임했던 모든 부대 중 아마도 제331보병연대 — 5월 6일에 세당에 도착했음 — 만큼 형편없이 전투를 수행한 부대는 없었을 것이다. 제331보병연대는 훈련을 위해 후방으로 물러나는 제213보병연대와 진지를 교대하였다. 연대가 뫼즈 강을 따라서 진지를 점령하는 데는 13일까지 1주일이 걸렸다. 1주일은 상당히 강력한 방어를 준비하기에 충분한 시간이긴 했지만, 진지교대가 이루어지면서 제213보병연대가 1939년 10월에서 1940년 5월까지 진지를 점령함으로써 얻을 수 있었던 여러 강점이 상실되었다.

연대 휘하 5개 중대가 제2방어선과 저지선의 중요진지를 점령하였으나 1개 내지는 2개 중대만이 독일군의 공격에 의미 있는 저항을 하였다. 라 마르페 숲에서 제2/147요새보병대대의 저지선을 방어하던 제2/331대대 6중대에서는 도망병이 속출하였다. 제2/147요새보병대대장 카리부 대위는 삼림 사이로 황급하게 철수하는 병력을 직접 막으려 했지만 별다른 성과를 거두지 못했다. 도망병들은 카리부가 자리를 옮기자마자 사라져 버려 대대 좌측에는 거대한 공백이 생겼다. 카리부 좌측에서는 제2/331대대장 푸코 대위가 토르시 지역Torcy Area을 방어했다. 그런데 라 마르페 숲과 라 불렛 정상 부근에서 제2/331대대 저지선을 점령하고 있던 제2/331대대 7중대에도 문제가 발생했다. 7중대 병력이 랑그르네의 소대를 제외하고는 6중대가 어둠 속으로 사라진 것과 거의 같은 시간에 도주해 버린 것이었다.

7중대 좌측의 제1/331대대 3중대*는 6·7중대보다는 다소나마 전투를 더 잘 수행했다. 물론 라 불렛과 셰뷔주로 돌파하려는 독일군 공격에 대항하여 결사적으로 싸운 것은 아니었지만, 대대장과 샬리뉴는 3중대가 잘 싸웠다고 증언했다. 3중대 좌측에서 저지선을 방어했던 제1/331대대 1중대는 3중대만큼 적의 압력을 받지는 않았으나 같은 대대의 다른 중대와 거의 비슷한 시각에 철수해버렸다.

세당에서 전투에 참가했던 제331연대 예하 중대 중 제2/331대대 5중대가 가장 핵심적인 방어진지**를 점령하고 있었다. 벨뷔와 프레누아 동쪽지점 사이에서 제2방어선을 점령하고 있던 5중대의 전투수행은, 별다른 전투도 없이 후퇴해버린 6·7중대보다는 훨씬 나았으나 그마저도 한심한 수준이었다. 결론적으로 중대는 강력한 방어작전에 꼭 필요한 전투의지가 거의 없었던 것이다.

그러나 제331보병연대에 대한 비난은 반드시 다른 부대의 공황과 도주를 고려하여 경감되어야한다. 수많은 제331보병연대원의 비겁한 행태가 프랑스군 방어 노력을 심각하게 저해했음은 분명한 사실이었으나, 프랑스군의 문제점은 1개 연대만을 비난하기에는 너무 광범위하게 퍼져 있었다.

어떤 장교는 전후에 공황과 방어 실패를 예비군 탓으로 돌렸다. 벨뷔 서쪽과 돈세리 남쪽을 방어했던 제3/147요새보병대대 9중대장 드라피에Drapier 소위가 특히 그러했다. 그는 중대를 지휘했던 4개월 동안 부대가 "결코 훌륭하지 못한" 상태 아래서 괴로운 시련을 당하는 것을 목격하였다. 1941년 5월에 작성한 보고서에서 드라피에는 진창에서 싸워 진

---

* 리팔리(Lifalie) 대위가 지휘하여 라 불렛 저항거점을 방어.
** 프레누아 저항거점.

흙이 튀고 조작 미숙이 원인으로 보이는 무기의 기능불량에 대하여 묘사했다. 또한, 그는 부사관단은 "쓸모없었으며", 유능한 부사관은 2명에 불과했다고 주장했다. 그는 "오직 현역 간부가 배치된 부대만이 전투에 임했다."라고 말했다.[70]

예비군으로 이루어진 부대인 제2/147요새보병대대의 대대장 카리부 대위 역시 일부 예비군에 대해서 불평했으나, 부대 단결력을 저해한 사단과 군단의 인사정책을 더욱 강하게 비판했다. 특히 그는 1940년 봄에 대대의 단결력이 점차 약해진 점을 비통하게 여겼다. 그의 대대는 최전방 전선을 담당했던 부대로서 수개월 동안 함께 훈련하고 작전에 임하면서 매우 높은 수준의 전투기량과 전우애를 쌓았었다. 그렇지만 다른 대대 소속 중대와 소대를 섞어 임시 중대조를 만든 조치와 각 부대 간 무분별한 인사이동으로 대대 단결력이 심각하게 약해졌다. 그는 나중에 되는대로 이루어진 인원 및 부대 혼성의 "모순점"에 대하여 몹시 불평했으며, 제2/331대대 6중대와 그의 대대에 배속되어 있었음에도 어디 있는지 알 수도 없이 도주한 예비군부대를 날카롭게 비판했다.[71]

제71보병사단이 12일 밤사이 뫼즈 강 방어선에 투입되었으나 프랑스군의 방어가 현저하게 무너짐에 따라서 사후보고서에는 그 사실이 빈번히 누락되었다. 또한, 교대 병력 사이에서 혼란이 발생하여 미숙련병 상당수가 동요하였다. 13일의 전황에 대하여 불안해하고 있던 많은 병력은 갑자기 전선에 배치되면서 자신감이 약해졌다. 즉, 부대교대가 이루어짐으로써 많은 풋내기 병사가 불안과 공포로 자포자기했던 것이다.

라퐁텐은 나중에 제55보병사단의 허술한 작전수행에 대해 해명하면서 다른 장교와 많은 부분에서 같은 관점을 보였다. 그는 특히 현역 장교와 경험 많은 부사관의 "수가 적었음"을 한탄스러워했다. 또한, 그는 제55보병사단과 제147요새보병연대 병력을 혼성한 인사정책에 불평을 토로하며 사단 "단결력"이 "순식간에 무너졌다."라고 말했다. 이에 더하여 그는 대원들의 전투의지에 대하여 "전투경험이 없던 그들은 강력한 화력과 새로운 전투수행방법에 놀랐다. 그들은 철수가 허용되지 않았던 방어임무를 엄격히 수행하지 않았고, 수많은 부대가 전차의 위협을 받고 혼란스럽게 진지를 포기하였다."라고 말했다.[72]

한편, 많은 도망병은 자신이 버림받았다고 믿었다. 13일에 강력한 적 폭격이 가해졌음에도 그들은 우군 공군이 자신들을 보호하려는 어떤 노력도 보지 못했다. 그들은 "우리는 배신당했다."라고 확신했다. 더구나 그들은 자주 "장교들이 우리를 버렸다."라고 말했다.[73] 이러한 인식은 부분적으로 불송 주변에 있던 몇몇 지휘소의 움직임 때문이었다. 13일 19시경, 제55보병사단 지휘소가 퐁다고에서 셰메리로 이동하자 병사들이 느꼈던 배신감은 더욱 고조되었다. 물론 지휘소를 이전한 표면적인 이유는 역습을 더 효과적으로 지휘하기 위해서였지만, 차량과 장비를 방치하고 통신이 두절된 상태에서 지휘소 이동이 매우 급하게 이루어졌다. 무엇이 진실이었는지는 알 수 없으나 라퐁텐은 나중에 사단 지휘소를 이동한 조치가 제10군단 참모부의 명령에 따른 것이었다고 설명했다.[74]

지휘소를 옮긴 이유가 무엇이던 간에 지휘소가 급박하게 이동함으로써 병사들의 공포심과 자포자기적인 태도가 고조하였다. 그리고 13일 저녁 무렵 제55보병사단을 휩쓸고 지나간 공황은 독일군이 주도권을 쉽게 장악할 기회가 되었다. 또한, 세당 지구에 화력을 지원하는 포병부대가 도주하자 프랑스군의 방어력은 의심할 여지없이 심각하게 약해졌으며, 독일군은 와들랭쿠르와 토르시, 프레누아와 라 불렛 주변의 협소한 교두보 내에서 강력한 집중포격을 당하지 않고 또한, 포격 탓에 발생했을 수많은 전상자 없이 남쪽으로 전진할 수 있었다. 물론 공황이 없었더라도 독일군이 종국에는 방어선을 돌파했겠지만, 이보다는 비싼 대가를 치러야 했을 것이다.

아침을 기다리며Awating the Morning

프랑스군과 독일군 모두 13일 밤에 다음 작전을 준비했다. 돌파구 종심이 거의 10km에 달했음에도 독일군의 교두보는 여전히 협소하고 극도로 취약했다. 그러나 교두보 외각의 프랑스군도 매우 절박한 상황이었다. 매우 소수 인원 밖에 남지 않은 푸코와 카리부 대위의 대대는 강력한 방어를 할 수 있는 상태가 아니었다. 프랑스군인 묘지와 누와예에 있던 가벨의 대대는 상황이 조금 나아서 다소나마 병력을 증원 받았으나 제10기갑사단의 압력이 가중되고 있었다.

13일 저녁 내내 피노 중령과 제331보병연대장 라퐁트 중령은 양개 부대를 연결하여 셰뵈주와 불송을 연하는 새로운 방어선을 구축하고자 노력했다. 제55보병사단 사령부는 자정이 지나서야 전선에 있는 부대의 더 정확한 상황 — 아무리 좋게 보아도 붕괴 직전인 — 알게 되었다. 프랑스군이 독일군을 저지하기 위해서는 추가 증원과 역습이 필요했다.

Chapter 7
독일군의 선회와 돌파
The German Pivot and Breakout

제19기갑군단은 뫼즈 강에 작은 교두보를 형성한 뒤 강 대안으로 부대를 투입하면서 군단이 통제하는 지역을 확장해 나갔다. 군단 목표를 돌파에 둔 구데리안은 전진하기 전 대규모 부대를 끌어 모으는데 귀중한 시간을 낭비하고 싶지 않았다. 또한, 그는 돌파구를 봉쇄하기 위해 전진하는 프랑스군보다 신속하게 공격하여 적이 군단 앞에 강력한 방어선을 만드는 것을 막고자 하였다. 그러나 그가 전진함에 따라서 독일군 최고사령부는 군단 전진속도가 지나치게 빠른 점을 우려하게 되었다. 5월 17일, 할더 장군은 일기에 "상당히 힘겨운 날이었다. 총통은 매우 신경질을 부렸다. 자신이 거둔 성공에 겁을 먹었었으며, 호기를 상실할까 두려워하여 고삐를 당겨 우리를 통제하려고 했다."라고 기록했다.[1]

제1기갑사단의 남진The 1st Panzer Division's Push Toward the South

13일 23시, 산발적인 포격에도 제1기갑사단은 골리에에 교량가설을 마쳤다. 사단은 도하를 준비하면서 기갑여단에 집결하여 예하 2개 연대의 도하를 준비를 하라고 명령했다. 양개 전차연대는 코르비옹(부이용 서쪽 4km) 남서쪽에 집결했다. 기갑여단이 뫼즈 강을 향해 남진하는 동안

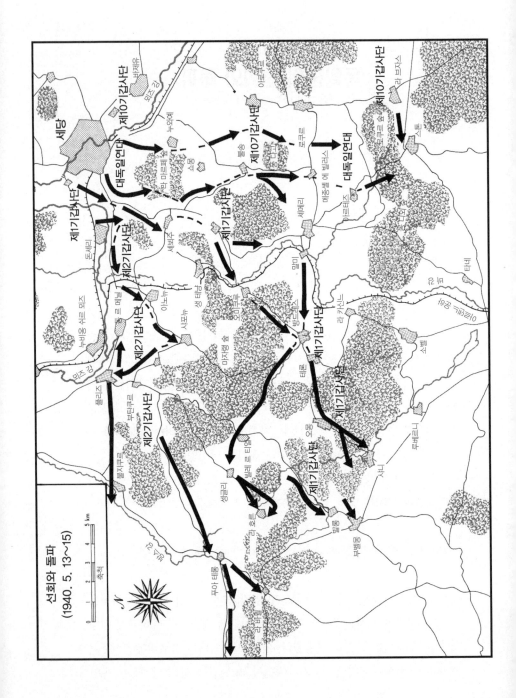

선회와 돌파
(1940. 5. 13~15)

제1/73포병대대가 강을 건넌 첫 번째 중무장부대가 되었다. 제1/73포병대대는 강 근처로 이동해 있었기 때문에 보병의 급속한 전진에 화력을 지원할 수 있었고, 대대 일부는 이미 문교를 이용하여 강을 건넌 상태였다. 그 때문에 대대 나머지도 가설을 마친 교량을 건너 신속하게 이동할 수 있었다. 전차가 포병대대를 후속했다.

도하는 천천히 진행되었다. 제1기갑사단은 일지에 다음과 같이 도하작전을 기록했다.

> 밤사이 뫼즈 강 이북에서 차량정체가 발생했다. 정체 원인은 모든 예하대의 전진하려는 열망 때문이었다. 한편으로는 적이 접근로에 계속해서 포격을 가했기 때문이었다. 도하는 날이 밝을 때까지도 원활히 이루어지지 않았다.[2]

차량 수백 대가 다리 하나로 강을 건너는 일은 극도로 복잡한 일이었으며 작업이 야간에 진행되었기 때문에 도하는 더욱 어려웠다. 지난 나흘간 거의 쉬지 않고 공격을 계속해온 병력의 피로도 매우 심각한 문제였다.

전차가 도하함에 따라서 제1기갑사단장은 제1보병연대가 만들어낸 돌파구의 이점을 이용하는 한편, 대독일연대를 프랑스군인 묘지와 누와예에 있던 프랑스군 배후로 투입하기로 했다. 대독일연대 일부가 라 마르페 숲을 통과해 똑바로 전진하는 동안 나머지는 프레누아와 라 불렛을 지나 불송과 스톤(불송 남쪽 8km)으로 향하였다. 대독일연대는 247고지 동쪽에서 완고하게 방어하던 프랑스군을 우회하여 후방에서 공격한 뒤 불송과 메종셸를 향해 남진했다. 같은 시간에 제1보병연대는 세메리를 향해 남쪽으로 계속 공격했다.

양개 보병연대는 교두보를 확장하고 세메리와 불송으로 향하면서 단독으로 작전을 수행한 것은 아니었다. 제43공병대대 2개 중대가 제1보병연대와 함께했으며 제1/73포병대대가 연대에 화력을 지원했다. 제2/73포병대대는 대독일연대를 지원했다. 그러나 제1/73포병대대만이 프랑스군이 14일 아침에 시행한 역습에 대항하여 화력을 지원할 수 있을 만큼 빠른 시기에 뫼즈 강을 도하해 있었다.

독일군은 제1보병연대가 셰에리로 전진하고 대독일연대가 프랑스군인 묘지와 누와예에 있는 프랑스군 배후로 우회하기 전에 돌파구 견부와 와들랭쿠르의 교두보를 계속해서 확장했다. 그럼에도 교두보 정면은 라 불렛과 셰에리 사이 1km를 넘지 못하고 있었다. 14일 01시 30분, 제1보병연대가 셰에리 바로 북쪽에 닿았다. 2시간 뒤 연대는 셰에리 남쪽까지 이르렀다. 야간 동안 제1보병연대는 진지를 강화하고 휴식을 취했다. 제1/1대대는 라 불렛을 경계했고, 제2/1대대는 셰에리 근방에 머물렀다. 제3/1대대는 불송 북서쪽 약 2km 지점에 있는 생 캉탱의 농장에 있었다.[3] 제1보병연대는 3개 대대를 위와 같이 배치함으로써 연대가 만들어낸 중요하지만 협소한 돌파구의 취약한 측방을 방호했다. 그러나 협소한 정면과 약 4km에 달하는 종심을 가진 돌파구는 뻗어 나와 노출된 병목과 닮았기 때문에 적의 공세적인 역습에 취약했다.

05시 45분경, 대독일연대는 교두보를 확장 및 보호하기 위해 셰뵈주와 불송, 메종셸로 향했다.[4] 많은 예하부대가 라 마르페 숲을 지났다. 연대의 기동형태는 시계 반대방향으로 구부러진 갈고리와 같았다. 대독일연대가 프랑스군인 묘지와 누와예에 있던 프랑스군 배후로 우회하여 불송에 도착함으로써 양개 연대는 같은 선상에 자리하였으며 교두보 견부를 매우 크게 확장할 수 있었다.

04시 30분경, 프랑스군 기갑부대가 르텔 근방 남서방향과 몽 디외 남쪽에서 역습을 위해 이동 중이라는 보고가 제19기갑군단 사령부에 전해졌다. 이들은 제3기갑사단과 제3차량화사단이었다. 독일군은 역습을 막기 위해 참호를 구축하고 강력한 방어선을 편성하여 적을 기다리는 대신 제1보병연대를 증원하여 연대가 더욱 멀리 전진하도록 조치했으며 더 많은 전차를 도하시키려 했다. 탈취한 곳을 방어하기보다 공격을 계속하려는 이런 대담한 결정은 프랑스군이 사용했던 조심스러운 방법과 완전히 반대였다.

비록 하나밖에 없었던 도하지점에 교통량이 증가하고 정체가 심해졌지만, 구데리안은 제2기갑사단 예하 제2기갑여단이 골리에에 가설한 교량을 사용할 수 있도록 허가하라고 제1기갑사단에 명령하였다.5) 독일군이 전차를 대안에 투입하기 위해 필사적으로 노력하고 대독일연대가 계속 전진하는 동안 적 증원이 도착했다는 첫 보고가 들어왔다. 제1기갑사단장 키르히너 장군은 "기갑여단이 가장 우측 기동로를 사용하도록" 결정하였다.6) 이후 1시간 동안 사단은 세메리와 라 마르페 숲, 콘나주Connage에 프랑스군 전차가 나타났다는 추가 보고를 계속 접수했다. 동시에 연합군 공군이 골리에의 교량에 맹폭을 가하였으나 교량은 기적적으로 파괴되지 않았다. 독일군은 아르덴느에서 이미 교량자재를 거의 소모했기 때문에 만약 교량이 조금이라도 훼손되었다면 전황은 독일군에게 불리해졌을 것이고, 연합군이 행운의 일격으로 교량을 파괴했다면 독일군은 교량 자재를 추진하는데 수 시간을 사용해야만 했을 것이다.

전날과는 다르게 독일군은 14일 이른 아침에는 연합공군의 교량 폭격을 방어하거나 자체 대공방어를 위해 전투기를 거의 운용하지 않았다. 그러나 이내 세당 상공은 연합군 공군을 방어하기 위한 독일군 전투기로 가득 찼다. 독일군이 하나뿐인 교량으로 전차를 밀어 넣는 동안 폭격이 이어지면서 그들은 불안한 상황에 극도로 민감해졌다. 그러나 수많은 전투기가 상공에 출현하고 대공포 약 200문이 교량주변에 전개함으로써 독일군은 안심할 수 있었다.

종심 깊은 돌파구를 형성한 다음 날 아침 제1보병연대는 프랑스군 역습에 대비하려는 조치 외에는 진지를 거의 조정하지 않았다. 대독일연대가 불송을 향해 남진하는 동안 제3/1대대는 08시경 생 캉탱 외곽

농장에서 이동하여, 1개 중대를 콘나주에, 다른 1개 중대는 오미쿠르 Omicourt에, 나머지 1개 중대를 셰에리에 배치했다.[7] 독일군은 이렇게 진지를 점령함으로써 남서쪽에서 가해질 것으로 예상되는 역습 — 셰메리에서 콘나주나 오미쿠르를 거쳐 남서쪽에서 가해질 것이 분명한 — 을 막으려 했다. 또한, 연대는 제1기갑사단과 제19기갑군단이 서쪽으로 선회를 시작하면 서쪽으로 방향을 전환하기 위해 지휘소를 진지에 설치했다.

제3/1대대의 진지 조정은 제43강습공병대대와 제14대전차중대, 그리고 제4기갑수색대대가 도로를 따라 셰메리로 남하함에 따라 이루어진 조치였다. 제1기갑사단장은 위의 부대들로 특이한 구성의 특수임무부대Task Force를 편성했고 셰메리로 이동하여 아르덴느 운하의 교량을 확보하고 프랑스군 증원을 차단하도록 명령했다. 08시경, 콘나주 부근의 특수임무부대는 셰메리 방향에서 진출해오는 프랑스군 전차 50대의 공격을 받고 있다고 보고했으나[8] 사실 프랑스군은 중대 규모를 넘지 않았다. 특수임무부대가 작전을 훌륭히 수행한 덕에 독일군은 프랑스군의 역습을 격퇴할 수 있었다.

그동안 제1기갑사단은 최대한 많은 부대를 도하시키는 중이었다. 제2/56중포병대대가 08시경 강 남안으로 이동했으며 제2/73포병대대는 11시경 도하를 마쳤다.[9] 제1/73포병대대는 이들에 앞서 강을 도하했다. 생 망주에 있던 제37대전차대대 역시 도하를 서둘렀다. 대전차대대 예하 1개 중대와 다른 중대 절반 정도가 다리를 건너자 구데리안이 직접 개입하여 도하를 기다리고 있던 전차부대에 도하 우선권을 부여하였다. 이미 도하를 마친 대전차중대 중대장은 대대의 도하를 기다리지 않고 대독일연대를 찾아 합류하였다.[10] 이 같은 증원에도 14일의 이른 아침에 골리에의 교량을 통해 도하한 독일군의 수는 여전히 적었다.

불송과 메종셸을 향한 공격The Attack Toward Bulson and Maisoncelle

제1기갑사단은 뫼즈강을 도하한 예하부대를 2개 방향으로 투입했다. 1개 집단은 라 불렛에서 셰에리와 셰메리를 향해 남쪽으로 기동했다. 다른 하나는 라 불렛에서 불송과 메종셸이 있는 동쪽으로 향했다. 서쪽으로 향하는 보병 대부분은 제1보병연대 소속이었으며 동쪽으로 향하는 보병 대부분은 대독일연대원이었다.

대독일연대가 라 마르페 숲 남쪽에 닿기 전, 제4기갑수색대대의 정찰대가 쇼몽(불송 북쪽 2km)에서 프랑스군과 조우했다. 독일군 정찰대는 셰뵈주에서 불송을 향하는 도로를 따라 이동했으리라 추정된다. 첨예한 교전 끝에 독일군은 수많은 야포와 포로를 노획했다.[11] 서쪽으로 향한 기갑수색대대의 다른 예하대는 라 불렛에서 셰메리로 이어진 통로로 남진했다.

제2전차연대는 2시경 골리에로 이동했으나 08시경이 되서야 제1/2전차대대가 도하를 마쳤다. 제2전차연대는 뫼즈 강을 도하한 첫 번째 독일군 전차연대였다. 프랑스군의 역습 위협이 예사롭지 않음을 알게 된 연대장은 도하를 마친 중대를 개별로 이동시켰다. 전차연대장은 제1/2전차대대를 불송으로 보냈다. 또한, 그는 제2/2전차대대가 도하를 마치자 셰메리로 이동시켰다. 08시 30분까지 독일군 전차는 콘나주 인근에서 프랑스군과 격렬한 교전을 벌였다. 동시에 불송 주변에서도 전투가 발생했다.[12]

전차는 아슬아슬한 때에 전장에 닿았다. 프랑스군 제213보병연대와 제7전차대대가 셰메리에서 북쪽으로 공격하며 콘나주와 불송을 연하는 선에 이르렀을 때 전차가 도착한 것이다. 프랑스군은 소수 경무장 독일군을 격퇴하였으나, 프랑스군이 독일군을 압박하기 위해 전투력을 전방으로 투입하기 직전에 전차가 당도하여 전력을 보강했다. 때맞추어 등장한 전차는 독일군 보병의 열렬한 환영을 받았다.

제1보병연대는 제2전차연대가 도하를 마치고 남쪽으로 향한 이후 제1/1전차대대와 합류하여 전차연대를 후속, 셰메리를 향해 기동했으며 제2/1전차대대는 불송으로 향했다.[13] 이처럼 불송과 셰메리를 향하는 도로를 따라서 전차연대 각 대대가 자리했다.

제2/1전차대대는 09시경 골리에의 교량을 건너 기동했다. 대대가 도하지점에서 대기하는 동안 대대장은 제2전차연대가 이미 적 전차와 접촉한 사실을 알게 되었다. 대대는 글레르에서 남쪽으로 뻗은 도로를 따라 이동했고 프레누아에 도착했을 때 제2전차연대 좌측 또는 동쪽 측익으로 공격하라는 임무를 받았다.

대대장은 셰뵈주에서 불송으로 향하면서 8중대와 5중대는 도로 서쪽에서, 7중대는 동쪽에서 기동하도록 했다. 대대가 불송에 이르자 적과 치열하게 교전 중이던 제2전차연대 예하부대와 혼재되었다. 격렬한 교전 동안 7중대는 방어에 매우 유리한 진지를 점령했다. 그와 동시에 프랑스군 전차 8대가 불송 남쪽에 출현했다. 7중대는 도주한 전차 1대를 제외한 나머지 7대를 모두 격파했다.[14] 다른 중대도 프랑스군 전차를 추가로 격파했다.

프랑스군이 불송 주변에서 철수한 이후 독일군 전차대대 및 그와 편조한 보병은 패주하는 프랑스군을 바짝 추격하는 한편, 셰메리와 메종셀을 연결하는 도로를 향해 남쪽으로 공격했다. 일부 독일군은 다른 부대가 메종셀로 남진하는 동안 불송에서 셰메리를 향해 남서쪽으로 기동했다. 대대가 메종셀로 접근하자 프랑스군 제205보병연대 및 제4전차대대와 조우하였다. 한 독일군 전차중대장은 중대 작전을 다음과 같이 묘사했다.

대독일연대가 전차에 근접하여 훌륭히 후속하고 있었다. 갑자기 정찰대가 전차로 증강된 적 역습부대를 찾아냈다. 적 보병은 마치 훈련하는 듯 움직이며 중대 화력권 정면으로 곧장 달려들었다. 우리 중대는 적 전차 3대를 파괴하고 도로를 가로질러 남쪽을 향해 계속 공격했다. 중대는 메종셸 동쪽의 셰메리-로쿠르Raucourt간 도로에 근접하여 진지를 점령하여 계속 기동하는 대독일연대를 엄호했다.

적의 R—35전차* 10대가 밀집 종대를 이루어 로쿠르로 향하는 메종셸 외곽 도로에 나타났다. 중대는 즉시 모든 전차포를 발사했다. 우리는 적을 완벽하게 기습하였다. 프랑스군은 한발도 사격하지 못했다. 적 전차 3대는 명중탄을 맞았음에도 남쪽으로 방향을 바꾸어 가까스로 도주했다. 4대는 그 자리에 정지했고 그 중 1대는 격렬한 불꽃을 피워 올렸다. 나머지 3대는 방향을 바꾸어 마을로 물러났다. 전차가 심한 손상을 입었음에도 프랑스 승무원들은 전차를 포기하지 않았다.15)

양군이 보고한 전과에 다소 차이가 있었으나 독일군이 프랑스군 제205보병연대와 제4전차대대의 역습을 격퇴했음은 분명했다. 독일군 전차들은 4~5시간 동안 골리에에서 메종셸로 이동하였는데, 이러한 움직임은 언뜻 보면 연속된 하나의 이동처럼 보였으나 실제로는 점진적인 형태를 띠고 있었다. 대대가 15km를 이동하는 동안 쇼몽과 불송, 그리고 메종셸에서 프랑스군과 첨예한 접전이 있었다. 또한, 독일군은 메종셸 부근에서 프랑스군 100명을 사로잡은 것을 포함하여 막대한 장비와 포로를 노획했다.

동시에 독일군의 자신감과 전투의지는 프랑스군과 상반된 모습을 보였다. 그러나 가장 큰 차이점은 독일군이 신속하고 즉흥적인 공격을 위해서 스스로 노력했다는 점이었다. 그들의 급속한 전진은 프랑스군의 정형화된 전투기술과 완전히 달랐다. 재빠르게 공격하도록 훈련한 독일군은 오로지 신중하고 절차에 따라 생각하도록 훈련한 프랑스군을 쉽게 압도했다.

---

* 'R—36전차'가 올바르나 전거문서 내용을 그대로 인용함.

셰메리를 향한 독일군의 공격The Garman Attack Toward Chémery

독일군은 메종셸로 향하는 동시에 셰메리가 있는 남쪽으로 공격했다. 공격을 위해 부대를 결집하는 동안 제1기갑사단은 제1보병연대 예하 대대를 라 불렛과 콘나주 사이에 형성한 돌파구의 협소한 병목을 따라서 배치했다. 제1보병연대는 제1/1대대로 라 불렛을, 제2/1대대로는 셰에리를 방어하였으며 제3/1대대 예하 중대는 콘나주와 오미쿠르, 그리고 셰에리에 분산 배치하였다. 제1기갑사단은 콘나주 남쪽으로 공격하기 위해 제14대전차중대와 제43강습공병대대를 투입했다. 추후 제1기갑사단은 이들을 전차로 증강하여 프랑스군이 셰메리에서 셰에리로 지향한 둔중한 역습을 상대하도록 했다.

37㎜ 대전차포로 무장한 대독일연대 제14대전차중대는 5월 13일 야간에 2개 소대만이 뫼즈 강을 건너 글레르와 비예트로 이동했다. 중대는 밤사이 강력한 피폭에 시달렸으나 손실은 거의 없을 정도로 경미했다.

14일 새벽, 제14대전차중대 2개 소대는 프레누아로 행군했다. 그들은 그곳에서 대독일연대 참모나 연대 예하 대대 장교 중 1명과 만나기로 되어 있었다. 중대장인 베크-브로이히지터Beck-Broichsitter 중위는 자신의 임무가 무엇이 될지 몰랐다. 그는 프레누아 남쪽 약 2km 지점의 굴곡진 도로에서 작전 중이던 대독일연대장 폰 슈베린von Schwerin 대령을 만났다. 연대장은 그에게 불송을 공략 중인 1대대를 증원하라고 지시했다.16)

그러나 연대장을 만난 곳에서 수 km를 못 가서 베크-브로이히지터는 사단장 키르히너 장군을 만났다. 사단장은 그에게 셰메리의 적 방어가 약하다고 말하며 마을을 탈취하고 마을 서쪽에 있는 교량을 확보하라고 명령했다. 베크-브로이히지터는 직속상관인 대독일연대장에게 직접 받은 임무가 있었지만, 키르히너가 부여한 임무를 수락하고는 남쪽으로 향했다. 정찰대가 중대에 편조되었다.

제14대전차중대의 기동속도는 느렸다. 중대가 지나야 할 셰에리 시가지는 폭격과 전투로 심하게 부서졌으며, 건물 잔해가 도로를 군데군데 막고 있었다. 정찰차량은 장애물을 쉽게 통과했으나 중대는 이동에 다소 어려움을 겪었고 곧 정찰부대와 접촉이 단절되었다. 모든 차량이 장애물을 통과하자 중대는 즉시 전진을 재개했다.

07시에서 08시 사이에 제14대전차중대는 제3/1보병대대 최전방중대가 있는 콘나주 동쪽 지점에 도착했다. 중대가 콘나주에 도착하자마자 좌측방에서 사격을 받았다. 그와 거의 동시에 프랑스군 전차 1대가 갑작스레 서쪽에서 중대 우측에 나타났다. 대전차중대의 2개 소대는 즉시 행군대형을 전투대형으로 전환하여 적 전차를 신속하게 격파했다. 또한, 프랑스군 기병부대(승마) — 제5경기병사단으로 추측되는 — 가 서쪽 코테 숲Bois de Côtes 방향에서 출현하여 대전차중대로 돌격했으나, 1정의 기관총 사격으로 기병은 무질서상태에 빠졌다. 잠시 후, 더 많은 프랑스군 전차가 콘나주 남쪽과 남서쪽에서 공격해왔다. 독일군의 37㎜ 대전차포는 같은 곳을 몇 번이나 명중한 후에야 프랑스군 전차를 관통할 수 있었다. 심지어 전차 몇 대는 전투진지 전방 200m 지점까지 밀어닥쳐서야 정밀조준사격으로 파괴할 수 있었다. 또 다른 프랑스군 전차는 독일군을 우회하여 측후방을 공격하려했으나, 중대는 대전차포 6문으로 원형사주방어진지를 편성하여 적을 저지하였다.[17]

대략 08시경, 매우 흥분한 소위 1명이 진지로 뛰어들어 중대와 같이 이동했던 정찰대가 셰메리에서 매우 강력한 사격을 받고 있으며 중상자도 몇 명 발생했다고 알렸다. 그는 베크–브로이히지터에게 즉시 전방으로 기동해 달라고 요청하였으나 중위는 이를 거절하였다. 베크–브로이히지터는 셰메리로 전진한다면 패퇴할 위험이 있으며 만약 그러한 상황이 발생한다면 벨뷔와 독일군의 교두보로 직행하는 통로가 개방됨을 알고 있었다. 그는 예하 2개 소대를 계속해서 콘나주의 동쪽에 두기로 마음먹었다.

08시에서 10시 사이, 제2전차연대가 도착함으로써 독일군은 매우 긴요했던 예비대를 확보할 수 있었다. 마치 보병처럼 전투를 수행한 제43강습공병대대는 대전차중대를 초월하여 셰메리로 공격했다. 대전차중대는 프랑스군 전차와 기관총을 파괴하여 공병을 지원했다.

사단 일지에 따르면 독일군이 마을로 들어서자 "양군 사이에 집요한 전투가 벌어졌다."고 한다.[18] 프랑스군의 강력한 저항과 역습에도 독일군은 11시경, 셰메리에서 프랑스군을 축출했다. 이때 독일군 전차가 긴요한 도움을 주었지만, 가장 중요한 역할은 대전차중대와 강습공병대대 몫이었다. 제14대전차중대는 나중에 콘나주와 셰메리 부근에서 프랑스군 전차 44대를 파괴했으며 단 1명도 전사하지 않았다고 보고했다. 전과가 실제보다 대략 2배 정도 많았지만, 대전차중대의 전투수행은 분명히 매우 뛰어난 것이었다.

제14대전차중대는 셰메리를 탈취한 뒤 마을 북쪽에 집결하여 메종셸로 향했다. 중대가 이동을 시작하자 슈투카가 셰메리를 폭격하여 중대 병사 몇 명과 제43강습공병대대장이 전사했다. 또한, 제2전차연대 참모 몇 명이 사망하였으며 제1기갑여단장이 중상을 입었다.[19] 독일 공군은 우군이 셰메리를 확보했음을 몰랐던 것이다. 중요 지휘관의 손실이 있었지만, 공격에 바로 영향을 미치지는 않았다. 제1전차연대장 네트비히Nedtwig 중령이 제1기갑여단장 켈츠 대령을 승계하였으며, 디트만Dittman 중령이 제1전차연대장을 임시로 맡았다.

제19기갑군단이 서쪽으로 선회하는 결정을 내리기 바로 전에 제1기갑사단은 이미 서진을 준비하고 있었다. 5월 14일 아침, 사단이 제1보병여단에 부여한 일일목표는 셰메리 서북서쪽 12km에 있는 생글리Singly였다. 11시경 셰메리를 확보한 제1/2전차대대는 11시 30분에 2중대를 말미Malmy(셰메리 서쪽 1km)에 있는 아르덴느 운하 상의 교량으로 보냈다. 서쪽으로 기동하게 된다면 셰메리와 말미 사이 운하에 있는 교량이 갖게 될 중요성을 인식하고 있었던 제1기갑사단은 교량을 신속히 확보했다. 또한, 사단은 소규모 부대를 방드레스(셰메리 서쪽 5km)로 파견하였으나 마을을 탈취하지는 못했다. 제1기갑사단 일지에는 작전이 간명하게 요약되어 있었다. "방드레스로 전진하였으나 패퇴하였다. 적의 강력한 대전차 방어가 설치되어 있었으며 적 전차가 마을에 있었다."[20]

거의 동시에 사단은 예하부대를 메종셸에서 서쪽으로 기동하도록 했다. 메종셸에 잠시 머무른 제2/1전차대대는 오후 일찍 서쪽으로 기동하라는 명령을 받았고, 14시경 말미에 이르렀다. 또한, 대대는 15시에 말미에서 방드레스간 도로 북쪽으로 공격하라는 명령을 받았다.[21] 그곳에서 대대는 강력한 적 저항에 직면하였다.

만약 사단이 계속해서 서쪽으로 공격한다면 그들은 프랑스군의 새로운 방어선과 싸워야만 했다.

제2기갑사단의 서진The 2nd Panzer Division Moves West

제2기갑사단과 제10기갑사단의 남진은 제1기갑사단에 비해 상당히 더뎠다. 특히 제2기갑사단은 돈셰리 부근에서 장비와 병력을 도하하는 데 어려움을 겪고 있었다. 14일 아침, 프랑스군이 세당으로 증원 병력을 보내고 있다는 사실을 알게 된 구데리안은 제2기갑사단의 제2기갑여단에 골리에 교량을 건너 제1기갑사단 전차를 후속하도록 명령했다. 추후 그는 이러한 명령에 대해서 프랑스군 공격에 "충분한 기갑전력"으로 대응하기를 원했기 때문이라고 설명했다.[22]

제2기갑사단 전차는 10시 13분에 도하하여 강과 나란하게 서진했다. 제2/4전차대대는 11시 35분에 보병 지원을 받으면서 퐁 아 바르에 있는 아르덴느 운하의 교량을 탈취했다.[23] 제38장갑공병대대가 교량을 보수하자 전차가 운하를 건너 남쪽으로 선회하여 2시간 뒤 아노뉴(퐁 아 바르 교량 남쪽 2km)를 소탕했다. 전차대대는 아노뉴를 신속히 통과 후 도로를 따라서 남서쪽으로 수 km를 계속 기동한 뒤 북서쪽으로 향했는데, 1개 행군종대는 아노뉴와 샤포뉴Sapogne 사이에서 방향을 전환했고, 다른 1개 행군종대는 샤포뉴에서 북서쪽으로 향했다. 이들은 부탄쿠르Boutancourt(샤포뉴 북서쪽 3km)까지 북서진했다. 그리고 대대는 동쪽으로 방향을 바꾸어 18시경에는 동 르 메닐Dom le Mesnil(퐁 아 바르 서쪽 2km)을 소탕하였다.24)

요약하자면 퐁 아 바르 교량에서 남진한 제2기갑사단 전차부대는 뫼즈 강 남안과 아르덴느 운하의 넓은 지역을 소탕할 때까지 커다란 원을 그리면 기동한 것이었다. 사단의 다른 전차는 아르덴느 운하의 교량에 이르기 전에 남쪽으로 방향을 바꾸어 생 테냥St. Aignan(퐁 아 바르 남쪽 5km)으로 전진했다. 이로써 제2기갑사단은 14일 정오에 뫼즈 강 남안에 정면 6km, 종심 5km에 이르는 지역을 확보하였다. 제2기갑사단은 위 지역을 확보함으로써 제1보병연대가 라 불렛에 형성한 돌파구 서측방을 보호하였으며 사단 나머지 부대가 쉽게 도하하도록 지원하였다. 그런데 프랑스군은 독일군의 기동을 제대로 파악하지 못했다. 즉, 프랑스군은 독일군이 동 르 메닐로 서진함과 동시에 아노뉴를 향해 남진했다고 주장했던 것이다.

제2기갑사단이 뫼즈 강 남안에서 통제력을 확장해나가자 프랑스군 포격 효과가 점차 감소하였다. 14일 09시(제2기갑사단 전차가 뫼즈 강을 도하하기 전), 제2기갑사단은 마침내 돈셰리에 교량 가설을 시작하였으나 메찌에르에서 가해진 프랑스군 포격과 연합군 공군의 폭격으로 가설을 중단하였다.25)

제2기갑사단은 14일 저녁까지 프리즈(퐁 아 바르 서쪽 5km)-부탄쿠르-샤포뉴-생 테냥을 연하는 선을 확보하였다. 그러나 사단은 주간에 계획한 것과는 달리 더는 남쪽과 서쪽으로 이동하지 않았기 때문에 도하 성공과 교두보 구축 효과는 다소 감소하였다. 사단의 일일목표는 불지쿠르Boulzicourt(퐁 아 바르 서쪽 10km)와 셍글리(퐁 아 바르 남서쪽 11km)

였다.[26] 그런데 구데리안의 예상과는 달리 사단은 겨우 도하만을 마쳤던 것이다. 사단이 15일에 얼마나 전진할 수 있는지는 돈셰리에 교량이 언제 완성되는가에 달려 있었다.

제10기갑사단의 남진The 10th Panzer Division Moves South

13일 오후에 제10기갑사단의 제1/86대대가 부이요네 철교 인근에서, 제2/69대는 와들랭쿠르 근처에서 강을 도하했다. 그러나 이들은 프랑스군이 누와예와 프랑스군인 묘지 근처에 설치한 방어선을 돌파하는데 커다란 어려움을 겪었다. 프랑스군이 주변을 감제하는 지형을 점거하고 있었으며 전투력과 전투의지도 다른 저항거점에 비해서 강력했다. 제10기갑사단은 야간에 소규모부대를 전방으로 보내 교두보 두 곳을 확장하려 했다. 그러나 프랑스군은 도하지점이 내려다보이는 진지에서 물러나지 않았다. 사단은 중(重)포병대대를 제1기갑사단에 배속주어 2개 경(輕)포병대대만을 가지고 있었다. 이처럼 포병이 부족했기 때문에 제10기갑사단의 공격은 다소 제약을 받았다.[27]

제10기갑사단은 누와예와 프랑스군인 묘지를 공격하면서도 계속해서 와들랭쿠르에 교량을 가설하려 했다. 14일 05시 45분경, 사단은 마침내 교량을 완성하였으나 교통 흐름이 원활치는 않았다. 프랑스군이 누와예와 프랑스군인묘지가 있는 고지의 진지에서 도하지점 근처로 소화기 사격을 가했기 때문이었다. 또한, 아침에는 알 수 없는 현상에 의한 "기술적인 어려움"이 몇 차례 발생하였다. 이는 아마도 독일군의 교량 사용을 저지하려는 연합군 공군의 공격 때문에 나타난 듯했다.[28] 이러한 "기술적인 어려움" 때문에 14일에는 1개 전차연대만 도하하였고, 제7전차연대는 15일 이른 아침까지도 도하를 완료하지 못했다.

교량이 완료되자 더 많은 부대가 강을 건너 더욱 강력한 공세를 취하였다. 그러나 여전히 강을 건넌 사단 병력은 상대적으로 소수였다. 공격부대는 주로 제2/69대대와 제1/86대대 소속 보병으로 제8전차연대 예하 전차중대가 이들을 지원하였다. 그러나 프랑스군이 누와예를 강력하게 방어했기 때문에 사단은 14일 13시에야 도하 지점을 감제하는 고지를 탈취할 수 있었다.[29] 프랑스군이 항복하게 된 다른 이유는, 대독일연대가 누와예 방어진지 후방으로 기동함으로써 프랑스군의 전투의지가 현저히 약해졌기 때문이었다.

제10기갑사단은 와들랭쿠르가 내려다보이는 고지를 확보한 뒤 남쪽으로 계속 공격했다. 그러나 아직도 강을 건넌 부대는 2개 보병대대에 지나지 않았다. 군단이 차후 작전에 대한 지침을 주지 않았으나 앞서 사단은 257고지에 있는 보 메닐Beau Ménil 농장 근처인 불송 동쪽 고지를 최우선 목표로 부여받았다. 이 고지는 누와예 남쪽 3km, 불송 북동쪽 2km 지점에 있었다. 14일 늦은 오후까지 격렬한 전투를 치른 후에야 제10기갑사단은 고지를 확보할 수 있었다.[30]

제8전차연대 전위부대는 불송 남동쪽 약 500m에 있는 320고지까지 진출했다. 사단장 샬 소장은 무선지휘량을 타고 선두 기갑부대가 있는 곳으로 이동했다. 그사이 제8전차연대는 메종셸 남동쪽을 목표로 계속 공격했다. 샬은 메종셸 이후 목표를 부여받지 못했기 때문에 17시에 무선통신으로 군단 사령부에 추가 지침을 요청했다. 그러나 18시까지 아무런 지침이 없었다. 그는 재차 군단 사령부를 재촉했으나 여전히 회신이 오지 않았다.[31] 해가 지고 있었지만, 사단장은 스톤을 향해 남진해야 할지, 선회하여 서진해야 할지 알지 못했다.

서진 또는, 남진이라는 2가지 선택지는 독일군이 룩셈부르크를 공격하기 전에 이미 샬에게 주어졌었다. 논리적으로 따지자면 선택은 명확했다. 남쪽에서 교두보에 대한 현저한 위협이 가해진다면 제10기갑사단은 스톤과 몽 디외를 포함하는 고지대를 방어해야 했다. 만약 그렇지 않다면 후속부대가 고지대를 방어하도록 하고 사단은 다른 사단과 마찬가지로 서쪽으로 선회해야 했다.

샬이 14일 늦은 오후에 추가 정보를 탐색하는 동안에도 사단 도하작전은 곤경에 처해있었다. 14일 08시경, 연합군 공군은 와들랭쿠르의 교량에 8차례 공습을 가하였다. 독일군의 한 대공포대는 적기 21대를 격추했다고 주장했다. 도하가 얼마간 지연되었지만, 사단은 공격을 멈추지 않았다. 그럼에도 병력과 차량의 도하속도는 극도로 완만했다. 실체를 알 수 없는 "기술적 어려움"이 계속해서 도하 속도를 제한했다. 14일 낮 동안 사단은 2개 보병대대와 제8전차연대만을 뫼즈 강 서안에서 운용할 수 있었다. 제7전차연대의 투입이 늦어진 이유는 교량 가설이 기술적으로 어려웠기 때문이 아니라 연대가 강을 건너는데 많은 시간 — 14일 15시에서 15일 02시까지 — 이 걸린 탓이었다. 이러한 어려움 속에서 샬 장군은 14일 늦게 제1·2기갑사단과 함께 서진하라는 명령을 받았다.[32]

14일 18시경, 사단 작전장교가 예고 없이 세당 동안에 있던 사단 지휘소에서 전선으로 와 사단장을 방문하였다. 그는 슈토르히 경비행기를 타고 메종셸로 왔다. 샬은 즉시 그를 군단 사령부로 보내 차후 공격방향에 대한 추가 정보를 얻으라고 지시했다. 나머지 사단 참모는 그날 밤 늦은 시간인 새벽 02시 30분까지도 불송으로 진입하지 않았다.

사단 작전장교가 군단 사령부에 도착했을 때 그는 라 브자스La Besace(메종셸 남동쪽 6km)를 향해 남동쪽으로 공격하여 스톤 부근 고지를 탈취한 뒤, 스톤(메종셸 남쪽 5km)을 향해 남서쪽으로 공격하라는 지침을 받았다. 그는 자정쯤 불송에 있는 사단 지휘소로 복귀하였다. 남측방 방호를 위해 몽 디외(메종셸 남서쪽 7km)를 공격하고 있으리라 추정되는 대독일연대가 사단으로 배속 전환되었다. 그러나 제10기갑사단은 연대의 상황이나 정확한 위치를 알지 못했다. 이는 제1/37포병대대의 경우도 마찬가지였다. 비록 작전장교가 받은 명령은 앞서 사단장이 말한 것과는 달랐으나 군단이 사단에 원한 바는 분명했다.

15일 이른 아침, 샬은 대독일연대와 무선통신을 연결하려 했으나 불통이었다. 사단장은 대독일연대의 상황을 몰랐기 때문에 기갑여단에 소규모 부대로 라 브자스와 스톤을 향해 공격하라고 명령했다.[33] 그는 사단 정면과 서측방이 불명확한 상황에서 전체 부대가 성급하게 전진할 이유가 없다고 보았다.

제10기갑사단은 조심스럽게 전진하는 한편, 후방에 상당한 프랑스군이 남아 있음을 알게 되었다. 사단 일지에는 "뫼즈 강 남안 퐁 모지에서 남동쪽으로 이어진 벙커를 아직 공격하지 않았다. 이들은 여전히 전투력을 지니고 있었다. 그러나 사단은 돌파가 성공적으로 이루어졌기 때문에 비교적 소규모 부대의 공격으로도 프랑스군이 항복하리라 판단하고 있다."라고 적었다.[34] 실제로 제10기갑사단은 뫼즈 강 서안에서 프랑스군과 비교하면 여전히 "상대적으로 소규모인 부대"에 지나지 않았다.

제2기갑사단과 제10기갑사단은 제1기갑사단만큼 성공적으로 도하작전을 수행하지는 못했다. 양개 사단의 상당한 부대가 여전히 강 북안에 있었다. 제2기갑사단은 군단이 부여한 일일목표도 달성하지 못했다. 군단이 제10기갑사단의 임무를 서쪽으로 선회하는 것에서 남쪽으로 기동하여 몽 디외와 스톤 주변 고지를 점령하는 것으로 변경한 이유는 제2기갑사단과 제10기갑사단의 주요 부대가 신속하게 도하하지 못했기 때문이었다. 앞으로 설명하겠지만 제10기갑사단의 임무 변경은 클라이스트 기갑군과 제12군 간에 있었던 논의 — 제19기갑군단의 정지와 추가 후속부대가 도착할 때까지 교두보를 강화하는 문제에 대한 — 의 영향을 받았다.

제19기갑군단의 서진Turning the XIX Corps to the West

제1기갑사단과 제10기갑사단이 셰메리와 메종셀에 도착한 뒤 독일군 지휘관들은 서쪽을 향해 선회하는 문제에 대한 어려운 결정을 내려야만 했다. 5월 10일, 독일군은 처음으로 이를 논의하기 시작하였다. 독일군은 서진의 어려움을 인식하고 있었으며 선회를 위한 정확한 조건이나 시기를 예측할 수 없다는 점도 알고 있었다. 이 때문에 독일군은 구체적인 계획을 작성하지도 못했다. 그러나 기본개념은 제1기갑사단과 제2기갑사단이 서진하게 되면 대독일연대나 제10기갑사단을, 혹은 양개 부대 모두를 측방 방호에 투입하는 것이었다.

구데리안은 클라이스트를 비롯한 상급부대 지휘관의 의향에 다소 의구심을 품었으나 서쪽으로 선회하여 계속 전진하려는 준비를 하고 있었다. 제1기갑사단은 14일에 군단에서 하달한 명령을 일지에 적었다. "셰메리-메종셀로 공격하라. 대독일연대가 스톤 외곽에서 남측방을 방어하는 동안 방드레스에서 르텔을 향해 선회하라."[35] 그러나 14일 오후, 측방방호를 위해 보병이 추가로 도착하지 않은 상황에서 군단이 선회할 수 있는 충분한 능력을 갖추고 있는지에 의문이 제기되었다.

이러한 의문은 적 및 사단 예하부대 상황을 전한 보고에서 나타났다. 이러한 보고 중 하나로, 제1기갑사단 예하 제1기갑여단은 아르덴느 운하 도하지점인 말미가 공격받고 있으며 추가 보병 지원 없이는 버틸 수 없다고 사령부에 알렸다.

사단 일지에는 아래와 같은 내용이 기록되어 있었다.

방드레스는 치열한 전장이었다. 적이 방드레스로 계속 증원했으며 역습을 준비하고 있음이 분명했기 때문에 제2/1대대를 [기갑]여단에 배속하였다. 기갑여단은 연료와 탄약이 거의 바닥났다고 보고했다. 몽 디외 숲Bois du Mont Dieu[셰메리 남쪽]에 전개한 정찰대가 숲 북쪽 외곽에서 강력한 적과 조우하였으며, 숲으로 전진할 수 없다고 보고해왔다.[36]

추가 보고로,

기갑여단은 인원과 장비 손실이 심각하다고 보고했다. 장교가 다수가 전사하거나 부상당했다. 전차의 1/4만을 전투에 투입할 수 있었다. 탄약과 연료 부족이 특히 두드러졌다.[37]

제1기갑사단의 상황을 고려하면 사단이 선회를 계획할 수 있던 것조차도 정말이지 놀라운 일이었으나 사단 일지에는 아래와 같이 문제를 분석한 내용이 포함되어 있었다.

사단은 기존에 부여받은 임무에 근거하여 스톤 서쪽과 숲 북쪽에서 가해지는 위협을 고려하지 않고 서쪽으로 향할 것인지, 아니면 선회하기 전에 적을 먼저 타격할지를 선택해야만 하는 상황에 직면했다. 결정은 어려웠다.

만약 즉시 선회한다면 사단 측방과 후방이 적에게 노출될 것이다. 제10기갑사단의 도움도 …… 불투명했다. 대독일연대의 전투력이 오늘 밤과 앞으로 며칠간 이어질 적의 공격을 방어하기에 충분할까? 지금 이 순간에도 대독일연대는 치열하게 교전 중이었다. 연대는 하루 내내 공격작전을 수행했고, 어제는 벙커와 격렬한 전투를 치렀다. 또한, 그들은 세당까지 장거리 행군을 한 뒤에 전혀 쉬지 못했으며 손실도 무시할 수 없는 수준이었다.

다시 말하자면 계획 전체가 위험에 빠졌다. 거시적인 관점에서 보자면 사단은 기회가 생기면 언제라도 서쪽으로 향해야만 했다. 우리는 프랑스군을 격퇴하였다. 적은 철수하였으며 때로는 거의 패주하다시피 했다. 무질서한 방법으로 각기 다른 장소에서 이루어지고 있는 적의 역습 ― 비록 격렬한 전투가 발생하고 있으나 ― 은 우리가 아직 어떠한 커다란 계획에 근거한 통합된 대응을 하고 있지 않음을 보여주는 것이다. 지금은 새로운 작전계획이 필요한 시점이다.

적이 계획을 시행할 때 조직 구조상 발생하는 시간 지연을 고려하면 우리 사단이나 인접 사단이 전투력을 증강하기 위해 새로운 부대를 끌어오는데 필요한 시간 동안 대독일연대가 [스톤과 몽 디외에] 가해지는 압력을 견뎌낼 가능성이 있다. 언제라도 사단이 서진해야만 한다는 점은 여전히 명확하지만, 이는 반드시 사단의 주력부대로 이루어져야만 한다. 사단 측방에 위협이 있지만 남쪽에서 강력한 작전을 수행하기 위해 부대를 분산하거나, 동시에 일부 부대만으로 서진하는 작전은 금물이다.

　전체 상황에 대한 분석과 프랑스군 움직임이 더디다는 점에 대한 믿음을 기초로 사단은 내일 아침에 더욱 멀리 전진하기 위해 주력부대로 서진하기로 했다.38)

　이처럼 제1기갑사단은 불안한 상황이었음에도 측방에 주요 부대를 남겨놓지 않고 서쪽으로 선회하는 방안이 최선이라고 믿었다.

　제1기갑사단의 일지에 따르면 사단이 선회를 결정하면서 기본적으로는 군단 영향을 거의 혹은, 전혀 받지 않았다고 하지만 사실 구데리안의 역할이 매우 컸다. 구데리안은 회고록에서 제1기갑사단장 키르히너 장군과 작전참모 벵크Wneck 소령을 만나 사단 전체가 서쪽을 향할 수 있을지, 아니면 부대를 남측방에 남겨 사단 측방을 보호해야 할지를 물었다고 설명했다. 격렬한 전투가 치러지던 방드레스와 수 km밖에 떨어져 있지 않은 세메리에서 논의를 진행하는 동안 벵크 소령은 구데리안이 기갑부대 운용에 관해 주장해왔던 "사단은 집중해야 하며 소규모 부대로 분산해선 안 된다."는 경구를 인용하였다. 그 순간 구데리안은 논쟁의 논리를 확실하게 깨달았고 제1기갑사단과 제2기갑사단에 즉시 방향을 바꾸라고 명령했다. 제19기갑군단은 서진하여 프랑스군의 나머지 방어선을 돌파하기 시작했다.39)

　구데리안의 결정 중 두 번째 부분은 군단 측방방호에 관한 문제였다. 구데리안은 대독일연대가 홀로 임무를 수행할 수 있을지, 아니면 대독일연대와 더불어 제10기갑사단을 함께 투입해야 할지, 더 나아가 제1기갑사단 일부 부대도 투입해야만 측방방호가 가능할지를 고민했다. 구데리안은 제10기갑사단의 느린 도하 속도와 프랑스군 기갑 및 차량화 사단이 몽 디외와 스톤으로 접근하고 있는 점을 고려하여 1개 연대로는 군단 측방을 방호할 수 없다고 판단했다. 군단은 대독일연대를 제1기갑사단에서 제10기갑사단으로 배속 전환하여 후속부대가 도착할 때까지 군단 측방을 방호하는 임무를 부여하였다. 추가로 제1기갑사단 예하 제4기갑수색대대도 측방방호에 투입하였다.

제19기갑군단이 주력으로 선회하기로 한 결정은 전역이 새로운 단계에 접어들었다는 신호탄이었다. 제19기갑군단은 증대하는 측방 위협에서 교두보를 보호하기 위해 각 1개 사단과 연대를 남길 예정이었으나 나머지 부대는 최대한 신속하고 종심 깊게 서진하려 했다. 제1기갑사단이 사실상 모든 부대로 선회하는 개념을 구상했다고는 하나 군단은 사단이 생각했던 것보다 더 신속하고 종심 깊게 적 방어선으로 사단을 전진시켰다. 제19기갑군단은 14일에 제1기갑사단과 제2기갑사단이 생글리(세메리 서쪽 13km)까지 진출하기를 원했으며, 15일에는 르텔(생글리 남서쪽 30km)에 도달하고자 했다. 그러나 지쳐 버린 제1기갑사단 장병에게 목표는 너무나 멀게 보였다.

군단 전체 상황을 고려했을 때 계획을 밀고 나가기로 한 구데리안의 결정은 정말 대단한 것이었다. 도하 예정 지점 6곳 중 3곳이 도하에 실패한 순간부터 제2기갑사단과 제10기갑사단 모두 대부분 부대가 도하에 실패하고 제2기갑사단의 14일 자 일일목표 달성이 좌절된 순간까지 구데리안은 전속력으로 서진할 경우의 위험성에 특히 민감하게 반응했다. 도하는 성공했지만 군단은 구데리안의 예상과 달리 유리한 상황이 아니었다. 또한, 남쪽에 거대한 프랑스군이 있다는 보고가 계속 올라와 그의 걱정은 커져만 갔다. 제10기갑사단에 차후 임무하달이 지연된 사실과 이후의 임무 전환은 독일군 지휘관들이 당혹스런 문제에 봉착했음을 방증하는 것이었다.

그런데 14일 늦게 구데리안과 클라이스트가 다음날 군단이 계속 서진하는 문제로 다툼으로써 문제가 더 복잡해졌다. 클라이스트는 교두보에 가해질 역습을 가장 우려했다. 클라이스트가 걱정한 이유는 제12군과 A집단군에 있는 기갑군의 상급자들에게 도하가 어려웠다는 사실을 전혀 알리지 않은 탓이었다. 13일 20시 40분, 클라이스트는 A집단군으로 제19기갑군단 3개 사단이 뫼즈 강 도하에 성공했으며 14일에는 아르덴느 운하를 건너 더 강력하게 전진할 것이라고 자신만만하게 보고했다. 그러나 그는 전문에서 강을 건너기 위한 제2기갑사단과 제10기갑사단의 처절한 전투를 언급하지 않았기 때문에 클라이스트의 상급자들은 교두보가 얼마나 취약했는지 처음에는 몰랐을 것이다.[40]

14일 밤에 적 전차가 북상하고 있다는 보고가 올라오자 클라이스트는 교두보를 강화할 후속부대가 도착할 때까지 제19기갑군단이 서진을 미루기를 바랐다. 그는 군단을 방드레스 서쪽 약 10km쯤인 푸아 테롱Poix Terron에서 정지시키려 했다. 이에 구데리안은 몹시 격분하였으며 클라이스트가 힘들게 얻은 전과를 빼앗으려 한다고 생각했다. 전역 전체를 통틀어 아마도 상황이 가장 급박하게 변하고 있는 국면에서 구데리안은 클라이스트에게 전화를 걸어 적 방어선 깊숙이 공격할 수 있는 시기가 무르익었다고 주장했다. 마침내 클라이스트는 한발 물러서 구데리안의 서진을 승인하였다. 구데리안은 밤늦게 다시 전화를 걸어 "겁먹은 상급부대"에 대한 불만을 늘어놓았다.[41]

군단보다 후방에 있던 제12군과 A집단군은 구데리안이나 클라이스트보다 더 신중한 자세를 취했다. 그들은 구데리안이 가졌던 자신감이나 제1기갑사단처럼 프랑스군의 기동이 느릴 것이라 확신할 수 없었다. 따라서 그들은 스톤 주변 고지군과 몽 디외 숲을 확보하고, 이를 기반으로 세당 교두보를 방호하는 것이 제19기갑군단의 최우선 과제라 생각했다. 제12군은 제19기갑군단 휘하 5개 대대만이 강을 건넜다는 사실을 알게 된 후, 선두부대가 전진하기 전에 부대를 추가로 도하시켜 교두보를 공고히 하기를 원했다. 제12군 사령관은 독일군 최고사령부의 의도를 다음과 같이 설명했다. ; 클라이스트 기갑군은 "강력한 부대를 서안에 투입하고 난 뒤 서쪽으로 공격해야만 한다."[42] 이처럼 독일 육군이 새로운 공격을 시작하기 전에 뫼즈 강 서안에서 교두보를 강화하려 했다는 점은 분명했다.

그러나 구데리안은 상급부대의 제한사항을 대수롭지 않게 여기고는 각 사단에 다음 날 일일목표를 하달하였다. 그는 15일에 제1기갑사단과 제2기갑사단이 남서쪽으로 약 30km 기동하여 르텔에 도착하기를 바랐다. 14일 24시경, 클라이스트가 군단이 르텔로 향해도 좋다고 승인하는 공식 전문을 보내왔다.[43]

구데리안은 지휘 계통상에 있는 상급지휘관 중 그 누구보다 더 거시적이고 깊은 관점에서 생각하고 있었으며 남측방에 필요한 최소한이지만 큰 전투력을 남기고 예하 사단 — 클라이스트의 마지못한 찬성을 얻어 — 을 서쪽으로 선회시켰다. 또한, 그는 계산된 모험 — 상급 지휘관들은 매우 불안해했지만 — 하에 프랑스 영토 내로 깊숙이 진격했다. 그런데 그의 상급자들은 군단 상황을 자세히 알지는 못한 듯하다. 만약 제12군과 A집단군, 또는 베를린 최고사령부가 더 많은 정보를 알고 있었다면 — 특히 제1기갑사단의 상태나 적 위협의 강도에 대하여 — 이들의 공포는 더욱 커졌을 것이고 분명히 구데리안에게 정지하라는 명령을 내렸을 것이다.

서진에 대한 논쟁 탓에 14일 밤에 군단 사령부와 예하 사단에 혼란이 일어났다. 결과적으로 제10기갑사단은 제1기갑사단과 제2기갑사단이 선회하는 동안 몽 디외와 스톤을 고수하라는 지시를 제때 받지 못했다. 앞서 언급한 바와 같이 제10기갑사단장은 17시와 18시에 무선통신으로 추가 지침을 알려달라고 요구했었다. 마침내 서쪽으로 선회하라는 전문을 받았으나 사단 임무는 나중에 다시 변경되었다. 제10기갑사단은 작전장교가 군단 사령부를 방문하고 나서야 스톤과 몽 디외로 남진하라는 명령을 받았으며, 15일의 임무를 알 수 있었다.

15일 3시, 제2기갑사단은 군단에서 15일 자 일일목표에 관한 전문을 받았다. 군단 목표는 르텔과 바지뉘Wasigny(르텔 북쪽 13km)을 연하는 선이었다. 제2기갑사단은 강력한 부대를 좌측방에 두고 전진하였으며, 불지쿠르(퐁 아 바르 서쪽 15km)와 푸아 테롱(퐁 아 바르 서남서쪽 15km)를 통과하여 바지뉘와 세리Séry(르텔 북쪽 8km)를 연하는 지형을 확보하였다.44) 제2기갑사단이 북쪽 절반을, 제1기갑사단이 나머지 남쪽을 할당받아 샤포뉴-부탄쿠르-플리즈를 연하여 제2기갑사단이 전날 밤에 만들어낸 원형 교두보 남서쪽을 향해 30km 이상 진출하는 것이 군단의 15일 자 목표였다. 제2기갑사단은 전날 뫼즈 강을 도하하는 데 어려움을 겪었으며 15일 04시까지 돈세리의 교량을 가설을 마치지 못하였으나 구데리안의 기대수준은 매우 높았다. 그의 기대는 클라이스트의 걱정 — 상급 지휘관들의 걱정은 더욱 컸다. — 가운데서도 더욱 커졌다.

거시적인 관점에서 구데리안의 비전과 주장은 군단이 전진해야 한다는 것이었다. 따라서 이후 제19기갑군단이 프랑스 제9군의 측방을 포위하기 위해 서쪽과 해안을 향해 내달리면서 얻은 성과와 명성은 온당히 그의 몫이었다. 그리고 측방에 대한 적 행동을 무시하고 군단 전투력의 2/3 이하로 전진한 그의 판단은 도박이 아니라 분명 계산된 모험이었다.

그러나 구데리안이 얻은 명예는 클라이스트의 역할에 대한 인정과 균형이 맞춰져야 한다. 물론 구데리안은 보수적인 기병*이 전차의 잠재력을 인식했으리라 믿지 않았지만, 클라이스트는 제19기갑군단을 멈추라는 상급 지휘부의 명령을 17일까지 막아내고 있었다.45) 구데리안의 경솔하거나 때로는 완고한 태도에도 클라이스트는 그보다 더 보수적인 독일군 지휘관들로부터 구데리안의 방패가 되어주었으며 마지못해서이긴 하지만 성공에 필요한 자유재량권을 주었다. 그렇지만 전역 이후, 승리의 영광은 클라이스트가 아닌 구데리안에게 돌아갔다. 그러나 만약 제19기갑군단이 실패했다면 구데리안과 클라이스트는 같이 비난받았을 것이다.

---

* 클라이스트는 기병 병과 장군이었다.

제19기갑군단의 측방방호Securing the Flank for Guderian's Advance

제1기갑사단은 대부분 전차가 방드레스 방면으로, 보병은 오미쿠르와 마자랭 숲Forêt de Mazarin 방향으로 전진했을 때 서쪽으로 선회하였다. 제10기갑사단과 대독일연대, 그리고 제1기갑사단 제4기갑수색대대는 군단 측방을 방호하기 위해 남쪽으로 이동하였다.

앞서 언급한 바와 같이 제10기갑사단은 14일 한밤중의 어느 시점까지도 스톤 근방 고지를 탈취하는 임무에 대해 알지 못했다. 사단 작전장교가 군단 사령부까지 가서 명령을 수령하여 15일 새벽에야 사단장에게 그 사실을 알릴 수 있었다. 군단은 공격을 위해 대독일연대를 사단에 배속해주었다. 그러나 사단장은 연대와 무선통신을 연결할 수 없었고 연대 상황을 전혀 알지 못했다. 결론적으로 사단은 15일 이른 아침에 소규모 부대만을 스톤으로 보냈다.

15일 4시경, 군단 서식명령이 제10기갑사단 지휘소에 도착했다. 사단은 대독일연대와 제1/37포병대대를 배속 받아 서쪽의 아르덴느 운하에서 몽 디외와 스톤 일대 고지군을 가로질러 빌몽트리Viilemontry(스톤 동북동쪽 12km) 남쪽 뫼즈 강 만곡부까지 확보하는 임무를 받았다. 그 이후 사단 임무는 위 선을 방어함으로써 세당 교두보와 군단 측방을 방호하는 것이었다.46) 추가 전투력으로 제29차량화사단 예하 1개 대대가 불송에 도착하자마자 제10기갑사단 보병여단에 배속되었다.

제10기갑사단은 명령을 받고 얼마 후에 대독일연대가 메종셸 남쪽 3km 지점에 있음을 알게 되었다. 연대 3대대가 아르테즈 르 비비에Artaise le Vivier(메종셸 남서쪽 2km) 서쪽 지역을 확보하고 있었으며, 1대대와 제43강습공병대대가 스톤 바로 북서쪽을 점령하고 있었다. 2대대는 로쿠르 숲Bois de Raucourt(스톤 북동쪽 2km이자 메종셸 남동쪽 3km) 남쪽 외곽을 공격 중이었다. 메종셸 바로 북쪽에 있던 제1/37포병대대는 화력을 지원했다. 사단장은 대독일연대에 몽 디외 숲을 지나 계속 이동하여 숲

남쪽 외곽선을 탈취하고 스톤 주변 고지를 방어하라고 명령했다.[47]

동시에 사단은 다른 2개 축선으로 공격했다. 기갑여단 ― 2개 보병중대와 각 1개 공병중대, 방공중대, 대전차중대로 증강된 ― 은 제1/90포병대대의 화력지원을 받으며 용크Yoncq(스톤 동쪽 7km) 남동쪽 고지를 점령하기 위해 전진했다. 제2/8전차대대는 전날 저녁에 비아 라 브자스에서 스톤을 향해 계속 공격하여 15일 07시경 마을에 다다랐다. 그러나 11시경, 프랑스군이 역습하여 독일군을 마을에서 구축하고 중전차 4대를 파괴했다. 격전이 벌어지는 마을을 고수할 수 없던 전차대대는 로쿠르 숲을 향해 북쪽으로 철수했다.

불행하게도 제10기갑사단 사령부는 스톤을 07시에 탈취했으나 11시에는 다시 상실했다는 사실을 몰랐다. 기갑여단이 10시 15분에 스톤을 07시에 점령하였다고 보고하였으나 피탈을 보고하지 못했기 때문이었다.[48] 이 실수는 제10기갑사단이 임무 난이도를 과소평가하게 된 원인이었다.

15일 09시, 제19기갑군단장과 제14군단장이 제10기갑사단 지휘소에서 회의를 열었다. 11시 부로 제14군단이 뫼즈 강 남안 교두보를 비롯하여 제10기갑사단 및 대독일연대를 통제하기로 했다.[49] 제14군단장은 제10기갑사단의 임무를 변경하지 않았다. 그는 사단에 몽 디외 고지군과 스톤, 용크를 확보하여 교두보를 방어하도록 명령했다. 또한, 군단장은 샬 장군에게 제29차량화사단이 사단 동측방에 투입될 것이며 만약 필요하면 제29차량화사단 예하 대대를 추가로 배속해줄 수도 있다고 말했다.[50]

제10기갑사단 사령부는 프랑스군이 스톤을 재탈환한 사실을 몰랐기 때문에 임무 완수를 위해 부대가 더 필요하지 않으리라 믿었다. 그러나 이는 잘못된 생각이었다. 사단은 전역 전체를 통틀어 가장 끔찍하고도 격렬한 전투에 돌입하게 되었다.

무엇인가 잘못되어가고 있다는 첫 징조는 15일 10시 30분에 대독일연대에서 나타났다. 연대는 사단 사령부로 적 기갑부대가 몽 디외 외곽에서 북쪽으로 공격해 온다고 보고했다. 잠시 뒤에는 제90기갑수색대대 대대장이 적이 메종셀 바로 남쪽지점에서 공격 중이라고 보고했다. 제10기갑사단은 이에 신속히 반응하여 사단 대전차교도대대 2개 중대와 제86보병연대 대전차중대를 전개하여 메종셀 남쪽의 적습을 차단하고 격퇴하도록 했다.51) 이후 하루 반 동안 제10기갑사단은 프랑스군과 뺏고 빼앗기는 전투를 수행하였으며, 양편이 번갈아 가며 공격과 방어를 계속했다.

프랑스군이 10시 30분경 몽 디외에서 셰메리 방향으로 역습한 뒤 11시경 스톤을 재탈환하였다. 그러나 제10기갑사단은 10시 15분에 스톤을 탈취했다고 올라온 보고를 계속 믿고 있었으며 스톤 일대 핵심 고지군을 여전히 장악하고 있다는 잘못된 가정을 근거로 부대를 재배치했다. 가장 위험한 지역이 용크 남동쪽 고지군과 몽 디외 숲 북쪽 외곽이라고 판단한 제10기갑사단 사령부는 기갑여단으로 용크 남동쪽 고지군을 증원했다. 한편, 거의 동시에 프랑스군 소규모 기갑부대가 몽 디외에서 셰메리로 가한 역습을 대전차중대가 격퇴하였다.

그러나 오후 내내 스톤 북동쪽과 북서쪽에 있던 대독일연대 2개 대대는 강력한 적 압력을 받았다.52) 제10기갑사단은 마침내 프랑스군이 계속 스톤을 고수하고 있다는 사실을 알게 된 후, 일지에 다음과 같이 적었다.

> 대독일연대는 대전차중대를 배속 받았음에도 상황이 점차 심각해지고 있으며 적의 소규모 기갑부대가 계속 역습하고 있다고 보고했다. …… 더 이상은 대독일연대가 방어구역 전면(全面)을 고수할 수 없을 것만 같았다.53)

제14대전차중대도 격렬한 전투에 휘말렸다. 중대는 콘나주 전투에서는 경미한 손실밖에 입지 않았으나 스톤에서는 13명이 전사하고 65명이 부상당했다. 이에 더하여 대전차포 12문 중 6문과 차량 12대가 파괴되었다. 그러나 베크-브로이히지터 중위는 적 전차 33대를 격파했다고 주장했다.[54] 사단은 대독일연대를 지원하기 위해서 제69보병연대 — 2개 대대가 감편된 — 를 보내 스톤과 라 브자스(스톤 북동쪽 3km) 사이 구역을 점령토록 하였으며 제2/90포병대대로 화력을 지원했다. 제10기갑사단은 대독일연대에 라 브자스 북서쪽 숲으로 이동하라고 지시했고 연대를 예비로 전환하였다.

17시경, 독일군 보병은 적 포탄에 빈번히 피격 당하면서도 스톤 외곽 북쪽 고지에서 프랑스군을 가까스로 밀어냈다. 대독일연대장은 역습을 제안했지만 "우리 연대는 육체적으로 완전히 고갈되었으며, 오직 최소한의 전투수행만이 가능하다."라고 말하며 신중한 태도를 보였다.[55] 사단은 대독일연대가 완전히 소진되었음에도 역습을 가했다. 17시경, 독일군은 스톤 주변 고지군을 다시 탈환하였다. 그러나 그 주인공은 대독일연대가 아니라 제1/69대대였다. 전투력 고갈과 손실로 엘리트 부대였던 대독일연대는 전투를 지원하는 역할로 한정되었다.

그날 오후 내내 프랑스군 제1식민지보병사단과 제2경기병사단이 스톤 동쪽 용크에 역습을 가했다. 그러나 제10기갑사단 기갑여단이 증원하면서 프랑스군의 돌진은 강력한 화력을 얻어맞았다. 프랑스군은 강력한 포병화력을 지원받았음에도 곧 동쪽으로 물러나고 말았다. 기갑여단장은 독일군 제7군단이 그의 좌측방(동쪽)에서 이동해 오고 있다는 사

팽 드 쉬크르에서 본 스톤 전경

실을 얼마 전에 알았기 때문에 철수하는 프랑스군 전차를 추격하지 않았다. 그는 제7군단이 철수하는 적과 교전하기를 바랐다. 그는 사단 명령을 따라서 제2/71대대를 용크에 남겨두고 로쿠르 숲 북동쪽 진지로 철수하였다.56) 기갑여단은 새로운 위치에 머무름으로써 어떠한 규모의 프랑스군 공격에도 반격할 수 있었다.

15일 오후 늦게 프랑스군이 역습을 재개했다. 이번에는 몽 디외 숲에서 셰메리 방향이었다. 제10기갑사단은 이번 역습이 특히 위험하며 프랑스군이 셰메리에서 말미와 방드레스로 이어지는 중요 도로를 차단하고 측방에서 군단을 타격할 우려가 있다고 판단했다. 독일군에게는 다행스럽게도 셰메리−메종셀간 도로 남쪽에 자리하고 있던 대전차부대가 추가 전투력을 증원받고 나서 가까스로 프랑스군을 저지하였다. 그동안 사단은 기갑여단에 역습을 명령하였으나 프랑스군이 철수함으로써 불필요해졌다.57)

프랑스군 기록에 따르면 사단급 공격이 취소되었다는 지시를 받지 못한 B−1 bis전차 1개 중대(10대 편성)가 역습을 가하였다. 이 공격으로 프랑스군은 전차 2대를 상실하였으나 독일군은 대략 적 중(重)전차 90대와 중(中)전차 20대 중 각각 4~5대와 5대를 파괴했다고 보고했다.58) 이처럼 전투보고서에는 종종 적 규모와 전과가 과장되곤 했다.

제10기갑사단은 해질녘까지 거의 모든 보병을 전방으로 보냈으며, 전차는 예비대로 보유했다. 서쪽에서 동쪽으로 대독일연대 3개 대대와 제1/69대대가 스톤 남서쪽 고지군과 스톤, 로쿠르 숲 남쪽 외곽을 점령했다. 이들 동쪽에는 제2/69대대 — 1개 중대가 감편 — 로쿠르 숲에서 용크 숲Bois d'Yoncq에 이르는 넓은 정면을 방어하였다. 제2/71대대는 용크 숲을 확보하고 있었다. 제2/86대대가 로쿠르 동쪽에서 적을 소탕하는 동안 제1/86대대는 전방 보병부대의 예비대로 임무를 수행했다. 보병 후방에는 3개 대전차중대가 몽 디외 숲과 셰메리 사이에 자리하고 있었다. 기갑여단은 전체가 메종셀 북서쪽과 북동쪽에 집결해 있었다.

제90기갑수색대대와 제49강갑공병대대는 여전히 불송 북쪽에 머물러 있었다.

다시 말해서 제10기갑사단은 6개 보병대대를 몽 디외와 용크를 연하여 배치하였고, 1개 대대는 예비대로 삼았으며, 1개 대대는 용크 북쪽과 동쪽에 투입하였다. 또한, 4개 전차대대와 최소한 3개 대전차중대는 보병 배치선 후방에 있었으며 장갑공병대대와 기갑수색대대는 더 후방인 불송 근방에 자리했다.59)

16일 아침, 프랑스군은 스톤 근방의 대독일연대와 제1/69대대에 역습을 가했다. 독일군은 전차 12대가 강력한 포병화력을 지원받으며 공격해왔다고 말했다. 제1/69대대는 스톤 근처 고지군의 진지에서 격퇴당하여 로쿠르 숲 방향으로 철수하였으나 프랑스군이 금세 물러났다고 주장했다. 반면 프랑스군은 16일 05시 55분에서 15시까지 마을을 고수했다고 말했다.60) 그러나 실제로는 격렬한 전투 와중에 양군 모두 이 지역을 확보하지 못했던 것으로 보인다.

독일군에게는 불행하게도, 전투 도중 우군 화력이 가지런히 자리한 제69보병연대와 대독일연대 지휘소에 낙탄하여 장교 "다수"가 다쳤다.61) 그러나 이 사건이 예하 대대의 전투력 저하로 이어지지는 않았다. 스톤에서 독일군을 축출하려는 프랑스군의 역습이 실패한 이후 포병을 포함한 독일군의 증원부대가 도착하였다. 이로써 프랑스군 활동이 약해지는 듯했다. 제10기갑사단은 보병연대 간 책임구역을 분명히 하고 일부 부대 위치를 조정함으로써 "지휘관계를 더욱 명확히 하고 방어 구역을 축소"하고자 했다. 또한, 사단은 라 브자스를 공격하여 탈취했다. 확실히 프랑스군의 위협이 줄어들고 있었다.

16일 정오, 제14군단은 제24보병사단과 제16보병사단이 23시에 전 지역을 인수할 것이라고 제10기갑사단에 알렸다. 그런데 양개 사단의 대표자가 야간에 부대를 교대 및 배치하는 작전에 강력히 반대했다. 이러한 진지교대의 복잡성과 어려움을 알고 있던 그들은 교대 중에 프랑스군이 공격할 가능성을 걱정하였으며, 제10기갑사단이 잔류하기를 바랐다. 양개 사단이 교대를 반대한 점은 독일군 도하 공격 바로 직전에 프랑스군 제71보병사단이 제55보병사단 일부와 교대하기 위해 이동했을 때 아무런 반대가 없었다는 사실과 비교하여 흥미로운 대조를 이룬다. 반대 의견에도 교대는 계획대로 진행되었다. 독일군에게는 다행스럽게도 진지교대는 프랑스군보다 유리한 조건 아래서 이루어졌다.

몽 디외와 스톤 주변 전투는 16일 초저녁에 제1/69대대가 스톤 주변 고지군을 재탈환함으로써 종지부를 찍었다. 그날 밤 제10기갑사단은 제16보병사단에 고지군을 인계하였다. 제10기갑사단은 일지에 "세당 교두보를 보호하고자 사단과 배속 부대가 수행하던 사상자가 많고 힘겨운 전투가 끝났다."라고 결론 내렸다.[62] 제19기갑군단은 대독일연대를 불송 근방에 남겨 재편성과 휴식하도록 했다. 5월 17일 아침, 제10기갑사단은 나머지 2개 사단과 합류하기 위해 서진했다.

비록 제10기갑사단은 군단 측방을 방호하고 세당 교두보를 보호했지만, 스톤 주변에서 극히 많은 피해를 입었다. 예를 들어 콘나주의 첨예한 전투에서 전사자가 1명도 없었던 대독일연대 제14대전차중대는 스톤 고지군에서 격렬한 전투로 총 13명이 전사하였다.[63] 그 때문에 서진하는 차후 작전의 전투는 상대적으로 쉬워 보일 수밖에 없었다.

선회: 셍글리를 향한 공격Making the Pivot: The Attack Toward Singly

14일로 돌아가 셰메리 서쪽의 전투를 다시 살펴보자. 제1기갑사단은 서진을 위한 주 전진축을 셰메리 서쪽과 북서쪽으로 뻗은 넓은 계곡을 따라 설정하였다. 셰메리 남쪽과 방드레스, 셍글리까지는 북서쪽을 향해서 스톤과 몽 디외 주변 고지를 포함한 길고 상대적으로 좁은 언덕이 군집해 있었다. 제19기갑군단은 르텔을 향해 남쪽으로 선회하기 전 셰메리 서쪽 넓은 계곡을 따라서 고지군 바로 북쪽에 평행하게 전진축을 설정하였다. 그러나 계곡이 평탄하지는 않았다. 부대가 셰메리 서쪽 도로를 따라서 5km 정도 이동하게 되면 방드레스가 나왔다. 방드레스 배후에는 숲이 우거진 언덕이 있어 셍글리 주변 넓고 평탄한 계곡에 닿기 전에 이곳을 지나야 했다. 이 계곡 북쪽은 매우 울창한 마자랭 숲이었다. 숲에는 벌채로 몇 곳이 있었으며 가장 높은 곳은 303고지였다. 방드레스에서 서쪽으로 이어지는 다른 도로는 방드레스에서 바로 남서쪽으로 꺾어진 후 고지군 통과하여 오몽과 샤니Chagny(방드레스 남서쪽 7km)를 지나는 것이었다.

독일군의 전술은 측방방호를 위해 남쪽 고지군을 이용함과 동시에 이곳을 돌파하여 계속해서 서진하는 것이었다. 이를 위해서 제1기갑사단은 2개 전투단을 편성하였다. 제1보병여단장 크뤼거가 지휘하는 크뤼거 전투단은 대부분 부대가 이미 오미쿠르 근방에 있었다. 이들은 오미쿠르에서 마자랭 숲을 지나 셍글리로 향할 계획이었다. 이동거리는 직선거리로 약 9km였다. 새로 제1기갑여단장에 취임한 네트비히 대령이 지휘하는 네트비히 전투단은 셰메리에서 방드레스와 그 후방 언덕을 거쳐 셍글리로 향하려 했다. 크뤼거 전투단에는 제1/1대대와 제3/1대대가 편성되었고 최소한 1개 전차중대가 전투단을 증강하였다. 네트비히 전투단에는 2개 전차연대의 4개 전차대대가 속했으며, 나중에 제2/1대대가 추가로 배속되었다.

네트비히 전투단(제1기갑여단)은 방드레스 부근에서 강력한 적 저항에 직면했다. 오후 일찍 전차와 중무장 부대의 공격은 프랑스군의 "강력한 대전차 및 전차 부대"에 의해 "격퇴"당했다. 방드레스 부근에서의 격렬한 전투로 전차대대들은 보유한 탄약을 거의 소진해버렸다. 오후가 중반으로 접어들었을 때 프랑스군이 말미의 도하지점을 재차 공격했다. 이후 이어진 보고를 분석한 독일군은 프랑스군이 방드레스로 역습을 준비 중이라고 확신했다. 앞서 언급한 바와 같이 제1기갑사단은 또 다른 역습 가능성 때문에 네트비히 전투단에 제2/1대대를 배속하였다.64) 네트비히 전투단은 제2/1대대를 전투단 북측방 마자랭 숲에 투입하여 방드레스를 수중에 넣기 위해 싸웠다. 17시, 사단 사령부는 방드레스의 적 저항이 무너졌으며 전진할 수 있다는 보고를 받았다.[65]

그러나 19시 30분에도 전차는 방드레스 외곽 너머로 진출하지 못했다. "장교의 손실"이 많았고 "전투에 가용"한 전차가 편제의 1/4에 불과했기 때문에 공세적으로 진출하기 위한 기갑부대의 전투력과 의지가 약해져 있었다. 제2전차연대의 선임 간부 손실은 특히 치명적이어서 전투 효율에 명백하게 영향을 주었다.

같은 시간대에 상급 지휘부에서는 셰메리 서쪽의 전투를 통제함에 혼선이 발생하였다. 18시 30분경, 사단은 군단에서 방드레스와 오몽에 폭격이 예정되어 있기 때문에 20시 30분까지는 아르덴느 운하를 건너지 말라는 전문을 받았다.[66] 그러나 명령이 도착했을 때는 사단이 이미 운하를 건넌 뒤였다. 다행스럽게도 독일군은 가까스로 슈투카의 오폭을 막을 수 있었다.

제1·3/1대대, 그리고 제2전차대대 소속 전차 몇 대가 속한 것으로 추정되는 크뤼거 전투단(제1보병여단)은 방드레스 북쪽에서 마자랭 숲을 통해 신속하고 쉽게 전진하였다. 네트비히 전투단이 아직 방드레스 너머로 진출하지 못했음에도 보병으로 이루어진 크뤼거 전투단의 전위부대는 22시에 셍글리에 도착했다. 제3/1대대와 제37대전차대대가 23시에 셍글리를 점령했다. 제1보병연대장 발크 중령이 이들과 동행했다. 제1/1대대는 곧 빌레 르 티열Villers le Tilleul(셍글리 동쪽 2km)을 점령했다.[67] 보병은 포병과 기갑부대의 지원을 거의 받지 못했지만 전차 부대보다 빠르게 방드레스 서쪽에 있는 프랑스군 방어선을 우회하여 7km 이상 기동했다.

한편, 제1기갑사단은 일지에 다음과 같은 내용을 기록했다. : "만약 1940년 5월 13일이 보병의 날이었다면 14일은 전차의 날이라 할 수 있다. 보병과 전차가 선도하는 프랑스군의 상당히 강력하고 끊임없는 역습에도 사단은 13일에 확보한 지역을 유지했을 뿐 아니라 확장하기까지 했다."[68] 그 누구도 셰메리와 메종셸 북쪽에 가해졌던 프랑스군의 역습을 격퇴하는데 전차의 공헌이 지대했음을 부정할 수 없으며 또한, 제14대전차중대와 제43강습공병대대 및 제1보병연대의 지극히 중요한 역할을 낮춰볼 수 없을 것이다. 대전차중대와 공병 편조 부대는 콘나주 북방에서 전차가 도착할 때까지 적을 저지했고, 전차 지원을 받으며 셰메리로 공격을 선도했다. 한편, 제1보병연대는 마자랭 숲을 지나 생글리를 탈취함으로써 사단이 성공적으로 선회하는데 공헌했다. 이렇듯 독일군은 프랑스군의 저항을 우회하여 종심 깊게 돌파하고 돌파구를 매우 넓게 확장하였다. 만약 생글리를 탈취하지 못했다면 제1기갑사단의 공격은 결정적으로 중요한 이 순간에 비틀거렸을 것이다.

이처럼 5월 14일은 전차의 날인 동시에 보병과 공병, 대전차부대를 밀접하게 편조하여 수행한 전차전의 날이기도 했다. 이 모든 병과의 공헌이 없었다면 독일군은 셰메리와 방드레스 근처에서 가차 없는 반격을 당해 정지할 수밖에 없었을 것이고 서쪽을 향해 선회하지 못했을 것이다. 즉, 독일군의 성공은 전차만의 공헌이 아니라 여러 병과가 협동한 덕분이었다.

돌파: 르텔을 향한 전진Breakout: Advancing Toward Rethel

크뤼거 전투단은 생글리에 도착한 뒤 14일 밤을 조용히 보냈다. 밤 사이 제19기갑군단은 제1기갑사단의 15일 자 목표를 르텔(생글리 남서쪽 18km) 북쪽에 도달하는 것으로 결정했다. 사단이 르텔에 이르기 위해서는 셰메리와 방드레스, 생글리 남쪽의 고지군을 가로질러야 했다.

15일 아침, 사단은 04시 45분에 공격을 시작하려 했으나 군단이 05시 45분으로 공격을 늦추었다. 중무장부대와 포병부대를 전방으로 보내는데 계속해서 어려움을 겪고 있었기 때문에 공격을 뒤로 미룬 것이었다. 마침내 공격을 재개했을 때 크뤼거 전투단은 주공을 라 호른La Horgne(셍글리 남서쪽 3km)으로 지향했고, 네트비히 전투단의 주공은 샤니로 향했다. 독일군이 날이 저물기 전에 르텔에 도착하기 위해서는 전방에 펼쳐진 고지군을 돌파해야 했다.

독일군이 13일과 14일에 상당한 전과를 올렸음에도 제1기갑사단에게는 15일 역시 전역 전체를 통틀어 가장 격렬한 전투가 벌어진 날 중 하루였다. 15일의 중요사건 중에는 크뤼거 전투단의 보병이 라 호른의 결연한 프랑스군을 돌파하기 위해 격전을 벌인 사건도 있었다. 만약 제1기갑사단이 셍글리 남쪽 고지군을 통해 길을 내고자 한다면 라 호른을 방어는 적을 격퇴해야 했다.

독일군이 처음 라 호른으로 향했을 때 요새화된 프랑스군 진지와 마주하였다. 독일군 지휘관은 공격 방향을 북쪽으로 변경했다. 이는 적의 강력한 방어선을 우회하려는 의도가 분명했다. 제1기갑사단은 적 방어가 약한 지역을 발견했으나 제2기갑사단 작전지역으로 휩쓸리고 말았다. 사단은 프랑스군을 뒤로 밀어냈으나 곧 남쪽으로 돌아가라는 명령을 받았다.

제1보병연대는 라 호른 전투에서 처음으로 적 사격 때문에 정지하였다. 공격이 멈추자 발크는 전황을 확인하고 사기를 진작하기 위해 전방으로 이동했다. 그가 마을 입구에 나타났을 때, 그의 부하들은 공격을 재개하여 마을 입구에 있는 가옥 몇 채에 가까스로 진입하였다. 그리고 다시 진출이 멈추었다.[69]

발크의 부관은 공격이 재차 중단되어 "위기"가 닥쳤으나 발크가 직접 전선에 나타남으로써 병사들이 냉정을 찾고 사기가 다시 고무되었다고 말했다. 발크는 단호한 지휘력으로 공격을 독려했다. 그는 대대와 함께 프랑스군 배후로 우회하였고 마침내는 마을로 진입하여 프랑스군을 포획하였다. 이러한 발크의 용기와 솔선수범은 제1보병연대가 성공하는 열쇠였다.[70]

크뤼거 전투단은 오후 늦게 라 호른의 저항이 무너지진 뒤 도로를 따라 빌레 르 티열(생글리 동쪽 2km)에서 발롱Baâlons과 부벨몽Bouvellemont으로 공격하여 생글리 남쪽에 있는 언덕을 돌파하려 전력을 다했다. 제1보병연대는 발롱으로 이어진 도로와 나란한 고지군에서 저항하는 프랑스군과 마주쳤으나 이 작은 프랑스군을 간단히 압도해 버렸다.

발크는 제1/1대대가 약 1km 남쪽에서 발롱을 지나 부벨몽을 공격하는 사이 제3/1대대에 언덕 사면을 내려가 발롱의 적을 소탕하라고 명령했다. 강력한 프랑스군이 부벨몽을 방어하고 있다는 첩보를 받은 제1보병여단장은 제1/1보병대대를 포병과 중화기부대로 지원하여 공격하도록 했다. 그러나 독일군은 연이은 격렬한 전투로 기진맥진해 있었다. 보병중대는 인원 손실이 컸으며 장교 대부분이 죽거나 다쳤다. 이 같은 피해에도 발크는 진두지휘로 연대원이 다시 전진하도록 몰아붙였다.[71]

제1/1대대는 해가 떠있는 동안 마을을 돌파하며 싸웠다. 제1기갑사단 일지는 대대의 전투를 "여러 중대가 가옥과 정원을 지나 앞서거니 뒤서거니 하며 1시간 30분 정도의 전투를 치러 부벨몽을 탈취했다."라고 기록하였다.[72]

그 동안 네트비히 전투단의 기갑부대는 성공을 거두지 못하고 있었다. 기갑부대는 우측 크뤼거 전투단과 함께 방드레스에서 오몽과 샤니를 향해 도로를 따라 남서쪽으로 이동했다. 샤니에 도착한다는 것은 그들이 방드레스 남서쪽 고지군을 돌파했다는 의미였다. 그러나 네트비히 전투단은 샤니 외곽과 그 후방에서 고지를 방어하는 프랑스군을 격퇴할 수 없었다. 남쪽에 있는 거대한 적에 대한 첩보 때문에 네트비히 대령은 큰 규모의 예비대를 보유했다. 또한, 앞서 언급했듯이 14일의 작전으로 전투력이 심각하게 약화된 부대는 전투에 투입하지 않았다. 이에 더하여 사단 사령부가 적 활동에 대한 보고를 듣고는 측방을 방호하기 위해 2개 공병중대를 방드레스 남쪽으로 보냈다. 이처럼 상당한 부대가 전투에 참여하지 못했으며 전날 손실로 약화된 기갑여단은 오몽 남쪽의 거친 지형을 돌파할 수 없었다.

네트비히는 전차로 프랑스군 방어선을 돌파할 수 없다는 상황을 깨닫고는 보병을 측방으로 보내 적 진지를 우회하려 했다. 그러나 프랑스군의 역습으로 제2/1대대가 포위당할 위험에 처하자 전투단 전체를 오몽 남쪽으로 철수시켰다. 그는 밤사이 오몽에서 남서쪽을 바라보는 진지를 구축하였다.[73] 15일에 제1기갑사단 보병은 작전에 성공했지만 전차가 거둔 성과는 보잘것없었다. 기갑여단은 15일에 단지 수 km 전진했을 뿐이며 일일목표에도 가까이 이르지 못했다.

그러나 뫼즈 강에서 그러했듯이 방드레스에서도 보병이 전차를 위해 길을 열었다. 제1보병연대는 발롱과 부벨몽을 탈취하여 사단 앞에 있는 고지선을 돌파하였다. 그 덕분에 기갑여단이 전진할 수 있었다. 독일군 보병이 부벨몽을 돌파하자 프랑스군은 철수하여 후방의 다른 진지를 점령했다. 프랑스군이 철수함으로써 독일군 전차가 다시 전진할 수 있었다.

구데리안은 보병의 뛰어난 전투수행을 고맙게 여겼으며 16일 아침 일찍 제1보병연대를 방문했다. 구데리안은 연대장 발크 중령 — 발크는 나중에 네트비히 대령이 피로로 쓰러진 후 임시로 기갑여단장이 되었다. — 과 만남을 다음과 같이 묘사했다.

부대는 과로 상태였다. 5월 9일부터 제대로 쉬지 못했다. 탄약도 거의 소진했다. 최전선의 병사들은 참호 틈새에서 쓰러져 잠들었다. 방풍 재킷을 입고 마디가 많은 막대기를 들고 있던 발크는 내게 마을을 탈취할 수 있었던 것은 장교들이 계속된 공격을 불평했을 때 그가 "그렇다면 내가 직접 공격하겠다!"라고 대답하고는 전진했기 때문이라고 말했다. 그의 부하들은 즉시 그를 따랐다고 한다. 발크의 더러운 얼굴과 충혈된 눈은 그가 휴식 없이 힘든 밤낮을 보냈음을 보여주었다. 그는 낮의 전공으로 철십자훈장을 받았다. 그의 적은 …… 용감히 싸웠었다.[74]

15일의 전황으로 프랑스군은 적을 지연할 수 있을지도 모른다는 희망을 갖기도 했다. 그러나 그들은 16일 아침에 방드레스 남쪽 고지선의 방어진지에서 철수함으로써 독일군에게 중요한 통로를 개방해주고 말았다. 프랑스군은 네트비히 전투단의 기갑부대를 저지할 수 있었지만, 크뤼거 전투단을 차단하거나 더 북쪽과 서쪽에서 진격하던 제2기갑사단을 지연하는 데는 실패했다.

제1기갑사단은 일지에 15일 야간과 16일 아침의 사건을 아래와 같이 묘사했다.

> 밤사이 양개 전투단은 재편성과 방어태세를 취했다. 그중 크뤼거 전투단의 정찰부대만이 적과 대치하며 접촉을 유지했다 ; 네트비히 전투단은 접촉이 없다고 보고했다. 07시가 되면 전진축을 따라 이동하라는 명령이 무선통신으로 아침 일찍 도착했다. 각 전투단은 병력이 매우 지쳐 있다고 보고했다. 낮이나 밤이나 매우 어려운 상황이었다. 프랑스군은 용맹하고 격렬하게 싸웠다.
>
> 정찰대는 밤사이 남측방을 따라 루베르니Louvergny와 소빌Sauville에 적이 없다고 알렸다. 또한, 그들은 이른 아침에 샤니에 적이 없다고 보고했다. 크뤼거 전투단이 돌파구를 형성하고 부벨몽을 탈취한 효과가 나타났다. 지금은 프랑스군이 재편성을 마치기 전에 사상자나 피로를 고려하지 말고 앞으로 나가야 할 때이다. 지체할 시간이 없다.[75]

전과확대Exploitation

구데리안의 상급자들은 여전히 돌파 기세를 유지면서 프랑스군의 역습을 받아넘길 방안을 고민하고 있었다. 제12군은 15일 늦게야 16일 자 임무를 담은 명령 작성을 마쳤다. 제12군은 클라이스트 기갑군에 교두보를 "확장"하고 난 뒤 "여하한 상황이라도 반드시 정지"하라고 명령했다. 제12군은 클라이스트 기갑군이 "예상되는 강력한 프랑스군의 역습을 격퇴"하기 위해 부대를 방어진지에 "배치"하기를 원했다.[76] 그러나 클라이스트는 16일 자 임무에 대한 명령에서 "클라이스트 기갑군은 계속 서진한다."라고 말했다.[77] 구데리안에 따르면 클라이스트가 "열띤" 논쟁 끝에 계속 전진하는 방안에 찬성했다고 한다. 그러나 클라이스트가 15일 늦게 승인한 것은 24시간 동안의 전진이었으며 이로써 얻는 추가 공간은 제19기갑군단을 후속하는 보병부대가 전개하기 위한 것이었다.[78]

구데리안은 전역 내내 그래 왔듯이 16일에 최대한 전진하였다. 또한, 그는 머뭇거릴 필요가 없다고 확신했다. 상급지휘관보다 뛰어난 감각을 가졌던 군데리안은 끝이 멀지 않았음을 느꼈다.

구데리안은 클라이스트가 24시간 동안만 전진하라는 지시도 무시하였다. 그는 16일 늦게 무선통신으로 다음 날도 계속 전진하라고 명령하였다. 그의 지령을 들은 독일군 감청부대는 이 사실을 클라이스트에게 보고하였다. 클라이스트는 제19기갑군단에 즉시 정지하라는 명령을 내렸으며 구데리안을 소환하여 다음 날 아침에 기갑군 지휘소로 오라고 지시하였다.[79]

구데리안은 17일 아주 이른 아침에 임시활주로에서 클라이스트와 만났다. 클라이스트는 구데리안이 비행장에 도착하자 몇 번이나 명령에 불복한 고집 센 군단장을 날카롭게 질책했다. 이를 순순히 받아들일 수 없었고 화가 났던 구데리안은 즉시 지휘권을 반납했다. 클라이스트가 이를 수용하자 구데리안의 참모들은 매우 놀랐다.[80]

구데리안은 군단이 정지한 것처럼 가장했기 때문에 클라이스트의 호된 질책을 받았다. 동시에 클라이스트의 상급지휘관들은 그에게 정지하라고 명령했다. 전쟁이 끝난 뒤 클라이스트는 리델하트와 인터뷰한 자리에서 히틀러가 군단 좌측방이 공격받을까 두려워했기 때문에 17일 낮에 기갑군이 정지해야 했다고 말했다.[81] 또한, 기갑군 뒤에 있던 야전군이 전진하여 제19기갑군단 선두부대와 세당 교두보 사이에 형성된 넓은 측방을 강화하기 위해서는 시간이 필요했다. A집단군 사령관 룬트슈테트는 좌측방에 가해지는 위협을 특히 걱정했다.[82]

구데리안의 성급한 경질 이후, 제12군 사령관 리스트가 즉시 제19기갑군단에 찾아와 분노한 구데리안에게 지휘권 박탈이 승인되지 않았다고 알려주었다. 또한, 리스트는 A집단군이 "정찰 부대"의 공격을 승인했다고 말했다. 구데리안은 이 승인을 교묘하게 조정하여 그의 바람을 이루는 데 사용할 수 있으며 군단이 곧 공세적으로 서진할 수 있음을 깨달았다. 그러나 구데리안은 더는 상급지휘관의 간섭을 받지 않기 위해 군단 주지휘소와 전술지휘소 사이에 유선을 가설하였다.[83] 이제 구데리안의 명령이 감청되는 일은 없을 것이었다.

Chapter 8
제55보병사단의 역습
"Counter Attack" by the 55th Division

독일군이 뫼즈 강 너머로 부대를 쏟아 부으며 교두보를 열정적으로 확장하자, 프랑스군은 적 전진을 둔화 및 정지시킨 뒤 역습을 가하려 했다. 첫 역습은 제55보병사단이 2개 보병연대와 2개 전차대대로 시행했다.

상황 판단Assessing the Situation

5월 13일, 제55보병사단장 라퐁텐 장군은 독일군이 사단을 돌파할 당시 세당 지구 전투경과를 어느 정도는 알고 있었으나 그 전부를 합쳐봤자 매우 적은 사항일 뿐이었다. 정보 부족의 주요 원인은 정보가 예하 부대에서 연대장에게 전달되지 않았기 때문이었다. 전화선이 곳곳에서 절단되어 중대장과 대대장은 상급부대로 전황을 알리는데 많은 어려움을 겪었고 전령통신에 의지해야만 했다. 또한, 폭격으로 안테나가 파괴되어 사단 내의 무선통신망이 붕괴하였다. 그나마 가용했던 무전기조차도 사용을 완고하게 거부함으로써 문제가 더욱 커졌다. 그 이유는 프랑스군이 독일군의 무전 감청을 지나치게 걱정했기 때문이었다.

한편, 사단을 강력하게 통제하려 했던 결정적인 이유는 공황에 빠진 사단 지휘소 교환병의 행동 때문이었다. 5월 13일 19시경, 제10군단이 제55보병사단에 보병연대와 전차대대를 투입하여 역습을 시행하라고 지시하자, 라퐁텐은 지휘소를 퐁 다고의 벙커에서 역습을 지휘하기에 더 편리한 셰메리의 한 가옥으로 이전했다. 이러한 조치가 라퐁텐 개인의 의지인지 군단 명령 때문인지는 명확하지 않았다. 그러나 사단 지휘소 근처에 있던 병사들은 지휘소 이동이 독일군의 전차와 보병의 도착이 임박했기 때문임을 알아차렸다. 프랑스군은 지휘소 이동을 준비하면서 비밀문서와 암호를 소각했다. 짐을 적재하고 이동하는 소란스런 와중에 교환병이 중앙교환기를 파괴해버렸다. 사단은 이러한 사실을 제대로 알지 못했다. 이 때문에 군단 사령부와 연결을 포함하여 거의 모든 통신이 두절되었다.[1]

라퐁텐은 사단 보병지휘관 샬리뉴 대령과 최소 인원을 퐁 다고에 남겨둔 채 주요 인원을 데리고 셰메리로 향했다. 그때 독일군의 위협을 확인하였으나 샬리뉴는 사단에 대한 지휘통제 능력이 전무했다. 세부 사항에 대한 무지와 전령을 제외한 통신수단 결핍으로 그는 지휘관으로서 역할을 거의 하지 못했다. 사단장인 라퐁텐은 샬리뉴 보다 더 심각했다. 이후 일련의 사건들로 제55보병사단 지휘소가 퐁 다고의 안락하고 화려한 벙커에서 다른 곳으로 이동하기 위한 준비가 되지 않았음이 드러났다.

정보를 거의 받지 못한 퐁 다고의 지휘소에는 비상이 걸렸다. 21시경, 제331보병연대장 라퐁트 대령은 "적이 돈셰리에서 도하하여 강력한 전투력으로 주방어선을 돌파 중이다."라고 보고했다. 23시경에는 제331보병연대의 정보장교가 퐁 다고로 와서 전황이 담긴 사진을 샬리뉴에게 전했다. 그는 다음과 같이 보고했다.[2]

적이 크루아 피오에 있습니다. 또한, 적은 셰뵈주에 이르는 통로로 침투하고 있으며, 특히 통로 동쪽으로 더 강력하게 침투하고 있습니다. 이 때문에 물랭 마우루Moulin Mauru에 있는 연대 지휘소가 포위당할 위험에 빠졌습니다. 뫼즈 강 좌안과 라 불렛으로 이어진 작은 골짜기에서 기갑부대 소음이 들린다는 보고도 있었습니다.

뫼즈 강을 건넌 독일군 전차는 1대도 없었지만, 프랑스군은 전황이 매우 위기에 처했다고 생각했다. 샬리뉴는 만약 독일군이 라 불렛을 지나 바 강 계곡으로 진입한다면 사단이 양분될 상황임을 알아차렸다. 결론적으로 그는 독일군의 진격을 저지하기 위해 제147요새보병연대로 증원군을 보내려 필사적으로 노력했다. 그러나 그가 보낸 증원부대는 독일군 제1보병연대가 사단 좌측(서쪽)에 만들어낸 돌파구가 아니라 우측(동쪽)으로 향했다.

제55보병사단의 예비대 운용Using the Reserves of the 55th Division

불행히도, 사단에는 예비대가 매우 적었다. 사단은 계획상 2개 대대 ─ 제1/295대대, 제3/331대대 ─ 를 예비대로 보유해야 했다. 그런데 제1/295대대는 세무아 강을 방어했던 대대로서 사상자가 많아 중대보다 조금 더 큰 규모에 지나지 않았다. 더욱이 대대장을 비롯하여 주요 지휘관이 죽거나 다쳐 지휘체계가 매우 약해져 있었다. 한편, 제3/331대대는 아로쿠르에있는 전투지원부대에 경계를 지원하라는 명령을 받고 1개 중대를 파견하였으며, 기관총반으로 증강한 다른 1개 중대는 사단 사령부를 경비했다. 결론적으로 대대 규모가 너무나 줄어들어 중대보다도 크다고 하기 어려웠다.[3]

사단장이 예비대로 사용할 수 있는 가장 큰 부대는 앙쥐쿠르 분구에서 제71보병사단과 교대한 부대였다. 제3/295대대와 제11기관총대대 일부는 뫼즈 강 방어선에서 철수하여 쇼몽 남쪽으로 이동했다. 13일 오전, 식민지 부대인 제506대전차중대도 사단을 증원하기 위해 도착했다.

사단의 모든 예비대가 불송과 쇼몽 근방에 있었기 때문에 어떤 부대는 13일 저녁 무렵 프랑스군을 휩쓴 공황의 영향을 받았으나 포병처럼 심각하지는 않았다. 사단이 비록 계획상에는 3개 보병대대와 기관총대대 일부를 예비대로 보유했다고는 하지만 이것도 규모가 큰것은 아니었다. 한편, 이보다 더 중요한 사실은 사단이 이 작은 예비대 대부분을 벨뷔에서 라 불렛과 셰에리로 확장 중인 돌파구가 아니라 사단 중앙과 프랑스군인 묘지가 있는 오른쪽에 투입했다는 점이었다.

13일 저녁, 독일군이 남진하자 제147요새보병연대의 상황이 특히 급박해졌다. 그러나 사단 사령부는 전투 초기에는 교전으로 인한 피해를 정확히 파악하지 못하고 있었다. 13일 17시 45분, 피노 중령이 증원을 요청했다. 그는 제3/295대대의 중대와 기관총반을 받았고, 19시 15분에는 대대 전체가 피노를 증원했다. 피노는 나중에 증원이 저녁에 이루어졌음에도 제3/295대대로 역습하려 했으나 증원부대가 너무 느리게 움직여 역습을 포기할 수밖에 없었다고 주장했다. 마침내 그는 제3/295대대를 누와예로 보내 프랑스군인 묘지에 있는 제2/295대대와 연결 작전을 펼치도록 했다. 그러나 불행하게도 제3/295대대는 임무를 완수하지 못했고, 13일 22시경까지 연결이 이루어지지 않았다. 피노는 제3/295대대가 진지에 도착하기 전에 많은 도망병이 발생했다고 말했다.[4]

사단은 20시에 제11기관총대대로 제147요새보병연대를 증원했다. 대대장 인솔 하에 2개 보병소대와 1개 박격포소대, 25㎜ 유탄포 3문이 증원했다. 이동하던 중 대대장은 제71보병사단과 앙쥐쿠르 분구의 진지를 교대한 예하의 제1기관총중대와 마주쳤다. 제1기관총중대가 대대와 합류함으로써 부대 규모가 사실상 두 배로 늘었다. 제11기관총대대가 쇼몽에 도착했을 때 피노는 쇼몽에서 생 캉탱 농장을 향해 1km 정도 뻗어나온 진지를 점령하라고 명령했다. 자정쯤 기관총대대가 진지로 진입했다.[5]

상급부대에서 새로운 증원부대가 투입되었고, 이에 더하여 추가 증원을 약속받은 피노는 새로운 방어선을 편성하고자 필사적으로 노력했다. 그런데 그 이유를 알 수 없으나 그는 주요 관심을 연대 중앙과 우익에 쏟고 있었다. 또한, 피노는 사단이 증원부대를 받으리라는 정보는 알았던 것으로 보이나, 13일 저녁까지는 불송과 셰에리 사이로 보병연대를 보내려는 제10군단의 계획은 몰랐던 것으로 보인다.

13일 22시경, 샬리뉴는 다른 부대에 전진하라는 명령을 내렸다. 중대보다 아주 조금 더 큰 규모로 쇼몽과 불송 중간인 루아 숲Bois de Roi에 있던 제3/331대대는 대전차방어진지를 편성하여 셰뷔주에서 불송으로 기동하는 적 전차를 차단하라는 명령을 받았다. 13일 오전에 전장에 도착해 있던 제506대전차중대는 298고지(셰뷔주와 불송 중간에 있는)와 불송에 각각 1개 대전차반을 배치하라는 명령을 받았다. 제11기관총대대 1중대 역시 불송과 셰뷔주를 연결하는 통로를 따라 북서쪽으로 이동하여 적 기갑부대를 방어하라는 명령을 수령했다. 샬리뉴는 기관총대대의 1중대가 본대를 만나 쇼몽으로 같이 이동했다는 사실을 몰랐던 것이다.[6] 제55보병사단은 24시까지 돌파구 남쪽과 동쪽 외곽에 얇고 불안정하나마 방어선을 재구축했다.

그러나 돌파구 남쪽을 방어하는 전투력은 극히 미약했다. 이들은 독일군의 셰뷔주 탈취를 저지하고 더 남쪽으로 전진하려는 준비를 막는 데 전혀 도움이 되지 않았다. 독일군이 실제 사용한 주요 접근로는 셰뷔주-셰에리-셰메리를 잇는 기동로였다. 제55보병사단은 돌파구 확장을 차단하기 위해 대규모 증원부대로 몰아친 것이 아니라 불충분한 전투력을 잘못된 방향인 불송과 쇼몽, 누와예로 보냈다.*

이처럼 증원부대를 우선순위가 낮은 지역으로 보내서 결정적인 지역을 강화하는 데 실패한 일부 원인은 제213보병연대가 남쪽에서 셰메리

---

* 저자는 제55보병사단이 증원부대를 주요 돌파구가 형성된 벨뷔, 셰뷔주, 셰에리, 셰메리로 보낸 것이 아니라, 불송과 쇼몽, 누와예로 보내 투입방향이 잘못되었으며, 증원부대의 규모도 충분치 못했다고 지적하고 있다.

로 기동했기 때문이었다. 또한, 만약 독일군이 세당을 돌파한다면 서쪽이 아닌 동쪽으로 선회하여 마지노 선의 측방을 타격할 것이라는 프랑스군의 관념도 이유 중 하나였다. 이에 더하여 제55보병사단이 돌파를 저지하는 데 실패한 또 다른 이유는, 만약 사단이 돌파구 견부를 고수한다면 독일군은 포병 화력지원을 거의 받지 못할 것이 확실했기 때문에, 세당 지역을 완전히 돌파할 수 없으리라는 생각 때문이었다. 그러나 프랑스군에게는 불행하게도 돌파 위협이 제한적이라는 생각은 독일군 기갑차량의 고기동성과 종래 포병 화력을 대체하는 공군 근접지원을 간과한 것이었다.

독일군이 프랑스군 방어선을 중심으로 약 10km가까이 돌파했음에도 교두보는 여전히 작고 극도로 취약했다. 그러나 교두보 바로 외곽에 있는 프랑스군 상황은 더욱 절박했다.

14일, 01시 30분, 샬리뉴는 피노로부터 불안정한 연대 방어진지가 그려진 요도를 전해 받았다. 보고서를 보면 푸코 대위가 40명이 채 안 되는 병력으로 셰뵈주와 불송 사이 도로를 따라서 진지를 점령했다고 한다. 카리부 대위는 20명으로 셰뵈주를 방어했다. 가벨 대위는 2개 중대를 가지고 있었으며, 제3/295대대를 증원 받았다. 제11기관총대대 일부는 이미 도착해 있었으나 마지막 중대는 02시까지도 도착하지 않았다. 피노는 "내가 증원부대를 받고는 있는 건가?"라고 묻는 것으로 긴급한 상황을 강조했다. 일찍이 그는 보병연대와 전차대대를 증원받기로 약속되어 있었다.[7] 그러나 수 시간이 지나도 그가 가진 전체 전투력은 통상적인 보병대대보다 작은 수준이었다.

02시에 완성한 짧은 서식명령에서, 피노는 휘하 5개 대대에 누와예—쇼몽—생 캉탱 농장을 연하는 선을 "고수"하라고 명령했다. 또한, 그는 카리부 대위의 부대를 전선에서 **빼내어** 연대 예비대로 삼았다. 그러나 그는 쇼몽에 있을 것으로 추정되는 제3/331대대를 언급하지는 않았다.[8]

피노의 우측 부대로서 프랑스군인 묘지와 누와예를 방어하던 가벨 대위의 전투력은 여전히 양호하여였으며 완강히 저항하고 있었다. 제147요새보병연대로 배속되었던 다른 2개 대대*보다 더 적은 피해를 입었던 제3/295대대의 예하 부대가 가벨을 증원했다. 그러나 제10기갑사단이 계속 도하했고 가벨은 점차 강한 압력을 받았다. 독일군이 연대 우측방을 공격함으로써 군인묘지 외곽 프랑스군이 구축되었다. 결국 가벨은 묘지와 누와예의 고지에서만 독일군을 저지하고 있었다.[9]

프랑스군은 밤사이 재보급을 하려했으나 식량과 군수품 모두 전하지 못했다. 절박했던 순간에도 때로는 어이없는 일들이 일어나곤 했는데, 불송에 있는 보급소가 사단장이 결재한 서식명령이 없다고 보급을 거부한 사건도 그중 하나였다. 셰뵈주 남동쪽 1km에 있던 보급소는 독일군에 의해 불타 버렸다. 오직 제11기관총대대만이 소량이나마 보급품을 받을 수 있었다. 제11기관총대대 대대장은 직접 부하들을 이끌고 후방으로 이동하여 탄약을 챙겨왔다.[10]

프랑스군과 독일군 모두 새벽에 다음 작전을 준비했다. 돌파구를 둘러싼 저지부대의 전투력이 미약했고 증원이 필요했음은 명확한 사실이었다. 또한, 제10군단과 제55보병사단의 매우 뛰어난 조치가 필요한 상황이었다. 그러나 이후 일련의 사건은 그렇지 못했음을 보여주었다.

제55보병사단 : 역습 준비 The 55th Division : Preparation for Counterattack

13일에 독일군이 뫼즈 강을 도하하기 전 책임지역에서 독일군이 도하후 돌파구를 형성할 가능성을 염려하게 된 제2군 사령관과 제10군단장은 그에 대한 대비책을 강구하기로 했다. 그랑사르는 군단 예비대를 뫼즈 강 방어선 후방으로 옮기기로 했다. 예비대는 서쪽에서 동쪽을 향해

---

* 제2/331대대와 제2/147요새보병대대.

셰에리-311고지-불송-아로쿠르로 이동했다. 군단사령부는 4월의 전술훈련에서 군단 제2방어선 위치를 검토하여 셰에리와 아로쿠르를 연하는 선을 최적으로 판단했다.[11]

4월 말의 훈련은 제2군 사령관 욍치제르가 세당 지역 방어선 "붕괴"를 가정한 역습의 특수훈련을 원했기 때문에 시행되었다. 훈련은 독일군 기갑사단이 세당에서 도하하여 프레누아와 와들랭쿠르를 연하는 방어선을 돌파한 뒤, 불송-메종셀-스톤의 전진축을 따라서 남진할 가능성을 검토했다. 또한 기갑사단으로 역습하는 방안도 병행하여 연구했다.[12]

5월 13일에서 14일의 전황이 훈련 시나리오와 매우 비슷했기 때문에 제2군과 제10군단의 초기 대응은 기본적으로 4월에 수행하고 시험했던 절차를 그대로 따랐다. 전형적인 "저지colmater"는 적이 정지할 때까지 돌파구로 부대를 투입하는 방식이었고, 대응의 핵심 절차에는 위협받는 곳으로 추가 보병과 전차부대를 보내는 조치도 있었다. 제2군은 "저지"부대를 각각 2개 보병연대와 전차대대로 구성하였으며, 일시적으로는 직접 통제하였으나 13일에는 통제권을 제10군단에 위임했다. 그런데 제10군단은 단순히 독일군을 정지시키는 것이 아니라 역습도 시행하려 했다. 그 탓에 시간계획이 헝클어졌으며, "저지"부대의 전진도 방해받았던 것으로 보인다. 물론 당시 전황이 프랑스군에게 최적의 작전환경이었다면 독일군을 뫼즈 강 너머로 격퇴했을지도 몰랐다.

독일군이 뫼즈 강을 도하하고 있던 13일 14시 45분에서 15시 15분 사이, 제10군단은 제205보병연대와 제213보병연대를 각각 전차 1개 대대로 증원하여 셰에리-불송-아로쿠르를 연하는 선을 점령하도록 명령했다. 이는 4월의 훈련과 동일한 명령이었다. 제2군은 13일 아침에 2개 전차대대를 제10군단으로 넘겨주었으나 군단은 적의 공습을 우려하여 주간 행군을 금지했다. 그랑사르는 지정 장소까지 제213보병연대는 2시간, 제4전차대대가 1시간 15분, 제7전차대대는 1시간 45분이면 닿을 수 있다고 판단했다.13) 그러나 이후 전투경과에서 그 판단이 얼마나 잘못된 것인지 드러났다.

5월 10일, 제213보병연대는 작은 마을인 불토 아 브아Boult au Bois — 세당 남쪽 30km, 부지에 동북동쪽 10km — 근처에 있었다. 연대는 1939년 10월 23일에서 1490년 5월 6일까지 벨뷔 서쪽 빌레르 쉬르 바르 분구를 방어하였으나 일주일 일정의 훈련을 위해 제331보병연대와 교대했다. 5월 9일, 연대는 불토 아 브아 근처로 이동하였으며 훈련은 13일에 시작할 예정이었다. 훈련 동안 연대는 제10군단의 예비대이기도 했으나, 투입은 제2군의 승인을 받아야 했다.

5월 10일에 독일군이 룩셈부르크를 공격한 후, 제213보병연대장 피에르 라바르트Pierre Labarthe 중령은 제10군단 사령부로 연대의 상황을 보고했다. 그때 그는 5월 10일 야음을 틈타 북쪽으로 이동하라는 명령을 받았다. 그는 23시에 행군을 시작하여 연대본부를 세메리에, 1개 대대는 세메리 남쪽 2km, 2개 대대는 몽 디외 좌우에 각각 배치하였는데, 세메리에서 각각 10km 및 15km 떨어진 곳이었다. 도로는 남쪽으로 향하는 피난민으로 가득하였으나 부대이동은 순조로웠다.14)

라바르트는 세메리에 지휘소를 설치했다. 11일에 그랑사르와 라퐁텐이 지휘소를 개별로 방문했다. 군단장은 뫼즈 강 북쪽의 전황이 "전형적"으로 진행 중이라고 알려주었다. 몇 차례 공습으로 작은 피해를 입은 것과 피난민 행렬이 이어졌다는 점을 빼고는 주간 특별한 사건은 없었다. 12일 14시경, 제10군단은 제213보병연대에 12일 밤사이 몽 디외 숲 수목선 북쪽으로 이동하라고 명령했다. 그날 밤, 제3/213대대는 세메리 남쪽 2km 지점에 남아 있었으나 제2/213대대는 아르테즈 르 비비에(세메리 남동쪽 3km) 외곽으로 이동하였다. 제1/213대대는 몽 디외(세메리 남쪽으로 5km, 동쪽으로 1km) 숲 수목선 북쪽으로 향했다. 이번 부대이동도 매우 순조로웠다.

13일 오전, 연대는 폭격을 받았으나 오직 1개 중대만이 상당한 손실

— 사망 2, 부상 12 — 을 입었을 뿐이었다. 오후 들어 공습 강도가 점증하였다. 그러나 라바르트는 새로운 진지로 이동한 뒤, 밤에 참호를 구축했기 때문에 아침의 공습으로 큰 피해를 입지 않았다고 설명했다.[15]

그러나 제1/213대대 2중대 어느 소대장은 당시 상황을 더 자세하게 설명했다. 그는 "온종일 적 공군 편대가 줄지어 출현했고, 우군 항공기의 방해를 전혀 받지 않고 폭탄을 투하했다. 방공대대 1개가 홀로 저항하였으나 대응이 약했다. 우리 연대에 포화세례가 떨어졌다. 연대원은 폭음과 동료가 죽거나 다치는 광경에 매우 큰 영향을 받았다."라고 말했다.[16]

13일 16시 30분, 연대는 제10군단에서 셰에리와 불송을 연하는 선으로 전진하라는 명령을 받았다. 라바르트는 16시 50분에 준비명령을 내린 뒤, 17시 30분에 예하 대대장과 만나 더 자세한 정보를 알려주었다. 연대장은 좌측 3대대에 셰에리를 방어하라고 지시했다. 중앙 1대대는 311고지를 방어하면서 좌우의 3대대 및 2대대와 접촉을 유지하라고 명령했다. 우측 2대대는 불송을 방어할 예정이었다. 모든 것이 잘 진행된다면 연대는 2시간 정도의 행군으로 새로운 진지에 도착할 수 있었다.

그러나 불운이 닥치면서 연대는 출발하기 어려운 상황에 직면했다. 일련의 여러 사건은 계획이 정확하게 시행되는 경우보다 마찰(클라우제비츠의 개념)이 더 보편적 특징이라는 사실을 보여주었다. 공황에 빠진 채 제55보병사단에서 온 한 참모장교가 제213연대 지휘소에 뛰어들어와서는 독일군 기갑차량이 쇼몽을 돌파했다고 설명했다. 그는 "사단은 도대체 뭣하고 있는 거야?"라고 외쳤다. 라바르트는 그를 진정시키고 잠시 뒤 지휘소를 나와 셰에리 시가지로 들어갔다. 그는 나중에 "진정한 공황이 마을에 만연했다."라고 설명했다. 거리는 남쪽으로 향하는 군인과 차량, 호송대로 가득했다. 그는 호송대를 이끌고 있는 장교 몇 명을 붙잡았으나 그들은 한결같이 타네Tannay(셰메리 남쪽 8km)로 철수하라

는 명령을 받았다고 주장했다.[17] 비록 라바르트가 사단에서 가장 뛰어
난 연대장으로 평가받았을지라도, 방어선을 담당하던 부대의 도주광경
이나 "불송에 출현한 전차"에 대해 올라오는 끊임없는 보고와 혼란에 빠
진 상황은 그의 판단과 행동에 분명히 영향을 주었다.

참전자들이 증언한 전황과 시간 흐름이 서로 일치하지 않기 때문에
다음 몇 시간 동안 무슨 일이 벌어졌는지는 정확히 알 수 없다. 그들은
자신의 판단을 근거로 사건의 시간 흐름, 내용을 진술하였으며, 아마도
비난을 피하려는 의도도 있었을 것이다.

그러나 대강의 흐름은 아래와 같다:

> 13일 19:00 : 글랑사르와 라퐁텐은 전화로 역습을 위한 추가 보병과 전차
> 배속을 논의함.
> 19:30 : 글랑사르와 라퐁텐이 전화로 제55보병사단 지휘소 이동에
> 대해 논의함.
> 19:30 이후 : 제55보병사단 지휘소 이동.* 라퐁텐은 셰메리에서 라
> 바르트를 만남.
> 19:30 이후 : 제10군단 부참모장 카슈Cachou 중령이 셰메리에서 라
> 바르트 중령과 만남. 셰메리 북쪽으로 이동하지 않
> 겠다는 라바르트의 결정에 동의함.
> 19:30 이후 : 카슈 중령과 라퐁텐이 셰메리 동쪽에서 만남. 카슈가
> 라퐁텐에게 라바르트의 결정을 알려줌.
> 19:30 이후 : 라퐁텐이 그랑사르에게 전화를 걸어 역습을 논의함.
> 22:00~23:00 : 라퐁텐은 제205보병연대와 제4전차대대가 제55보
> 병사단으로 배속되었음을 확실하게 알게 됨.
> 24:00 : 라퐁텐이 제10군단 지휘소로 출발함
> 14일 01:30 : 샬리뉴 대령이 보병연대 2개와 전차대대 2개로 역습이 시
> 행될 예정임을 알게 됨.

---

* 퐁 다고에서 셰메리로 이동함.

03:00 : 라퐁텐이 제10군단 지휘소를 방문하지 못한 채 셰메리로
　　　　 돌아옴.

03:45 : 군단에서 서식명령이 내려옴.

04:15 : 라퐁텐이 역습 명령을 하달함.

06:35~06:45 : 제213보병연대가 역습을 시작함.

09:45 : 제205연대가 메종셸에 도착하여 역습을 시작함.

　그랑사르는 19시경 퐁 다고에 있던 라퐁텐에게 전화를 걸어 현 시간 부로 제205보병연대와 제213보병연대, 제4전차대대와 제7전차대대를 사단으로 배속하였음을 말해주었다고 한다. 라퐁텐의 임무는 위 부대를 운용하여 셰에리-불송-아로쿠르를 연하여 방어하는 것이었다. 만약 이와 같은 방어선을 구축할 수 없다면, 그는 차선책으로서 셰메리-메종셸-로쿠르를 연하여 방어선을 형성해야 했다.[18] 그랑사르의 주장 중 핵심은, 그가 19시경 라퐁텐에게 사단 작전지역으로 이동 중인 2개 보병연대와 2개 전차대대의 지휘권을 주었다고 말했다는 점이었다.

　그런데 라퐁텐의 주장은 달랐다. 그는 군단에서 온 연락장교가 역습 부대 지휘권 이양을 알려준 22시 혹은, 23시경 전까지는 그 사실을 몰랐다고 말했다. 그는 19시경 그랑사르가 오직 각 1개 보병연대와 전차대대의 지휘권이 자신에게 있음을 알려주었다고 주장했다.[19] 또한, 그는 14일 04시 45분에 서식명령이 도착하기 전까지는 제205보병연대와 두 번째 전차대대의 정확한 부대번호도 몰랐다고 넌지시 밝혔다.[20]

　19시에서 19시 30분 사이에 두 장군의 대화가 마무리된 직후 라퐁텐은 다시 그랑사르에게 전화를 걸었다. 이번 통화에서 라퐁텐이 퐁 다고에서 셰메리로 사단 지휘소 이동을 승인해달라고 요청했거나, 아니면 그랑사르가 이를 지시했으리라 추정된다. 그랑사르는 라퐁텐이 지휘소가 셰메리에 있어야 새로운 임무를 가장 잘 수행할 수 있다 말했다고 증언했다. 그랑사르는 자신이 사단 지휘소 이전에 동의했으나 라퐁텐이

지휘소를 — 그가 판단하기에는 — 최선이 아닌 차선의 위치에 두었다고 설명했다. 반면 라퐁텐은 지휘소 이동 명령을 받았다고 주장했다.[21] 불행하게도 제55보병사단 지휘소가 이동함으로써 18시경 시작된 공황의 부정적 효과가 증대했다. 도망 중인 병사의 두려움은 사단 지휘소가 황급히 후방으로 철수하는 모습을 보고 더욱 커졌다.

라퐁텐과 그의 참모는 퐁 다고를 출발한 지 얼마 되지 않아 셰메리에 도착했는데 대략 19시 30분이 조금 넘은 시각이었다. 이때 라바르트는 라퐁텐이 사단을 지휘하는 대신 남쪽으로 도주하는 병사와 부대를 끌어모으는 것을 돕는 광경을 보고는 황당함을 느꼈다. 그는 사단장에게 연대의 활동을 알렸으나 아무런 명령을 받지 못했다; 라퐁텐은 라바르트에게 그의 연대가 이제 제55보병사단 통제를 받는다고 말해주어야 함을 간과했다. 한편 라바르트는 연대가 도주하는 병력과 차량을 헤치고 전진해야 할 상황을 걱정한 나머지 치명적인 결정을 해버렸다; 그는 정보장교를 예하 대대로 보내 전진하지 말고 현 위치에 있으라고 전달했다.[22] 본질적으로 그의 결정 — 라퐁텐과 협의 없이 — 은 군단장이 불송 근처에 제2방어선을 만들려는 시도를 수포로 돌리고 말았다.

19시 30분경, 제10군단 부참모장 카슈 중령이 셰메리에 도착했다. 라퐁텐은 그곳에 없었던 것으로 보인다. 라바르트 중령은 카슈에게 짤막하게 상황을 보고했고, 그가 예하 대대에 잠시 현 위치에 머무르도록 했다고 알려주었다. 연대장이 마음을 바꾸지 않을 것임을 깨달은 카슈는 라바르트의 결정을 승인하였고, 셰에리와 불송을 연하는 방어선을 형성하는 대신 셰메리 동쪽과 북쪽에서 메종셸 에 빌러스Maisoncelle et Villers 북동쪽 숲을 연결하여 방어선을 구축하도록 했다.

카슈가 군단 명령을 무효화 하는 라바르트의 결정을 승인했기 때문에 카슈와 라바르트 사이의 논의는 나중에 극도의 물의를 일으켰다. 카슈 중령은 "나는 라바르트가 군단 명령을 시행할 기미를 전혀 보이지 않음을 알고는 놀라움을 표현하면서 …… 나는 군단장과 내가 뛰어난 지휘

관으로 믿었던 연대장의 결정을 승인할 수밖에 없었다."라고 말했다.[23]

라바르트는 카슈가 그의 명령을 승인하자 2대대는 셰메리를, 3대대는 셰메리 동쪽과 북동쪽 숲을, 1대대는 메종셸 에 빌러스를 방어하도록 지시했다. 22시까지 모든 대대장이 진지를 점령했다고 보고했다.[24] 그날 밤 연대는 이동하지 않았다.

카슈는 라바르트와 논의 후에 사단장 라퐁텐 장군을 찾아다녔다. 마침내 그는 셰메리 동쪽 약 2km 지점의 도로 위에서 라퐁텐과 만날 수 있었다. 사단장은 제78포병연대 소속인 어느 포대의 진지를 선정하는데 열중하고 있었다. 카슈는 라퐁텐에게 라바르트가 내린 결정과 그랑사르가 다음 날 아침 역습명령을 내릴 것이라는 사실을 알려주었다.[25] 그러나 카슈는 역습의 세부사항을 라퐁텐에게 알려줄 수 없었다.

캬슈가 13일 밤에 있었던 사건에 대한 묘사에서 지적한 바와 같이 라퐁텐은 제213연대장인 라바르트 중령의 결정을 조정하거나 간섭하지 않았다. 라바르트의 결정을 받아들였던 라퐁텐의 수동적 태도는 놀라운 것이었다. 이처럼 그가 행동하거나 반응하는데 실패한 모습은 세당 인근 전투에 있어 그가 보였던 전반적인 태도를 대변하는 일례라 할 수 있다. 독일군 장성이었다면 절대 받아들이지 않았을 것이나, 라퐁텐은 불송 주변에 제2방어선을 구축하려는 시도를 끝장내버린 라바르트의 결정을 수용했다.

한편, 라퐁텐은 퐁 다고의 지휘소로 돌아와 그랑사르에게 전화를 걸었다. 물론 그랑사르는 비망록에 이 통화를 언급하지 않았으나, 라퐁텐은 나중에 제213보병연대의 역습을 논의했다는 기록을 남겼다. 두 사람 사이의 논의로 전투 양상이 변하지는 않았으나, 그랑사르와의 논의에 대한 라퐁텐의 묘사는 주목할 만했다. 이때 라퐁텐은 보병으로 역습하는 방안에 유보적인 태도를 보였다. 라퐁텐은 제213보병연대가 수행할 임무를 설명한 후에 그랑사르에게 보병의 기동으로 역습해야 하는지, 아니면 포병과 보병의 화력으로 역습할지를 물었다.[26]

비록 그의 설명이 완벽히 명확하지는 않으나, 라퐁텐은 분명히 제213 보병연대가 반드시 신속하게 전진해야 한다고 생각지는 않았던 듯하다. 수년간 적 돌파구를 메우기 위한 "저지"의 교리적 진행과정과 역습에 포병과 보병 화력을 이용하는 방안을 연구하고 연습해온 그는 보병을 전방으로 투입하는 방책에 진정한 이점은 없다고 보았다. 그는 독일군의 도착을 기다리는 편을 선호했다. 이처럼 편안한 콘크리트 벙커에서 쫓겨난 라퐁텐은 우유부단하여 자기주장을 할 수 없는 듯 보였다. 또한, 라바르트나 카슈 두 사람 모두는 라퐁텐이 사단의 통제력을 회복하려 노력하며 역습을 준비하고 있다는 인상을 받지 못했다. 그리고 라퐁텐은 나중에 14일 새벽에 서식명령이 도착할 때까지 군단장이 역습을 결정했는지 몰랐다고 주장했다.

한편, 남쪽으로 도주하는 부대 때문에 독일군을 방어하기 위한 전력이 줄어들었을 뿐만 아니라 다른 부대가 전방으로 이동하는데도 방해가 생겼다. 카슈가 라퐁텐과 헤어져 군단 사령부로 돌아오려 했을 때, 그는 남쪽으로 향하는 수많은 병력과 차량 때문에 간신히 돌아올 수 있었다. 그는 소로와 오솔길을 타고 남쪽으로 내려왔으나 결국은 타네에서 차를 포기하고는 헌병 차량을 얻어 타기 전까지 1~2km를 걸어야 했다.

역습을 위해 제213보병연대와 편조할 예정이던 제7전차대대 역시 야음이 깔린 뒤 셰메리를 향해 북쪽으로 이동하면서 교통 체증에 직면했다. 공습을 피하기 위해 20시 30분에 몽 디외 근방 집결지에서 출발한 대대의 이동속도는 느렸다. 남쪽으로 향하는 수많은 트럭과 차량이 도로를 가득 채우고 있었다. 대대장 지오르다니Giordani 소령과 대대 정보장교는 행군종대 선두로 이동하여 작은 마을 외곽에서 본대가 도착하기를 기다렸다. 그들은 30분가량 기다렸으나 본대가 보이지 않자 남쪽으로 되돌아갔다. 그때 전차는 남쪽으로 향하는 행렬 탓에 걷는 속도로 이동하고 있었다. 23시경, 지오르다니는 셰메리에서 제55보병사단장인 라퐁텐과 회의가 있다는 전언을 받았다. 그는 천천히 움직이고 있는 대

대를 떠나 즉시 차를 타고 북쪽으로 올라갔다.[27]

샬리뉴는 퐁 다고에서 출발하여 자정쯤 세메리 외각의 빌라에 설치한 새로운 지휘소에 안전하게 도착하였고 이를 사단장에게 보고했다. 이때 라퐁텐은 쇼몽 북쪽에서 방어하고 있는 프랑스군을 증원하도록 제213 보병연대를 재촉하거나 아예 남쪽으로 철수 — 세에리–불송–아로쿠르를 연하는 선보다는 북쪽 — 시켜야 한다고 설명했다. 이후 일련의 사건을 고려하면, 이는 매우 놀라운 방책이었다. 라퐁텐과 샬리뉴는 독일군 전투력이 증가하고 있으며, 쇼몽 북쪽에서 방어 중인 극소수의 프랑스군이 점차 절박한 상황에 몰리고 있다는 사실이나 또는, 단호하고 신속한 행동이 필요한 시점임을 이해하지 못했음이 분명했다. 샬리뉴는 "사단장은 주저하다가 명령을 받기 위해 군단장에게 보고하기로 했다."라고 말했다.[28] 라퐁텐은 군단 사령부와 통신이 연결되어 있었으나 자신이 직접 그랑사르와 접촉해야 한다고 확신했다.

라퐁텐이 군단장을 만나기 위해 사단 지휘소를 출발한 뒤, 01시 30분에 제147요새보병연대장 피노 중령이 보낸 전령이 사단과 마찬가지로 위험에 처한 연대의 상황을 상세히 설명한 보고를 가지고 도착했다. 샬리뉴는 이를 사단장에게 알리고자 제10군단에 전화를 걸어 라퐁텐을 찾았다. 그러나 라퐁텐은 아직 도착하지 않았다. 샬리뉴는 이 전화 통화에서 처음에는 캬슈와 이야기했고, 다음에는 그랑사르와 논의함으로써 상세한 군단 역습계획을 알 수 있었다. 또한, 그는 카슈가 잠시 뒤 서식명령을 가지고 출발할 예정이라는 사실을 알게 되었다. 그전까지는 라퐁텐이 샬리뉴에게 역습을 위한 군단장 의도를 설명해주지 않고 오직 돌파구를 메워야 할 필요성만을 말해주었기 때문에 이때가 되서야 역습에 대한 구체적인 내용을 알 수 있었다.[29]

03시경, 라퐁텐이 군단 사령부에는 가지도 못한 채 사단 지휘소로 돌아왔다. 그는 도로 체증 탓에 헛걸음을한 것이었다. 프랑스군의 승패가 그의 행동에 달려있던 그때, 라퐁텐은 군단 사령부에 가기 위해 3시간을 헛되이 써버렸다.

03시에서 04시 사이, 사단 지휘소에서 회의가 열렸다. 라퐁텐을 비롯하여 샬리뉴, 제213보병연대장 라바르트 중령, 제7전차대대장 지오르다니 소령이 회의에 참석했다. 사단의 다른 장교도 많아 회의실이 가득 찼다. 그러나 회의는 역습 서식명령을 가진 카슈가 도착한 이후에야 시작되었다.

카슈가 도착하기 전까지 라퐁텐은 참모장 및 작전과 참모 장교 2명과 회의 탁상에 앉아 있었다. 그들은 기름 램프로 상황도를 비추며 취합한 정보를 바탕으로 전방 상황을 표시하려 했다. 그러나 실제로는 북쪽의 전황에 대해 아는 바가 거의 없었다. 또한, 그들은 역습할 수 있는 방향과 역습 목표를 연구했다. 그런데 카슈가 이미 22시에서 23시 사이에 라퐁텐에게 추가 정보를 알려주었고, 샬리뉴는 01시 30분에 그랑사르와 통화했기 때문에 두 사람은 사단이 각각 2개 보병연대(제205·213보병연대) 및 전차대대(제4·7전차대대)로 역습을 시행해야 함을 분명히 알고 있었다. 그러나 그들은 계획을 확정하지도 않았으며 군단에서 서식명령이 도착할 때까지 예하부대로 어떤 명령도 하달하지 않았다.

제213보병연대장과 제7전차대대장은 사단 지휘소에 나타났으나, 제205보병연대와 제4전차대대의 정확한 위치는 그 누구도 몰랐다. 또한, 사단은 두 부대의 상태나 전투준비 상태를 전혀 알지 못했다. 장교 1명이 제205보병연대를 찾기 위해 출발했다.

다른 장교들은 회의실에서 전황을 가능한 한 상세히 파악하기위해 노력 중이었다. 라바르트 중령은 나중에 회의를 "혼란"스러웠다고 표현했다. 이때 사단 사령부는 예하 부대가 아직 불송을 확보하고 있다는 사실을 정확히 알고 있었다. 그러나 라바르트는 셰뷔주와 라 마르페 숲 일부를 우군이 장악하고 있다고 말하여 잘못된 사실을 전했다.[30]

03시 45분에 카슈 중령이 역습명령을 가지고 도착했다. 명령상 역습은 여명 무렵 시작할 계획이었다. 군단장 결정은 명확했다; 제213보병연대는 공격한다. 한편, 라퐁텐은 카슈가 전달한 역습명령에서 제205보병연대와 제4전차대대의 정확한 운용지침을 처음으로 보았다고 말했다. 여명 약 30분 전인 04시 15분에 라퐁텐은 이동준비를 완료하는 대로 최대한 빨리 공격하라는 명령을 내렸다. 이는 그랑사르가 라퐁텐에게 역습에 관하여 말한 지 9시간만의 일이었다.

불행하게도 사단장이 그의 지휘를 받을 연대나 역습에 참가할 부대에 아무런 사전 지침을 주지 않았기 때문에 밤이 의미 없이 흘러가 버렸다. 실제로 제55보병사단은 14일 05시 30분이 돼서야 "제213보병연대가 사단 작전지역 안으로 진입했다"라고 언급했다.[31]

제213보병연대와 제7전차대대의 역습이 실패한 가장 중요한 이유는 사단장이 우유부단했기 때문이었다. 라퐁텐은 제213보병연대를 전진시키거나, 도주하거나 공황에 빠진 부대를 진정시켜 군기를 재확립하고자 초인적인 노력을 기울이는 대신, 불안한 심정으로 군단장의 결정을 기다리고만 있었다. 프랑스군에게는 비극적이게도, 그가 망설이며 보낸 시간이 독일군에게는 뫼즈 강을 도하하고 프랑스군 제2방어선을 돌파하기 위해 준비하는 시간이 되었다. 물론 부대를 옮기고 급격히 붕괴하는 상황을 통제하는 데 실패했기에 그랑사르를 비난할 수도 있을 것이다. 그러나 그의 실수는 결단력이 부족했던 라퐁텐에 비해서는 작았다. 신속하고 과단성 있게 행동하지 못한 결과, 라퐁텐은 독일군이 가장 취약한 시점에 타격할 기회를 잃고 말았다.

라퐁텐은 독일군이 이미 셰뵈주 남쪽으로 이동했다는 사실을 몰랐으나 상당히 빨리 움직이리라 확신했다. 이 때문에 그는 제7전차대대가 합류하지 않더라도 제213보병연대만으로 역습하기로 했다. 그런데 사단장이 역습명령을 하달하자 제7전차대대 첫 전차가 셰메리에 도착했다. 사단은 전차가 도착하자 더욱 자신감을 가졌으나, 여전히 전차대대 전체가 도착할지는 확신하지 못한 채로 제213연대장에게 3개 축선으로 공격하라고 명령했다. 3개 축선은 다음과 같다. ①2대대(퀴뷔리에

Couturier 소령)는 셰메리에서 셰에리 ②3대대(코뱅Gauvain 소령)는 셰메리 동쪽에서 불송 서쪽 ③1대대(데그랑쥬Desgranges 소령)는 메종셸에서 불송.

3개 전차중대는 각기 보병대대를 1곳씩 지원했다. 그런데 연대에는 제506대전차중대가 제2/213대대와 제1/213대대에 배속해준 25㎜ 대전 차포 4문을 제외하고 대전차무기가 없었다. 또한, 대대와 연대 본부 또 는, 중대 사이의 통신 수단은 도보로 이동하는 전령이나 오토바이뿐이 었다.

75㎜ 포를 장비한 제78포병연대 1개 대대가 역습 간 화력을 지원할 수 있었다. 14일 아침에 프랑스군은 174문의 야포를 보유했으나, 역습 간 사용가능한 것은 12문에 지나지 않았다. 13일 저녁에 프랑스군을 휩 쓴 공황은 프랑스군 작전수행능력에 엄청나게 부정적인 영향을 주었으 며, 그중에서도 특히 역습을 지원하는 포병의 전투력이 약해진 점이 가 장 중요한 효과 중 하나였다. 샬리뉴는 "여러 포대가 전날 저녁에 받은 엄청난 타격으로 곤란에 처했다. 수많은 야포가 부서졌다. 남아 있는 포 병대대와도 통신이 두절되었다. …… 우리는 조직적인 화력지원도 없이 신속하게 행동해야만 했다."라고 설명했다.[32]

제55보병사단의 역습 : 제213보병연대와 제7전차대대Counterattack by the 55th Division : The 213th Regiment and the 7th Tank Battalion

강력한 지휘관이라는 평판에도 라바르트 중령은 독일군의 공격을 저 지하는 데 큰 의지가 없었다. 사단 지휘소에서 명령을 받고 출발하기 직 전에 그는 사단장에게 "당신이 우리 연대에 요구한 것은 순교다."라고 말했다.[33] 각 대대장이 명령을 받고 약 1시간 뒤, 연대장인 라바르트가 역습에 별다른 열정이 없는 채로 제213보병연대가 공격을 시작했다.

14일 아침, 북쪽에서는 피노 중령의 상황이 점차 절박해지고 있었다. 피노와 사단 사이의 유선통신은 밤사이 두절되었고 전령에 의한 전문

전달도 줄어들었다. 05시경, 쇼몽 북쪽의 프랑스군은 대독일연대의 강력한 공격을 받았다. 06시에 피노는 철수 명령을 내렸다. 그는 얼마 남지 않은 부대원과 아로쿠르방향으로 철수했다. 06시 45분까지 독일군은 쇼몽 점령을 마쳤다.

피노는 퐁 다고의 제55보병사단 지휘소로 이동한 뒤, 사단장에게 그가 철수 명령을 내린 사실을 보고하려했다. 그런데 놀랍게도 그는 사단지휘소가 비어 있음을 발견했다. 피노는 나중에야 역습이 시행되기 직전임을 알았다. 그는 퐁 다고의 사단 지휘소 근처에 얇은 방어선을 구축한 뒤 메종셀로 향했다. 피노는 마을 북쪽 약 500m 지점에서 샬리뉴와 우연히 마주쳤고, 곧 라퐁텐과 만나 그가 담당했던 분구에서 벌어진 전투 전말을 모두 보고했다. 그가 사단장과 만났을 무렵 제213보병연대가 역습을 시작했다.34)

제1/213대대 2중대 페니수Pennissou 소위는 연대 우익이었던 대대의 역습과정을 다음과 같이 묘사했다.

전차가 공격을 선도했다. 중대는 06시 45분에 이동을 시작했다. 각 소대와 반은 일사불란하게 움직였다. 병력은 정숙하면서도 군기가 있었다.

07시, 중대는 278고지[메종셀 북쪽 1km]에 도착했다. 기관총탄 몇 발이 우리 머리 위를 날았다. 그리고 중대 좌측으로 적 자동화기 사격이 가해졌다.

우리 소대는 261[고지][메종셀 북쪽 1.5km]로 이동하여 [북동쪽인] 롱 카이유Rond Caillou의 숲으로 진입했다. 나는 숲 서쪽 외곽으로 향했다. 숲은 텅 비어 있는 듯 했다. …… 전차가 불송으로 향했다. …… 나는 중대장에게 전령을 보내어 적의 사격을 받았으나 계속 전진하겠다고 말했다. 소대는 숲과 도로의 경계인 작은 공터 가장자리에서 320고지[불송 남동쪽 500m]로부터 날아온 것으로 보이는 기관총탄 세례를 받았다. 식민지보병부대에서 지원받은 25㎜ 대전차포가 진지를 점령하고 320고지를 조준했다.

그때가 대략 07시 15분이었다. 아군 전차는 숲 경계선으로 전진했다. 나는 1개 분대를 이끌고 320고지와 322고지[불송 남서쪽 500m] 정상 너머에서 무슨 일 벌어지고 있는지 보기 위해 …… 320고지로 향했다. 적기가 우리에게 기총을 몇 차례 발사했으며 적 기관총사격이 점차 강력해졌다. 320[고지]에서는 불송의 전황을 관측할 수 없었다. 나는 불송 외곽까지 전진했고 약 300m 전방에서 커다란 독일군 전차가 천천히 322[고지]로 이동하는 것을 목격했다.

적기가 우리에게 기총을 계속 사격했다. 롱 카이유의 숲 북서쪽 외곽에 자리한 적도 강력한 소화기 사격을 가해왔다.

적 전차 공격을 막아내야만 했다. 나는 중대장에게 전령을 보냈고, 25mm 대전차포반과 합류했다. 그때가 08시였다. 나는 불송에서 철수하여 25mm 대전차포 옆에 있던 제295보병연대 부리Boury 대위에게 상황을 알려주었다.

적이 322[고지]를 공격하리라는 확신에 우리는 대전차포를 급히 움직였고, 독일군이 공격을 시작했다. 살아 남은 아군 전차들은 비탈을 내려가 메종셀 방향으로 철수했다.

그 직후 독일군 전차 3대가 322[고지]를 가로질러 퐁 다고로 향했다. 우리는 약 500m의 거리를 두고 적 전차에 사격을 가했다. 첫 번째와 두 번째 전차는 명중탄을 얻어맞고 불꽃을 피워 올렸다. 세 번째 전차는 기동불능이 되었고, 약 15발의 포탄을 얻어맞았다. 다른 전차들은 포탑을 차폐하고 우리에게 기관총탄을 퍼부었다. 기동이 불가능해진 적 전차의 승무원은 자동화기를 들고 하차하여 25mm [대전차포]에 사격을 가했다. 몇 분 지나지 않아 적이 사격을 멈췄다. 그때가 09시였다.

그러나 적이 레제르브Réserve의 숲과 블랑셰 메종Blanche Maison, 프레 드 마르Pré de Mars의 숲을 통해 …… [좌측으로] 전진하였고 …… 롱 카이유[의 숲] 골짜기를 통해 [우측으로] 침투했다.

우리는 우리를 포위한 적을 향해 사방으로 사격했다. 적 사격도 매우 강력했다. 대전차포 조준경이 부서졌다. 대전차포 승무원이 …… 죽거나 다쳤다. 우리는 완전히 포위당했고 탄약도 거의 고갈되었다. 그때가 대략 11시경이었다.[35]

독일군은 계속 남진하여 곧바로 메종셀로 향했다. 독일군이 제213보병연대 중앙의 3대대로 지향한 공격은 좌 · 우측인 1대대나 2대대보다는 그 강도가 약했다. 3대대의 어떤 중대장은 독일군 전차 25대가 메종셀로 향하는 것을 보고는, "1대대가 순식간에 증발해 버렸다."라고 말했다.36) 독일군이 제1/213대대를 휩쓸어버리자 제3/213대대는 황급히 후방으로 물러섰다.

한편, 서쪽의 제2/213대대는 06시 30분에 셰메리에서 셰에리를 향해 이동했다. 대대는 이동 간 1개 중대를 셰메리 북쪽 계곡에 나 있는 도로를 따라서, 다른 1개 중대는 바로 동쪽의 고지를 따라서 이동하도록 했다. 제2/213대대 7중대는 연대장의 지시에 따라 연대 예비대로서 셰메리에 남았다. 라퐁텐이 그랬던 것처럼 라바르트도 연대 좌측방을 거의 강화하지 못했고, 실제로 취약한 대대는 곧 독일군의 가장 강력한 공격 대상이 되었다.(셰베주와 셰에리에서 셰메리 방향으로)

한편, 전차와 보병 사이에는 사전협조가 거의 이루어지지 않았다. 루바르트 중령은 제2/213대대를 지원했던 제7전차대대 3중대가 06시 45분에야 셰메리에 도착했으며, 2대대장의 지침도 받지 않고는 황급히 보병 앞쪽으로 전진했다고 말했다. 그러나 제7전차대대장은 3중대가 셰메리 중심부를 06시에 통과하여 06시 30분에 제2/213대대와 같이 공격했다고 주장했다.37) 전차 도착시각에 대한 두 지휘관의 주장이 달랐지만, 핵심은 매우 중요한 지역에서 같이 전투할 전차부대와 보병부대가 서로 협조하고 친숙해질 시간이 거의 없었다는 사실이었다.

07시 15분, 제2/213대대는 전방의 소규모 독일군으로부터 소총 · 기관총 · 대전차포 사격을 받았다. 그러나 대대는 계속 전진했고, 대대장은 08시에 콘나주와 불송을 연하는 선을 따르는 중간목표에 도착했다고 보고했다. 이후 1시간 동안 연대는 역습을 잘 진행했으며 2대대의 요청으로 탄약을 재보급해준 것 외에는 별다른 어려움이 없었다. 8시 30분, 라바르트는 예비대인 7중대를 셰에리로 향하는 길이 내려다보이는 셰메리 외곽 약 300m 지점에 있는 고지로 옮겼다.

그때 갑자기 전황이 극적으로 변했다. 라바르트는 당시 상황을 아래와 같이 묘사했다.

09:00 : 제2/213대대에서 새로운 보고가 도착했다 "적 중(重)전차의 공격을 받고 있음."

나는 콘나주 방향에서 울리는 포성을 들었다. 나는 놀라운 광경을 목격하였 …… 우군 전차가 세메리로 철수 중이었다. 상황이 급격히 변하는 것인가? 불송에서 날아오는 소총탄으로 3대대와 1대대 전방의 교전 상황을 짐작할 수 있었다.

나는 아직 투입하지 않은 부대로 세메리 고지군에 방어선을 재편성하기로 했다. 7중대가 내 다음 대비책이었다. 나는 마을 북동쪽 수목선을 방어라고 명령했다. 또한, 나는 [마을에 있는 병력의] 지휘관에게 공병과 함께 세메리 남서쪽 모퉁이를 점령하고, 바 [강] 우안도 감시하라고 지시했다. 전방 상황을 알리기 위해 와있던 오토바이 반장(班長)편으로 [제55보병사단장에게] 상황을 보고했다. 한편, 오토바이 반장은 1·3대대가 북쪽으로 전진 중임을 알려주었다.

09:30 : 2대대장과 접촉하려 했다. 전령은 세당으로 가는 길에서 2대대 지휘소를 찾지 못했다.

10:00 : 세메리 북동쪽 외곽에 방어선을 구축한 7중대 전방으로 갑자기 독일군 전차의 물결이 나타났다. 7중대에는 대전차무기가 전혀 없었기 때문에 대응할 수 없었다. 나는 적 사격을 받으며 중대를 재편성하려 했고 …….

적 전차는 재빨리 [마을] 주도로로 진입하여 몇 안 되는 수비군을 향해 주포와 기관총을 쏘아댔다. 나는 마을 동쪽 외곽으로 철수했다. 도로 모퉁이 인도에 정차해있던 적 전차 1대가 지근거리에서 우리에게 사격을 가했다; 나와 부관은 쓰러졌다. 나는 대퇴부에 총을 맞았다. 전차가 다시 주포를 발사했다. 적 전차는 우리를 놓쳤고 우리가 쓰러트린 휘발유통 몇 개에 주포를 쏘았다. 나는 연기가 피어오른 틈을 타 도망쳤다.[38]

몇 분지나지 않아 라바르트는 제2/213대대장을 만났다. 대대장은 대대가 전차와 88㎜ 대공포의 공격을 받고 있다고 보고했다. 25㎜ 대전차포가 독일군 전차 몇 대를 격파하였으나 프랑스군 전차는 "전멸" 당했다. 16시경, 라바르트는 독일군에게 포로로 잡혔다. 그는 포로이자 방관자의 처지에서 수많은 기갑차량이 셰메리를 돌파하는 모습을 바라보았으며, 독일군이 연대의 역습 실패를 이용하는 광경을 목격했다.

요약하자면 제213보병연대는 제7전차대대 예하 3개 전차중대의 지원을 받으며 06시 30분에 공격을 시작했다. 대대가 2~3㎞쯤 전진했을 때 불송과 콘나주 부근에서 독일군 전차의 강력한 공격을 받았다. 전투 결과 제7전차대대는 몇 분되지도 않아 인원 50%와 차량 70%를 상실했다. 제213보병연대 참모 전원이 포로로 잡혔다. 1·2대대도 극도로 심각한 인원손실을 입었다.

라바르트는 송환 이후 작성한 보고서에 연대가 역습에 실패한 주요 원인과 연대에 모멸적인 기록을 남겼다. 그는 "추후 사로잡힌 우리 연대 소속 장교에게 얻은 정보에 따르면, 1·3대대가 자신감 있고 결연하게 전진하며 불송 남쪽의 유리한 지형을 향해 공격했다고 한다. 그곳에서 1·3대대는 105㎜ 포병의 지원을 받는 적 전차부대의 공격을 받았다. 장갑이 얇았던 우리 전차는 대전차무기 없이 개활한 지형에서 싸워야 했던 보병을 보호할 수 없었다. 이후 적의 승리는 당연한 귀결이었다." 라고 적었다.[39]

역습작전을 지켜보기 위해 메종셀 북쪽에 모였던 사단 일반참모와 대령들은 독일군이 접근하자 재빨리 물러났다. 샬리뉴 대령은 제205보병연대로 향하여 독일군이 불송과 셰메리에서 메종셀로 돌진하고 있다고 알려주었다.

제55보병사단의 역습 : 제205보병연대와 제4전차대대Counterattack
by 55th Division : The 205th Regiment and 4th Tank Battalion

5월 10일, 제71보병사단 예하 제205보병연대는 제10군단의 예비부대로서 오몽과 샤포뉴를 연하는 선에서 방어진지를 구축하고 있었다. 샤포뉴는 세당 남서쪽 약 10km 지점이었고, 오몽은 샤포뉴 남쪽 10km에 있었다. 이 방어선은 독일군이 마지노선 서쪽에서 뫼즈 강을 건넌 뒤 서쪽으로 선회할 가능성에 대비하여 사단 책임구역 내 방어선을 강화한 조치였다.

제205보병연대는 11일 늦게 세당 남동쪽으로 이동하라는 명령을 받았다. 이틀에 걸친 야간 행군 끝에 연대는 로쿠르(셰메리 동쪽 6km) 남쪽과 스톤 동쪽에 진지를 점령했다. 1개 대대는 용크 숲(로쿠르 남동쪽 4km)에, 다른 대대는 프랑크리외Franclieu(스톤 동쪽 3km)에, 마지막 1개 대대는 로쿠르 숲(로쿠르 남쪽 3km)에 진지를 점령했다.

13일 늦게 제71보병사단 대위 참모장교 한 명이 제205보병연대장 몽비니에 모네Montvignier Monnet 중령에게 로쿠르와 메종셸 에 빌러스(셰메리 동쪽 3km)를 연하는 선에 방어진지를 점령하라는 구두명령을 전했다. 연대장은 제3/205대대를 로쿠르 서쪽에 있는 작은 숲으로 보냈고 나머지 2개 대대는 로쿠르 숲에 진지를 점령하라고 지시했다. 그는 제1/205대대를 숲을 거쳐 로쿠르와 메종셸 에 빌러스를 연하는 진지로 보내려 했다. 그는 제4전차대대가 지원한 1개 전차중대는 보병 지원 없이 숲 북쪽 개활지에 두었다.40)

제3/205대대가 출발한 뒤 제1/205대대가 이동을 시작하려 할 때, 오토바이를 탄 전령이 연대 본부에 와서는 다음 명령이 내려올 때까지 대기하라는 지시를 전했다. 연대장이 모르는 사이에 제10군단은 연대를 제55보병사단에 배속하여 역습에 투입하기로 한 것이다.

제55보병사단의 취약한 통신망이 이후 벌어진 사건에 커다란 영향을 미쳤다. 사단은 역습을 지원하기로 한 제205보병연대와 제4전차대대의 위치를 몰랐다. 때문에 사단 참모장교가 03시 30분에 연대를 찾으러 나갔다. 05시에는 샬리뉴가 직접 연대를 찾아 나섰다. 05시 30분경, 샬리뉴는 셰메리 동쪽 약 10km 지점이며, 로쿠르와 오트르쿠르Autrecourt간 도로에 있는 제71보병사단 지휘소에 도착했다. 그는 사단장 부데Baudet 장군과 만나 상황을 설명한 뒤, 제205연대장과 통화할 수 있을지를 물었다. 부데는 사단과 연대 사이에 전화선은 가설되어 있지 않으나 연대장이 셰메리 동남동쪽 약 5km 지점인 로쿠르 숲에 있다고 알려주었다. 샬리뉴는 부데의 지휘소로 오는 도중에 바로 이 숲을 지나왔었다.

06시 15분경, 샬리뉴는 로쿠르 숲 북쪽 외곽에 있는 위트 드 로쿠르 Huttes de Roucorut에 도착했다. 그는 그곳에서 제4전차대대장 생 세르냉 Saint Cernin 소령을 만났다. 그리고 두 사람은 함께 제205보병연대장을 만났다.

모네 중령은 그가 아래와 같은 명령을 받았다고 설명했다.

> 목표 : 텔론 숲Bois de Thelonne[불송 북동쪽 3km]
> 로쿠르 숲 출발 시간 : 08시
> 제205보병연대는 불송 방향으로 역습한다. 역습 간 제4전차대대가 연대를 지원한다.[41]

샬리뉴가 떠난 뒤, 연대장은 전차대대장에게 전차 전개 방안을 문의했다. 전차대대장은 대대가 보병과 구분하여 이동하기를 바란다고 말했다. 교리 상 전차 운용은 보통 "집단 기동"하도록 되어 있었다. 이는 그가 전차를 대대단위로 통합하여 운용하고 보병에게 나누어 지원하지 않겠다는 의미였다.[42]

출발 준비를 시작한 지 채 1시간이 지나지 않아 연대장은 2개 대대로 공격하여 1개 대대가 선도하고 나머지 1개 대대는 후속하기로 했다.

공격방향은 메종셸 에 빌러스(셰메리 동쪽 3km)에서 불송 방향이었으며 그다음에는 텔론 숲으로 향하기로 했다. 1개 중대를 배속 주어 2개 중대만을 보유했던 오프레Auffret 대위의 제2/205대대는 중간목표인 메종셸 에 빌러스를 거쳐 마을 북쪽 숲으로 향했다. 제1/205대대는 제2/205대대를 후속하면서 연대장의 명령에 따라 선도 대대 좌측이나 우측에서 공격하거나, 아니면 증원하기로 되어 있었다. 제3/205대대는 로쿠르 서쪽에 남아 명령을 기다렸다.

08시, 제2/205대대가 로쿠르 숲을 출발하여 테르 드 라 말메종Terres de la Malmaison을 향해 북쪽으로 이동한 다음 북서쪽으로 선회했다. 제4전차대대는 좌측에 2중대, 중앙에 1중대, 우측에 3중대를 두고 연대를 후속했다.[43] 부대 기동 속도는 극히 느렸다.

연대가 전진하자 어디서 날아오는지 알 수 없는 총탄으로 몇 명이 다쳤다. 나중에 연대장은 제4전차대대가 사격했다고 단언하였으나, 제2/205대대장은 독일군 "공수부대원이나 스파이"가 사격했으리라 생각했다.[44] 연대는 계속 전진했고, 제2/205대대는 전방에서 보병 60여 명을 발견하였으나 독일군인지 우군인지는 확인할 수는 없었다. 병사들이 피아를 구분할 새도 없이 사격을 가했다. 정체불명의 병력은 즉각 백기를 내걸고는 언덕 경사면 뒤로 사라졌다. 아마도 그들은 피노 중령과 함께 최후까지 저항하던 몇 안 되는 용감한 병력이었으리라 추정된다.

제2/205대대는 09시 45분에 메종셸 에 빌러스로 진입했다; 대대는 1시간 45분 동안 약 3.5km를 이동했다. 대대가 마을에 진입하자 북쪽에서 내려온 도망병과 아마도 제1/213대대로 보이는 프랑스군이 그들을 지나쳤다. 대대는 계속 북상했고, 북서쪽 측방으로 적의 강력한 사격과 공습이 가해졌을 때, 겨우 마을 외곽까지 진출한 상태였다. 메종셸 에 빌러스 북서쪽 외곽에 있던 전차대대도 적 전차의 강력한 사격을 받았다. 전차 몇 대는 적탄이 장갑을 관통하기도 했다. 전차는 짧지만 강력한 교전 끝에 전속력으로 로쿠르로 이어진 길을 따라 철수했다. 대전차포 없이 38㎜ 저압포와 박격포 몇 문만을 가진 제2/205대대는 아무런 대전차무기 없이 개활지에 남겨졌다.45)

그때 샬리뉴가 대대를 방문했고, 대대장은 그에게 역습이 잘 진행중이라고 말한 듯하다. 그러나 실제로는 독일군의 강력한 공격과 좌측 부대인 제213보병연대가 붕괴함으로써 대대 좌측방이 위협받고 있었다. 라퐁텐 장군은 제213보병연대가 무너짐으로써 무의미해진 제205보병연대의 공격을 포기하기로 했다. 샬리뉴는 대대장에게 "즉시" 퇴각하라고 지시했다.46)

거의 동시인 10시경, 오토바이를 탄 전령이 제205보병연대장에게 남쪽으로 퇴각하여 로쿠르 숲 외곽에 방어진지를 편성하라는 서식명령을 전했다. 제4전차대대는 이미 철수 중이었다. 2개 보병대대는 재빨리 전차대대를 후속하여 다시 로쿠르 숲으로 향했다. 제3/205대대는 여전히 로쿠르 서쪽의 작은 숲에 남아 있었다.47)

불행히도 철수는 패주로 변했다. 제2/205대대장은 후속하던 제1/205대대의 기관총 엄호사격을 받으며 통제력을 회복하려 했다. 대대장과 중대장이 최선을 다했지만, 대대는 포격과 폭격을 받으며 무질서하게 뿔뿔이 흩어져 정신없이 후퇴했다. 제2/205대대 일부는 메종셀 남쪽의 제1/205대대와 함께 계속해서 싸웠다.

대대원이 숲으로 들어서자 제2/205대대장은 병사를 모아 로쿠르 숲 남쪽 외곽으로 이동하여 대대를 재편하려 했다. 대대장은 그와 대대 간 부단이 대대원을 다시 통제할 수 있으리라 생각했고, 재편이 이루어지고 나면 숲 북쪽 외곽으로 이동하려 했다. 동시에 그는 숲 북쪽에 버리고 온 차량과 기관총을 찾고자 했다. 그러나 그의 노력은 헛된 것이었다. 그는 대대를 통제할 수도 없었고 독일군이 이미 로쿠르 숲의 서쪽 외곽에 도달했기 때문이었다.

전투 후 일주일이 채 지나지 않은 시점에 작성한 보고서에서 제2/205대대장은 대대가 명령에 따라서 공격했으며, 샬리뉴의 지시를 받아 철수했다고 주장했다. 대대를 변호하려 했던 그는 좌측방이 노출되어 사격을 받으면서 철수했음을 강조했다. 그는 간부와 병사가 사격을 받으며 철수했기 때문에 "사기가 떨어진 사실" 외에 대대가 붕괴한 사실에 대해서는 아무런 변명도 하지 않았다.[48]

로쿠르에서 계속 싸웠던 제3/205대대를 제외하고 제205보병연대 나머지는 로쿠르 숲에 모였다. 독일군이 계속 사격을 가했고, 몇몇 부대는 연대 후방으로 우회했다. 오후 일찍 제1·2/205대대는 적과 싸우면서 남쪽으로 물러섰다.

그러나 연대장에게 가장 오욕스러운 상황은 아직 발생하지도 않았다. 모네 중령은 연대가 남쪽으로 이동할 때 선두에 있었다. 이는 아마도 직접 상급부대 지휘소를 찾아 명령을 받기 위해서였던 듯했다. 그런데 이때 헌병초소에서 그를 독일군 공수부대원으로 착각하고는 체포해 버려 연대를 지휘할 수 없게 되었다. 지역 경찰관이 그를 제71보병사단 사령부로 데려갔다. 그는 사단장 부데 장군을 만나 자신이 연대와 함께하지 못한 이유를 설명했고, 부데는 이를 이해했다. 그러나 그는 나중에 부데와 만나기 전에 한 장군이 그를 도주 혐의로 공식 고발하고 베르덩에 있는 보방 호텔Hotel Vauban에 감금했다고 말했다. 그는 풀려나 다시 독일군과 싸울 수 있었으나, 결국 중령 계급을 박탈당하였다. 동시에 1920년에 이름을 올린 레지옹 도뇌르*에서도 제명되었다.[49]

모네 중령이 이러한 조치를 받은 것과는 상관없이, 그의 연대는 중요한 역습에 완전히 실패해 버렸다.

제55보병사단의 붕괴The Collapse of 55th Division

라퐁텐은 제205보병연대와 제213보병연대가 역습에 실패하자 남쪽

---

* 프랑스 최고 훈장 수여자 명단.

몽 디외 숲 외곽과 로쿠르로 철수했다.50) 샬리뉴는 제71보병사단 사령
부로 가서 부데에게 제55보병사단의 상황을 알려주었다. 보고를 마친
샬리뉴는 라퐁텐이 사단을 철수시킨 스톤으로 돌아왔다. 그는 그곳에서
"탄약이나 지휘관도 없이 완전히 지쳐서는 먹을 것을 달라고 애걸하는
고립된 병사 몇 명을 발견했다. 그때가 [14일] 13시 30분경이었다. 더
이상 제55보병사단은 존재하지 않았다."51)

라퐁텐은 아래와 같이 말했다.

나는 14시에 베를리에르Berlière에 있는 군단 지휘소에 상황을 보고했다.
군단은 바이용빌Bayonville로 이동하여 사단을 최대한 재편성하라고 명령
했다. 15일 아침, 나는 마쇼Machault 남쪽으로 이동하여 사단을 재편성하려
했다.

16일 밤에 사단은 생 수플레Saint Soupplet로 이동했고, 17일 밤에는 망크
르Mancre로 갔다. 18일 아침, 나는 북동부전선 사령관[조르주 장군]의 명령
으로 내가 국방전쟁성Minister of National Defense and War으로 전속되었으며,
사단은 해체하였다는 제2군 사령부의 공지를 받았다.52)

Chapter 9
제2군과 제21군단
The Second Army and the XXIst Corps

프랑스군은 제19기갑군단을 저지하기 위해 제55보병사단과 제10군단에만 의지하지 않았다. 프랑스군은 다른 부대를 돌파구에 투입하였고, 취약한 독일군 교두보를 타격하고자 거대한 공군력을 끌어모았다. 그러나 제2군은 5월 13일에 독일군이 뫼즈 강을 건너기 전까지는 공군 지원에서 낮은 우선순위를 배정받았다.

연합군의 항공작전Allied Aerial Operations

프랑스전역 시작과 함께 독일 공군은 적 항공 전력 파괴에 전투력을 집중한 다음 지상군을 지원했다. 또한, 항공기 상당수로 벨기에와 네덜란드의 공수작전과 특공작전을 지원했다. 5월 10일 아침, 공군은 지상군이 룩셈부르크를 통과하자 프랑스 국경을 넘어 비행장과 핵심시설을 폭격했다. 독일 공군의 목표는 네덜란드, 벨기에, 프랑스 각지에 흩어져 있었다.

벨기에와 네덜란드에는 항공기를 분산해 놓을 장소가 부족했기 때문에 독일 공군은 양국 비행장을 폭격함으로써 상당한 전과를 올렸다. 전역 첫날 아침에 벨기에는 항공기 53대를, 네덜란드는 항공기 62대를 상실했다. 독일 공군은 프랑스의 비행장, 철도, 군사시설을 집중 폭격하였으나, 타격은 프랑스 북부로 한정했다. 독일군은 폭격을 광범위한 지역에 분산함으로써 주공을 벨기에 동부를 지나 세당으로 지향하려는 의도를 은폐하고, 주공을 벨기에 북부와 중앙으로 지향하는 것처럼 적을 속이려 했다. 그러나 독일군은 폭격을 분산함으로써 지상에서 프랑스군 항공기 4대를 파괴하고 30대를 반파하는데 그쳤다.[1]

독일군 폭격이 시작되자 프랑스군 전투기가 출격하여 지상군을 보호하려 했다. 프랑스는 벨기에로 진입하는 지상군을 보호하는데 항공전력을 집중했다. 제23비행단은 세당 인근의 제2군을 엄호하기로 되어 있었으나, 지상군의 가장 좌측인 제7군을 지원하는 제25비행단을 증원하라는 명령을 받았다. 폭격 시작과 동시에 프랑스군은 독일군이 주공을 젬블루 갭으로 지향할 것이라는 자신의 예측이 적중했다고 생각했다.

독일군이 04시 35분에 룩셈부르크로 진입했지만, 연합군 공군은 08시가 되어서야 제한적으로 전투기와 정찰기를 투입하라는 지시를 받았다. 폭격기는 정찰기가 프랑스 국경으로 접근하는 독일군 행군종대를 탐지할 때까지 대기해야 했다.[2] 가믈렝은 폭격으로 민간인 사상자가 발생할까 민감하게 반응했다. 또한, 아마도 그는 선제 폭격으로 돌아올 보복을 두려워 한 듯하다.

프랑스 공군은 자국과 영국 공군 조종사들의 요청에도 11시에 최고사령부가 승인하기 전까지 최우선 목표인 적 행군종대와 그다음 목표인 집결지(비행장을 포함하여) 폭격을 허가하지 않았다. 프랑스 공군 사령관은 추가 제한사항을 하달했다. 폭격기는 산업중심지를 공격할 수 없으며, "어떤 상황에서도" 시가지 폭격은 금지였다. 프랑스 공군이 독일군 보복을 염려하여 이러한 제한사항을 두는 동안 공군은 공격력을 제대로 발휘할 수 없었다. 독일군 행군종대는 종종 마을의 좁은 도로를 통과해야만 했다. 적의 전진을 차단하는 계획은 이 같은 수많은 병목지점에서 취약점이 드러난 적을 타격하는 데 초점을 맞추고 있었다. 그러나 프랑

스군은 다음날 16시가 되어서야 시가지 폭격을 승인했다.3)

가믈렝이 폭격을 내켜 하지 않았기 때문에 프랑스 주둔 영국 공군 사령관 바랫A. S. Barratt 공군 원수도 독일군을 폭격하기가 난처했다. 전투기가 독일군 항공기를 요격하려 발진하는 동안 영국에서 이륙하여 장거리를 날아온 전투기들은 제7군의 좌측방을 보호했다. 정찰기는 적 행군종대를 탐색했으나 중거리 폭격기는 기지에서 공격명령을 기다리고 있었다. 더 이상 참을 수 없었던 바랫 장군은 영국 공군 전방타격군 사령관 플레이페어P.H.L. Playfair 공군소장에게 중(中)폭격기로 적을 폭격하라고 명령했다. 흥미롭게도 첫 타격 목표는 몇 시간 전 정찰기가 룩셈부르크 상공에서 확인한 독일군 행군종대였다.

영국군 전폭기(단발 엔진을 장착한 항공기로 느리고 항속거리가 짧았으며 방호력이 약했다.) 8대가 발진하여 아르덴느를 지나는 독일군을 폭격했다. 독일군은 기관총과 소화기로 빗발치는 대공사격을 가하여 8대중 3대를 격추했다. 이날 영국 공군은 폭격기 32대를 투입하였으나, 13대가 격추되었고 나머지는 손상을 입었다.4) 이 같은 심각한 손실에도 폭격 효과는 거의 없었다.

11일 정오경, 다스티에François d'Astier de la Vigerie(육군의 제1집단군에 대응하는 북부지역 항공작전사령부 사령관) 장군은 독일군이 사용 중인 마스트리히트의 교량을 폭격하라는 조르주의 명령을 받았다. 벨기에군의 — 연합군이 딜 강에 도착할 때까지 방어선을 지탱할 — 능력을 별로 신뢰하지 않았던 조르주는 벨기에로 진격하는 독일군을 공군으로 지연함으로써 연합군이 벨기에 내에서 계획한 방어진지를 점령하기 위한 시간을 추가로 확보하려 했다.

11일 16시 30분, 가믈렝은 다스티에에게 전화를 걸어 "모든 수단을 사용하여 마스트리히트에서 통게렌Tongeren과 젬블루로 전진하는 적을 둔화시키고, 목표달성을 위해서 도시와 마을에 대한 폭격을 주저하지 마라."라고 말했다.5) 이러한 명령으로 이전에 시가지에 대한 폭격금지

명령이 무효화 되어 프랑스 공군이 첫 주간 폭격을 시행했다. 18시경, 폭격기가 교량을 폭격하려 출격했으나 1개에만 타격을 줄 수 있었다. 이것이 첫 번째 주간 폭격이었다.[6] 야간폭격은 10일 밤에 이미 시행하였었다.

가믈렝은 독일군이 주공을 룩셈부르크와 동벨기에로 지향한 사실을 몰랐기 때문에 아르덴느의 좁은 도로로 이동하는 거대한 적 행군종대의 취약점을 알아채지 못했다. 만약 연합군이 뒤엉키고 정체된 독일군 행군종대에 집중 폭격을 가했다면 엄청난 재앙이 발생했을 것이다.

5월 11일 밤, 제1집단군 사령부는 12일 항공지원 우선순위를 1순위:마스트리히트-통게렌 축선을 방어하는 제1군, 2순위:제7군과 영원정군으로 정했다. 이러한 우선순위는 제19기갑군단이 세무아 강에 도달할 때까지 유효했다.

12일 06시, 제1집단군사령관이 전날 발령한 항공지원 우선 순위를 확인하였으나 2순위에 메찌에르 북쪽을 추가했을 뿐이었다. 마침내 16시에 조르주가 항공지원 우선순위를 뒤집었다. 그는 1순위를 제2군에, 2순위를 제1군 전방인 통게렌 남서쪽에서 마스트리히트를 방어하던 기병대에 할당했다.[7]

그런데 제1집단군사령관 비요트 장군은 이 명령을 무시했다. 그는 항공지원 2/3를 제1군에, 나머지를 제2군에 할당했다. 불행히도 그는 명령을 받기 직전에 제1군에 더 가깝게 지휘소를 이동했고 집단군 우측에서 점증하는 위협을 알리는 최근의 통신을 듣지 못했음이 분명했다. 비요트는 집단군이 딜 계획에 의해 지정한 방어진지를 점령한 13일 아침에야 마침내 독일군 의도를 알아챘다.

12일에 야간 항공정찰로 독일군이 제1집단군 우측을 위협한다는 사실이 드러났다. 독일군은 프랑스군이 기만작전을 눈치 채자 차량의 전조등을 켜고 동벨기에서 기동속도를 높였다. 정찰결과를 통보받은 후 비요트는 13일 09시 40분에 제2군에 공중지원 우선권을 주도록 지시했다. 그러나 그는 명령에서 독일군이 정밀도하를 시도하기 전 전투력을 증강하는데 며칠이 걸릴 것이라 가정했다.[8]

13일 늦은 오후, 비요트는 항공지원 우선순위를 제2군에서 제9군으로 다시 수정했다. 13일 동트기 직전, 롬멜Erwin Rommel이 지휘하는 제7기갑사단이 제9군 작전지역인 디낭 바로 북쪽의 우Houx에서 뫼즈 강을 도하했다. 그러나 제1집단군은 정오가 되어서야 이 사실을 인지했다.[9] 비요트는 항공지원 우선순위를 수정하면서, 아직 제2군의 전선은 포병화력으로 보호할 수 있으나 제9군의 전선은 "붕괴"했기 때문이라고 그 이유를 설명했다.[10] 불행하게도 우선순위가 수정된 시각은 제19기갑군단이 세당에서 뫼즈 강을 도하하기 시작한 시점과 같았다.

15시에 독일군 보병이 뫼즈 강을 도하하기 몇 시간 전부터 독일 공군은 대공방어가 취약한 프랑스군 진지에 수많은 폭격을 가하였으나 연합군 전투기의 방해를 거의 받지 않았다. 독일 공군은 중형폭격기 310대, 급강하폭격기 210대, 전투기 200대 이상을 세당에 투입했다. 프랑스군은 13일을 통틀어 세당에 밀집한 독일군을 단 1차례 공습했다. 폭격기 7대가 귀환하였으나 전부 심각한 손상을 입었다.[11] 폭격은 거의 효과가 없었다. 공황에 빠진 지상군은 우군이 적을 폭격했다는 사실도 거의 알지 못했다.

바랫은 심각한 피해 때문에 13일은 폭격을 중단하고 폭격기를 수리하기로 했다. 영국 공군의 플레이페어는 5월 10일에 폭격기 135대를 보유하였으나, 12일에는 72대뿐이었다. 영국 공군은 13일에 네덜란드를 폭격하는 작은 규모의 임무 1개만을 수행했다. 이 폭격은 제1집단군 좌익인 제7군을 도울 목적으로 시행하였는데 이들은 진출했던 것보다 더 빠르게 퇴각 중이었다. 한편 연합군 방어체계가 와해하고 있음을 감지한 바랫은 플레이페어에게 철수계획을 수립하라고 지시했다.[12]

5월 13일 밤, 조르주와 비요트는 여명을 기하여 독일군이 세당에 가설한 교량을 강력하게 폭격하라고 명령했다. 비요트는 "승리와 패배는 이 교량에 달렸다."라고 말했다. 14일 아침, 연합 공군은 필사적인 공습을 가했다. 다스티에는 폭격기 152대, 전투기 250대 이상을 세당에 집중 투입하였으며 비행시간이 550시간을 초과하였으나, 출격한 항공기 중 11%를 상실했다. 독일 공군도 연합군 공군을 저지하기 위해 800소티* 이상 출격했다.13) 연합군에게는 불행하게도 27차례 축차공격을 시행하였으나 매 공격 당 항공기가 10~20대 이상 출격한 경우는 거의 없었다. 그러나 독일군은 골리에의 단일 도하지점 주변에 대공포를 약 200문 이상 배치하여 방어했다.

14일 이른 아침, 영국 폭격기 10대가 세당 근처 교량을 폭격했으나 독일 전투기와 마주치지는 않았다. 09시경, 프랑스 공군이 밀집한 적을 처음으로 폭격했다. 정오경, 프랑스 공군은 남아 있는 폭격기 13대로 같은 지역을 공격하였으나 심각한 손실을 입었고, 오후에 계획했던 폭격은 취소했다. 15시에서 16시 사이, 플레이페어는 모든 폭격기와 전투기 27대로 세당을 공습하였지만, 출격한 폭격기 72대 중 40대만이 귀환했다. 영국 공식 기록문서에는 "대영제국 공군 역사상 비슷한 규모의 작전에서 가장 높은 손실률을 기록했다."라고 적혔다.14) 저녁 무렵 폭격사령부Bomber Command에서 출격한 장거리 폭격기가 한 차례 더 세당을 공격했다. 이들은 이전 공습 때보다는 적은 독일군 전투기와 조우하였으나, 25%의 손실률을 기록했다.

한편, 프랑스 공군에서 상충하는 명령이 나오기 시작했다. 14일 저녁, 조르주는 다스티에에게 그 규모가 미약하더라도 15일에 세당 상공에 전투기를 투입하라고 지시했다. 그는 항공지원이 이루어지는 광경이 지상군의 사기를 유지하는 버팀목이 되기를 바랐던 것이다.15) 15일 11시경, 다스티에는 공군 지휘계통으로 다른 지시를 받았다. 그는 지상 근접지원 우선순위가 메찌에르로 변경되었다고 말했다. 새로운 명령에

---

* 항공기의 1회 출격회수.

서 항공지원 최우선순위는 메찌에르였으며(자산의 50%), 2순위는 세당(자산의 30%), 3순위는 디낭(자산의 20%)이었다. 거의 같은 시간에 조르주가 전투기 투입에 대한 새로운 지침을 알림으로써 혼란이 가중되었다. 조르주는 다스티에가 보유한 자산의 60%는 로베르 투숑Robert Touchon 장군이 지휘하는 새로운 야전군*을 지원하고, 30%는 제2군을 지원하며, 나머지 10%로 제9군과 제1군을 나누어 지원하라고 지시했다.16) 상충하는 명령을 받은 다스티에가 어떤 결정 내렸는지는 정확히 알 수 없다. 그러나 세당 주변에 있었던 여러 장병은 15일에 우군 항공기를 거의 보지 못했다고 증언했다.

16일 아침, 다스티에가 사령부를 샹틸리Chantilly로 철수시키면서 바랫을 비롯하여 비요트와도 연락이 두절되었다. 이 때문에 공군 작전 협조 책임의 대부분이 그의 상급지휘관에게 전가되었다. 한편, 거의 같은 시간에 영국 공군 전방타격부대는 항공작전 대부분을 중단하고 주로 야간에 시행하는 원거리 폭격에서 소소한 임무만을 수행했다.

이처럼 연합군 공군은 막대한 손실을 보면서 작전을 전개하였으나 독일군을 뚜렷하게 지연하거나 공격에 영향을 미치지 못했다.

저지 : 윙치제르와 제2군Colmater : General Huntziger and the Second Army

10일과 11일에 독일군이 아르덴느를 돌파하며 기동하자, 북동부전선 사령관 조르주와 제1집단군(제2군을 비롯하여 영불해협까지 자리한 다른 야전군을 포함) 사령관 비요트는 제2군을 강화했다. 그러나 조르주 뿐아니라 비요트 역시 독일군이 주공을 세당으로 지향했다고 믿지는 않았다; 두 사람은 아르덴느를 돌파하는 독일군을 더 북쪽에서 가해지는 조공의 일부이자 젬블루 갭으로 지향하는 주공의 보조 역할로 이해했다. 그럼에

---

* 제6군.

도 독일군이 마지노 선 좌측으로 우회하여 스테니 갭을 통해 요새를 후방에서 포위할 가능성도 상존했다. 결론적으로, 상위 제대 지휘관들은 저지작전의 전형을 따라 마지노 선 서쪽 구역을 증강하기위해 증원부대를 세당으로 보냈다.

제2군 사령관 윙치제르는 증원 절차를 시행했다. 5월 11일 22시, 제2군에서 파견한 참모장교가 제10군단에 전화를 걸어 "제71보병사단이 현시간부로 제10군단 통제로 넘어갑니다. 제71보병사단에는 경계경보를 발령하였습니다. 사단은 11일 밤과 12일 밤에 전선을 증원할 예정입니다."라고 말했다.17) 이어 서식명령이 내려와 전화내용이 확인되었다. 제10군단장 그랑사르는 제55보병사단과 제3북아프리카사단 사이에 제71보병사단을 투입하려 했다. 이를 위해서는 제71보병사단이 긴 야간행군에 이어 복잡한 야간 진지교대를 해야 했지만, 그 누구도 제71보병사단을 양개 사단 사이로 투입하는 계획의 실현 가능성에 의문을 품지 않았다.

5월 12일 아침, 제2군은 제10군단에 포병을 증원했다. 제2군 사령부는 이미 세당 외곽에 자리하고 있던 포병연대 2곳에 07시 30분에 준비명령을 내렸고, 09시 35분과 11시 20분에 정식 명령을 내려 제10군단 지휘를 받도록 했다.18) 돌파 위협이 있는 지구sector에 포병전력을 증강하는 것은 프랑스군 교리와 완전히 합치하는 조치였다. 화력을 증강하려는 이러한 행동은 부대로 역습을 가하는 것이 아니라 화력으로 역습하기 위함이었다.

앞서 설명했듯이 제2군은 세당 지구로 추가 보병과 전차부대를 투입했다. 5월 11일 23시, 제2군은 제1기병여단 통제 아래 벨기에에서 작전 중이던 제4전차대대에 까리냥에서 철수하여 스톤 동쪽 약 10km 지점인 보몽으로 이동하라고 명령했다. 5월 12일 11시 05분, 제2군은 제4전차대대와 제7전차대대에 제10군단으로 배속될 수도 있다는 준비명령을 내렸다. 군사령부는 제10군단에 전문을 보내 제7전차대대를 군단 서측방에서 투입하여 역습하고, 제4전차대대는 두지(세당 남동쪽 약 10km) 방향에서 시에 강과 뫼즈 강 사이로 역습을 가하는 방안을 검토하라고 지시했다. 제4전차대대를 투입하려는 지역은 제71보병사단과 교대한 제3북아프리카보병사단 책임구역 서쪽 외곽이었다. 제2군은 양개 전차대대를 5월 13일 14시 30분부로 제10군단에 배속하였는데 그보다 약 30분 전에는 독일군이 뫼즈 강을 도하했다.[19)

제10군단은 보병도 전방으로 보냈다. 앞 장에서 설명했듯이 제213보병연대장은 5월 10일 야음을 틈타 이동을 하라는 지시를 받았다. 또한, 12일 14시에 제10군단은 12일 밤사이 몽 디외 숲 북쪽 수목선으로 전진하라고 제213보병연대에 명령했다. 한편, 제205보병연대는 11일 늦게 스톤 동쪽으로 이동하라는 지시를 받았다. 양개 연대는 5월 13일 아침까지 몽 디외와 스톤 사이 고지대에 진지를 점령했다. 14일 아침 제4전차대대와 제7전차대대는 각각 제213보병연대와 제205보병연대와 부적절하게 편조되어 악운과 마주하게 되었으며, 이날 형편없는 역습작전을 펼쳤다.

플라비니J.A.R.L. Flavigny 장군이 지휘하는 제21군단과 일반예비대 일부 부대는 5월 11일에 준비명령을 받았다. 이 시점까지 제2군이나 제9군 중 한 곳으로 투입할 준비를 하고 있던 플라비니는 이 준비명령으로 "아마도" 제2군을 증원할 가능성이 큼을 알게 되었다.[20) 그러나 제21군단은 전투사단은 하나도 없이 사령부와 직할부대만으로 이루어졌기 때문에 플라비니는 자신이 2~3개 사단을 배속받아 지휘하리라 예상했다.

5월 12일 08시 15분, 조르주는 핵심 참모진과 회의를 열어 제21군단 투입을 보류하기로 했다. 그는 회의에서 제53보병사단을 제9군에, 제1식민지보병사단을 제2군에 배속하였고, 제14보병사단은 양개 야전군 사이 힌지로 이동하도록 했으나, 아직까지는 제21군단에 대한 통제권을 장악하고 있으려 했다.[21)

5월 13일 13시 30분, 제2군은 제10군단, 제18군단, 제21군단에 명령을 하달했다; 이는 제21군단 투입을 가정한 우발계획으로 윙치제르가 제21군단을 통제할 예정이었다. 프랑스군은 만약 독일군이 제2군을 돌파한다면, 제21군단을 제10군단과 제18군단 사이로 투입하려 했다. 명령에 따르면 좌에서 우로 제10군단이 제55보병사단과 제71보병사단을, 제21군단은 제3북아프리카보병사단과 제3식민지보병사단을, 제18군단은 제1식민지보병사단(앞으로 나아가 전선 투입)과 제41보병사단을 통제하도록 되어 있었다.

한편, 위 명령은 제21군단을 야전군 서쪽 경계로 투입할 수 있다는 내용도 포함했다. 만약 독일군이 뫼즈 강을 도하하고 세당 서쪽 방어선을 돌파한다면, 제21군단이 제10군단 좌측 진지를 점령하고 해당 지역을 방어하던 사단의 지휘권을 이양받을 계획이었다.[22] 이처럼 야전군 서쪽으로 독일군이 공격을 집중할 가능성이 제기되었고 이에 대한 대책을 준비하였지만, 우발계획의 주 관심사는 야전군 좌측이 아닌 중앙과 우측이었다.

또한, 위 우발계획은 제3차량화보병사단과 "최후에는" 제3기갑사단을 투입하는 방안까지도 언급했다. 일반예비대 소속이었던 제3차량화보병사단은 12일 20시에 스톤으로 향하라는 명령을 받았다. 첫 번째 이동제대가 자정에 출발했고, 사단 본대는 13일에 이동하였으며, 마지막 제대가 14일 아침이 다되어 행군을 시작했다.[23] 12일 자정, 제10군단은 제2군에서 제3차량화보병사단이 점령할 진지를 선정하여 보고하라는 지시를 받았으나, 사단이 반드시 스톤 외곽과 그 동쪽 숲에 전개해야 한다는 제한사항이 있었다.

제3기갑사단 역시 제2군 작전지역으로 향했다. 사단은 5월 12일 14시 30분~45분에 발령한 준비명령을 수령하였다. 또한, 사단은 15시경에는 최대한 신속하게 북동쪽으로 이동하라는 명령을 받았다. 사단은 처음에 반개 여단 규모가 이동할 것으로 예상하였으나, 이내 사단장이전 사단에 이동명령을 내렸다. 사단장은 17시가 되서야 목적지를 알게 되었고 12일에서 13일 밤사이 거의 모든 전투부대가 이동했다. 나머지 부대는 13일 밤에 후속했다.[24)]

따라서 프랑스군은 독일군이 뫼즈 강을 건너기 전에 제2군을 보강하기 위한 충분한 조치를 취했다. 이미 이동 중으로 곧 목적지에 도착 예정인 제2경기병사단, 제5경기병사단, 제1경기병사단과 마찬가지로 제71보병사단, 제1식민지사단, 제3차량화보병사단, 제3기갑사단과 2개 포병연대 및 군단 사령부도 계획에 따라 전개를 마칠 예정이었기 때문에 프랑스군은 세당에서 마지노 선 후방으로 우회하려는 독일군의 돌파에 대한 대비를 잘 갖춘 듯 보였다. 그러나 프랑스군의 대비는 주로 독일군이 세당 동쪽에서 남동쪽을 향하여 마지노선을 반시계방향으로 포위하는 의도를 차단하는데 초점을 맞추고 있었다. 그런데 제2군은 독일군이 방향을 바꾸어 서진을 시작한 14일 정오 전까지 적이 뫼즈 강을 도하한 뒤 서쪽으로 선회하리라고는 전혀 생각지 못했다.

윙치제르는 제3차량화보병사단과 제3기갑사단을 배속받기 전까지 조르주의 북동부전선 사령부에 제2군 좌익을 강화할 필요가 있다며 우려를 표명했다. 5월 12일 10시 25분, 제2군 참모장 라카유 대령이 조르주의 사무실로 전화를 걸어 윙치제르가 야전군 좌측방을 보강하려는 이유를 설명했다. 제1식민지보병사단이 야전군 우측방에서 가용했기에 윙치제르는 야전군 좌측 후방에 다른 사단을 둘 필요가 있다고 판단했다. 같은 날 13시 30분에 제2군은 재차 전화를 걸어 윙치제르가 "기갑사단을 아티니Attigny 지역에 두기를 갈망하고 있음"을 설명했다. 15시 15분에 라카유가 다시 전화를 걸었다. 조르주의 사령부는 다음과 같이 라카유의 논지를 요약했다: "제2군 좌측(세당)의 전황이 매우 절박합니다. 손실이 심각한 수준입니다. 보병사단으로 야전군 좌익을 강화한다고 해도 기갑부대가 북쪽으로 이동하는 데 영향은 없을 겁니다."[25)]

조르주는 09시 35분에 벨기에 국왕을 만나러 몽스로 출발해 지휘소를 비웠다. 이 때문에 그의 참모가 15시 20분에 제3차량화보병사단과 제3기갑사단의 반개 여단 규모를 제2군 좌익에 보내기로 결정했다. 15시 30분, 북동부전선 사령부는 제2군에 전화를 걸어 이러한 결정을 통보했다. 45분 뒤, 제2군은 제3차량화보병사단을 야전군 좌측 후방인 부지에로 보내달라고 요청하였으나, 조르주의 사령부는 사단이 야전군 중앙인 스톤 남동쪽으로 갈 것이라 전했다. 라카유는 제3차량화보병사단이 더 서쪽으로 이동해야한다고 강력하게 주장하였으나, 북동부전선 사령부는 명령 변경을 거부했다.[26]

야전군보다 상위 제대 사령부는 제3차량화보병사단과 제3기갑사단이 제2군 좌측방으로 이동하는 방안을 우려하였다. 그러나 라카유와 윙치제르는 두 사단을 더 서쪽으로 보내려 했다. 북동부전선 사령부는 가장 큰 위협을 독일군이 스테니 갭을 돌파하여 제2군 우측 후방에서 마지노선 배후로 우회하는 것으로 판단했다. 때문에 지난 수개월 동안 윙치제르의 주 관심사는 야전군 우측방이었고, 야전군에서 가장 우수한 전투력을 가진 사단을 우측에 두었으며, 가장 약한 제55보병사단을 좌측에 배치하였다.[27] 그런데 좌측방에 대한 윙치제르의 걱정이 점차 커졌다. 그러나 제3차량화보병사단과 제3기갑사단이 야전군 좌측방 배후에 도착함으로써 그의 걱정 대부분이 덜어졌다.

윙치제르는 야전군 좌측방의 전황을 염려하였지만, 독일군이 뫼즈 강을 도하한 뒤 서쪽으로 선회하리라 생각지는 않았다. 그는 독일군이 제2군 좌측방을 돌파한 뒤 서쪽으로 선회하여 제9군 우측방으로 진입하는 것이 아니라, 계속 전진하거나 마지노선 배후로 선회하리라 예상했다. 그럼에도 그는 독일군이 라 불렛에 이를 때쯤 제5경기병사단에 아르덴느 운하와 바 강을 따라서 진지를 점령하라고 명령했다. 제5경기병사단이 동쪽을 바라보고 진지를 점령함으로써 제2군과 제9군사이 간격을 틀어막을 수 있었다. 그럼에도 윙치제르의 주요 관심사는 분명히 독일군이 서쪽으로 선회할 가능성에 있지 않았다. 독일군 제1기갑사단의 첫 부대가 서쪽으로 선회한 시간인 5월 14일 13시, 제2군은 작전명령을 내려

"독일군 전차가 남쪽과 남동쪽으로 전진하고 있다"고 설명했다.28) 욍치제르는 독일군이 기동방향을 유지한다면 제3기갑사단과 제3차량화사단과 접전하리라 예상했다.

조르주는 1940년 8월 10일에 작성한 보고서에서, 5월 12일의 결정은 세당 서쪽을 증강하기 위함이었다고 기술했다. 조르주는 보고서에서 누구라도 그가 독일군이 몽테르메에서 서진함으로써 세당에서 서쪽으로 선회하리라 예상했음을 알 수 있다고 말했으나,29) 상황조치 기록이나 예하부대 움직임은 다른 사실을 말하고 있다. 조르주는 벨기에 국왕을 만나기 위해 12일 대부분을 몽스에 체류하였으나, 제2군과 북동부전선 사령부 사이의 논쟁은 제2군 사령부가 독일군이 마지노선 후방으로 선회할 것을 걱정하고 있었음을 명확하게 보여주었다. 이처럼 조르주나 욍치제르, 그리고 그의 참모부 역시 적 의도를 예상하지 못했다.

다시 말하자면, 프랑스군은 5월 12일에 적의 남동진에 대비하여 제2군의 전투력을 강화하였지만, 독일군이 서쪽으로 선회할 경우에 대해서는 거의 조치를 취하지 않았다. 다음 장에서 설명하겠지만, 실제로 조르주는 급격하게 넓어지는 제2군과 제9군 사이 간격을 메우기 위해 투용 장군의 지휘 아래 제6군을 구성했던 5월 13일 야간까지도 적이 서쪽으로 선회하리라고는 전혀 생각지 못했다. 프랑스에게는 불행하게도 제2군을 증강하면서 12일에 제53보병사단을 제9군 우측에 끼워 넣고, 제14보병사단이 양개 야전군 사이 힌지로 이동하는 방안을 검토하는 것 외에 제9군 우측방을 강화하는 조치가 없었다. 그 결과 독일군이 서쪽으로 선회하려는 조짐이 보였을 때 가용병력이 거의 없었다. 이는 곧바로 독일군에게 유리하게 작용했고, 돌파 효과가 예상했던바 보다 더 파괴적으로 나타났다.

제2군을 증원하는 과정에서 — 프랑스군이 보기에 — 시간은 그들의 편에 있었다. 물론 프랑스군은 독일군이 정밀도하를 위해 뫼즈 강 북안에서 며칠간이라도 머무르며 부대와 물자를 집중하리라 예상했으나 급속도하를 시행할 가능성도 완전히 배제하지는 않았다. 그러나 만약 독일군이 급속도하를 시행한다면, 이를 저지하기위해 상당한 전투력이 집결 중이었기 때문에 적을 강 너머로 격퇴할 수 있으리라 생각했다. 14일에 목적지에 도착 예정이던 제3차량화사단과 제3기갑사단을 제외하고는 거의 모든 부대가 13일에 정해진 장소를 점령할 예정이었다. 프랑스군은 도하작전의 복잡성과 도강하는 부대가 겪을 어려움 및 병목현상을 고려한다면, 13일과 14일에는 독일군을 저지하기에 충분한 병력을 배치할 수 있으리라 확신했다. 여러 측면에서 뫼즈 강을 향한 부대이동이 원활하고 효율적으로 진행되었기 때문에 윙치제르와 그의 상급지휘관들은 결과를 낙관할 수밖에 없었다.

제2군의 지휘소 이동The Movement of the Second Army's Command Post

프랑스군의 낙관적인 태도는 제2군이 지휘소 이전을 검토했다는 점에서도 나타났다. 1940년 2월 7일, 제2군 참모장은 야전군 지휘소를 세뉙Senuc에서 약 45km 남동쪽인 베르덩으로 이전하는 것을 승인했다.[30] 지휘소 이전 시점이 확정되지는 않았으나 독일군이 공격한다는 경보를 접수한 직후 시행할 예정이었다. 2월에서 5월까지 프랑스군은 베르덩을 둘러싼 요새 일부이며 베르덩 시가지 남쪽과 남서쪽에 자리한 리그레 요새Forts Regret, 라드레쿠르 요새Forts Ladrecourt, 뒤뉘 요새Forts Dugny에 새로운 지휘소를 준비했다. 까다로운 지휘소 이전 과정에는 최소한 전화회선 117선로와 전화기 186대를 준비하는 것도 포함되어 있었다. 지휘소 이전에 전화선 약 38ton을 사용하였고, 납 피복 전선 9ton으로 56회선을 가설했다.[31] 의미 없는 가정이지만, 만약 새로운 지휘소를 설치하는 데 사용한 전화선과 노력을 전방부대에 들였더라면 전쟁에 어떤 결과가 나왔을지 궁금하기 그지없다.

인원과 물자를 이전한 첫 시점은 5월 13일 21시였다. 이때 독일군은 세당 남쪽 라 불렛 고지에 당도했다. 두 번째 이전은 다음날 이루어졌다. 지휘소 구성요원 1,281명과 통신지원부대 소속 1,402명을 포함하여 2,683명 이상이 새로운 지휘소로 옮겨갔다.[32]

다음 몇 주 동안 다른 야전군은 지휘소를 옮겨 다닐 수밖에 없었지만, 제2군은 전황이 극히 어려워져 효과적인 지휘가 필요한 시점에 세뇩에서 베르덩으로 지휘소를 이전했다. 물론 욍치제르와 참모 몇 명이 세뇩에 남았으며 현존하는 자료를 보았을 때 지휘소가 정상적으로 기능했음이 확인된다. 그러나 전투수행 효율이 감소하고 혼란이 생겼음은 명백했다. 욍치제르가 독일군이 뫼즈 강을 도하하여 전황이 절박했던 13일 밤에 지휘소 이동을 고려한 것은 야전군에 대한 확고한 자신감과 독일군의 공세에 반응시간이 충분하다는 믿음이 있었기 때문이었다. 이후 일련의 사건에서 욍치제르는 오판을 내렸다. 그는 이내 마찰과 적 행동이 거의 완벽한 계획을 종종 망치곤 한다는 사실을 알게 되었다.

제21군단의 역습Counterattack by the XXI corps

프랑스군이 세당을 향한 독일군의 공격에 대응하는 준비 과정에서 제21군단을 투입하는 결정은 여전히 가장 중요한 부분을 차지하고 있었다. 13일 19시, 제2군은 제21군단에 제3차량화보병사단, 제3기갑사단, 제5경기병사단을 배속받아 역습을 준비하라는 서식명령을 하달했다. 13일 자정, 제2군은 제21군단에 야전군의 제2선(몽 디외에서 스톤을 연하는)에서 적을 저지한 뒤, 세당을 향해 역습하라는 서식명령을 내렸다.[33] 본질적으로 전투 흐름이 제10군단의 통제에서 이제는 제2군의 손으로 넘어간 것이었다.

제2군이 선회 중인 제19기갑군단의 취약한 측방에 역습시행을 검토하면서 휘하에 현대적인 전차 약 280대가 있음을 잘 알고 있었다는 점은 중요한 사항이었다. 당시 제3기갑사단이 전차 132대, 3개 독립전차대대가 약 120대, 2개 경기병사단이 28대의 전차를 보유하고 있었다. 추가로 경기병사단에는 기관총을 탑재한 경장갑차량이 총 58대가 있었다. 그런데 이 차량은 독일군 마크 I 전차보다 더 강력했다.34) 따라서 제2군에는 기갑차량이 총 338대가 있었고, 독일군 제19기갑군단은 편제상 876대(마크 I 전차 200대 포함)를 보유했다. 제19기갑군단이 개전 후부터 15일까지 입은 손실을 고려한다면, 세당 지역에서 독일군과 프랑스군의 기갑차량 격차는 두 배를 넘지 않았으리라 추정된다.

최고사령부 지시에 따라 5월 13일부터 제2군 작전지역 내에 자리하고 있던 제21군단이 야전군의 거의 모든 전차를 통제하게 되었다. 마침내 3개 독립전차대대의 전차와 1개 경기병사단의 장갑차를 제외한 제2군의 모든 기갑차량(전차 146대, 기관총 탑재 장갑차 29대)이 제21군단장 플라비니 장군 휘하로 들어온 것이다.

1940년에 현역으로 복무 중인 장성 중 플라비니만큼 기갑부대 작전에 경험이 많은 이는 없었다. 1933년에 기병부Department of Cavalry 수장으로서 플리비니는 베이강Maxime Weygand(프랑스 육군 고위 전쟁위원회 부위원장이자 전쟁 중 육군총사령관이 됨)에게 기계화기병사단 창설과 기병전차 개발을 제안했다. 또한, 그는 1940년에 프랑스의 가장 강력한 전차인 소뮤아 S—35를 개발하는데 일조했다. 프랑스군이 1935년에 첫 경기병사단을 창설하자 플라비니는 초대 사단장에 취임했다. 플라비니가 기갑부대보다 기병부대에 집중하였음에도 프랑스 육군은 1930년대 내내 플라비니를 기계화부대 작전의 선구자이며 권위자로 인정했다.35)

만약 프랑스군이 1935년에 독일군의 취약한 돌파구 측방을 공격할 기계화부대 지휘관을 찾았다면 플라비니가 적임자로 선택받았을 것이다. 고집 세면서도 결단력 있으며 경험이 풍부했던 그는 프랑스 육군에서 그 누구보다 구데리안과 비슷한 인물이었다. 5월 13일에 최고사령부가 제21군단을 제2군에 배속하자 윙치제르는 급박한 순간에 플라비니처럼 유능하고 경험 많은 이를 받음으로써 안심할 수 있었다.

그러나 제21군단은 예하 사단이 하나도 없이 사령부만 존재하는 것에 불과했다. 제21군단은 1939년 겨울을 롱귀용, 롱귀, 오탕쥬Ottange 외곽의 룩셈부르크-벨기에 국경을 따라 자리 잡는 데 사용하였다. 한편, 제21군단은 최초 제2군 휘하에 있었으나 나중에는 제3군 소속이 되었다. 5월 초, 다른 군단과 진지를 교대한 제21군단(휘하 사단은 없는 채로)은 일반예비대로서 랭스 외곽으로 이동했다. 플라비니는 5월 11일 밤사이 군단이 제2군사령관 윙치제르의 지휘를 받을 가능성이 있다는 사실을 알게 되었다. 급격히 진행 중인 전황을 최대한 자세히 파악하기 위해 플라비니는 윙치제르의 지휘소를 찾았다.

5월 12일 정오, 세눅에 도착한 플라비니는 제21군단을 제10군단과 제18군단 사이 또는, 전황에 따라서 제10군단 좌측에 투입하려는 윙치제르의 의도 ― 자신을 지휘하게 된다면 ― 를 확인했다. 플라비니는 "윙치제르가 상황을 침착하게 관망하고 있었다."라고 적었다.36) 플라비니는 13일 오후 늦게 세눅에서 출발하면서 군단이 제2군 작전지역에 배치될 예정임을 알았다. 그는 즉시 윙치제르의 사령부에서 출발하여 16시에서 17시 사이에 지휘소로 복귀했다.37)

윙치제르는 플라비니와의 회의에서 독일군 제1보병연대가 벨뷔에 이르렀으나 작전지역 내에서 독일군을 저지할 수 있다는 확신을 가진 듯했다. 또한, 그는 시간 부족은 고려하지 않고 있는 것으로 보였다. 그는 플라비니에게 "소규모 독일군 정찰대가 뫼즈 강을 건넜으며" 강안에 "강력한 폭격"이 가해졌다고 알린 뒤, 제21군단에 배속할 사단이 "금주 안에 계속" 도착할 것이라고 말했다. 제2군은 19시에 제10군단 전면의 돌파구를 봉쇄한 뒤, 세당 방향으로 역습할 준비를 하라는 서식명령을 제21군단에 하달했다.38)

플라비니는 지휘소를 세눅 북서쪽 약 12km 지점의 부지에로 이전하라는 명령에 따라 작은 마을로 이동하여 전화를 설치한 협소한 사무실에서 잠들었다. 22시경, 병장 1명이 플라비니를 깨워 전선의 포병부대에서 온 부사관이 면회를 요청한다고 말했다. 부사관은 플라비니에게 "중요한 정보"를 알리려 했다. 잠시 후 — 상급자인 "대령이 차를 타고 지휘소를 떠난 후" 도망친 — 부사관은 독일군 전차가 포대들을 휩쓸었으며, 플라비니의 지휘소를 향해 이동 중이라고 말했다. 플라비니는 더 자세한 정보를 얻기 위해 제2군 사령부에 전화했다. 그때 윙치제르는 최신 상황을 "파악 중"이었고, 플라비니는 야전군 참모가 내린 명령을 받았다. 그는 3개 사단으로 역습하라는 명령을 수령했다: 기갑사단, 차량화사단, 경기병사단 각 1개.39)

제21군단의 임무는 몽 디외-스톤 숲 외곽으로 이동하여, 가능한 신속하게 세당 방향으로 역습하는 것이었다. 만약 공격이 실패하거나 예기치 못한 원인 탓에 역습을 취소할 경우, 군단은 야전군의 제2방어선을 구축하여 몽 디외와 스톤 사이 고지선을 따라 적을 저지해야만 했다.

제21군단이 14일 04시에 발령한 작전명령 1호에서 플라비니가 자신의 임무를 명확하게 이해했음을 확인할 수 있다. 군단은 몽 디외 숲에 진지를 점령하고 돌파구를 봉쇄하려 했다; 그 뒤 세당으로 역습할 계획이었다.40) 돌파구를 봉쇄한 후 역습을 시행하는 것이 극히 중요했고, 이는 제21군단이 정형화 전투의 교리를 따라 전진하여 군단 진지까지 위협이 밀어닥치기 전에 독일군 공격을 저지해야 한다는 의미였다.

앞서 언급했듯이 이후 일련의 사건은 이 임무가 독일군에게 유리하게 작용했음을 보여준다. 이날 제21군단이 최종적으로 공격을 포기하고 몽 디외와 스톤을 연하는 고지선을 따라 방어태세로 전환했을 때, 프랑스군은 독일군 측방을 위협하지 못했다. 실제로 프랑스군은 독일군이 몽 디외와 스톤에 계속 압력을 가하면서 서쪽으로 선회하도록 내버려두었다.

14일 아침, 제2군뿐만 아니라 제21군단도 정확한 공격시간을 결정하지 못하였다. 다만, 양자 모두 12시경에는 공격을 시작하리라 예상했을 뿐이었다. 제21군단은 이때 공격함으로써 제205보병연대와 제213보병연대 및 2개 전차대대가 선행한 역습(14일 이른 아침에 시작)을 후속하여 이들이 얻은 성과를 이용하려 했다. 또한, 프랑스군은 주요한 역습을 연속하여 두 차례 시행함으로써 뫼즈 강을 건너온 독일군에게 의미 있는 일격을 날릴 수 있을 것이라 확신했다.

이처럼 프랑스군은 13일 저녁까지는 여전히 독일군을 저지하고 뫼즈 강 너머로 격퇴할 수 있으리라 낙관하고 있었다. 플라비니가 경기병사단뿐 아니라 기갑사단, 차량화보병사단을 지휘하여 제2군의 역습을 맡았다. 극적이면서도 성공리에 역습을 시행할 호기가 고양되었다. 그러나 여러 심각한 난제가 나타났고, 이러한 어려움은 제55보병사단이나 제10군단의 전투수행에만 국한하지는 않았다.

제21군단은 제3기갑사단, 제3차량화보병사단, 제5경기병사단을 배속받았고, 이에 더하여 제1기병여단도 군단을 증원했다. 그러나 3개 사단 중 제3차량화보병사단만이 전투정원을 채우고 있었다. 제5경기병사단은 벨기에에서의 전투로 병력과 물자에 상당한 손실을 입어 곤경에 처해 있었다. 제3기갑사단은 전투준비가 되어 있지 않았고 거의 모든 분야에서 능력부족과 결핍현상을 보였다. 3개 사단 중 제3기갑사단의 전투수행이 가장 실망스러웠으며, 넓게 보자면 프랑스군에서 가장 형편없었다.

제3기갑사단의 실패The Failure of the 3rd Armored Division

프랑스군은 1940년 3월 20일에야 제3기갑사단을 창설했다. 사단의 다양한 기능부대가 랭스 근처에 집결한 이후 사단장 브로카르Antoine Brocard 준장은 새로 창설한 사단에 수많은 핵심 인원과 중요 장비가 부족함을 발견했다. 넓은 의미에서 사단은 4개 전차대대와 1개 차량화보병대대, 2개 견인포대대를 모아놓은 것에 지나지 않았다. 2개 전차대대는 B-1전차를, 다른 2개 대대는 H-39전차를 장비했다.

제3기갑사단에는 기갑사단으로서 필수인 많은 핵심 구성요소가 빠져 있었다. 일례로 사단에 포병연대장은 있었으나 참모가 전혀 없었다. 더구나 사단은 정비능력이 미약했고 야전보급능력은 전무했다. 또한, 사단은 공병중대가 미편제되어 도로를 개통하거나 장애물 제거능력이 약했다. 이에 더하여 사단에는 대전차중대도 없었으며 연락용 차량(오토바이와 트럭)도 부족했다.[41)]

뿐만 아니라 사단은 통신장비 부족으로 어려움에 처해있었다. 사단이 만약 일반예비대로서 임무를 수행해야 한다면 훌륭한 통신장비가 필요했음에도 정교한 통신장비를 탑재한 지휘차량을 보급받지 못했다. 사단은 신형 E.R. 30 무전기를 소수가지고 있었으나, 대부분은 구형인 E.R. 26ter 모델이었고, 트럭에 탑재하여 운용했다. 무전기 부족은 전차대대가 효과적인 통신망을 갖추지 못했다는 점 — 특히 H-39 전차를 장비한 2개 전차대대 — 에서 매우 치명적이었다.[42)] 이후 사단이 몽 디외 주변에서 전투를 치를 때 상황에 신속하게 반응하기에는 무전기가 부족했음이 드러났다.

제3기갑사단은 편제만큼 전차를 보유하지 않았으나, 이는 다른 분야의 부족분과는 그 성격이 달랐다. 편제상 기갑여단은 B-1 전차 68대와 H-39 전차 90대를 장비해야 하였으나, 사단에는 B-1 전차 62대와 H-39 전차 73대가 있었다. 이처럼 제3기갑사단이 랭스에 있을 때 전차는 편제보다 적은 135대가 가용했다. 그러나 만약 H-39 전차 1개 중대를 노르웨이에 파견하지 않았다면 사단은 거의 편제수량만큼 전차를 보유했을 것이다. B-1 전차대대는 편제가 34대였고, 2개 전차대대는 각각 31대의 전차만을 장비했지만, 각 대대의 부족분 3대는 교환이 승인되었기 때문이었다. H-39 전차를 장비한 2개 대대 중 1곳은 편제에 맞게 전차를 보유했다. 다른 대대는 노르웨이에 파견한 1개 중대를 제외하고는 편제를 충족했다.[43)] 그럼에도 사단은 보유한 모든 전차를 세당에 투입하지 못했는데, 이는 고장 난 전차를 정비하지 못했기 때문이었다.

전차의 중요 문제 중 하나는 H-39 전차의 무기체계와 관련이 있었다. 제42전차대대의 H-39 전차는 1916년형 37㎜ 저압포를 장비했다. 이 주포는 제1차세계대전 당시 FT-17 경전차가 사용한 모델이었다. 제45전차대대의 H-39 전차는 1938년형 고압포를 탑재하여 적 전차에 훨씬 효과적으로 대항할 수 있었다. 다행스럽게도 제3기갑사단이 노르웨이로 보낸 1개 전차중대는 구형 주포를 장착한 전차를 장비했다.44) 따라서 전차가 상당히 부족했음에도 이 문제로 사단이 심각한 곤경에 처하지는 않았다.

그렇지만 제3기갑사단은 전쟁 중에 너무 늦게 창설되어 그 시작부터 상당한 어려움을 겪었다. 3월 30일에 창설을 시작한 후, 사단은 5월 10일에도 경계경보를 받지 않았다. 프랑스군 최고사령부는 제3기갑사단에 추가 훈련 시간이 필요하다고 믿었기 때문에 진행 중인 훈련을 방해하고 싶지 않았다. 그러나 마침내 전투에 참가하라는 명령을 받았을 때에도 사단은 보급품과 대규모 기동에 필요한 지휘차량 부족 때문에 대대급 훈련만 시행했을 뿐이고 사단급 기동훈련을 경험한 적은 없었다.

5월 12일, 최고사령부는 제3기갑사단을 전장에 투입하기로 했다. 14시 30분에서 45분 사이, 사단은 혼성 편성한 절반 규모의 여단 2개(각각 1개 B-1 전차대대와 H-39 전차대대)를 각각 다른 장소로 보낼 채비를 하라는 준비명령을 받았다. 15분 뒤, 사단 전체가 가능한 신속하게 북동쪽으로 이동하라는 또 다른 명령이 도착했다. 사단장 브로카르 장군은 예하부대로 준비명령을 하달하였다. 또한, 18시에는 예하 지휘관과 회의를 계획했으나 17시에 기갑감 켈러Marie J. P. Keller 장군이 와서는 집결지 랭스에서 몽 디외 남서쪽 5~10km 지역으로 최대한 신속하게 이동하라고 명령했다. 켈러는 미슐랭Michelin 도로 지도에 통로를 표시해주고는 사단이 제2군지역에 자리하지만, 최고사령부의 예비대로 남아있다고 설명해주었다. 이는 제3기갑사단이 제2군이나, 또는 제9군 지역으로도 투입될 수 있음을 의미했다.45)

사단이 광범위한 지역에 흩어져 있었기 때문에 브로카르 장군은 이동을 두 단계로 나누어 일부는 5월 12일 밤에 이동하고 나머지는 다음날 밤에 이동하기로 계획했다. 켈러도 이를 승인하였다. 사단은 약 60km 를 이동해야 하였으나, 어떤 대대는 사단 중심에서 약 30km 이상 떨어져 있기도 했다. 12일 20시에 시작한 첫 번째 이동은 별 탈 없이 이루어졌다. 폭격으로 이동이 지연되지는 않았으나, 도로와 마을이 파괴되어두 번째 이동의 방해요인으로 작용했다.

13일 아침, 브로카르 장군은 윙치제르와 만났다. 윙치제르는 "걱정하고 있는 듯" 보였으나 사단을 즉각 투입하겠다고 지시하지는 않았다. 20시에서 21시 사이, 제2군이 17시에 작성한 전문이 도착했다. 이 전문에는 적이 세당 서쪽지역 주방어선을 공격할 가능성이 있다고 경고하는 내용이 적혀 있었다.46) 물론 제19기갑군단이 15시에 세당에서 강을 건넜고 21시에는 라 불렛을 압박했기 때문에 전문 도착은 너무 늦은 것이었다. 한편, 전문에는 제3기갑사단 투입에 대한 언급은 없었다.

제2군은 세당 남쪽을 압박하는 적을 역습하기 위해 제3차량화사단의 지휘권을 넘겨받았다. 윙치제르는 사단에 아르덴느 운하에서 동쪽으로 몽 디외 숲을 가로질러 라 베를리에르La Berlière(스톤 남쪽 3km)까지 진지를 점령하라고 지시했다. 또한, 제2군은 제5경기병사단에 제3차량화사단의 늘어진 측방을 보호하고, 제3기갑사단은 제3차량화사단 후방 약 12km 지점에 진지를 점령하도록 했다. 한편, 제2군은 제3기갑사단에 북쪽인 세당이나 북서쪽 푸아 테롱을 향해 역습을 시행할 준비를 하라고 명령했다.47) 제2군 사령부는 파리 최고사령부가 제3기갑사단에게 제2군이 지정한 진지 북서쪽 10km 지점에 있는 진지를 점령 — 켈러 장군이 주장한 바처럼 — 하라고 말했던 사실과 사단 절반이 이미 최고사령부가 지정한 진지를 점령한 상황을 무시했다.

어찌 되었든, 14일 02시 30분에 제2군에서 온 연락장교가 브로카르에게 세뉙 — 브로카르의 지휘소 남쪽 25km — 의 야전군 사령부에서 회의에 참석하라는 지시를 전달했다. 04시경 세뉙에 도착한 브로카르는 플라비니를 만났고 사단이 제21군으로 배속되었음을 알게 되었다. 또한, 그는 제21군단 임무가 몽 디외 숲에 방어진지를 점령하여 독일군의 돌파를 저지한 뒤, 세당으로 공격하는 것임을 확인했다.

플라비니는 임무의 복잡성을 인지한 브로카르가 "역습은 15일에 시행해야만 합니다."라고 말했다고 진술했다. 다음은 플라비니와 브로카르의 대화다.

> 플라비니 : 안되오. 오늘 아침[14일]에 가능한 한 빨리 역습하시오.
> 브로카르 : 준비가 덜 되었습니다. 우리 사단은 훈련을 계속하기 위해 이 지역으로 이동한 것입니다.
> 플라비니 : 훈련이 문제가 아니오. 지금은 싸워야할 때란 말이오. 전세가 급박하오. 11시전에 출발할 수 있겠소?
> 브로카르 : 불가능합니다. 연료보충이 끝나지 않았습니다.
> 플라비니 : 뭐요? 당신이 보병이라면 식사를 해야 할 것이고, 기병이라면 …… 적 가까운 곳에서 …… 말에게 먹이를 주어야 하겠지. 하지만 전차 연료통에 기름이 남아 있을 것 아니오. 연료 재보충까지 시간이 얼마나 필요하오?
> 브로카트 : 4시간입니다.
> 플라비니 : 불가하오.[48]

플라비니는 최대한 빨리 역습을 시행해야 한다고 강력히 주장했지만, 마침내는 역습을 11시로 늦추는데 동의할 수밖에 없었다. 이로써 제3기갑사단은 유류보충에 필요한 4시간과 행군이 필요한 2시간을 얻었다. 그런데 프랑스군은 연합군 공군이 14일 아침에 예정한 집중 폭격을 이용하기 위해서는 공격을 반드시 정오 이전에 시작 해야했다.[49]

브로카르는 제3기갑사단이 제3차량화보병사단과 함께 세당에 역습을 가하는 방안에 여전히 비관적인 자세를 취했다. 사단이 연료 보충을 마치고 공격대기지점까지 가는데 6시간밖에 여유시간이 없었다. 때문에 브로카르는 프라비니에게 사단이 랭스 외곽에서 아직 이동하지 못했다고 다시 한 번 경고했다. 브로카르는 기본 연료만 재보충해도 사단이 16시 이전에 공격을 시작할 수 없다고 믿었다. 그는 사단이 50~55km를 행군한 뒤, 연료를 보충하고, 다시 15~18km를 행군해서 공격을 시작할 몽 디외까지 행군할 수 있을지 자신하지 못했다. 작전수행 능력이 부족하다는 브로카르의 강조에도 플라비니는 그의 경고를 무시하며 명령을 이행하라고 말했다.50) 그렇지만 플라비니는 결국 공격을 13시로 늦추는데 동의했다.

B-1 전차가 연료문제의 중심에 있었다. 전차가 매우 무거웠기 때문에(거의 35ton에 달했음), 전차는 막대한 양의 연료를 소모했고 최대 항속시간이 5시간에서 5시간 30분에 불과했으며, 때로는 2시간 30분까지 줄기도 했다.51) 설계자는 개발단계에서 연료 소모문제를 예상하고 설계에 예비연료통을 포함하였으나, 프랑스군은 원가절감 때문에 연료통을 삭제했다. 전차가 무전기를 사용하면 연료소모가 늘었으며 축전지가 빠르게 방전되었다. 무전기를 작동하고 축전지를 충전하는 전력이 엔진과 연결한 발전기에서 생산되었기에 무전기를 꺼놓을 때만 엔진을 정지할 수 있었다.

또한, B-1 전차가 가솔린 혼합유가 아니라 고품질 항공유를 사용했기 때문에 보급에 상당한 난제로 작용했다. 연료 컨테이너와 펌프를 구분하여 연료를 보급해야만 했으나, 이런 장비가 항상 가용하지도 않았다.52)

시간이 충분하고 훈련이 더 이루어졌다면 기갑부대가 이러한 문제의 악영향을 줄일 수 있었겠지만, 훈련이 부족한 상황이었다. 그 때문에 새로이 창설된 제3기갑사단은 위의 문제가 극단적으로 대두함을 발견했다. 그런데 이보다 더 중요한 점은 플라비니와 윙치제르가 B-1 전차의 제한사항과 기갑부대 지휘관이 직면한 도전을 전혀 이해하거나 공감하지 못했다는 사실이었다.

제3기갑사단은 14일 12시에서 12시 30분 사이에 몽 디외를 향해 출발했으나, 두 행군종대의 속도는 매우 느렸다. 사단 사령부는 적 전차가 경고 없이 출현할 가능성 때문에 각 대대에 전위부대를 두도록 지시했다. 또한, 행군은 북쪽에서 무질서하게 도망치는 수많은 우군 부대와 도로의 탄흔 때문에 방해받거나 늦어졌다. 이에 더하여 제3기갑사단에는 공병이 없었고, 제10군단은 공병으로 도로를 정리하는 책임을 게을리 했기 때문에 전차 승무원이 직접 도로를 정리해야만 했다. 브로카르는 사단의 이동속도가 느린 이유를 해명하면서, 장병들이 장거리 행군으로 피로했으며 연료를 3~4회 재보충한 사실을 강조했다.53) 한편 사단이 신중하라고 당부했음에도 예하부대는 때로 역사가가 묘사하듯 전투의지가 왕성한 부대처럼 자신감에 찬 모습으로 행군해 나갔다.54)

이유야 어찌 되었든 뒤늦게 출발한데다 전진속도까지 느렸기 때문에 공격이 완전히 늦어질 것임이 확실했다. 제3기갑사단은 독일군 제1기갑사단이 골리에에서 불송과 셰메리로 진격했던 것처럼 신속하게 이동할 능력도 의지도 없어 보였다. 출발 시각은 명확지 않으나 전차는 16시경 몽 디외 숲 남쪽 외곽에 도착했다. 그러나 숲 북쪽까지는 아직도 2~3km를 더 가야 했다.

두 장군의 진술에 약 2시간의 차이가 있기는 하지만 브로카르와 플라비니는 14일 14시에서 16시 30분 사이 알뢰Alleux(몽 디외 남서쪽 약 15km)에서 만났다. 브로카르가 사단의 두 행군종대가 얼마나 이격되어 있는지 몰랐기 때문에 대화는 껄끄럽게 시작되었다. 그는 사단의 행동 절차에 대한 전문을 받았으나 암호를 해독할 수 없었다. 플라비니는 최신 사단상황 — 특히 통신에 문제가 있다는 — 을 보고받은 뒤, 기동 속도가 너무 느린 점을 비판하고 늦은 이유를 추궁했다. 브로카르는 아침에 세뇌에서 말한 설명을 반복했다. 그는 비록 도착이 늦었지만, 5월은 해가 길고 제3차량화사단이 아직 공격준비를 마치지 못했기 때문에, 지금이라도 공격할 수 있다고 첨언했다. 플라비니는 이러한 주장을 거부하고는 — 아마도 화가 나서 — 무엇인가 조치가 필요하다고 말했다.

약 1시간 뒤, 그는 브로카르에게 몽 디외와 라 카신느La Cassine 숲의 적 예상접근로에 전차를 배치하고, 경(輕)전차와 중(重)전차를 혼합 편성하여 저지진지를 구축하라고 명령했다. 브로카르는 명령을 수행하면서 꼴사납게도 아르덴느 운하 양안의 넓은 정면에 전차를 분산 배치했다. 나중에 브로카르는 전차를 20km에 걸쳐 분산 배치했다고 주장했으나, 플라비니는 폭이 6~7km를 넘지 않았으며 후방에는 훌륭한 측방 보급로도 있었다고 말했다. 그 거리가 얼마였던 간에 사단은 각 중대를 정면에 분산 배치했고, 소대와 중대를 분할하여 전차 2~3대로 진지를 구축하기도 했다.

두 장군이 이후 전투 경과 시각을 다르게 증언했지만, 확실한 점은 브로카르는 시간을 당겨 말했고, 플라비니는 그보다 늦었다고 증언했다. 그러나 명확한 점은 만약 브로카르가 맞았다면 공격을 계속할 수 있었을 것이고, 플라비니가 옳았다면 아마도 공격은 중단해야 했을 것이다. 그러나 정확한 시간을 증명하는 것은 결코 불가능할 것이다. 다만, 제21군단장 플라비니 장군이 14일 오후 늦게 공격을 시작하기에는 위험이 너무 크다고 말했다는 사실만 알아두자.

그럼에도 핵심은 공격을 중단했다는 점이었다. 전후 플라비니는 국회에 보낸 서한에서 공격을 멈춘 이유를 아래와 같이 설명했다.

전체 전황이 완전히 바뀌었다. 아침까지는 군단을 지원할 수 있었던 제55보병사단은 더 이상은 전투부대로서 존재하지 않았다. 제5경기병사단은 마자랭 숲[몽 디외 북서쪽]을 힘겹게 고수하고 있었다. 적은 아침 내 뫼즈 강을 건넜고, 강 남안으로 증원군을 보냈다. 역습은 불가능해 보였고 …… 밤이 되기 전 …… 무기력하고 훈련이 부족한 부대가 선도한 공격은 몽 디외 방어선을 위태롭게 할 실패로 귀결될 것이 뻔해 보였다.[55]

또한, 플라비니는 그가 마주쳤던 병력의 "공포에 질린 모습"에 깜짝 놀랐다. 플라비니는 14일에 공격을 중단한 결정을 둘러싼 여러 사건에 대한 각각의 진술에서 독일군 기갑사단에 겁먹고 적 전차가 실제 진출한 것보다 더 멀리 전진했다는 거짓 소문을 반복해서 말하는 병사 몇 명을 만난 상황을 수 차례 묘사했다. 그리고 그는 전차승무원이 장비조작에 자신감이 없었다고 말했다. 플라비니는 브로카르와 회의 및 토론 결과 제3기갑사단과 사단장의 능력에 심각한 의문을 가질 수밖에 없었다. 1946년 8월의 한 서신에서 그는 당시의 결정을 설명하면서 B—1 전차의 취약성과 수많은 결함을 강조했다. 또한, 제3기갑사단의 훈련이 부적절했다고 역설했다.[56]

또다른 중요한 고려사항은 플라비니가 기갑사단을 신뢰하지 못했다는 점이었다. 전역에 대한 플라비니의 경험담에 의하면 그는 근래에 창설한 제2기갑사단이 1940년 5월 8일에 시행한 역습 훈련을 묘사했는데, 플라비니의 관점에 따르면, 사단은 신속한 교전을 수행하는 기계화 부대의 역할에 부합하지 않았다고 한다. 즉, 사단은 아주 간단한 임무를 부여받았으나 4km를 이동하는데 4시간 이상 걸렸으며 "완전히" 무질서하게 도착했다. 프라비니는 "나는 엉망으로 훈련된 부대를 투입한 것이 아닌가 하는 의심을 품게 되었다."[57]라고 결론지었다. 훈련을 참관한지 일주일이 채 지나기 전에 그는 역습에 대한 결단을 내려야 할 처지가 되었다. 훈련 간 기갑사단이 보여주었던 형편없는 모습이 5월 14일에 그가 내린 결정에 분명히 영향을 주었다.

요약하자면, 플라비니는 14일에 역습하는 효과가 작다고 본 것이었다. 플라비니는 귀중한 인명과 자원을 낭비할 가능성 때문에 제3기갑사단의 역습을 취소했다. 프랑스군은 운명, 우연, 마찰, 그리고 장비조작 능력 미숙 때문에 중요한 기회를 놓쳐버리고 말았다. 15일 아침까지 독일군은 뫼즈 강 대안에서 전투력을 현저히 증강하였다. 그 결과 교두보를 급속하게 확장하면서 발생한 취약점이 감소했다.

한편, 14일의 여러 사건으로 프랑스군과 독일군 기갑부대의 중요한 차이점이 드러났다. 구체적인 예로서 양군 전차는 06시에 각각 몽 디외와 셰메리에서 같은 거리 상에 자리하고 있었다. 그런데 독일군은 14일 아침에 성공리에 이동하였으나, 프랑스군은 16시까지도 이동을 마치지 못했다. 그 이유는 리더십, 숙련도, 훈련 수준, 교리가 달랐기 때문이었다.

5월 14일 밤, 제3기갑사단은 아르덴느 운하 서안에서 전차대대 2개, 동안에서 2개 대대를 운용할 수 있었다. 사단은 이미 연료 재보충, 재보급, 정비 측면에서 수많은 어려움을 경험했다; 예하부대가 넓은 정면에 분산하여 자리했기 때문에 군수 분야 문제는 번거로운 정도를 넘어섰다. 사단은 전차 몇 대를 랭스에 놔두고 이동했으며, 기동 불가 차량을 정비할 능력이 제한되었기 때문에 15일 아침에는 B-1 전차 62대 중 41대만이 작전에 투입 가능했다.[58] H-39 전차의 가동율은 이보다 약간 높았을 것이다.

15일 아침, 제2군은 몽 디외와 스톤을 연하는 고지대를 고수할 수 있을지 우려하게 되었다. 특히 스톤 방면에서 독일군 공격이 강해졌다. 다음 이틀 동안 스톤 주변에서 전역을 통틀어 가장 격렬한 전투가 치러졌다. 15일 07시경, 독일군이 공군 지원 하에 전차와 보병을 편조하여 스톤을 탈취했다. 독일군은 마을을 방어하는 프랑스군에 급강하폭격기와 전차 화력을 집중하고 보병을 방어진지 주변으로 침투시킴으로써 프랑스군을 격퇴했다. 프랑스군은 B-1bis 전차 1개 중대, H-39 전차 1개 중대, 제3차량화보병사단 제67보병연대의 보병으로 즉시 역습을 가했다.[59] 격렬한 전투 끝에 프랑스군은 11시경 스톤을 다시 확보하였다. 그러나 제49전차대대 3중대는 B-1bis 전차 10대 중 8대를 상실했다.[60] 오후 늦게 독일군이 다시 공격을 가하여 마을을 빼앗아 갔다. 16일 아침, 프랑스군은 제67보병연대를 제57보병연대 1개 대대로 증강하여 공격하여 스톤을 탈취하는 데 성공했다. 그러나 그 전날과 마찬가지로 15

시 경 독일군이 역습으로 마을을 다시 차지했다.

15일과 16일에 스톤의 주인이 빈번히 바뀌었다. 앞서 언급한 바와 같이 양측 모두가 15일 07시에서 15시까지 스톤을 확보했다고 주장했다. 그러나 실제는 양측 모두 스톤을 점령하지 못했다.

독일군의 뫼즈 강 도하에 대한 우려가 점차 깊어진 조르주는 15일에 세당으로 역습해야 한다고 강력히 주장했다. 그는 제3기갑사단을 일반 예비대에서 해지하여 역습에 투입하고자 했다. 15일 06시 30분, 조르주는 제2군에 세당으로 역습하라고 공식적으로 명령했다. 08시경 명령을 받은 플라비니는 09시에 세뇍에서 제3기갑사단장과 제3차량화보병사단장을 만났다. 그는 양개 사단의 전투부대가 공격개시선 근처에 있었기 때문에 13시까지는 쉽게 공격을 시작할 수 있으리라 믿었다. 플라비니는 제3기갑사단에 동쪽에서 공격하는 제5경기병사단과 함께 중(重)전차를 집중 투입하여 불송에서 와들랭쿠르를 향해 군단 역습을 선도하라고 명령했다. 제3차량화사단은 기갑사단을 후속하여 3개의 연속 목표를 확보하려 했다; 셰메리-메종셀, 콘나주-불송, 라 불렛-누와예을 연결하는 선.[61] 그는 원활한 공격을 보장하기 위해 기갑사단을 차량화보병사단이 통제하도록 했다. 플라비니는 후에 "제3기갑사단은 기갑사단으로서 임무를 수행하기에 역부족이었다; 제3기갑사단 전차는 보병과 편조하여 운용하였으며, 기갑사단의 모든 간부와 승무원은 그 절차를 이해하고 있었다."[62]라고 설명했다.*

회의를 진행하는 동안 양개 사단장은 플라비니에게 스톤을 빼앗겼다가 다시 탈취했으며, 성공적인 작전을 위해 전차를 투입했다고 말했다. 그러나 제3기갑사단장 브로카르는 사단이 전날 저녁의 기동과 아침의 전투로 연료를 모두 소비하여 즉각 공격을 개시할 수 없다고 보고했다.

---

* 이 구절은 제3기갑사단이 기갑사단으로서의 능력은 부족하나 보병과 편조하여 임무를 수행할 능력이 있었기 때문에 플라비니가 제3기갑사단을 제3차량화보병사단에 배속한 이유를 설명한 것이다.

또한, 그는 분산 배치한 전차를 끌어모아야만 했다. 플라비니는 역습을 15시로 늦출 수밖에 없었다.

그런데 14시 30분에 제3차량화사단장 베르탱-부수Bertin-Bossu 장군과 제3기갑사단 기갑여단장이 제21군단 지휘소로 돌아왔다. 그들은 전차에 연료가 재보충되지 않아 역습이 "불가능"하다고 보고했다. 기갑여단장은 15시에는 B-1 전차 8대만이 작전에 가용하다고 설명했다. 자신의 명령에 불복하는 것에 분노한 플라비니는 두 지휘관에게 즉시 부대로 복귀하여 역습을 시행하라고 명령했다. 플라비니는 만약 부대가 공격을 시작할 준비가 되어있지 않더라도 예하부대 지휘관은 공격개시시간을 변경할 권한이 없으며, 특히 다른 부대들이 정해진 시간에 공격준비를 완료했을 경우는 더욱 그러하다고 신랄하게 말했다. 플라비니는 그들이 상대적으로 소형인 H-39 전차를 보유했기 때문에 공격을 선도하고 B-1 전차는 후속하도록 지시했다.[63]

베르탱-부수 장군은 나중에 나란히 자리한 양개 사단 지휘소에서 브로카르와 만났다. 그는 이때 전차가 아직 공격 준비를 갖추지 못했음을 알았다. 혼자서는 대안을 찾을 수 없었던 베르탱-부수는 플라비니에게 공격을 늦추어야만 한다고 말했다. B-1 및 H-39 전차 132대 중 절반 정도가 작전에 가용했다. 그러나 기갑부대는 여전히 연료 보충과 함께 재집결 중이었다. 어쩔 수 없는 상황에 굴복한 군단장 플라비니 장군은 전차가 집결할 때까지 공격시작을 늦추라고 베르탱-부수에게 승인해주었다. 공격은 곧 17시 30분으로 연기되었다. 전투력이 우세할 가능성이 없기 때문에 브로카르는 여전히 가용 전차 수가 적음을 걱정했고, 원래 계획한 종심 깊은 목표를 확보하지 못할 것이라고 생각했다.

그 사이 예상치 못한 불운한 사건으로 가용전차가 줄었다. B-1 전차 중대 1개가 공격개시가 늦추어졌다는 명령을 받지 못하고 15시에 공격을 개시했다. 이들은 약 1km를 채 못 가서 메종셀과 셰메리 남쪽에서 날아오는 강력한 대전차포탄 세례를 받았고, 중대장과 함께 전차 2대를 잃었다. 15일 저녁까지 B-1 전차대대중 하나는 총 21대의 전차가 가용했으며, 나머지 한곳은 8대뿐이었다.[64] H-39 전차를 보유한 대대의 전투력도 대동소이했기 때문에 사단은 편제 대비 약 40%가량의 전차를 작전에 투입할 수 있었다. 그리고 프랑스군은 그날 저녁 스톤을 또다시 탈취 당했다.

이러한 호된 시련을 겪는 동안 제3차량화보병사단장 베르탱-부수 장군의 대처는 매우 훌륭했다. 그가 제3기갑사단에 대한 유명무실한 지휘권을 가졌기 때문에 플라비니로부터 공격에 전차를 투입하라는 압력을 받는 동안 그의 사단은 스톤 주변에서 혹독한 전투를 치르고 있었다. 베르탱-부수에게 압력을 가한 플라비니가 왜 직접 역습을 통제하지 않았는지는 의문스럽다. 다른 프랑스 지휘관과 마찬가지로, 그는 전투의 결정적인 지점에서 떨어져 있었다. 독일군의 지휘 방식과 완전히 상반되는 지휘 방식은 명백히 독일군에게 유리하게 작용했다.

15일 17시 15분경, 제21군단 사령부 — 제3차량화사단장의 증언에 따르면 — 는 역습을 취소했다. 그러나 플라비니는 역습을 취소하지 않았다고 하며, 이미 공격을 시작했다고 생각하고 있었다. 한 조종사가 몽디외 숲 북쪽에서 프랑스군이 전투하는 광경을 보았다고 보고했고, 그는 제2군 사령부에 전화를 걸어 역습을 시작했다고 알렸다. 그러나 진실은 나중에 밝혀졌는데, 조종사는 "실제로는 전차가 겨우 100m 정도 전진했을 뿐이었다. 보병은 전차를 후속하지도 않았다."라고 말했다.[65] 이처럼 제3기갑사단과 제3차량화사단은 결코 강력한 역습을 시행하지 않았다.

제21군단은 몽 디외와 스톤 동쪽에서 제1식민지보병사단과 제2경기병사단이 시행한 제한적인 역습을 제외하고는 독일군 제19기갑군단의 취약한 측방에 역습을 가하는 데 실패했다. 1939년 12월, 독일군이 아르덴느로 주공을 지향하는 만슈타인의 개념에 근거하여 워 게임을 시행했을 때 가장 큰 걱정은 측방에 대한 공격 가능성이었다. 독일군에게는 다행스럽게도 그들의 가장 큰 공포는 현실화하지 않았다.

Chapter 10
프랑스 제6군의 실패
The Failure of the Sixth Army

프랑스전역 동안 가장 큰 의미가 있는 혼란이 세당의 돌파구 서쪽 견부에서 나타났다. 프랑스군은 독일군의 급속한 전진을 저지하려는 필사적인 시도로써 바 강과 아르덴느 운하 유역의 동 르 메닐(뮤즈 강안)과 라 카신느(셰메리 남서쪽)사이에 몇 개 부대를 축차 투입했다. 최고사령부는 제21군단이 독일군 제19기갑군단을 먼저 저지하고 난 뒤 역습을 시행하기를 원했는데, 전진하는 적 정면에 부대를 계속 투입한 주목적은 종심 깊은 돌파를 차단하기 위함이었다.

프랑스군은 제19기갑군단의 서진을 막기 위해 제3스파히여단, 제5경기병사단, 제53보병사단, 제14보병사단, 제2기갑사단을 투입했다. 이 부대들은 이내 방드레스, 생글리, 푸아 테롱 주변에서 극도로 혼란스러운 전투에 휘말렸다. 더 북쪽에서는 제61보병사단과 제102보병사단이 뫼즈 강의 통제권을 다시 장악하기 위해 라인하르트 중장이 지휘하는 제41기갑군단과 전투를 치렀다. 투송이 지휘하는 제6군과 마찬가지로 제9군과 제2군이 지휘력을 회복하고자 노력하는 동안 프랑스 제23군단과 제41군단도 독일군 제19기갑군단이 전진하는 지역에서 작전 중인 부대를 통제하려 했다.

전장의 유동성 때문에 전투는 빈번하게 단절된 혼란스러운 여러 행동의 연속이었다. 그러나 제19기갑군단은 서쪽의 푸아 테롱, 셍글리, 르텔을 향해 열정적이고도 강력하게 압박을 가함으로써 주도권을 유지했다. 반면 프랑스군은 이에 대응하는 것에 불과했다. 그리고 프랑스군의 대응은 대부분 너무 늦었다.

작전적 수준 : 투송 장군과 제6군Operational Level : General Touchon and the Sixth army

1939년 9월 전역 시작 직후, 프랑스군은 프랑스 동부 및 북동부지역에서 독일군이 돌파나 우회할 만한 지역을 주의 깊게 분석했다. 프랑스군은 두 종류의 시나리오를 도출했다. 첫 번째 시나리오는 독일군이 스위스를 돌파하는 것이고, 두 번째는 롱귀 외곽에서 제2군과 제3군 경계를 돌파하는 내용이었다. 프랑스군은 이에 대체하고자 새롭게 제6군을 창설하고 위와 같은 두 가지 가능성에 대비하는 임무를 부여했다. 1940년 2월, 조르주는 제6군 사령관 투송에게 제2군과 제3군 사이 방어선이 붕괴한다면 해당 지역으로 이동할 채비를 갖추라는 세부 지침을 주었다.[1]

물론, 독일군은 1940년 5월에 제2군과 제3군 사이가 아니라 더 서쪽인 제2군과 제9군 사이에 거대한 돌파구를 형성했다. 그럼에도 프랑스 최고사령부는 제2군과 제3군 사이에 돌파구가 발생할 가능성에 대비하고자 준비한 지휘체계를 사용함으로써 이 예상치 못한 공격에 대응하려 했다.[2] 조르주는 투송에게 돌파구 봉쇄를 맡김으로써 세심한 연구를 거쳐 입안한 우발계획을 간단하게 수정했다. 이에 따라 조르주는 5월 13일 자정에 제2군의 지휘권을 넘겨받았으며,[3] 14일 15시 30분에는 제6군을 윙치제르의 작전구역 내에 배치하였다.[4] 그러나 보급과 정비는 제9군이 지원했다.

투송은 1920년대 중반 프랑스 육군상급전쟁대學Ecole Supérieure de la

Guerre에서 교관으로 활동하는 동안 젊은 장교로서 재능 있고 뛰어난 지휘관이라는 명성을 얻었다. 호소력 있고 자신감 넘치는 연설가였던 그는 종종 보병을 주제로 강의했다. 그는 강의에서 무엇보다도 "압도적인 화력의 중요성"에 대한 신앙에 가까운 믿음과 기동성이나 기계화에 대한 불신을 드러냈다. 그는 몇몇 강연에서 적의 화력효과를 잘못 이해했던 제1차세계대전 전의 프랑스 군사사상가들을 비판했다. 또한, 그는 다른 강의에서 후에 독일군 침투전술의 핵심이 되는 절차들을 폄하했다. 그는 안전하고 고요한 강의실에서 적 방어선을 완전히 돌파하거나 혹은, 종심 깊이 돌진하는 공격은 보병과 포병이 복잡한 협조를 이루어야 하고 공격 리듬을 유지해야 하는 제한사항이 있다고 주장하며 실현 가능성에 의문을 제기했다. 당시 그는 위와 같은 작전이 자신의 인생에 얼마나 강력한 영향을 미칠지는 거의 실감하지 못했다.

1931년, 대령이었던 투숑은 보병 및 전차학교의 학교장에 취임하였고, "현대적"인 전투수행과정을 실험하기 위한 특별한 훈련을 제안했다. 그의 제안에 따라 프랑스군은 1932년 9월 드 마이 기지Camp de Mailly에서 실험을 시행했다. 이는 "현대적인" 기갑부대 개발을 위해 프랑스가 시도한 가장 중요한 노력 중 하나였다. 훈련 주관자로서 투숑은 기계화부대의 잠재력에 의문을 표했다. 그의 비평 가운데는 기갑부대가 강력한 방어진지를 공격할 능력이 없다는 내용도 있었다. 베이강은 1932년의 훈련에서 도출한 부정적인 결과로 인해 독립 기갑부대를 창설하려는 의도가 좌절되었다고 말했다.

투숑의 재능과 사상을 인정한 프랑스군은 1936년 새로운 야전근무규정을 작성하는 편찬자 중 하나로 임명했다. 1938년에 그는 신편 보병교리 작성 책임자로도 활동했다. 그는 1940년까지 프랑스군에서 가장 총명하고 능력 있는 군인 중 하나로 인정받았다.[5] 투숑에게 가장 역설적인 점은 — 프랑스 기갑부대 발전이 실패하는데 가장 핵심 역할을 했던 장교 중 1명인 그가 — 독일군 기갑부대가 형성한 돌파구를 봉쇄하는 임무를 부여받았다는 사실이었다.

5월 13일에서 14일, 프랑스군은 제19기갑군단이 전진하자 제2군과 제9군 사이에 투입할 부대를 편성해야했다. 독일군은 제55보병사단을 몽 디외에서 격퇴함으로써 제2군과 제9군을 분리했고 곧 두 야전군 사이에 거대한 간격을 만들었다. 제9군 우측경계는 뫼즈 강을 따라서 동 르 메닐과 연했고(세당 서쪽 9km) 제2군의 좌측은 오몽(셰메리 서쪽 10km)에 닿았다. 두 야전군 사이에 약 12km에 달하는 간격이 생긴 것이다. 프랑스군은 제55보병사단이 무너지고 제2군이 몽 디외를 연하는 진지에 제3차량화사단 및 제3기갑사단을 투입한 이후, 지치고 전투손실로 어려움을 겪고 있던 제5경기병사단과 제3스파히여단으로 제3차량화보병사단과 제9군 가장 우측부대인 제53보병사단 사이 간격을 메우고자 했다. 즉, 프랑스군은 제19기갑군단이 서쪽으로 선회하기 전까지는 고립되어 압력을 받고 있는 두 기병부대를 증강하기 위해 추가 부대를 전방으로 보낼 수 있을 것이라 생각했다.

조르주는 14일 제10군단의 역습(각각 2개 보병연대와 전차대대가 시행)과 15일 제21군단이 시행한 역습(제3차량화보병사단 및 제3기갑사단) 결과를 예상한 것은 아니었지만, 그래도 5월 13일 밤에 독일군이 제2군과 제9군 사이에 돌파구를 형성할 가능성에 대응하기 위한 계획을 준비했다. 13일 깊은 밤, 제6군 사령관 투숑은 브리핑을 위해 다음 날 아침에 북동부 전선 사령부로 출두하라는 전화를 받았다. 14일 08시에 시작한 회의에서 조르주는 "세당 외곽의 균열을 저지"할 부대의 지휘를 투숑에게 맡기려 한다고 말했다. 독일군의 서진을 뒤늦게 걱정한 조르주는 투숑의 부대를 세당과 라옹을 연하는 방향에 전개하여 독일군 전진을 막을 수 있으리라 생각했다.[6] 이 회의는 프랑스군 상급부대가 독일군의 서진이나 선회를 우려한 첫 번째 징후였다. 이러한 우려는 디낭, 몽테르메, 세당 인근에서 뫼즈 강을 도하한 독일군이 서로 연계하여 프랑스군 중앙에 심각한 위협을 제기할 수 있다는 인식에서 기인한 듯하다.

긴 브리핑에 조르주에 이어 가믈랭도 참석했다. 회의를 마친 투숑은 11시에 북동부전선 사령부에서 출발했다. 투숑이 출발하기 전, 제2군 참모장 라카유 대령이 세당의 전황과 쓸데없이 낙관적인 보고를 알려주었다. 라카유는 "상황을 장악하고 있습니다. 우리는 적보다 우세하며, 최소한 동등한 전투력으로 적과 교전할 수 있을 것입니다."라고 말했다.7) 제10군단이 2개 보병연대와 전차연대로 시행한 역습이 실패하고 독일군이 셰메리를 돌파해버린 상황에서 제2군이 이렇게 낙관적인 생각을 하고 있었다는 점은 이해가 가지 않는다. 이처럼 라카유가 조르주에게 한 보고는 프랑스 최고사령부가 14일 오전까지도 독일군의 의도를 알아채지 못했다는 명확한 증거이다.

조르주는 투숑이 수와송Soissons에 도착하자마자 다시 그를 소환했다. 11시 40분, 이번 회의에서 라카유는 악화일로를 걷고 있는 세당의 전황을 좀 더 현실적으로 평가했다.8) 투숑은 조르주의 사령부에 도착한 이후 독일군 "점령지"가 훨씬 넓어졌으며, 위험 수준까지 계속해서 커지고 있음을 알았다. 조르주는 투숑에게 반드시 신속하게 행동하여 "간격을 메우는 중인 욍치제르를 원조"하라고 말했다.9)

14일 15시, 투숑은 세뇍에서 욍치제르를 만나 심상치 않은 전황에 대한 추가 정보를 얻었다. 그는 15시 30분에 서식명령을 수령했다; "제2군과 제9군 사이 간격을 복구하기 위해 욍치제르의 작전지역에 제6군을 일시 배치한다. 투숑은 제2군과 제9군의 접합점에서 작전 중인 여러 대부대를 조정할 것이다."10) 이 명령은 조르주가 승인한 것이었으나, 처음에는 단지 기병대와 6개 교도대대를 임시로 지휘하게 한 조치였다. 다른 부대의 지휘권은 나중에 넘어올 예정이었다. 한 나라의 운명이 이처럼 작은 부대에 달렸던 경우도 흔치 않다.

투숑은 세뇍을 떠난 이후 부지에 북서쪽에서 마자그랑Mazagran—마쇼—르텔을 에둘러 65km를 달렸다. 그는 마자그랑에서 제36보병사단 예하 제57보병연대장과 마주쳤다. 제57보병연대는 엔 강을 연하는 방어진지를 향해 북상 중이었다. 엔 강은 셍글리와 방드레스 근방 고지선의 약 15km 남쪽에서 고지선과 대략 평행하게 흘렀다. 투숑은 제36보병사단장과 만날 수 없었기 때문에 제57보병연대장에게 부지에 주변을 방어하라고 명령했다. 그는 제36보병사단이 엔강의 부지에와 아티니 사이에서 방어하기를 원했다.[11]

투숑은 마쇼에서 제10군단장 그랑사르와 만나길 기대했으나 그를 찾지 못했다. 투숑이 만날 수 있었던 인원은 그랑사르의 위치를 모르는 군단 연락장교 3명이 고작이었다. 그는 르텔로 차를 달렸다.

14일 23시에서 24시 사이, 투숑은 제14보병사단장 드 라트르 드 타시니de Lattre de Tassigny 장군을 만났다. 그러나 당시 제14보병사단에는 1개 연대밖에 없었다. 차후 설명하겠지만, 그는 드 라트르에게 르텔을 "고수"하고 아티니에서 제36보병사단과 접촉하라고 명령했다. 더 중요한 점은 그가 드 라트르에게 푸아 테롱과 시니-라베Signy-l'Abbaye를 연하는 방어선 20km를 점령하라고 명령한 사실이었다.[12] 이 두 마을은 방드레스와 셍글리 북서쪽에 자리했으며, 스톤과 몽 디외에서 북서쪽으로 뻗은 긴 고지선 북쪽 끝이었다. 바로 2시간 전, 드 라트르는 제9군 사령관 앙드레 G. 코랍Andre G. Corap 장군을 만난 자리에서(제14보병사단은 제9군의 지휘를 받았었다.) 푸아 테롱과 시니-라베를 연하여 방어선을 점령하라는 명령을 받았었다.

14일 심야의 어느 때인가 제23군단장 제르망Germain 장군이 투숑의 지휘소를 방문했다. 투숑은 제14보병사단 지휘권을 그에게 주면서 제9군 우측에서 제2군과 연결하라고 명령했다. 1시간 뒤, 기갑감 켈러 장군이 지휘소에 와서 제2기갑사단이 야전군 작전지역에 있으며 그의 사령부 근처로 자리할 예정이라고 알려주었다.[13] 켈러와 회의 직후, 드 라트르 장군은 제2기갑사단이 제14보병사단 좌측인 로누아Launois(푸아 테롱 서쪽 8km)로 이동할 예정임을 알았다.

이처럼 5월 14일에 투숑은 부대 몇 개를 추가로 배속받았다. 또한,

15일 07시 15분, 조르주의 사령부는 투숑의 제6군을 북동부전선 사령부 직할로 변경하였으며, 투숑이 지휘할 부대를 확인하는 명령을 발령했다. 투숑의 지휘를 받게 될 부대는 제14보병사단과 제2기갑사단, 교도대대 다수를 거느린 제23군단과 제53보병사단, 제61보병사단, 제102보병사단, 제3스파히여단을 통제하는 제41군단이었다.14)

조르주는 이 명령으로 투숑의 임무를 변경하지는 않았으나 독일군을 저지하기 위한 상세한 저지선을 설정했다. 저지선은 대략 커다란 "V"를 오른쪽으로 뉘어놓은 형상이었다. "V"의 꼭짓점은 몽코르네Moncornet를 향했고 열려있는 입구 가운데는 메찌에르에 있었다. "V"의 아랫변은 오몽에서 리아르Liart(시니-라베 북서쪽 약 10km)까지 북서쪽으로 약 45km 뻗어있었다. 윗변은 리아르에서 로크루아Rocroi까지 약 25km 정도였다. 투숑은 14일에 명령을 내려, 제36보병사단과 제14보병사단은 "V"자의 아랫변을, 제2기갑사단은 윗변을 방어한 뒤, 이내 "V"자 안으로 공격하라고 지시했다. 조르주는 5월 16일에서 18일 사이에 3개 보병사단을 "V"자 꼭지점 너머의 리아르 서쪽과 북서쪽 약 20km 지점에 추가로 전개하라고 지시했다.

따라서 14일 자정경에 투숑은 상황 조치가 불가능하다고 생각하지 않았다. 독일군이 프랑스군 방어선을 돌파하여 예상보다 신속하게 전진했지만, 프랑스군은 제1차세계대전의 경험에 비추어 보아 독일군이 곧 정지하리라 생각했다. 제1차세계대전에서 주요 공세는 육체적 피로, 보급품 감소, 군수 부담으로 공격부대가 정지했기 때문에 1주일을 넘기는 경우가 거의 없었다. 더 중요한 점은 상당한 부대가 세당 돌파구 주변에 집결 중이었고, 곧 제19기갑군단과 전투에 돌입할 예정이었다. 그러나 이들이 투숑이 지시한 진지를 점령하기 위해서는 전방 부대가 독일군을 지연해야 했다.

만약 투숑이 당시 전황을 낙관하고 있었다면, 그가 다시 그랑사르와 회동을 시도한 다음 날 아침에는 의심할 여지 없이 덜 낙관적으로 변했

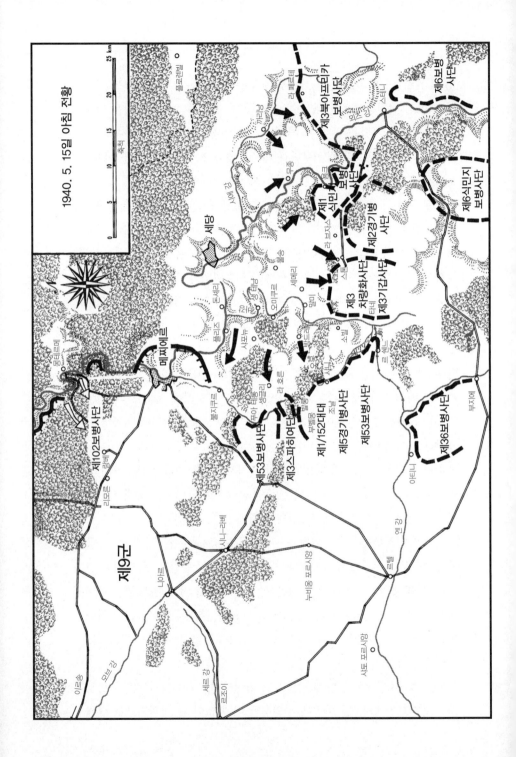

을 것이다.

도로에는 도망치는 방어부대의 행렬이 끝없이 늘어섰다. 대부분 자동차를 탔고, 이들을 멈추는 것은 불가능했다. …… 그는 수많은 군인을 보았는데, 대부분이 무기도 없었고 공황에 빠져서 …… 장군은 계속 이동했고, 마을 외곽에서 어깨에 총상을 입은 헌병을 차에 태웠다.15)

이처럼 군기가 문란한 광경은 가장 낙관적이고 유능한 프랑스 지휘관에게도 영향을 주었겠지만 투송이 무슨 생각을 했는지는 알 수 없다.

방드레스와 라 호른의 기병대The Cavalry at Vendresse and La Horgne

독일군 제19기갑군단의 서진을 차단하는 과정에서 기병대가 작전 초기 핵심 역할을 담당했다. 5월 13일, 제5경기병사단 기병대는 르 쉔느Le Chesne(셰메리 남서쪽 12km) 인근에서 휴식을 취하고 있었다. 벨기에에서의 힘겨운 전투 이후 사단은 장비를 정비했고, 인원은 휴식을 취했으며, 군수품을 보급했다. 이 기간 독일군의 공습이 "이어졌다."16)

독일군이 13일에 뫼즈 강을 도하한 뒤, 윙치제르는 오후 늦게 사단장 샤느완 장군에게 전화를 걸어 상황을 알려주었다. 독일군이 세당을 넘어 압력을 가했기 때문에 윙치제르는 샤느완에게 아직 투입 위치는 정하지 않았지만, 전투를 준비하라고 말했다. 또한, 그는 사단에 제1기병여단을 배속해 주었다.

연락장교가 22시에 사단 지휘소로 와서 윙치제르의 명령을 전달했다. 독일군이 세당에서 도하하여 라 불렛에 이르렀기 때문에 제5경기병사단은 밤에 이동하여 아르덴느 운하와 바 강을 따라서 진지를 점령하라는 내용이었다. 사단은 동쪽을 바라보고 진지를 점령하여 뫼즈 강에서 셰메리 남쪽까지 운하와 강을 따라 방어함과 동시에 북쪽에서 제9

군과 접촉을 유지하라는 명령을 받았다.[17] 제2군에서 사단의 우측은 제3차량화사단과 제3기갑사단이 방어할 예정이었다.

이에 더하여 제1기갑여단과 제3스파히여단의 기마부대가 제5경기병사단과 같은 지역에서 작전을 수행했다. 제3스파히여단에는 모로코연대와 알제리연대가 있었다. 벨기에에서 지연작전을 수행했던 제3스파히여단은 13일 오후에 뫼즈 강 너머로 철수한 뒤, 제9군을 가로질러 푸아 테롱으로 향했다. 14일 01시 30분, 여단은 제53보병사단(제9군의 가장 우측방으로 이동 중인)의 우측방을 엄호하고 제2군과 "실질적으로" 연결하라는 명령을 받았다. 여단장은 즉시 예하 두 연대에 푸아 테롱에서 방드레스를 향해 동쪽으로 이동하라고 명령했다.[18]

제5경기병사단장 샤느완 장군과 제3스파히여단장 마르크 대령이 14일 07시에 만나 제9군과 제2군 간 책임지역을 확인하고 협조했다. 마르크는 샤포뉴(동 르 메닐 남쪽 3km)와 생 테냥(퐁 아 바르 남쪽 4km) 사이를 방어하기로 했다. 제5경기병사단은 생 테냥에서 셰메리 남쪽까지 책임지기로 했다.[19]

따라서 모든 부대가 약정한 지역을 점령하면, 좌에서 우로 제53보병사단–제3스파히여단–제5경기병사단–제3차량화사단 순으로 늘어선 형태가 되었다. 이와 같이 진지를 점령한다면 돌파구 서쪽 외곽선을 연하여 방어선을 재구축하고 제9군과 제2군 사이에 실질적인 연결이 이루어질 것이었다.

그러나 제3스파히여단과 제5경기병사단이 계획한 진지를 완전히 점령하기 전에 독일군이 운하와 강을 건너 침투하기 시작했다. 제5경기병사단 예하 기병여단의 제2/12경기병대대가 말미(셰메리 서쪽 1km)를 방어했고, 사단은 차량화소대 2개로 대대를 증원했다. 다른 프랑스군과는 다르게 대대는 운하의 다리 주변에 지뢰지대를 설치함으로써 독일군의 말미 진입을 차단했다. 그러나 독일군 보고에 따르면, 지뢰가 땅속으로 묻혀 있지는 않았다고 한다. 경기병대대장 에튀앵Ethuin 대위는 운하와 지뢰지대 너머에서 독일군 전차가 셰에리를 지나 셰메리로 남진하는 광경을 목격했다. 10시 15분, 중상을 입은 오토바이병이 와서 독일군이 오미쿠르(말미 북쪽 3km)에서 교량을 건넜다고 알렸다.[20]

이 같은 긴급한 소식을 들은 에튀앵은 말미 북쪽에서 오미쿠르 방향으로 신속하게 지뢰지대를 설치(그러나 매설하지는 않았다.)했고, 잠시 후에는 연대장이 내린 철수명령을 접수했다. 불행하게도 대대의 예하부대 하나가 너무 일찍 철수해버렸다. 이 때문에 지뢰지대를 화력으로 엄호하는 데 실패했다. 독일군은 이러한 실수를 이용하여 재빨리 지뢰를 탐지하고는 제거해버렸다. 잠시 후, 전차 2대가 말미로 진입했다.

철수 준비에 여념이 없던 에튀앵은 셰메리에서 말미간 통로가 개방되었음을 알아채지 못했다. 그는 말미에서 나와 진지 전방 500~600m까지 접근한 적 전차 2대를 보고는 매우 놀랐다. 기병대에 대전차무기가 없었기 때문에 대부분 부대원이 말을 타고 서쪽으로 달아나거나 말미 서쪽에서 얼마 되지도 않았던 엄폐물을 찾아 숨었다. 그들에게는 다행스럽게도 잠시 후 독일군 전차가 말미로 물러났다. 그러나 곧 전차와 다른 부대가 함께 돌아와서는 공격을 가했다. 비록 1개 소대가 거의 전멸했지만, 불운했던 기병대는 방드레스 부근에서 날아오는 우군 대전차사격의 지원을 받으며 독일군 전차를 다시 한 번 격퇴했다.[21]

14시경, 독일군 기갑부대가 방드레스를 강타했다. 또한, 전차의 지원을 받는 보병이 마자랭 숲을 지나 오미쿠르에서 공격해왔다. 방드레스와 그 북쪽 고지대의 프랑스군은 엉망으로 뒤엉켜 있었으나 기병대는 독일군의 전진을 가까스로 지연하고 있었다. 방드레스로 적의 압력이 증가하고 독일군이 북쪽 숲을 통해 마을을 우회하자 샤느완은 서쪽과 남서쪽으로 철수하기로 했다. 그러나 적과의 접촉이 단절되지 않았다. 제1경기병여단이 모든 장갑차량을 투입하여 오몽(방드레스 서쪽 4km) 근방 고지대를 방어함으로써 철수를 엄호하는 동안 제5경기병사단은 부벨몽과 발롱, 샤니를 향해 철수했다. 제5경기병사단이 안전하게 철수한

뒤, 제1기병여단도 샤니를 향해 남쪽으로 물러났다.[22]

한편, 제3스파히여단은 아노뉴와 생 테냥을 연하는 방어선을 점령하지 않았다. 마르크 대령은 07시에 샤느완을 만난 이후, 방드레스 북쪽 약 6km 지점으로 향하여 샤포뉴와 생 테냥 사이에서 진지를 점령할 계획이었다. 이 방어선은 대략 마자랭 숲 북쪽 외곽을 따라서 뻗어 있었다. 08시 30분, 여단은 계획한 진지로 이동하였다. 그러나 마르크가 적 기갑부대가 오미쿠르를 탈취했다는 긴급한 보고를 받았을 때에도 대부분 예하부대가 아직도 방드레스 지역에 머물러 있었다. 마르크는 방드레스 동쪽의 상황이 혼란스러웠기 때문에 방드레스에서 셍글리로 이어진 통로를 차단할 준비를 했다. 마르크는 11시 30분까지 "방드레스에 대한 위협이 순간 나타났다가 사라졌다"라고 증언했다. 여단의 양개 연대가 다시 샤포뉴와 생 테냥 사이 수목선을 향해 이동하기 시작했다. 그러나 독일군이 오후 중간쯤 공격을 가하여 여단의 이동이 중단되었다. 이내 양군은 오미쿠르와 방드레스 근방에서 치열한 교전을 벌였다.[23]

제5경기병사단이 17시경 철수하기 시작했을 때, 제3스파히여단도 함께 철수하여 경기병사단의 좌측인 부벨몽에서 북서쪽으로 진지를 점령했다. 따라서 제5경기병사단과 제3스파히여단은 방드레스와 셍글리 남쪽 능선을 넘는 핵심 통로와 고지대를 점령 방어했다. 19시에 제21군단에서 온 연락장교가 마르크에게 제53보병사단이 방스 강Vence R.을 향해 서쪽으로 철수한 사실을 알려주었다. 연락장교는 23시 30분에 복귀하였고, "24시간 동안 적의 전진을 저지하기 위한 저항거점"을 조직하라는 군단장의 명령을 제5경기병사단과 제3스파히여단에 전했다. 제5경기병사단이 오몽-샤니를 연하는 통로와 발롱-부벨몽을 연하는 통로를 차단하는 동안 제3스파히여단은 라 호른을 지나는 통로를 막으려 했다.[24]

15일 04시 30분, 제3스파히여단이 라 호른에 도착했다. 프랑스전역의 모든 전투를 통틀어 모로코연대와 알제리연대의 라 호른 전투만큼 존경받거나 기념비적인 전투는 없을 것이다.25) 기병대는 마을로 이어지는 작은 도로를 따라서 바리케이드와 참호를 설치하여 09시에서 17시까지 독일군에 격렬하게 저항했다. 물론 제3스파히여단이 24시간 동안 라 호른을 방어하라는 임무를 완전히 달성하지는 못했지만, 제1기갑사단의 전진을 상당시간 지연했다. 그러나 많은 희생이 따랐다. 라 호른에서 싸운 모로코연대와 알제리연대원 절반 이상이 전사했다. 전사자 가운데는 연대 장교 37명 중 12명이 포함되어 있었다. 또한, 연대장 1명과 전사한 연대장의 지휘권을 승계한 장교 1명도 같이 전사했다.26)

기병대는 방드레스와 라 호른 및 기타 지역에서 용감히 싸웠지만, 독일군을 저지할 수 없었다. 북쪽의 독일군 제2기갑사단이 남쪽의 제1기갑사단보다 더 빠르게 진격하자, 프랑스군은 간격을 봉쇄할 다른 부대를 필사적으로 찾았다.

제53보병사단의 붕괴The Collapse of the 53rd Infantry Division

프랑스군은 독일군이 형성한 간격을 메우기 위해 제53보병사단에 크게 의지했다.27) 조르주가 제9군에 B급 사단 투입을 승인한 12일 08시 15분, 제53보병사단은 전투의 소용돌이로 던져졌다.28) 일반예비대의 다른 사단과 마찬가지로 제53보병사단은 일찍이 제9군 지휘 아래 전개할 수도 있음을 확인했다. 이에 사단의 지휘관들은 제9군단의 좌익이나 우익에 전개할 가능성을 연구해왔다. 제53보병사단장 에셰베리가레 Etcheberrigaray 장군은 사단이 제9군으로 배속되었다는 명령을 받았다. 그는 야전군 우익을 담당하는 제11군단장 줄리안 프랑수아 르네 마르텡 Julien F. R. Martin 장군을 만난 자리에서 뫼즈 강을 따라 메찌에르 남쪽에 방어진지를 점령하라는 임무를 받았다.

사단은 제148요새보병연대와 마찬가지로 방스 강과 바 강 사이를 방어할 예정이었다. 제148요새보병연대가 예하 대대를 일선형으로 배치했기 때문에 에셰베리가레도 요새보병대대가 점령했던 구역에 각 1개 연대를 배치하기로 했다. 각 연대에서 1개 대대씩은 연대의 약간 후방에 자리할 예정이었다; 군단은 이 3개 대대를 군단 예비대의 일부로 편입했다. 제53보병사단의 상급부대이자 제9군 가장 우측 구역을 방어할 책임을 지고 있던 제11군단은 사단 포병이 5월 12일 야간, 3개 보병연대는 13일 야간에 이동하도록 지시했다.

13일 오후, 3개 연대가 뫼즈 강으로 향하기 전, 에셰베리가레는 사단이 점령할 새로운 진지의 좌우측부대를 방문했다. 그는 17시에 우측 부대인 라퐁텐 장군의 제55보병사단 지휘소를 방문했다. 이때는 독일군이 뫼즈 강을 도하한 지 약 2시간이 흐른 뒤였다. 이 만남에서 라퐁텐은 에셰베리가레에게 뫼즈 강 북안에 최소한 각각 100대 이상의 거대한 전차군 2개가 출현했다고 알려주었다. 에셰베리가레가 제55보병사단 지휘소에서 악화일로를 걷는 전황을 확인하는 동안 한 장교가 와서 독일군이 와들랭쿠르를 탈취했다고 보고했다. 에셰베리가레는 즉시 제55보병사단 지휘소를 출발했다. 그때가 대략 18시였다. 그의 복귀는 이미 도주 중인 제55보병사단과 제10군단의 부대 탓에 늦어졌다. 그는 "나는 혼자서 바 강에서 도주하는 제10군단 소속 포병대대 2개를 돌려보냈고 ······."라고 보고했다.29)

예하 연대가 뫼즈 강 인근으로 이동하는 동안 13일 23시에 제11군단이 사단으로 새로운 임무를 하달하였다. 이 명령의 결과 사단은 제19기갑군단의 바로 정면에 자리하게 되었다. 새로운 명령에 따르면 독일군이 우측에서 신속하게 전진했기 때문에, 제53보병사단은 남쪽으로 행군하여 아르덴느 운하와 바강을 따라서 동쪽을 바라보고 진지를 점령하는 동안 제148요새보병연대가 뫼즈 강에서 홀로 남아 있을 예정이었다. 제3스파히여단과 사단 정찰대에는 오미쿠르와 방드레스 외곽에서 사단 우측방을 엄호하라는 명령이 떨어졌다. 야간에 임무와 전진방향을 변경하는 것이 혼란을 야기할 수 있다는 두려움 때문에 에셰베리가레는

14일 03시 30분에서 04시가 되어서야 새로운 명령을 예하부대로 하달했다.[30] 그런데 불행하게도 몇몇 대대는 몇 시간이 지나도록 새로운 명령을 받지 못했으며 사단장은 예하부대의 위치와 활동을 확인하기 위해 참모를 파견 해야만 했다. 또한, 에세베리가레는 독일군의 방드레스 점령 여부를 확인하기 위해 참모를 마을로 보냈다.

14일 처음 몇 시간 동안 제53보병사단은 남진한 뒤 동면(東面)하기 위해 분투했다. 에세베리가레는 2개 연대는 동쪽을 바라보고 방어선을 구축하고, 나머지 1개 연대는 방스 강 바로 동쪽에서 양개 연대의 후방에 자리 잡도록 했다. 바 강과 아르덴느 운하는 장애물로서 독일군의 전진을 방해할 잠재력을 가졌지만, 그는 강과 운하를 따라서 방어하지 않기로 했다. 그는 기병대가 사단 전방에서 장애물인 강과 운하를 따라 방어하기 원했던 것이다.[31]

그런데 제53보병사단 예하 대대가 진지를 점령하기 전인 14일 12시경, 독일군 제2기갑사단이 뫼즈 강을 따라 서진하여 퐁 아 바르에서 바 강과 아르덴느 운하를 건넜다. 제2기갑사단은 아노뉴-샤포뉴-부탄쿠르를 지난 뒤 반시계방향으로 신속하게 전진했다. 제148요새보병연대는 독일군이 동 르 메닐을 향해 곧바로 서진하여 15시 30분까지 해당 지역을 방어하던 프랑스군을 완전히 소탕했다고 보고했다. 17시경, 독일군이 반시계방향으로 기동하며 부탄쿠르에 도착하였다. 이들은 원형으로 기동하던 중에 제53보병사단의 대대 하나를 타격했다. 이처럼 약 17시경이 되어서야 제53보병사단은 독일군과 접촉했다.[32]

15시경, 제1기갑사단이 방드레스를 강력하게 압박하기 시작했다. 방드레스는 사단의 우측 책임지역이었으나 제5경기병사단과 제1기병여단이 방어하고 있었다. 이때 제53보병사단의 일부 대대는 계속해서 새로운 진지를 향해 이동 중이었고, 특히 이들 부대에는 방스 강을 따라 사단 제2방어선을 점령할 예정이었던 제208보병연대 예하 대대도 포함되어 있었다. 앞서 언급했듯이 사단이 점령한 방어진지는 기병대 방어선 후방에 있었다. 그날 저녁, 독일군이 방드레스를 넘어 두 방향으로 전진하여 부채꼴 형태로 퍼졌다. 1개 행군종대는 빌레 르 티열과 생글리를 향해 북서진했고, 다른 종대는 오몽을 향해 서진한 뒤 남서쪽의 샤니로 향했다.

에셰베리가레는 방드레스가 함락되기 전인 15시 30분경, 그의 새로운 상급부대인 제21군단에서 명령을 받았다. 그 명령에서 군단이 제53보병사단이 처한 상황을 전혀 알지 못했음이 드러났다. 명령을 가져온 연락장교는 군단 사령부가 제53보병사단의 정보를 획득해오라고 지시했음을 인정하였다. 그럼에도 군단은 사단 상황을 "무시"해버렸다. 새로운 명령은 역습을 시행하라는 내용이었다. 군단은 "16시[에] …… 제2군의 서쪽으로 끼어들 예정인 기갑사단을 도와 역습을 시행하여 세뇌과 제9군 사이 간격을 봉쇄하라."라고 명령했다.[33] 에셰베리가레는 16시(임무를 공지하고 약 30분 뒤)에 역습을 가하는 것은 "불가능"하다는 사실을 알고 있었기에 역습 시행을 거부했다. 또한, 그는 역습에 참가하기로 예정한 기갑사단에 대해 아는 바가 전혀 없었다. 그가 역습을 거부한 순간까지는 사단의 어떤 부대도 적과 접촉하지 않았을 가능성이 컸다.

에셰베리가레는 방드레스 함락이 임박했다는 공포를 느꼈으나 제5경기병사단과 접촉하지 못했기 때문에 사단 좌익을 공고히하면서 우익을 반시계 방향으로 선회시키려 했다. 그런데 철수명령을 내리기 전, 그는 독일군이 샤포뉴와 동 르 메닐을 공격한 뒤, 16시에서 17시 사이 사단 양측방에 압력을 가하기 시작했음을 알았다. 제21군단의 명령을 무시한 그는 전방에 자리한 연대를 방스 강 너머 약 12km 후방의 사단 제2방어선으로 철수시키기로 했다.[34] 그는 자신의 사단이 양측방에서 압력을 받기 시작한 때에 방드레스를 방어 중인 제5경기병사단이 철수명령을 받음으로써 더 쉽게 철수 결정을 내릴 수 있었다.

18시에서 18시 30분경, 에셰베리가레는 리벳 대령에게 보병을 뒤로물려 방스 강 서안으로 이동하라고 명령했다. 그는 사단이 버틸 수 있을 정도의 공격을 받고 있었음에도 철수명령을 내렸다. 에셰베리가레가 보병에 철수명령을 하달한 시각에 독일군은 사단 좌측방으로 더욱 강력한 공세를 퍼부었다. 사단 좌익의 제329보병연대는 철수명령을 받기 전에 독일군 전차에 포위 당했다.35) 그날 밤 연대는 적의 강력한 압박을 받으면서 가까스로 방스 강으로 철수했다.

제53보병사단은 13일과 14일에 커다란 원을 그리며 이동했다. 13일 밤, 뫼즈 강을 향해 북동쪽으로 행군한 사단은 14일 주간에는 남쪽으로 방향을 전환했다. 그리고 14일 저녁에는 서쪽을 향해 철수했다.

사단이 철수함으로써 프랑스군 방어선이 현저히 약해졌고, 제19기갑군단은 제5경기병사단만 상대하면 되었기 때문에 더 신속하게 전진할 수 있었다. 제53보병사단의 철수로 독일군 전방에 프랑스군은 거의 남아 있지 않았다. 이보다 더 중요한 점은 제53보병사단이 극도로 격렬한 전투에 휘말리지도 않았으며, 독일군에 저항하지도 않고는 철수결정을 내렸다는 사실이었다. 사단은 쉬지 않고 이동했으나 후방으로 이동하기 전까지 적과 접촉했던 부대는 거의 없었다. 그럼에도 그들은 지쳤으며 끊임없이 방어진지를 지나치는 도망병과 이어지는 진지 변환으로 사기가 떨어졌다. 사단장의 전투의지 역시 마찬가지였다.

사단의 대부분 대대는 가까스로 방스 강으로 철수하였으나 몇몇 대대는 문제에 봉착하기도 했다. 행군에 지쳐 셍글리의 커다란 고성(古城) 마당에서 휴식을 취하던 제3/329대대는 14일 22시 30분에서 45분경 독일군 제1보병연대의 기습을 받았다. 이로 인해 대대원 절반이 사로잡혔다.36) 그날 밤 사단의 상당한 전투력 — 특히 제329보병연대 — 이 서서히 녹아 사라져 버렸다.

그럼에도 사단은 14일 23시 30분에 또 다른 수정명령을 받았다. 명령은 방스 강을 따라서 동쪽을 바라보고 방어진지를 점령하는 대신, 남쪽으로 이동하여 바르베즈Barbaise(푸아 테롱 서쪽 5km)와 부벨몽(오몽 서쪽 5km) 사이에서 북동쪽을 바라보고 방어진지를 점령하라는 내용이었다.

새로운 명령을 수행하기 위해서는 사단의 오른쪽으로 부대를 보내야 했다. 에셰베리가레는 추후 "모든 실질적인 요소를 고려했을 때, 나는 전투력이 매우 약하고 지휘체계가 취약했던 사단 좌익의 2개 연대를 믿을 수 없었다. 제208보병연대는 진지에 배치되어 있었고 연대장은 성격이 급한 인물이었다."라고 말했다.[37] 그렇지만 결국 그는 제208보병연대를 사단 오른쪽에 배치하였다. 그러나 연대는 곧 라 호른에서 제3스파히여단과, 발롱과 부벨몽에서는 제14보병사단과 혼재되어 버렸다.

15일 오전 중반쯤까지 자됭Jadun―바르베즈―랄리쿠르Rallicourt―푸아 테롱을 연하여 방어했던 제329보병연대는 전투력이 급감했다. 제329보병연대는 사단의 새로운 진지에서 중앙을 방어하라는 명령을 받았고, 계획한 진지에 도착하지 못했음에도 수많은 도망병이 생겨 병력손실이 컸다. 이 때문에 제208보병연대가 제329보병연대를 대신하여 푸아 테롱 남서쪽 지점에서 부벨몽까지 사단 중앙의 전선을 점령했다.[38] 15일의 격렬한 전투에서 제53보병사단의 작전수행은 거의 같은 지역을 방어했던 제14보병사단과 구별할 수 없게 되었다.

제14보병사단 : 오몽과 푸아 테롱 간격 봉쇄The 14th Infantry Division : Sealing the Gap at Omont and Poix―Terron

아마도 세당과 몽테르메 돌파구 주변에 있던 모든 프랑스군 부대 중 제14보병사단의 명성이 가장 높았을 것이다. 사단이 이러한 명성을 얻은 이유는 사단장 드 라트르 장군의 뛰어난 능력 때문이었다. 그는 프랑스 패망 이후 자유 프랑스군의 가장 중요한 지도자 중 1명이기도 했다. 사단장의 뛰어난 지휘력에 더하여 사단은 잘 훈련되었으며 장비 또한 훌륭했다. 14일 23시에서 24시 사이, 드 라트르가 투송과 만났을 때, 제14보병사단은 제2군과 제9군 사이 간격으로 이동 중이었다. 사단은 12일 08시와 12시에 준비명령과 정식명령을 받았고 제2군과 제9군을 향해 이동했다. 사단의 어떤 전투부대는 13일 07시에 출발했다. 가장 늦은 부대는 15일 02시에 이동을 시작했다.[39]

이동 간 드 라트르는 사단이 제9군으로 배속되었음을 알았고, 야전군 우측을 엄호하라는 명령을 받았다. 사단은 오몽(방드레스 서쪽) 주변 고지대를 점령하여 제2군 좌익과 접촉하기로 했다. 드 라트르는 신속하게 행동하여 14일 16시경, 제1/152대대에 트럭을 타고 오몽으로 이동하라고 지시했으며 사단 나머지 부대는 후속 준비를 하도록 했다.

그러나 그는 22시에 제9군 사령관 코랍 장군을 만난 뒤에야 동 르 메닐과 몽 디외 사이, 아르덴느 운하 주변의 혼란스러운 상황에 대한 모든 정보를 얻을 수 있었다. 동시에 그는 제5경기병사단이 방드레스 — 목적지인 오몽 동쪽 약 5km 지점 — 에서 고전 중임을 알았다. 회의에서 코랍은 드 라트르에게 사단이 원래 계획했던 방어선보다 더 후방(서쪽)에서 진지를 점령하라고 지시했다. 이에 따라 사단은 푸아 테롱과 시니-라베를 연하여 방어선을 형성할 계획이었다. 그런데 불행하게도 드 라트르가 새로운 임무를 받았을 때 사단의 제152보병연대는 이미 오몽 남쪽에 도착하여 진지를 점령하고 있었다. 연대는 곧 시니-라베와 약 25km 이상 떨어진 엔 강 북쪽에서 치열한 전투에 휘말렸다.[40]

14일 23시에서 24시 사이, 드 라트르는 투숑과 만나 사단이 제6군에 배속되었음을 알았다. 전후 공식보고기록에 따르면, 투숑은 분명히 제14보병사단 전체가 전방으로 진출하기보다는 엔 강을 따라서 방어하기를 바랐으나, 드 라트르는 사단 일부 부대가 이미 엔 강 너머로 진출했기 때문에 그들이 적의 전진을 둔화하고 엔 강 너머로 철수 중인 부대를 위해 시간을 벌 수 있다고 설득했다.[41] 투숑이 드 라트르에게 준 지침은 정확히 알 수 없으나, 그에게 부여된 임무를 수정하지는 않았다. 제14보병사단은 르텔을 계속 방어하면서 오몽을 강화하고 추가로 오몽 근방에 전개한 부대를 증강하고, 푸아 테롱과 시니-라베를 연하여 방어선을 설치했다. 요약하자면 사단은 약 25km 이상의 전선을 방어해야 했으나,

해당 지역에는 3개 대대 정도의 전투력밖에 없었다.[42] 또한, 투송과 드라트르가 제53보병사단에 대한 정보를 알고 있었는지도 명확지 않다.

전투로 인해 사단의 많은 예하부대가 지정된 책임구역으로 이동하지 못했다. 이렇게 부대 이동이 늦어진 까닭은 도주하는 부대 탓에 주요 도로에 정체와 제한이 발생했고, 폭격이 전진을 방해했기 때문이었다. 14일 밤에 이동 중이었던 ─ 제152보병연대를 제외한 ─ 사단 대부분 부대는 철도와 도로에 발생한 정체로 이동이 늦어짐으로써 전투에 참여하기 위해 충분히 일찍 도착하지 못했다. 그렇지만 제152보병연대는 14일 16시경 이동을 시작했고 사단 전체가 방어해야할 지역에서 홀로 격렬한 전투로 내던져 졌다. 사단의 나머지 부대는 엔 강 유역으로 성공리에 이동했으며 르텔 부근에 교두보를 구축했다.

제14보병사단 보병지휘관 트랭쿠앙Trinquand 대령은 전위부대가 투트롱Touteron(오몽 남서쪽 약 10km) 외곽으로 이동함에 따라 이들을 지휘하라는 사단장 지시를 받았다. 트랭쿠앙은 제152보병연대에 사단 대전차중대와 함께 샤니와 부벨몽으로 이동하라고 명령했다. 샤니와 부벨몽은 오몽과 투트롱의 중간쯤에 있는 작은 마을이었다. 이로써 제1/152대대는 제3스파히여단과 제5경기병사단 후방에 자리했다.

트랭쿠앙은 더 서쪽에서 진지를 점령하라는 투송의 명령을 받은 후 제1/152대대를 그대로 남겨 사단 우측방을 엄호하도록 했다. 15일 02시 30분, 그는 사단 정찰대 오토바이중대를 제1/152대대 우측(동쪽)으로 보내 제2군과 접촉하도록 했다. 또한, 그는 제2/152대대를 푸아 테롱을 향해 북쪽으로 보냈다. 그는 곧 제1/152대대와 제2/152대대 사이에 제53보병사단 예하 제208보병연대가 있으며, 그 앞에는 제3스파히여단과 제5경기병사단이 있음을 확인했다.[43] 한편, 기마부대인 제3경기병여단(반편, 半編)이 제2/152대대 서쪽에 진지를 점령했다. 트랭쿠앙은 사단 정찰대 기마부대를 여단 좌측에 배치했다. 이 얇은 방어선은 거의 시니-라베에서 방드레스 남쪽까지 늘어섰으며, 약 30km에 달했다.

트랭쿠앙은 방어를 위해 부대를 푸아 테롱-부벨몽-샤니를 연하는 지역에 배치함으로써, 셍글리와 방드레스 남쪽의 언덕을 연하는 방어에 이상적인 진지를 선택했다. 또한, 그는 제1기갑사단 바로 정면과 제2기갑사단의 남쪽에 2개 보병대대와 반편(半編) 한 기병여단으로 얇은 방어선을 구축했다. 물론 독일군은 수적으로 우세한 기갑부대였으나, 제14보병사단은 독일군이 전차로 무장한 이점을 무효화 하는 울퉁불퉁한 지형과 협소한 도로의 목지점에 강력한 진지를 점령했다. 샤니를 방어하던 트랭쿠앙의 우익은 특히 강력한 방어진지였다. 이에 더하여 트랭쿠앙은 휘하 3개 보병대대를 각기 1개 대전차중대로 지원했다.

14일, 제1/152대대장 바이Bailly 중령은 부벨몽과 샤니 사이에 도착하여 1중대와 3중대를 각각 부벨몽과 발롱에 배치했다. 2중대는 15일에 샤니 북동쪽으로 이동했다. 그는 2중대에 가능하다면 오몽으로 정찰을 시행하라고 지시했다. 13시경, 2중대가 부벨몽과 샤니를 잇는 동-서간 도로를 따라 250고지에 도착했을 때 강력한 사격을 받았다. 그들은 재빨리 고지 정상에 참호를 팠다. 보병이 공격 중인 독일군에게 정확한 사격을 가하자, 샤니에서 독일군 제1전차연대 및 제2전차연대와 교전 중이던 제5경기병사단 제11경기병연대가 제1/152대대 진지로 철수했다. 또한, 제11경기병연대와 같이 샤니를 방어했던 제1기병여단 예하 기마부대도 큰 손실을 입고 250고지로 물러났다.44) 이들은 샤니에서 250고지로 이어지는 좁은 단일 통로를 따라 이동하려는 독일군을 가로막았으며 마을 서쪽으로 우회하려는 보병도 차단했다.

같은 시각, 북서쪽의 제2/152대대는 독일군 제2기갑사단의 강력한 공세에 직면했다. 대대가 푸아 테롱에 도착하기 전인 12시 30분경에 독일군 전차가 마을 방향에서 접근했다. 전차는 5중대와 7중대를 강습했다. 7중대는 몽티니 쉬르 방스Montigy sur Vence(푸아 테롱 서쪽 3km) 근방의 방스 강변에서 제1차세계대전 당시 생산한 FT-17 전차중대가 푸아 테롱을 향해 길을 따라 용맹하게 돌진하다 적에게 격멸 당하는 모습을 무기력하게 지켜만 봐야 했다. 구식 전차중대가 순교했고 5중대와 7중대도 독일군에게 구축되었다. 일부 대대원은 라 바퀼La Bascule로 철수하여 푸아 테롱에서 3km 떨어진 작은 마을의 교차로에서 제53보병사단 제208보병연대와 나란히 싸웠다.

독일군 전차가 라 바퀼을 공격했을 때, 25㎜ 대전차포가 적을 일시 저지했다. 그러나 이들은 이내 포위당했고 프랑스군은 15일 15시경 다시 철수했다.45) 제2/152대대가 철수함으로써 독일군 제2기갑사단은 고지선 ─ 제1기갑사단이 여전히 돌파를 시도 중인 ─ 너머로 이동할 수 있었다. 18시경, 제2/152대대의 나머지는 라 바퀼 남쪽 6km에 있는 비뉘쿠르Wignicourt에서 정지했다.

19시경, 더 서쪽에서는 제3경기병여단(반편) 예하부대가 페이술Faissault에서 라 바퀼을 돌파하여 르텔로 계속 전진하는 독일군의 강력한 압력을 받았다. 기병대는 새롭게 도착한 대전차중대 대전차포 6문의 매우 효과적인 사격으로 독일군 전차 12대를 저지했다. 그러나 독일군은 프랑스군 대전차포 유효사거리 밖으로 물러나 더 긴 유효사거리를 이용해서 대전차포를 파괴했다. 독일군 전차는 그다음에 마을에 사격을 가했다. 제3경기병여단은 신속히 철수했다.46)

위의 상황보다 앞선 17시 30분에 독일군 제1보병연대와 새로이 이들을 지원하는 제1기갑사단의 전차가 부벨몽과 발롱을 압박했다. 두 마을은 제1기갑사단 전방의 고지선을 지나는 통로 양쪽에 걸쳐 있었다. 기병대가 물러남에 따라서 프랑스군 제15용기병대 예하부대가 두 마을로 진입했고, 발롱에서 제1/152대대 3중대와 부벨몽에서는 1중대와 섞여 버렸다. 부벨몽을 방어하던 프랑스군은 발롱의 우군 보다는 오래 저항하였다. 그러나 18시경 독일군의 포격이 부벨몽을 강타했다. 20시에 기병대 지휘관은 마을을 비우라는 지령을 받고는 21시 15분에 부벨몽에서 철수했다. 그리고 거의 같은 시간에 독일군이 마지막 강습공격을 가해왔다.47) 제1/152대대 예하 중대는 조날Jonal을 향해 남쪽으로 몇 km 철수한 뒤, 엔 강 남안으로 약 10km를 이동했다.

제11경기병연대 예하 2중대는 15일 밤 샤니 근처의 250고지에 남아 있었다. 16일 05시에 철수명령을 받은 2중대는 곧 엔 강을 따라 자리하고 있는 제14보병사단의 나머지 부대와 합류했다.[48] 제14보병사단의 2개 대대는 심각한 손실을 입었지만 제53보병사단 전체보다도 더 오랫동안 적을 저지했다.

트랭쿠앙은 나중에 제152연대의 두 대대가 적 전차 "약 30대"를 격파했으나,[49] 제9군과 제2군 사이 간격을 메우는 임무를 완수하기란 불가능했다고 주장했다. 독일군은 르텔에 이르기 위해 남서쪽으로 강력한 공세를 가했다. 프랑스군이 샤니에서 이들을 저지했지만, 독일군이 주변을 압박하여 결국에는 발롱, 부벨몽, 푸아 테롱, 라 바퀼, 페이술에서 프랑스군 방어선을 돌파했다.

제14보병사단이 방어선에서 1개 연대만으로 선전하였지만, 역시 독일군을 저지하지 못했다. 사단은 방어에 유리한 지형을 점령하고, 다른 부대에서 다량의 대전차무기를 지원받음으로써 다소나마 성과를 거둘 수 있었다. 그러나 제14보병사단이 독일군을 저지하는 데 성공했다 할지라도, 전체 전선의 북쪽이 붕괴하고 있었다. 사단은 좌측방으로 우회하는 독일군을 막아낼 여력이 없었다.

제2기갑사단The 2nd Armored Division

세당 서쪽의 전황이 위태로워지자 프랑스군은 제2기갑사단에 큰 기대를 걸었다.[50] 제2기갑사단은 일반예비대 일부였기 때문에 11일 저녁에야 샬롱Châlons 근방의 집결지에서 출발하라는 준비명령을 받았다. 제1기갑사단과 함께 제2기갑사단은 벨기에로 진입한 부대의 예비대였다. 프랑스군은 고도로 발달한 철도 네트워크를 이용하여 중장비를 옮겼기 때문에 차륜차는 도로로 이동했지만, 전차와 다른 중차량은 무개화차로 수송했다.

제2기갑사단은 13일 밤에 북쪽으로 이동하려 했으나 전차와 중차량을 실을 무개화차가 제시간에 도착하지 않았다. 앞서 제1기갑사단을 북쪽으로 수송하기 위해 화차를 사용하였는데 아직 되돌아오지 않았던 것이다. 이 때문에 제2기갑사단의 중장비는 화차가 도착할 때까지 대기해야만 했다. 반면, 사단 보급부대와 지원부대를 포함하는 차량 부대는 22시에 개별로 이동했다.

그러나 독일군의 기습으로 프랑스 최고사령부는 3개 기갑사단의 투입 계획을 재고해야만 했고, 그 결과 제2기갑사단은 새로운 임무를 받았다. 13일에 독일군이 뫼즈 강을 도하하자 깜짝 놀란 프랑스군은 이에 대응하기 위해 부대를 옮겼다. 14일 09시 직전, 조르주의 북동부전선 사령부는 제1집단군에 제2기갑사단의 지휘권을 부여하였다. 제1집단군은 제2기갑사단으로 우Houx(디낭 바로 북쪽이며, 샤를루아Charleroi 동남동쪽 약 40km)에서 도하한 독일군에 역습을 가하려 했다. 제2기갑사단 예하부대는 14일 10시부터 샤를루아에 속속 도착하였다. 사단은 15일 정오까지는 집결을 마치려 했다. 이동이 계획대로 이루어진다면 사단은 15일 아침에 역습을 시행할 예정이었다.

그러나 사단이 제시간에 샤를루아에 집결할 수 없었기 때문에 사단장 브루쉐Bruché 장군은 14일 10시 50분에 내일 있을 역습의 준비를 마칠 수 없다고 제1집단군에 보고했다. 우에 역습이 시급하다고 생각한 제1집단군은 역습 임무를 제1기갑사단으로 다시 부여했다. 이 때문에 제2기갑사단을 다른 임무에 투입할 수 있게 되었고, 제1집단군은 제1군의 증원부대로 사단을 지정했다.[51]

브루쉐가 제1군 지휘소를 방문하는 동안 그의 참모장은 — 매우 놀랍게도 — 사단이 제9군에 배속 예정임을 알았다. 그런데 이 정보를 제1집단군 사령관이나 북동부전선 사령부가 알려준 것이 아니라 발렌시엔Valenciennes 수송국이 전해 주었다. 즉, 북동부전선 사령관 조르주나 그의 사령부가 제2기갑사단을 제9군에 배속하기로 했음을 제1집단군 사령관 비요트 장군에게 말해주지 않았던 것이다. 14일 14시, 사단은 시니-라베에 전개할 가능성(그러나 아직 공식 명령이 떨어진 것은 아니었다.)이 있다는 전문(電文)을 받았다. 17시 20분에 명령이 하달되었다.52) 제1집단군은 조르주의 사령부가 투숑의 야전군에서 작성한 서식명령 사본을 보내주기 전까지는 제2기갑사단의 임무가 변경되었음을 전혀 몰랐다.

제2기갑사단의 철도 수송은 14일 14시에 시작되었으나 거의 같은 시간에 전문이 도착하고서야 최종 목적지를 알 수 있었다. 기차 29편의 적재와 출발을 자정쯤에 완료하려 했지만, 철도 수송량이 증가하면서 여러 난제가 생겼다. 기차가 산발적으로 도착했던 것이다. 물론 적재 후에는 신속하게 출발하였음에도 사단의 마지막 제대를 수송하기로 예정한 열차 편이 16일 야간에야 도착했다. 그래서 마지막 이동 제대(1개 포대)의 포대장은 도로로 시니-라베까지 이동(약 70km)하기로 했다. 독일군은 지속적인 폭격으로 철도수송을 완전히 차단하지 못했으나 지연할 수는 있었다.

제2기갑사단 차량 행군종대는 13일 22시에 샤를루아를 출발하였으나 다음날 09시에 정지했다. 17시경, 차량 행군종대 제대장은 14일 19시에 시니-라베를 향해 출발하라는 지시를 받았다. 그러나 실제로는 사단 지휘소와 지원부대가 점령하기로 한 로퀴뉘Rocquigny(시니-라베 서쪽 12km)를 향해 이동했다.

공황에 빠져 도주하는 제10군단과 제55보병사단의 부대가 행군에 영향을 주었다. 한 호송대는 이동하는 와중에 동쪽에서 도망쳐오는 수많은 부대와 마주쳤다. 호송대장은 공황에 빠진 도망병들이 적 전차가 곧 도착한다고 경고했기 때문에 호송대 — 전투부대가 없는 — 를 이끌고 엔 강 남쪽으로 향했다. 다른 호송대도 그를 후속하였으나 소수는 계속 로퀴니로 향했다.53)

이 때문에 사단의 차량부대는 사방으로 흩어졌다. 전차와 중차량은

14일 늦게 도착하기 시작했다. 15일 06시 30분까지 기차 6편이 도착했다. 23편 중 절반은 이동 중이었으나, 나머지는 아직 출발조차 못 하고 있었다. 19시까지 열차 8편이 더 도착했다.[54]

제2기갑사단이 기차로 작전지역에 속속 도착하면서 각지에서 하역이 시작되었다. 그러나 하역 중인 넓은 지역의 중앙으로 라인하르트의 독일군 제41기갑군단이 예상치 못하게 진격하는 바람에 사단을 끌어모으기가 어려워졌다. 독일군 제41기갑군단의 진격으로 사단 전투부대가 2개로 나뉘었다. 하나는 리아르-몽코르네를 연하는 선 위쪽에 있었고, 나머지는 그 아래에 자리했다. 일부 차량부대는 여전히 르텔 근처의 엔 강 남안에 있었기 때문에 결과적으로 사단은 3등분 되었다.

16일 01시경, 켈러가 사단 지휘소에 도착했다. 그는 제6군의 모든 부대는 엔 강으로 철수하라는 투숑의 명령을 알려주었다. 제2기갑사단은 15일 정오부터 제6군의 통제를 받았기 때문에, 켈러는 사단의 가능한 많은 예하부대를 같은 방향으로 철수시키라고 명령했다. 16일 아침까지 사단 사령부, 거의 모든 전투지원부대, 전차 1개 중대, B-1 전차 3대, 포병 1개 포대, 2개 보병중대, 편편한 여단 지휘부 2개가 엔 강 남안으로 물러났다. 독일군 전진축의 북쪽에는 전차중대 5개와 보병 중대 1개가 있었다. 그 남쪽 제대는 이동 중이었고 사단의 나머지 부대와는 접촉이 단절되었다.[55]

제2기갑사단으로 독일군 측방에 역습하려는 시도는 비참하게 실패했다.

역습이 실패한 큰 이유는 사단의 임무와 목적지가 수시로 변했기 때문이었다. 11일에서 15일 사이, 사단은 처음에는 벨기에로 진입하는 부대의 예비대였다가, 제1군을 증원했으며, 다음에는 제9군의 일부로서 디낭을 향해 역습하라는 명령을 받았다. 그 뒤에는 제9군 휘하에서 시니-라베에 집결하라는 지시를 받았고, 끝으로 투숑의 제6군에 배속되었다.[56] 시간과 공간에 대한 고려 없이 명령이 시도 때도 없이 변하였다. 또한, 부대이동이 도로와 철도로 나뉘어 복잡하게 이루어졌기 때문에 제2기갑사단은 그 어떤 임무도 완수하지 못했다.

프랑스군은 귀중하고 전략적으로 중요했던 제2기갑사단을 의미 없이 소진했다. 만약 사단이 샬롱에서 디낭(약 165km)까지 또는, 시니−라베(약 90km)까지 도로를 사용하여 이동했다면 완전한 상태로 더 일찍 도착하여 훌륭히 전투준비를 마쳤을지도 모른다. 그러나 프랑스군은 전차의 고장률이 높고 연료소모가 심하다는 평판 때문에 철도수송을 더 나은 대안으로 생각했다. 그러나 제2기갑사단의 부대이동은 행군과 마찰, 적 행동이 종종 가장 최선으로 보이는 대안을 최악으로 만들 수도 있음을 보여준다.

16일 08시, 북동부전선 사령부로 제2기갑사단의 상황이 보고되었다. 보고에는 사단의 12개 전차중대 중 7개의 위치가 포함되어 있었다. 7개 전차중대는 정면 60km, 종심 80km의 타원 안에 산개해 있었다. 원래 시니−라베까지 이동거리는 약 70km밖에 안되었다. 보고서에는 흩어진 사단이 재집결하려면 얼마나 오래 걸릴지는 나와있지 않았다. 그러나 보고서 말미에는 쓸데없는 긍정적 사족이 붙었다: "사기는 높다."[57]

길이 열리다Opening the Road to the English Channel

5월 15일 저녁나절, 투숑은 빈약한 야전군 전투력으로 엔 강 북쪽에서 독일군을 저지할 수 없다고 판단했다. 이러한 사실은 그가 돌파구 북측방에 있는 로크루아로 차를 타고 가려 한 15일 낮에 의심할 여지없이 분명해졌다. 로조이Rozoy(몽코르네 동쪽 10km) 마을 바로 외곽에서 한 프랑스군 병장이 그의 차를 세워서 서쪽 수 백m에 독일군 기갑수색정찰대가 있다고 경고했다. 투숑은 차를 르텔이 있는 남쪽으로 돌렸으나 독일군이 그를 발견했다. 그는 기관총 사격을 받으며 도주했다.[58] 로조이는 제6군이 독일군을 저지하기로 계획한 지점에서 서쪽으로 12km 정도 떨어져 있는 곳이었고, 추가 투입하기로 한 3개 보병사단이 16일에 점령할 목적지였다.

독일군의 기습사격은 투숑의 자신감에 영향을 주었다. 이 작은 사건은 적이 예상보다 더 빨리 기동했다는 부정할 수 없는 증거였다.

15일 19시, 투숑은 지휘소로 돌아왔다. 그는 독일군이 푸아 테롱을 탈취했고 제53보병사단이 "붕괴"했다는 드 라트르 장군의 18시부 전문을 받았다. 투숑은 북동부전선 사령부에 전화를 걸어 엔 강이 있는 남쪽으로 철수하라는 승인을 얻었다. 23시, 그는 드 라트르에게 전문을 보내 엔 강을 따라서 진지를 점령하되 르텔의 교두보를 유지하라고 명령했다.59) 거의 동시에 제36보병사단이 제14보병사단 우측으로 진입했다.

제53보병사단의 잔여 부대가 엔 강에 도착했을 때 에셰베리가레는 모든 부대를 제14보병사단 작전지역에 배치했다. 그러나 실제 이 부대는 사단 포병과 공병 일부에 불과했다.60) 드 라트르가 보고했듯이 제53보병사단은 "붕괴"했다.

15일 밤과 16일 아침 동안 프랑스군은 엔 강을 따라서 동−서로 뻗은 새로운 방어선을 구축했으나, 독일군이 영국해협과 제1집단군 배후를 향해 서진하는 앞에는 아무것도 없었다. 5월 16일 18시, 조르주는 투숑과 앙리 지로Henri Giraud(코랍의 후임 제9군 사령관) 장군에게 16일 아침에 제1기갑사단과 제2기갑사단으로 역습하라는 새로운 명령을 내렸다.61) 명령이 현실과 부합하지 않았기 때문에 역습은 절대 시행할 수 없었다. 그가 이러한 명령을 내린 이유는 여전히 알 수 없다.62)

조르주가 전략적 상황을 이해하지 못한 명령을 내리기도 했지만, 16일에는 상황을 정확하게 인식한 지시를 몇 개 내리기도 했다. 일례로, "5월 16일, 적이 메찌에르 지역에서 엔 강과 우아즈 강 사이에 기계화부대를 투입하여 전과를 확대하고 있다."라는 내용이 있다.63) 그는 다른 전문에 "최대한 신속하게 적의 모든 전과확대를 둔화시키고 지베−파리

방향으로 이동하는 적을 차단하는 것이 중요하다."라고 적기도 했다.[64] 그러나 불행하게도 프랑스군은 충분한 전투력을 벨기에서 독일군이 전과를 확대해 나가는 지역으로 적시에 옮기지 못했다.

전선 중앙으로 돌진하는 독일군의 기습을 막기 위해 최고사령부와 합의한 제1집단군은 16일, 제1군과 영원정군에 딜 강에서 에스코 강으로 철수하라고 지시했다.[65] 연합군에게는 비극적이게도 연합군이 철수해야 할 딜 강에서 아브빌레 — 독일군은 곧 아브빌레를 점령함으로써 연합군 좌익과 우익의 연결을 차단했다. — 까지는 독일군이 전진할 몽코르네에서 아브빌레까지 보다 훨씬 멀었다. 따라서 16일 아침, 독일군은 연합군보다 아브빌레에 더 가까이 접근했다. 연합군은 아무리 노력해도 독일군보다 빠르게 이동할 수 없었다.

오직 새로이 창설한 드골Charles de Gaulle 대령의 제4기갑사단이 5월 17일 몽코르네와 19일 크레시 쉬르 세르Crécy Sur Serre(라옹 북쪽 15km)에 가한 돈키호테같이 무모한 역습만이 독일군의 전진을 잠시나마 늦출 수 있었다. 또한, 5월 21일에 영원정군의 작은 "프랑크포스Frankforce"*가 시행한 역습이 독일군 최고사령부의 주의를 잠시 끌었을 뿐이었다. 이러한 역습이 있었지만, 5월 16일 아침에 독일군과 영국해협 사이에 놓인 것은 아무것도 없었다.

필사적인 마지막 분투 몇몇에도 전역은 패한 것이었다.

---

* 제50보병사단장 드 마르텔 소장이 지휘하는 부대로 마크 I 전차 58대와 마틸다 전차 16대로 구성.

Chapter 11
결론
Conclusion

넓은 관점에서 제19기갑군단의 돌파와 선회가 그 자체만으로 프랑스 육군의 패배와 붕괴로 직결되지는 않았다. 독일군은 아르덴느를 통해 이동함으로써 프랑스군이 뫼즈 강을 따라 구축한 방어선에 3개의 중요 돌파구를 만들어냈다: 세당, 우, 몽테르메. 넓은 전선에 걸쳐 제19기갑군단이 세당에서 돌파구를 형성했고, 디낭 부근에서 제15기갑군단이 뫼즈 강을 도하했다. 그리고 제41기갑군단이 몽테르메를 돌파한 성과가 합쳐지고서야 비로소 프랑스군 방어선에 거대한 구멍이 만들어졌다. 독일군이 다른 2곳에서 도하하지 못했다면 세당의 돌파구는 극도로 취약했을 것이고 3곳에서 도하한 만큼의 전략적 영향력을 미치지는 못했을 것이다. 특히, 5월 13일에 제41기갑군단이 몽테르메에서 도하한 뒤 전과를 확대하는 과정에서 제6기갑사단이 5월 15일 저녁에 몽코르네 Montcornet를 향해 이동함으로써 프랑스군이 샤를르빌-메찌에르 사이의 돌파구를 봉쇄할 기회를 산산이 부숴버렸다.

5월 16일 아침, 투숑의 제6군이 엔 강으로 철수하자 독일군은 계속 전진했다. 나폴레옹의 러시아 전역과는 다르게 독일군은 수도로 향하는 대신 좌익이 남쪽에서 기동함으로써 연합군을 격멸하는 데 집중하였다. 제15 · 41 · 19기갑군단 휘하 기갑사단은 포위섬멸전략kesselschlacht의 최첨단으로서 서쪽으로 내달린 뒤 북서쪽으로 선회하여 프랑스군 제1집단 군과 영원정군 우익을 포위함으로써 프랑스 육군에서 분리해냈다. 던케르크가 결말로 치닫는 동안 나머지 프랑스군은 계속 저항했으나 전쟁은 끝난 것이나 다름없었다.

전격전The Blitzkrieg

군사사상가 풀러J.F.C. Fuller 소장은 1940년의 전투를 "제2의 세당 전투"*라고 언급하며 세당 주변에서 벌어졌던 전투의 중요성과 전역의 결정적인 성격을 인정하였다.1) 그의 군사고전에서 전격전의 기본을 "마비에 의한 공격"이라 주장한 풀러는 이러한 개념을 바탕으로 한 유명한 "1919년 계획"**을 발전시켰다. 물론 독일군이 "날카롭고, 신속한 단기 전쟁"을 추구했을런지는 모르겠지만, 독일군 최고사령부가 풀러의 주장처럼 "마비에 의한 공격"을 신봉했을 가능성은 거의 없다. 마찬가지로 만약 이론가들이 전쟁 이후에 분석한 전격전 개념이 독일군 고위 지도층 사이에 회자하였다 할지라도 구데리안이나 혹은, 만슈타인과 같은 소수 장교만이 이를 수용했을 것이다. 5월 17일, 구데리안의 해임으로 귀결된 클라이스트와 구데리안의 첨예한 논쟁은 제19기갑군단의 전진 속도와 취약성에 대한 독일군 최고사령부의 걱정을 명확하게 보여주었다.

동시에 독일군의 계획 발전 과정은 아르덴느를 돌파하는 거대한 팔랑스의 목적이 전통적인 포위섬멸전략임을 시사했다. 물론 무기체계가

---

* 세당 전투는 1870년 보-불전쟁 당시 프러시아군의 몰트케가 외선작전을 이용한 대포위전략으로 프랑스 황제 나폴레옹 3세를 사로잡음으로써 전쟁에 종지부를 찍은 전투로서, 풀러가 제2차세계대전 당시 구데리안의 세당 도하를 이에 비교한 것은 세당 전투가 대전을 결정지은 전투라는 것을 비유적으로 표현한 것이다.

** 제1차세계대전 중에 전차를 대량으로 사용하여 적의 후방 깊숙이 도달, 적을 마비시켜 승리하려는 계획.

현저히 달랐지만 기본 개념은 울룸 전투(1805년), 세당 전투(1870년), 또는 탄넨베르크 전투(1914년)에서 사용한 바와 크게 다르지 않았다. 독일군이 5월 16일 아침에 프랑스군 방어선을 돌파했을 때 그들은 — 풀러가 말한 바와 같이 — "곧바로" 사단, 군단, 야전군 지휘소를 목표로 삼지 않았다; 대신 독일군은 과거 기병대가 비슷한 수많은 작전을 수행하면서 그랬던 것처럼 영불해협을 향해 서쪽으로 내달렸다.

한편, 풀러는 "독일 육군이 전투기와 급강하 폭격기의 엄호를 받는 강철 공성추로 적을 난타하여 연속적인 방어선의 선택적 지점에서 돌파할 수 있었다."라고 주장했다.[2] 그런데 제19기갑군단, 제41기갑군단, 제15기갑군단이 선도부대로서 아르덴느를 돌파하는 동안 연합군의 가장 강력한 저항(보당주, "글레르의 버섯", 방드레스, 라 호른, 부벨몽)은 포병과 전차의 지원을 받는 보병이 격렬한 전투로써 극복하였다. 제19기갑군단의 전차가 "공성추" 역할을 한 경우는 벨기에에서 상대적으로 빈약한 프랑스 엄호부대를 압도했을 때뿐이었다. 1940년이 한참 지난 후까지도 세당에서의 보병의 중요한 공헌과 보병과 전차의 협동작전에 대한 믿음이 명확하게 드러나지 않았다.

또한, 독일 공군에 대한 풀러의 평가 역시 완전히 옳지는 않다. 독일 공군이 지상군을 지원했음은 분명하나 "공중 포병"으로써 기능하지는 않았다. 제73포병연대의 예하대가 2개의 문교 가설이 끝나자마자 골리에에서 강을 건넌 사실은 독일군이 "지상" 포병에 계속 의지했음을 명백하게 보여준다. 독일 공군의 가장 큰 공헌은 13일에 세당을 장시간 폭격함으로써 프랑스군 제55보병사단의 전투의지를 현격히 약화한 것이었다. 독일 공군은 지상군 전진을 지원하면서 전차나 벙커 다수를 파괴하지 못했다. 실제 프랑스군 제2군은 오직 전차 2대만이 폭격으로 파괴되었다고 보고했다.[3] 사실 벙커는 폭격으로 나가떨어진 것이 아니라 — 때로는 명중률 높은 대전차포나 편조 화기들, 그리고 전차의 지원을 받는 — 보병이 뛰어난 전투로 탈취한 것이었다. 한편, 14일의 오폭으로

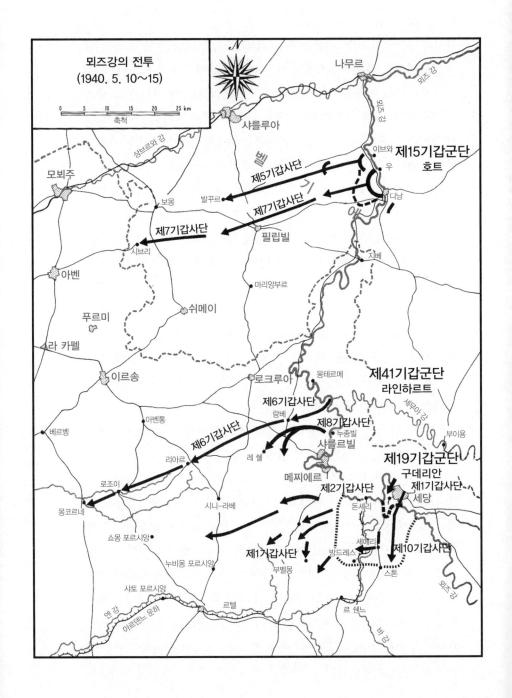

뫼즈강의 전투
(1940. 5. 10~15)

0 5 10 15 20 25 km
축척

나무르

샤를루아

벨

성브르와 강

모뵈주

보몽

발꾸르

이브와
우

디낭

제15기갑군단
호트

제5기갑사단

제7기갑사단

제7기갑사단

시브리

필립빌

지베

아벤

마리앙부르

푸르미

쉬메이

라 카펠

이르송

로크루아

몽테르메

세루아 강

부이용

제41기갑군단
라인하르트

제6기갑사단

랑베

제8기갑사단

누종빌

샤를르빌

부이용

베르벵

아벤통

제6기갑사단

리아르

레 쉘

메찌에르

제19기갑군단
구데리안

제1기갑사단
세당

로조이

제2기갑사단

시나-라베

돈셰리

몽코르네

쇼몽 포르시앙

제1기갑사단

세메리

빙드레스

제10기갑사단

누비옹 포르시앙

부벨몽

스톤

샤토 포르시앙

엔 강

아르덴느 운하

르텔

르 쉔느

엔 강

뫼즈 강

제1기갑여단장이 다치고 제43공병대대장이 전사하였다. 이는 육군과 공군 사이의 미약한 연결을 보여주는 사례였다.

전격전에 대한 풀러의 평가는 전역의 많은 초기 보고와 일치하였으나 새롭게 밝혀진 정보는 전역이 훨씬 복잡하고 때로는 혼란스러웠음을 암시한다. 특히 전역은 아르덴느의 울창한 삼림을 돌파하고 프랑스 북부의 밀밭을 가로지르는 전차의 신속한 진격보다는 훨씬 복잡한 국면으로 이루어져 있었다. 전차와 항공기는 전격전의 상찬 중 가장 높은 몫을 차지했지만, 강인하고 잘 훈련된 보병도 같은 크기의 명예를 차지할 자격이 있다. 또한, 강습공병과 포병도 칭찬받아 마땅하다. 강습공병과 포병의 중요한 역할이 없었다면 제19기갑군단은 뫼즈 강을 도하하지 못했을 것이다.

프랑스군의 붕괴|The French Collapse

프랑스의 패배를 군사적 측면에서 설명하기 위해서는 반드시 프랑스군 시스템 전반에 걸쳐 나타난 상당한 실패의 증거를 논해야만 한다. 프랑스군의 전략은 아르덴느 돌파에 특히 취약성을 드러냈다. 작전적 수준에서 프랑스군 지휘관들은 독일군의 거대한 기갑군의 돌파에 적절히 대응하지 못했다. 전술적 수준에서는 독일군 보병과 전차가 때때로 강력하기도 했으나 대부분 취약했던 프랑스군 방어선을 돌파했다.

복합적인 문제는 프랑스 첩보기관이 제19기갑군단이 뫼즈 강을 건너기 불과 몇 시간 전인 13일 아침까지도 독일군 주공방향을 식별하지 못했으며 프랑스군 지휘관과 분석가들은 계속해서 적이 주공을 벨기에 중앙으로 지향하리라 믿었다는 점이었다. 그들은 첩보 판단에서 범할 수 있는 최악의 실수를 저질렀다; 그들은 자신의 선입견을 뒷받침할 독일군의 의도와 정보에 주로 관심을 두었고 적의 능력이나 적이 다른 행동을 하고 있다는 보고에는 그리 관심을 쏟지 않았다.

요약하자면, 건전한 군사 조직도 단일 수준의 장애 때문에 실패하는 때도 있겠지만, 프랑스군의 시스템은 본질적으로 부적절했던 탓에 실패하였다.

프랑스군이 실패한 근본 원인은 완전히 다른 교리에 기반을 둔 양국의 전쟁 수행방식이 극명하게 달랐던 탓이었다. 프랑스군이 전투를 위해 세심한 통제와 화력을 강조하는 정형화 전투를 강조한 반면 독일군은 기습과 속도를 중요시하는 고속 기동전을 준비했다. 프랑스군 지도부가 세심하게 통제되고 강력하게 중앙집권화된 전투를 예상했기 때문에 프랑스군과 부대는 신속한 역습이나 대담한 기동을 준비하지 않았다. 독일군과 비교했을 때 프랑스군 기동은 '느린 동작slow motion'처럼 보였다. 거의 9시간 가까이 역습을 지체한 행동과 병력보다는 화력 역습을 선호한 판단은 프랑스군 대응 방식과 현저한 취약점을 충분히 예증한다.

프랑스군이 같은 방법을 사용하는 적에게 정형화 전투를 적용했다면 성공했을지도 모른다. 그러나 더 공세적이고 기동성이 높았던 독일군을 상대로는 그 취약성이 완전히 드러났다. 독일군은 적 약점을 신속하게 공격함으로써 주도권을 확보하고 유지했다. 또한, 독일군은 전략적, 작전적, 전술적 수준에서 결정적 지점에 상대적으로 강력한 전투력을 투입함으로써 적을 압도해버렸다. 프랑스군은 이에 적절한 시간과 방법으로 대응할 수 없었다. 독일군은 프랑스군이 측방을 공격할 가능성을 크게 걱정하지 않고 종심 깊은 공격을 가했다.

독일군은 프랑스전역 직전 폴란드전역을 경험함으로써 중요한 이점을 얻었다. 폴란드전역에서 수많은 난제를 경험한 독일군은 군사조직을 개선하고 장교와 부대가 문제에 더 잘 대응할 수 있도록 훈련했다. 윌리엄슨 머레이Williamson Murray는 문제를 식별하려는 의지와 능력, 그리고 이를 바로잡음으로써 독일군이 전쟁에 적합한 조직을 갖추게 되었다고 주장했다.[4] 물론, 상당한 취약성이 남아있었음에도 노력의 성과는 프랑스전역에서 확실하게 나타났다.

그런데 프랑스군은 독일군과는 완전히 달랐다. 프랑스군은 자신의 교리에 근거 없는 자신감을 가졌고 취약점이 있을 가능성을 마지못해 인정했다. 폴란드 패망 이후 프랑스군은 거대 기갑군 운영방안을 연구하였으나, 교리에 반영하는 데 실패했다. 이에 더하여, 테탱제가 세당 지역 방어상태를 비판하자 욍치제르가 분노한 사실은 프랑스군 특성을 보여주는 좋은 사례일 것이다. 욍치제르는 "나는 세당 지구의 전투력을 증강하기 위한 긴급한 조치가 필요하다고 생각지 않는다."라고 적었다.[5] 결론적으로 제2군은 전쟁준비의 방향성이나 노력 우선 순위를 수정하지 않았고, 최고사령부에도 전쟁준비가 적절하다고 피력했다.

임무형지휘와 지휘 방식Auftragstaktik and Command Style

독일군의 또 다른 장점은 프랑스군의 교조적 접근방식과는 완전히 상반하는 임무형지휘의 전통이었다. 독일군이 지휘관에게 주도권을 확보하고 임무달성에 도움이 되는 결단을 내리도록 가르쳤지만, 프랑스군은 명령에 복종하고, 교리를 준수하며, 혁신을 억압했다. 쿠르비에르 대위의 행동이나 104번 및 7bis 벙커 탈취는 독일군이 임무형지휘를 충실하게 수행한 아주 좋은 사례였다. 이와 비슷하게 제10군단에서 서식명령이 내려오기 전까지 우유부단하게 행동하고 역습을 미룬 라퐁텐의 패착은 계획과 정칙을 고수했던 프랑스군의 전형이었다.

그러나 임무형지휘의 모든 측면이 긍정적인 것은 분명 아니었다. 클라이스트와 구데리안 사이의 충돌은 하급부대 지휘관의 자유재량권을 보장하는 독일군의 전통에서 기인했지만, 다른 경우였다면 비참한 결과로 이어졌을 수도 있었다. 매우 흥미롭게도 만약 프랑스군이었다면 아르덴느 운하 서쪽에서 도하하는 방안을 완고하게 거부한 구데리안과 같이 상급부대 지휘관의 명령을 빈번히 무시한 군단장의 행동을 용납할 수 없었을 것이다. 프랑스군 병사가 종종 난잡하고 군기가 없기로 평판이 나 있었던 반면, 프랑스군 장교는 독일군 장교보다 상급자의 명령을 더 잘 따랐다. 프랑스군 사단장이 명령에 불복종했다고 볼 수 있는 한 가지 사례는 제53보병사단장 에셰베리가레가 5월 14일에 역습 시행을 거부했던 것뿐이었다. 그는 명령을 수행할 시간이 없었음을 알고 있었다. 누군가는 제3기갑사단장 브로카르 장군이 플라비니의 역습 명령을 따르지 않았던 사건을 불복종 사례로 들 수도 있을 것이다. 그러나 브로카르의 역습 거부는 고의라기보다는 사단이 재보급과 이동할 능력이 없었던 사실과 더 관련이 있다. 플라비니도 브로카르가 항명하였다고 생각지 않았다.

한편, 독일군은 지휘관이 전선에 나아가 전황에서 보이는 명확한 이점에 따라 결심하라고 강조했다. 지휘관이 지휘소를 떠나 전선으로 나갈 수 있었던 가장 중요한 이유는 지휘관이 없어도 사단이나 군단, 혹은 야전군처럼 높은 수준에서도 참모장이 지휘소를 자전적으로 운용했기 때문이었다. 프랑스군 지휘관이 후방에서 자원과 부대의 흐름을 조정하려 하는 동안 독일군 사단장이나 군단장은 진두에서 지휘하며 조정에 필요한 결단은 참모장이 후방에서 내리도록 했다.

총참모부General Staff라는 강력한 전통이 있던 독일군은 지휘관이 예하부대 지휘관과 참모장에게 그의 의도를 알려주고 참모장에게는 지휘관의 의도를 구현하기 위한 권한을 주어야 한다고 믿었다. 이 때문에 독일군 지휘관은 참모장을 지휘소에 남겨 세세한 업무를 담당토록 하고 자신은 전선에 나가 전투에 직접적인 영향력을 행사할 수 있었다. 만약, 문제가 생기거나 추가 지침이 필요할 때에는 참모장이 무선통신으로 지휘관과 의사를 소통했으나 소소한 행정업무로 지휘관에게 부담을 주지는 않았다. 또한, 독일군은 예하 지휘관이 임무와 상급지휘관 의도 안에서 행동할 수 있는 자유를 주어야 하며, 때로 지휘관이 일시적으로 유고시 참모장이 중요한 명령을 대신 내려야 한다고 믿었다.

프랑스군의 방식은 사뭇 달랐다. 그들은 지휘관이 반드시 지휘소에 남아서 "부채를 손에 쥐고" 인원 및 물자의 이동과 분배를 통제해야 한다고 생각했다. 그러나 제55보병사단장 라퐁텐 장군의 사례에서 이러한 지휘체계의 취약점이 잘 드러났다. 라퐁텐은 지휘소를 거의 비우지 않았고 결정적 전투가 이루어지고 있는 전선을 방문하려 하지도 않았다. 참모장의 역할은 선임 참모장교에 불과했다. 제55보병사단 지휘소가 퐁 다고에서 셰메리로 이동했을 때 라퐁텐은 자신이 이동하는 동안 샬리뉴를 퐁 다고에 남겨두었다. 샬리뉴가 나중에 제71보병사단 지휘소를 방문하고 제203보병연대 지휘소를 찾아다니기도 했지만 그는 거의 퐁 다고에 묶여 있었다. 이에 더하여 라퐁텐과 샬리뉴는 퐁 다고에서는 도망병 무리를 막았으나 혼란스럽고 뒤죽박죽으로 셰메리를 지나 도망치는 부대는 방관하였다. 어처구니없게도 라퐁텐은 포병의 방렬을 도울 여유를 보이면서도 공황 확산을 차단하지는 않았다. 그는 교리에 따라서 "부채를 손에 쥐고 다루는" 역할을 했으나 사단의 전투의지를 고무하는 더 중요한 과업을 적절하게 수행하지는 않았다.

또한, 독일군과 프랑스군 장군 간의 차이는 구데리안과 그랑사르 및 윙치제르의 행동을 비교함으로써 확인할 수 있다. 구데리안은 전선으로 나아가 직접 골리에에서 전차의 도하를 서두르도록 조정했다. 반면, 그랑사르와 윙치제르는 지휘소에 머물러 있었다. 그랑사르는 제205보병연대와 제213보병연대, 그리고 2개 전차대대로 역습할 책임을 제55보병사단에 넘겨버렸다. 윙치제르 역시 세뇍에 있는 지휘소에서 움직이지 않았으며 제3기갑사단이 열정적으로 전투에 참여하도록 독려하지 않았다.

프랑스군 지휘관은 교리와 정형화 전투에 적합하게 행동했지만, 돌이켜 보면 프랑스군의 지휘 방식은 희한한 측면이 많았다. 플라비니가 15일에 역습을 시행하면서 제3차량화보병사단장 베르텡 부수에게 제3기갑사단의 통제권을 준 행동은 특히 부적절했다. 이렇게 권한을 위임한 조치는 플라비니를 방관자로 만들었고 베르텡-부수에게는 부담으로 다가왔다. 실제로 플라비니는 전투에서 한 발짝 물러나 있었다. 그는 프랑스군 전차가 전진하는 광경을 목격한 조종사의 보고 외에 제3기갑사단의 역습에 대한 보고를 전혀 받지 못했던 것이다.

리더십Leadership

제1기갑사단장 키르히너 장군이 매우 큰 성공을 거두었지만, 연대원의 전투의지를 고양하고 유지했던 제1보병연대장 발크 중령의 능력은 전장에서 보이는 독일군 리더십의 가장 좋은 예였다. 제1보병연대는 발크의 행동력과 결단성, 카리스마 덕분에 세당에서 단독으로 프랑스군 방어선을 돌파하여 셰뵈주로 전진했다. 제1보병연대는 일부 병사가 벨뷔와 라 불렛 사이에서 머뭇거리고 있을 때 발크의 솔선수범으로 공격 기세를 유지할 수 있었다. 더 남서쪽인 발롱과 부벨몽에서 그의 리더십은 지치고 소부대 지휘관 다수를 상실한 연대원에게 한 번 더 공격할 수 있다는 자신감을 심어주었다. 이처럼 결정적인 순간 발크의 의지와 성품은 연대원에게 계속 공격해서 임무를 완수할 수 있다는 확신을 갖게 했다.

리더로서 발크의 공헌과 — 프랑스군 지휘관보다 더 전장에 가까이 있던 — 다른 독일군 지휘관의 헌신은 독일군이 세당에서 가졌던 가장 중요한 강점이었다. 물론 발크의 재능이 비범한 것이기는 했다. 이는 그의 진급을 보면 쉽게 알 수 있다: 그는 제1기갑사단 예하 제1기갑여단장, 제11기갑사단장, 제48기갑군단장, 제4기갑군단장, G집단군 사령관을 역임했다. 세당 지역 전투에 참가한 프랑스군 지휘관 중 발크에 비견할 수 있는 인물은 제14보병사단장 드 라트르 드 타시니 장군이 유일할 것이다.

의심할 여지없이 프랑스군 군사지도자들은 병사를 고무하고 독일군의 공세를 받아넘길 재기 발랄한 리더십이 없는 듯했다. 그리고 프랑스군은 — 적과 거의, 혹은 전혀 접촉하지 않은 — 제55보병사단, 제53보병사단, 제71보병사단이 붕괴함으로써 독일군에게 거대한 지역을 내주어야 했다. 이들 사단의 붕괴 원인은 프랑스 사회가 쇠락한 탓이 아니었다. 전투에서 병사는 교리와 전략에 의해 움직이며 지휘관이 전투의지를 고양하는 부대라는 테두리 안에서 개별적으로 싸운다. 그들은 기계적이고 반복적으로 복잡한 과업을 수행하는 꼭두각시인형이 아니다; 그들이 거두는 성공이나 실패는 병사의 개별 특성을 무시하는 거대한 부대에서 오는 것이 아니라 단결력과 건전한 교리, 철저한 훈련, 굳건한 리더십과 무기를 조작하는 능력에서 기인한다. 많은 프랑스군 부대에 이러한 중요한 가치가 없었기에 프랑스군의 붕괴는 어찌 보면 당연했다.

한편, 양국군 사이의 전사상자 수를 비교해보면 그 특징에 상당한 차이가 난다. 독일군 제19기갑군단은 룩셈부르크에서 던케르크까지 가는 동안 55,000명 중 640명(1.16%)이 전사했고, 3,205명(5.83%)이 다쳤다. 그런데 전사상자 중 상당수가 장교였다. 장교 총원 1,500명 중 241명(16.07%)이 다쳤고, 53명(3.53%)이 죽었다.[6] 전투 특성상 장교 전사상자 대부분이 보병과 전차연대에서 나왔다.

프랑스군은 독일군보다 높은 전사상률을 기록했다. 붕괴한 모든 부대의 기록을 취합할 수는 없으나, 1947년에 프랑스 육군군사학교 전사학부는 제2군의 전사상률을 약 12%라고 통계 내었다. 그중 3~4%는 전사자이고, 8~9%는 부상자였다.[7] 제55보병사단의 손실률은 제2군보다 훨씬 높았다. 4월 21일에 장교 293명과 사병 11,727명이 정원이었던 사단은 5월 16일 아침에는 오직 장교 38명과 사병 1,600명만을 집계할 수 있었다. 사라진 인원 대부분은 실종자들이었다.[8]

양국군 사상자의 가장 중요한 차이는 핵심 지휘관의 손실이었다. 돈세리와 퐁 모지 사이를 방어했던 4개 프랑스군 보병대대 중 대대장이 전사한 대대는 한 곳도 없었다. 세당에서 참전한 연대장 4명 역시 마찬가지였다. 오직 제213보병연대장 라바르트 중령만이 다쳤었으나, 그의 부상은 전선 전방으로 나아갔기 때문이 아니라 독일군이 셰에리와 셰메리를 연하는 프랑스군 방어선을 돌파하면서 입은 것이었다. 지휘관이 전사한 예외적인 사건은 라 호른에서 발생했는데, 전투에 참가했던 연대장과 그 후임자 각 1명만이 목숨을 잃었던 것이다.[9]

반면 독일군은 제1기갑사단예하 기갑여단장과 제43강습공병대대장을 포함하여 많은 핵심 지휘관이 전사했다. 진두에서 지휘한 독일군 장교들은 — 간혹 우군피해가 원인이기도 했지만 — 높은 사상률을 보였다. 그러나 프랑스군 지휘관들은 후방에 남아서 전투를 관리했고, 결정적인 전장으로 나서는 경우가 드물었다. 프랑스군 장군은 베롱 중위가 포로가 된 후 만난 독일군 장군만큼 전방으로 나선 일이 결코 없었다.

또한, 독일군은 핵심 지휘관이 유고했음에도 계속 싸우는 능력을 보였다. 직위를 승계한 장교들은 임무나 전황의 전개가 생소했기 때문에 부대를 내버려 두는 것이 아니라 앞으로 나아가 훌륭하게 지휘책임을 인수하였다. 이러한 성공은 아마도 독일 육군이 완벽하게 조직되고 인력이 배치된 부대는 오직 첫 번째 전투까지만 존재한다고 인식했기 때문에 가능했을 것이다. 첫 전투나 다음의 전투에서 손실을 본 후에 반드시 지휘관을 충원하여 부대가 기능을 유지해야만 했다. 그러나 이것은 쉽지 않은 일이었다. 독일군이 셰메리 근처에서 제1기갑여단장과 제2전차연대의 여러 핵심 장교를 잃은 후에 작전수행이 조악했음이 이를 보여준다.

프랑스군과 독일군의 지휘방식은 양국의 교리에 기반을 두고 있다. 한쪽이 정형화한 전투의 범주 안에서 병력과 물자 관리를 강조했지만, 다른 한쪽은 유동성 높은 전장의 결정적 지점에서 지휘관의 신속한 판단과 개인적인 영향력을 강조했다. 만약 다른 환경이었다면 프랑스군의 지휘방식이 적합했을지도 모르나 역동적이었던 1940년의 전투에서 프랑스군의 접근 방법은 전혀 적합하지 않았다.

5월 16일 아침, 프랑스 육군은 붕괴라는 낭떠러지 가장자리에서 비틀거리고 있었다. 다음 며칠간 독일군은 군사사 상에서 가장 결정적인 승리를 거두었다. 프랑스가 패망한 충격은 세계 거의 모든 군사지도자의 시선을 사로잡았다. 프랑스 같은 강대국이 이토록 빠르게 무너진 원인은 불가해의 영역인 듯했다. 또한, 혼란스러운 설명은 이내 1940년 5월에 벌어진 사건의 진실을 감추는 신화라는 장막을 만들어 냈다.

양군은 현실보다 신화에 머무는 것이 더 편했기 때문에 장막을 걷으려 하지 않았다. 즉, 프랑스 육군은 신화를 인정함으로써 부적절한 교리, 취약한 리더십, 잘못 수립한 전략(부적절한 훈련 방식과 인사정책에 더하여)의 책임을 피하려 했다. 이와 비슷하게 독일 육군은 보병의 중요한 역할을 인정한다면 보병의 명성이 전역 도중 마주했던 혼란 및 어려움과 함께 기갑부대의 위명을 흐릴 것이고, 이는 잠재 적국의 사기 고양으로 이어지리라 생각하여 신화를 바로잡으려 하지 않았다. 양국의 이러한 입장 때문에 전격전의 신화가 아직도 생명력을 유지하고 있다.

1940년의 놀랄만한 사건 이후 50년이 지난 지금에도 세당에는 라퐁텐과 베롱, 그리고 다른 이들이 방어했던 벙커가 남아 있다. 잡초가 무성하고 때로 쓰레기가 가득하기도 하지만, 벙커는 제10군단과 제55보병사단이 남긴 유일한 흔적 — 누와예공원묘지의 묘비를 빼고는 — 이다. 그러나 신화는 이들의 경험에서 자라나 오늘날까지도 존재한다.

이러한 신화는 군사이론가가 사용하거나 군 편제에 적용할 때, 그리고 역사적 사실로서 그려질 때 특히 위험해진다. 개념과 교리가 유용성을 지니려면 실제 사건의 정확한 분석에 기반을 두어야만 한다. 그렇지 않다면 전략, 전술, 편제, 장비에 대한 결정은 윙치제르의 "나는 세당지구에 전투력 증강을 위한 긴급한 조치가 필요하다고 생각지 않는다."라는 주장처럼 허울만 좋으며 통탄할만한 것이 되고 만다.

또한, 프랑스 기병대가 라 호른에서 배운 교훈처럼, 전투에서의 영웅적 행동과 희생으로 전투 전에 범한 과오와 태만을 절대 가릴 수 없다.

미주Notes

Introduction

1) General Heinz Guderian, *Panzer Leader*(New York: Ballantine Books, 1957), p. 84.
2) *Congressional Record*, 76th Cong., 3d sess., vol. 86, no.97 (May 16, 1940), pp. 9534–9535.
3) R.H.S. Stolfi, "Equipment for Victory in France in 1940,"*History*, no. 55(February 1970), pp. 1–20.
4) Robert A. Doughty, *The Seeds of Disaster: The Development of French Army Doctrine, 1919–1939*(hamden, Conn.: Archon Books, 1985), p.189.

Chapter 1

1) B. H. Liddell Hart, *The German Generals Talk*(New York: Morrow & Co., 1948).
2) 저자의 *Seed of Disaster*, pp. 41–71을 참고할 것.
3) Dudley Kirk, "Population an Population Trends in Modern France," *in Mordern France: Problems of the Third and Fourth Republics*, ed. Edward Mead Earle(Princeton: Princeton University Press, 1951), P. 317.
4) *Procès-verbaux des réunions du conseil supérieure de la guerre*(이후 P.V., C.S.G.), 17 May 1920, Service historique de l'armée de terre(이후 S.H.A.T.) carton 50.
5) *P.V., C.S.G.*, 12. October 1927, S.H.A.T. 50 bis.
6) 베뗑의 견해는 Général Maurice Gamelin, *Sevir*, vol. 2(Paris: Plon, 1946), p. 128를 참고.
7) Pierr Renouvin and Jacques Willequet, *Les Relations Militarires Franco-belges de mars 1936 au 10 mai 1940* (Paris: Editions de Centre National de la Recherche Scientificique, 1968), passim.
8) Gamelin, Servir I :84–88. 계획에 대한 전체적인 논의는 Lieutenant Colonel Henry Dutailly, *Les Problèmes de l'Armée de Terre française(1935–1939)* (Paris: Imprimerie nationale, 1980), pp. 91–114를 참조.
9) G. Q. G., E.–M. Général, 3ème Bureau, No. 0264 3/FT, 26 September 1939, S.H.A.T. 27N155.
10) G. Q. G., E.–M. Général, 3ème Bureau, No. 0559 3/N.E., 24 Octorber 1939, S.H.A.T. 27N155.
11) Pierre Le Goyet, *Le Mystère Gamelin* (Paris: Presses de la Cité, 1975),

pp. 281–283.

12) François Bédarida, *La Stratègie Secrète de la Drôle de Guerre* (Paris:Presses de la Fondation Nationale des Sciences Politiques, 1979), pp. 149–150, 179; G. Q. G., E.–M. Général, 3ème Bureau, No 0773 3/ N.E., 8 November 1939, S.H.A.T. 27N155.

13) Le Goyet, Gamelin, p. 284; D. W. Alexander, "Repercussion of the Breda Variant,"*French Historical Studies* 8, no. 3 (1974): 481.

14) G. Q. G., E–M Gènèral, 3ème Bureau, No. 0682 3/N.E., 8 November 1939, S.H.A.T 27N155.

15) Gamelin, *Servir* I :82–83; 3:176–177; G. Q. G., E.–M. Général, 3ème Bureau, No. 790 3/Op, 20 March 1940, S.H.A.T. 27N155.

16) G. Q. G., E.–M. Général, 3ème Bureau, No. 1122 3/Op, 16 April 1940, S.H.A.T. 27N155; G. Q. G., E.–M. Général, 3ème Bureau, No. 790 3/ Op, 20 March 1940. S.H.A.T. 27N155.

17) Quoted in Pierre Lyet, *La Bataille de France (Mai–Juin 1940)* (Paris:Payot, 1947), p. 22; Le Goyet, Gamelin, pp. 295–296.

18) "Historique des opérations du G.A. 1 entre 10 Mai et le 1er Juin 1940 par le Général Blanchard" (typescript, n.d.), S.H.A.T. 28N1, pp. 18, 28, 30; Journal des Marches et Opérations du Group d'Armées No. I , 12 May 1940, S.H.A.T. 28N2.

19) Generaloberst Franz Halder, *The Halder Diaries : The Private War Journals of Colonel General Franz Halder* (Boulder, Colo.: Westview Press. 1976), 29 September 1939, vol. 2, p. 18.

20) Office of United States Chief of Counsel for Prosecution of Axis Criminality, *Nazi Conspiracy and Aggression,* vol. 7. "Memorandum and Directives for Conduct of the War in the West," 9 October 1939, Document L–52, p. 801.

21) Ibid., pp. 804–806.

22) Ibid., p. 809.

23) Ibid., p. 809.

24) Ibid., p. 811.

25) Ibid., pp. 810, 814.

26) "Directive No. 6 for the Conduct of the War," *Nazi Conspiracy and Aggression,* vol. 6, Doc. C–62, 9 October 1939, pp. 880–881.

27) *Halder Diaries* 2, 14 October 1939, p. 30.

28) Hans–Adolf Jacobsen, "Dunkirk 1940." in H. A. Jacobsen and J. Rohwer, eds., *Decisive Battles of World War II : The German View,* trans. Edward Fitzgerald(New York: G.P. Putnam's, 1965), p. 33.

29) Walter Görlitz, ed., *The Memoirs of Field–Marshal Keitel,* trans. David Irving (New York: Stein and Day, 1966), pp. 101–102: Helmuth Greiner,

"The Campaigns in the West and North," in Donald S. Detwiler, ed., *World War II German Military Studies*, Document MS #C-065d, vol. 7 (New York:Garland Publishing, 1979), pp. 10-11.

30) Hans-Adolf Jacobsen, *Fall Gelb : Der Kampf um den Deutschen Operationsplan zur Westoffensive 1940* (Wiesbaden: Franz Steiner Verlag, 1957), pp. 25-31.

31) Ibid., pp. 39-40.

32) Ibid., pp. 36-43.

33) Deployment Directive Yellow, 29 October 1939, *Trials of War Criminals before the Nuernberg Military Tribunals*, vol. 10. Doc. NOKW-2586, p. 812; Jacobsen, *Fall Gelb*, pp. 25-31.

34) Notes to the War Diary, *Nazi Conspiracy and Aggression*, vol. 4, Document 1796-PS, p. 372; Erich von Manstein, *Lost Victories*, trans. Anthony G. Powell (Chicago:Henry Regnery Company, 1958), pp. 108, 110; Jacobsen, Fall Gelb, p. 53.

35) Directive No.8 for the Conduct of the War, *Nazi Conspiracy and Aggression*, vol 3, Doc. 440-PS, pp. 397-399.

36) General Franz Halder, "Operational Basis for the First Phase of the French Campaign in 1940," Document MS # P-151, *World War II German Military Studies*, vol. 12, pp. 10-13.

37) Manstein, *Lost Victories*, p. 99.

38) Le Goyet, *Gamelin*, pp. 286-288.

39) David Irving, *Hitler's War*, vol. I (New York: Viking Press, 1977), pp. 85-86.

40) Manstein, *Lost Victories*, pp. 103-105.

41) *Halder Diaries*, 3, 18 February 1940, p. 81.

42) Ulrich Liss, *Westfront 1939/40: Erinnerungen des Feindbearbeiters im O.K.H.* (Neckargemund: Kurt Vowinckel Verlag, 1959), pp. 106-107.

43) Manstein, *Lost Victories*, p. 119; Halder, "Operational Basis," p. 15.

44) 프랑스의 교리 형성과정에 대한 자세한 내용은 저자의 *Seeds of Disaster*을 참고.

45) France. M. G., E. M. A., *Instruction sur l'emploi tactique des grandes unités* (Paris: Berger Leverault, 1937), pp. 68-69; France, M. G., E. M. A., *Instruction provisoire l'emploi tactique des grandes unités* (Paris: Charls Lavauzella, 1922), p. 61.

46) *Instruction*(1921), pp. 11-12.

47) Général Narcisse Chauvineau, *Une invasion: est-elle encore possible?* (Paris: Berger Levarult, 1939), p. 101.

48) France, E. S. G., Colonel Lemoine, Cours de tactique Générale et d'état-major, *Tatique Générale* (Rambouillet: Pierre Leroy, 1922), pp. 66, 78.

49) Major Robert Doughty, "French Antitank Doctrine: The Antidote that Failed," *Military Review*, 56, no. 5 (May 1976): 15-19.

50) Germany, Reichswehrministerium, Chef der Heeresleitung, *Führung und Gefecht der Verbundenen Waffen*, vol. I, pp. 140–142 ; Germany, Chef der Heeresleitung, *Truppenführung*, vol. I (Berlin: E. G. Milttler&Sohn, 1933), pp. 145–148, 158–159.

51) Chef der Heeresleitung, *Truppenführung* I : 127.

52) General Wilhelm Balck, *Entwicklung der Taktik im Weltkriege* (2d ed.; Berlin: R. Eisenschmidt, 1922), pp. 352–354; Georg Bruchmüller, *Die deutsche Artillerie in den Durschschlachten des Weltkriege* (Berlin: E. S. Mittler & Sohn, 1922); Konrad Krafft von Dellmensingen, *Die Durchbruch* (Hamburg: Hanseatische Verlagsanslatt, 1937); Captain Timothy T. Lupfer, *The Dynamics of Doctrine: The Changes in German Tactical Doctrine during the First World War*, Leavenworth Papers No. 4 (Fort Leavenworth, Kans.: Combat Studies Institute, 1981).

53) Chef der Heeresleitung, *Führung und Gefecht* I : 53–54; *Truppenführung* I : 146–148.

54) Dellmensingen, *Der Durchbrunch*, p. 405.

55) Chef der Heeresleitung, *Truppenführung* (1933) I : I, 121–122, 127, 142–143.

Chapter 2

1) Gruppe von Kleist, No. 217/40, 21–3–1940, Befehl für den Durchbruch bis zur Maas, p. 3, T314/615/193.

2) Hans von Dach, "Panzer durchbrechen eine Armeestellung," *Schweizer Soldat* 47, no. 2 (1972): 58. Cited in Major Florian K. Rothbrust, "The Cut of the Scythe" (Master's thesis, Command and General Staff College, Fort Leavenworth, Kans., 1988), p. 51.

3) Liddell Hart, *German Generals Talk*, p. 125.

4) XIX. A. K., No. 83/40, n.d., Studie für Korpsbefehl Nr. 1 für den Fall "Gelb," Annex No. 1, T314/615/903; XIX. A.K., No. 0812/40, 9–4–1940, p. 2, T314/615/232.

5) Panzergruppe von Kleist, No. 1695/40, 10 April 1940, T314/615/779를 참고 할 것.

6) Der Kommandierende General, Der Gruppe von Kleist, 11 May 1940, T314/615/1030.

7) 10 Panzer Division, Ia Op. Nr. 1, 9 May 1940, Divisionsbefehl für den Angriff, pp. 1–2, 7, 10, T314/615/1372.

8) Gruppe von Kleist, Ia Nr. 253/40, Ansatz des XIX. A. K., 18.4.40, T314/667/615.

9) I Mot. A.K., No. 330/40, 31–3–1940, Studie (Planubung) für Korpsbefehl zum planmassigen Angriff über die Mass im Abschnitt Sedan, T314/615/978.

10) *Guderian, Panzer Leader,* p. 70.

11) *Halder Diaries* 3: 125.

12) Bundesarchiv-militärarchiv(이후 BA-MA), RH 27-1/4, 1 Panzer Division, Kriegstagebuch Nr. 3, 9. 5. 1940-2. 6. 1940 (이후 1Pz. Div., K.T.B.), p. 5.

13) *Halder Diaries* 3, 18 January 1940, pp. 30-31.

14) Ibid., 30 April 1940, p. 184; 4 May 1940, p. 189; 7 May 1940, p. 193; 9 May 1940, p. 196.

15) Keitel, Supreme Command of the Armed Forces, 9 May 1940, *Nazi Conspiracy and Aggression,* vol. 6, Doc. C-72, p. 905.

16) Oberkommando des Heeres, Kriegstagebuch des XIX. A.K. vom 14-29. 5. 1940 (이후 XIX. A.K., K.T.B.), 9. 5. 1940, p. 2, T314/612/164.

17) Major von Kielmansegg, "Scharnier Sedan," *Die Wehrmacht* 5, no. 11 (21 May 1941): 11.

18) BA-MA, RH 27-1/14, 1 Panzer Division-Ia, Anl. d z.K.T.B. Nr. 3, May-June 1940 (이후 1Pz. Div., Anl. d z.K.T.B), Kraftradschützen Battalion 1, p. 174.

19) 제1기갑사단이 룩셈부르크를 돌파할 때 사용한 실제 통로는 발렌도르프-덩케르크-에뗄부룩Ettelbrück-니데르파울렌Niederfaulen-메르찌히Merzig-그로부Grosbous-그레벨Grevels-마르트Marte-앙주Iange를 연하는 선이었다. 또한 사단은 벨기에를 통과할 때는 보당주-비트리-뇌프샤토의 남쪽-베트릭스, 페이 레뵈네Fays les Veneurs-벨보Bellevaux- 부이용의 통로를 사용했으며, 프랑스로 진입 후에는 세당에서 뫼즈 강을 도하, 남쪽으로 선회 하여 셰메리를 통과한뒤 다시 서쪽으로 선회하여 방드레스를 거쳐 기동하였다.

20) Roger Bruge, *Histoire de la Ligne Maginot,* vol. 1, *Faites sauter la Ligne Maginot* (Paris: Fayard, 1973), pp. 147-160.

21) *Halder Diaries* 3, 26 February 1940, p. 95.

22) Rothbrust, "Cut of the Scythe." pp. 83-84.

23) Commandement de l'Armèe Belge, G. Q. G., 1ère Section, No. 41/34, 12 February 1940. Reproduced in Belgique, Ministère de la Dèfense Nationale, E.-M. Gènèral Force Terrestre, Commandant Georges Hautecler, *Le Combat de Chabrehez, 10 mai 1940* (Brussels: Imprimerie des F.B.A., 1957), p. 69.

24) Commandement de l'Armée Belge, G. Q. G., 1ére Section, No. 41/34, 12 February 1940.

25) Belgique, Ministère de la Défense Nationale, E.-M. Général-Force Terrestre, Commandant Georges Hautecler, *Le Combat de Bodange, 10 Mai 1940* (Brussels: Imprimerie des F.B.A., 1957), pp. 9, 11-12.

26) Ibid., pp. 13-14.

27) Ibid., pp. 16-17.

28) Ibid., p. 32.

29) Ibid., pp. 19-24.

30) Major von Kielmansegg, "Scharnier Sedan," *Die Wehrmacht* 5, no. 12 (4 June 1941): 11.

31) 1Pz. Div., Anl. d z.K.T.B., p. 201; General Hermann Balck, *Ordnung im Chaos: Erinnerungen 1893-1948* (2nd ed.; Osnabrück: Biblio Verlag, 1981), p. 268.

32) 1Pz. Div., Anl. d z.K.T.B.,pp. 174-175, 201.

33) Ibid., pp. 105, 196.

34) Hautecler, *Combat de Bodange*, pp. 24-28.

35) Kielmansegg, "Scharnier Sedan," 21 May 1941, p.12.

36) Hautecler, *Combat de Bodange*, p. 30; BA-MA, RH 27-2/1, Kregstagebuch Nr. 2 der 2 Panzer Division (6. 11. 39-5. 6. 40) (이후 2 Pz. Div., K.T.B.), p. 12.

37) I.R. Grossdeutschland, Zusammenfassender Bericht über das Unternehmen "Niwi," 19 May 1940, pp. 1-2, T314/612/1014-1016.

38) Oberstleutnant Garski, Bericht, 19 May 1940, p. 1, T314/612/1017-1019.

39) Hauptmaann Krüger, Bericht über das Unternebmen an 10. 5. 40, 19 May 1940, pp.1-2, T314/612/1022-1023.

40) Leutnant Obermeier, Bericht über das Unternehmen am 10. 5. 40,n.d., pp. 1-2, T314/612/1020-1021.

41) Garski, Bericht, pp. 2-3.

42) Ibid., p. 3; 1Pz. Div., Anl. d z.K.T.B., p. 177.

43) 1Pz. Div., K.T.B., p. 13.

44) BA-MA, RH 27-10/9, Kriegstagebuch Nr. 3 der 10 Panzer Division vom 9. 5-29. 6. 40(이후 10Pz. Div., K.T.B.), p. 2.

45) 10 Panzer Division, Ia Op. Nr. 1, 9 May 1940, Divisionsbefehl für den Angriff, pp. 2-6, T314/615/1372-1384.

46) 10Pz. Div., K.T.B., p. 4.

47) Helmuth Spaeter, *Die geschichte des Panzerkorps Grossdeutschland* (Duisburg: Selbstverlag Hilfswerk ehem Soldaten, 1958), pp. 96-100.

48) 10Pz. Div., K.T.B., p. 5.

49) Guderian, *Panzer Leader*, p. 77.

50) Gruppe v. Kleist an XIX. A.K., 11. 5. 40, 0030 hours, T314/667/701; XIX. A.K., K.T.B., XIX. A.K., 11 May 1940, p. 10, T314/612/172.

51) XIX. A.K., K.T.B., 11 May 1940, p. 10, T314/612/172.

52) 10Pz. Div., K.T.B., pp. 6-7.

53) Ibid., p. 7.

54) Ibid., pp. 8-10.

55) XIX. A.K., K.T.B., 11 May 1940, pp. 11-12, T314/612/173-174.

56) Ibid.

57) 10Pz. Div., K.T.B., pp. 7-9.

58) Gen. Kdo. XXⅡ. A.K. (Gruppe v. Kleist), Kriegstagebuch (10. 5-11. 7. 1940) (이후 Gruppe v. Kleist, K.T.B.), 11 May 1940, pp. 5-6, T314/666/1243; XIX. A.K., K.T.B., 11 May 1940, pp. 12-13, T314/612/174-175.

59) 10Pz. Div., K.T.B., pp. 10-11.

60) Ibid.

61) Ibid.., p. 13.

62) 2Pz. div., K.T.B., p. 10.

63) Ibid.

64) Ibid., p. 11.

65) Ibid., p. 12.

66) Ibid., p. 14.

67) Ibid., p. 15.

68) 1Pz. Div., K.T.B., p. 15; 1Pz. Div., Anl D z.K.T.B., p. 5.

69) 1Pz. Div., Anl. d z.K.T.B., p. 99.

70) 1Pz. Div., K.T.B., p. 15; 1Pz. Div., Anl. D z.K.T.B., p. 99.

71) 1Pz. Div., K.T.B., p. 15; 1Pz. Div., Anl. D z.K.T.B., pp. 20-21, 106.

72) 1Pz. Div., K.T.B., p. 15.

73) Ibid.

74) 1Pz. Div., Anl. d z.K.T.B., p. 72; BA-MA, RH 27-1/14, p. 72.

75) 1Pz. Div., Anl. d z.K.T.B., pp. 72-73.

76) 1Pz. Div., K.T.B., p. 27.

77) 1Pz. Div., Anl. d z.K.T.B., pp. 109-110.

78) Ibid., pp. 113, 178-179.

79) Ibid., p. 179.

80) 1Pz. Div., K.T.B., p. 19; 1Pz. Div., Anl. d z.K.T.B., p. 179.

81) 1Pz. Div., Anl. d z.K.T.B., pp. 22, 113, 179.

82) Ibid., pp. 23, 112.

83) Ibid., p. 23.

84) Ibid., p. 112.

Chapter 3

1) 프랑스군의 일반적인 첩보 판단은 Ernest R. May, "The Intelligence Process: The Fall of France, 1940" (Unpublished paper, Kennedy School of Government, n.d.); Robert J. young, "French Military Intelligence and Nazi Germany, 1938-1939." in Ernest R. May, ed., *Knowing One's Enemies: Intelligence Assessment before the two World Wars* (Princeton: Princeton University Press, 1984), pp. 271-309; Douglas Porch, "French Intelligence and the Fall of France, 1930-40," *Intelligence and National*

Security 4, no. 1 (January 1989): 28-58을 참고할 것.

2) Gustave Bertrand, *Enigma, ou la plus grand énigme de la guerre, 1949-1945* (Paris: Plon, 1973),pp. 56-63. 76-77.

3) Ibid., pp. 56, 59-60, 69-70, 79, 86-88.

4) Ibid., pp. 88-89.

5) Général Maurice Gauché, *Le deuxième bureau au travail (1935-1940)* (Paris: Amiot-Dumont, 1953), pp. 177, 183-189.

6) Ibid., p. 211; Paul Paillole, *Notre espion chez Hitler* (Paris: Laffont, 1985), p. 179; Henri Navarre, *Le service de Renseignements, 1871-1944* (Paris: Plon, 1978), pp.109-111; Paul Paillole, *Services Spéciaux, 1935-1945* (Paris: Laffont, 1975), p. 186.

7) Gauché, *Deuxième Bureau*, p. 223.

8) Jeffery A. Gunsburg. *Divided and Conquered: The French High Command and the Defeat of the West, 1940* (Westporty, Conn.: Greenwood Press, 1979), pp. 146-147; Gauché, Deuxième Bureau. p. 206.

9) Paillole, *Services Spéciaux*, pp. 185-186.

10) Ibid.

11) Gauché, *Deuxième Bureau*, pp. 213-214.

12) Le Général Commandant en Chef Gamelin, No. 800. 15 April 1940; No. 799. 15 April 1940, S.H.A.T. 27N3.

13) Général prételat, *Le destin tragique de la ligne Maginot* (Paris: Berger-Levrault, 1950), pp. 13-14; Général Edmond Ruby, *Sedan: Terre d'Epreuve* (Paris: Flammarion, 1948), pp. 30-31.

14) *Halder Diaries* 3, 7 February 1940. pp. 62-63; 14 February 1940, pp. 74-75.

15) Ruby, *Sedan*, p. 69.

16) Ⅱe Armée, E.-M., 3éme Bureau. No. 3665/3, 15 March 1940, S.H.A.T. 30N92; Général C. Grandsard, *Le 10éme Corps d'Armée dans la Bataille, 1939-1940* (Paris: Berger-Levrault, 1949), pp. 79-79.

17) Ⅱe Armée, E.-M., 3éme Bureau, No. 3665/3, 15 March 1940.

18) Ruby, *Sedan*, pp. 69-70.

19) Grandsard, *10éme Corps d'Armée*, p. 78; Charles Leon Menu, *Lumiére sur les ruines* (Paris: Plon, 1953), p. 182. 대전차중대는 통상 12문의 25mm 대전차포를 보유했다.

20) Rapport du Lieutenant Colonel Demay (295th I.R.), n.d., S.H.A.T. 34N174; Commandement des Chars, Comptes-Rendus Journaliers du 18 septembre 1939 au 9 mai 1940, passim, S.H.A.T. 29N86.

21) Ⅱe Armée. E. M., 3ème Bureau, No. 4638/3-Op 10 May 1940, S.H.A.T. 29N49.

22) 5ème D.L.C., E. M., 3ème Bureau No. 4105/3S, 13 May 1940, Compte

Rendu Chronologique, p. 1, S.H.A.T. 30N82.

23) Ibid., p. 2.

24) Claude Gounelle. Sedan: *Mai 1940* (Paris: Presses de la cité. 1965). pp.55-56.

25) Menu. *Lumière sur les ruines*. pp. 183-184.

26) Journal des Marehes et Opérations du 10ème C.A. (이후 10ème C.A., J.M.O.), 11 May 1940, S.H.A.T. 30N82.

27) Paul Berben and Bernard Iselin. *Las Panzers passent la Meuse (13 mai 1940)* (Paris: Laffont, 1967). pp. 103-104.

28) "Histoire de la 5e Division Légère de Cavalerie" (n.p., n.d), p. 8, S.H.A.T. 32N489.

29) Ibid., p. 11; 5ème D.L.C., E. M., 3ème Bureau, No. 4105/3S, 13 May 1940, Compte Rendu Chronoloique. pp. 3-4; 10ème C.A., J.M.O., 11 May 1940.

30) 10ème C.A., J.M.O., 11 May 1940; "Histoire de la 5e Division Légère de Cavalerie," p. 12.

31) 5ème D.L.C., E. M., 3ème Bureau. No. 4105/3S, 13 May 1940, Compte Rendu Chronoloique, p. 4.

32) Ⅱe Armée, E. M., 3ème Bureau. Compte-Rendu de situation du 11 May 1940, 23 heures, No. 4664/3-Op, S.H.A.T. 29N51.

33) Rapport du Colonel Marc (3ème Brigade de Spahis), 11 May 1942, pp.7-9, S.H.A.T. 34N456.

34) 10ème C.A., J.M.O., 11 May 1940.

35) Rapport du Capitaine Spaletta (3/1-295 Inf.), 18 October 1941, pp. 2, 6, S.H.A.T 34N174 ; Rapport du Capitaine Paul Picault (1/1-295 Inf.), 8 November 1941, pp. 1-2, S.H.A.T. 34N174.

36) Rapport du Capitaine Picault, p. 3.

37) Ibid., pp. 3-4.

38) Ibid., p. 5.

39) Rapport du Colonel Marc, pp. 9-10 ; 2e Régiment Spahis Marocains, Evénements vus par le Chef d'Escadrons Guignal, Cdt. le Ie Groupe d'Escadrons, S.H.A.T. 34N456.

40) Rapport du Colonel Marc, pp. 10-11.

41) Ruby, *Sedan*, pp. 87-88; Rapport du Colonel Marc, p. 11.

42) 5éme D.L.C., E. M., 3éme Bureau, No. 4105/3S, 13 May 1940, Compte Rendu Chronologique, p. 6.

43) Ibid., p. 6; "Histoire de la 5e Division Légère de Cavalerie," p. 14.

44) Rapport du Capitaine Spaletta, p. 2.

45) 제2국의 국장은 뒤에 프랑스가 독일군의 주공이 부이용—세당 축선이라는 사실을 5월 12일에 확인했다고 주장한 바 있다. Gauché, Deuxiéme Bureau, p. 223.

46) Journal du Cabinet du Général Georges, 9 May–17 June, 10 May 1940, pp. 1, 3, 5–6, S.H.A.T. 22N148.

47) G.A. 1, E. M., 2éme Bureau, 10h15, Renseignements transmis par la Ⅱe Armée, S.H.A.T. 28N3; Ⅱe Armée, Renseignements ou Ordres donnéss, 10 May 1940, 9h., S.H.A.T. 29N103; Journal du Cabinet du Général Georges, 10 May, p. 8.

48) Ⅱe Armée, Renseignements ou Ordres données, 10 May, 13h.; Journal du Cabinet Général Georges, 10 May, pp. 15, 17, 18.

49) Ⅱe Armée, E. M., No. 835/2.R., Synthèse des Renseignements, 10 May 1940, S.H.A.T. 29N103.

50) Ⅱe Armée, E. M., 3ème Bureau, Compte–Rendu de Fin de Journée, 10 May 20h30, No. 4645/3–Op, S.H.A.T. 29N51.

51) Synthèse des renseignements recueillis du 10 à 17h au 11 à 6 heures, 11 May 1940, S.H.A.T. 28N3.

52) Rapport du Général Rocques, 30 June 1941, pp. 10–11, S.H.A.T. 29N103.

53) 1Pz. Div., Anl. d z.K.T.B., pp. 74, 105; Gunsburg, *Divided and Conquered*, p. 175.

54) G.A. 1, E.M., 2ème Bureau, Renseignements transmis par la Ⅱe Armée, 11 May, 7h30, S.H.A.T. 28N3; Journal du cabinet du Général Georges, 11 May, pp. 3, 5.

55) G.A. 1, E. M., 3ème Bureau, 11 May 1940, Messages Téléphonés: Départ, Nos. 6, 4, 7, S.H.A.T. 28N2.

56) Journal du Cabinet du Général Georges, 11 May, p. 11; G.A. 1, E. M., 3éme Bureau, 12 May 1940, Messages Téléphonés: Arrivée, No. 8, S.H.A.T. 28N2.

57) G.A. 1, E. M., 2éme Bureau, Renseignements transmis par la Ⅱe Armée, 12 May 1940, 0h10.

58) Ⅱe Armée, Forces Aériennes, E. M., 11 may 1940, Synthèse de Renseignements, S.H.A.T. 29N103.

59) Ⅱe Armée, E. M., 3ème Bureau, Compte–Rendu de situation du 11 Mai 1940, 23h., No. 4664/3–Op, S.H.A.T. 29N51.

60) Journal du Cabinet du Général Georges, 11 May 1940, pp. 7–9.

61) Ibid., 12 May 1940, p. 2.

62) G.A. 1, E. M., 3ème Bureau, 12 May 1940, Messages Téléphonés. Arrivée, 7h.; G.A. 1, E. M., 2ème Bureau, 12 May, Renseignements transmis par la Ⅱe Armée, 07h30.

63) Journal du Cabinet du Général Georges, 12 May 1940, pp. 4, 9, 10, 13.

64) G.A. 1, E. M., 2ème Bureau, Aristote, 12 May, 17h50, S.H.A.T. 28N3.

65) Ⅱe Armée, Forces Aériennes, E. M., No. 864/E.M., Synthèse de Renesignements, p. 2, S.H.A.T. 29N103.

66) G.A. 1, E. M., 2ème Bureau, Renseignements transmis par la Ⅱe Armée, 12 May 1940, No. 1880/2.
67) Ⅱe Armée, E. M., 3ème Bureau, Compte Rendu de la Journée du 12 Mai 1940, 23h., No. 4686/3-Op, S.H.A.T. 29N51.
68) Général Koeltz, No. 979/3.FT, 12 May 1940, Arcole à Aiglon, S.H.A.T. 27N73.
69) G.A. 1, E. M., 13 May 1940, No. 1890/S-2, S.H.A.T. 28N3; Journal du Cabinet du Général Georges, 13 May 1940, p. 3.
70) Général André Beaufre, *1940: The Fall of France*, trans. Desmond Flower (New York: Alfred A. Knopf, 1968), pp. 181-182.
71) Journal du Cabinet du Général Georges, 13 May 1940, p. 5; Ⅱe Armée, E. M., 3ème Bureau, Compte Rendu des Evénements de la Journée du 13 Mai, 23 heures, S.H.A.T. 29N51.
72) Général Koeltz, No. 988/3.FT, 13 May 1940, Arcole à Aiglon, S.H.A.T. 27N73.

Chapter 4

1) Ruby, *Sedan*, p. 39.
2) Ⅱe Armée, E.-M., 3ème Bureau, No. 634/S, 14 October 1939, Ordre Général d'opérations No. 6, Plan de Défense, S.H.A.T. 30N92; Ⅱe Armée, E.-M., 3ème Bureau, No. 3,665/3, 15 March 1940, Instruction Particulière No. 14, S.H.A.T. 30N92.
3) Ruby, *Sedan*, pp. 95, 105.
4) Ⅱe Armée, 10ème C.A., E.-M., 3ème Bureau, No. 1009/3, 2 April 1940, S.H.A.T. 30N 92.
5) Ruby, *Sedan*, p. 95.
6) Ibid., p. 49.
7) Ibid., pp. 29-30, 30n.
8) Ibid., p. 29; Grandsard, *Le 10ème Corps d'Armée*, p. 11, 40.
9) Rapport de M. Taittinger sur la visite effectuée dans la 2ème, 9ème, et 1ère Armée 8 Mars et jours suivants, S.H.A.T. 29N27.
10) Ⅱe Armée, E.-M., 3ème Bureau, 8 April 1940, No. 4042/3-Op, S.H.A.T. 29N27. 테탱제가 제기한 논쟁에 대해서는 Claude Paillat, *La guerre immobile(Avril 1939-10 Mai 1940)* (Paris: Robert Laffont, 1984), pp. 329-332를 참고.
11) Gransard, *Le 10ème Corps d'armée*, p. 9.
12) Ibid., p. 10.
13) Rapport du Capitaine Carribou (2/147 Fort. Inf.), n. d., Ⅱ, pp. 2-3, S.H.A.T. 34N145.
14) Grandsard, *Le 10ème Corps d'Armée*, pp. 31, 37.

15) Ibid., p. 38.

16) Ibid., p. 5.

17) Ibid., pp. 5–6.

18) Ibid., p. 57.

19) Ⅱe Armée, 10ème C.A., Génie, E.-M., No. 3122, 16 March 1940, Travaux, S.H.A.T. 30N100.

20) 55ème D.I., I. D., Colonel Chaligne, Rapport d'opérations pour les journées des 10 au 14 Mai 1940, 2 June 1940, S.H.A.T. 32N254; Grandsard, *Le 10ème Corps d'Armée*, pp. 94–95.

21) 55ème D.I., 1882/S, 30 April 1940, Organisation du Commandement de l'Artillerie dans le secteur de Sedan, S.H.A.T. 32N253; Chaligne, Rapport d'opérations, pp. 1–3; Grandsard, *Le 10ème Corps d'Armée*, pp. 94–95.

22) Chaligne, Rapport d'opérations, pp. 5, 11.

23) Ibid., pp. 1–3.

24) 55ème D.I., No. 737/3-S, 14 January 1940, Contre-Attaque, S.H.A.T. 32N253.

25) Ⅱe Armée, 10ème C.A., No. 121/3, 14 January 1940, Ordre Général d'opérations, No. 17, Plan de Défense, S.H.A.T. 30N92.

26) Grandsard, *Le 10ème Corps d'Armée*, pp. 21–22.

27) Général Baudet, Rapport concernant la 71ème Division d'Infanterie, 31 May 1940, p. 1, S.H.A.T. 32N318.

28) 55ème D.I., E.-M., 1re Bureau, No. 6/1EM, 16 May 1940, Situation des effectifs le 16 Mai à midi, S.H.A.T. 32N251; Dutailly, *Les problèmes de l'Armée de Terre*, p. 145을 근거로 산출하였음.

29) Grandsard, *Le 10ème Corps d'Armée*, p. 62.

30) 55ème D. I., E.-M., 1re Bureau, No. 6/1EM, 16 May 1940, Situation des effectifs le 16 Mai à midi.

31) Grandsard, *Le 10ème Corps d'Armée*, pp. 24–25.

32) Ibid., p. 53.

33) Ⅱe Armée, E.-M., 3ème Bureau, No. 3437/3, 1 March 1940, S.H.A.T. 30N100.

34) Chaligne, Rapport d'opèrations, pp. 1–3; Rapport du Capitaine Foucault(2/331 Inf), S.H.A.T. 34N178. 군단장은 수량을 달리 알려 주었다. Grandsard, *Le 10ème Corps d'Armée*, pp. 26–27.

35) Dutailly, *Les problèmes de l'Armée de terre*, p. 161.

36) Ⅱe Armée, F.T.A., E.-M., No. 2286, 31 May 1940, Rapport du Lieutenant Colonel Pierry, Commandant du F.T.A. de la Ⅱe Armée, S.H.A.T. 29N103.

37) Rapport du Lieutenant Colonel Pierry, Tableau des Avions Abattus.

38) Grandsard, *Le 10ème Corps d'Armée*, pp. 30, 64, 88.

39) Ruby, *Sedan*, pp. 49–50.

40) Ⅱe Armée, E.-M., 4ème Bureau, 23 April 1940, Situation des mines anti-chars, S.H.A.T. 29N53.

41) Rapport du Capitaine Foucault, p. 3.

42) 지뢰 매설 누락의 예는 G.A 1, E.M., 3ème Bureau, No. 1714 S/3, 25 October 1939, Défense anti-chars, S.H.A.T. 29N53를 참조.

43) Rapport du Capitaine Carribou 1 :2.

44) 55ème D.I., E.-M., 1re Bureau, No.6/1EM, 16 May 1940, Situation des effectifs le 16 Mai à midi.

45) Rapport du Lieutenant Colonel Pinaud (147 inf.), 14 August 1941, p. 6, S.H.A.T. 34N145.

46) Ibid., pp. 6–7.

47) Rapport du Capitaine Foucoult, p. 1.

48) Rapport du Capitaine Gabel (2/295 Inf.), 20 December 1941, pp. 3–4, S.H.A.T. 34N74.

49) Rapport du Lieutenant Colonel Pinaud, 24 May 1940, pp. 1–2, S.H.A.T. 34N145; Rapport du Capitaine Foucoult, p. 1; Rapport du Capitaine Carribou 2:1–2, 4–6.

50) Capitaine Auzas, Centre de Résistance de Torcy, Calque No. 2, n.d., S.H.A.T. 32N253.

51) Capitaine Auzas, Calque No. 1, n.d., S.H.A.T. 32N253.

52) Rapport du Capitaine Carribou 2:5–6.

53) Rapport du Chef de Bataillon Crousse (3/147 Fort. Inf.), 12 August 1941, p. 3. S.H.A.T. 34N145.

54) Grandsard, *Le 10ème Corps d'Armée*, p. 62; 55ème D.I., E.M., 3ème Bureau, No.33/S-5, 18 May 1940, Rapport du Général Lafontaine, Commandant p.i. la 55ème D.I. sur la Bataille de 13 & 14 Mai 1940 dans le secteur de Sedan, pp. 6–7, S.H.A.T. 32N521.

55) Rapport du Capitaine Carribou 1:8–10.

56) 55ème, D.I., Section Topographique, Liste des Blockhaus, 8 May 1940, S.H.A.T. 32N253; 55ème D.I., I.D., No. 229/Op, Colonel Chaligne, Calque, Sous Secteur de Frénois, 6 December 1939, S.H.A.T. 32N253.

57) Ⅱe Armée, E-M., 3ème Bureau, 8 April 1940, No. 4042/3-Op.

Chapter 5

1) Gruppe von Kleist, 11. 5. 1940, Gruppenbefehl Nr. 2 für den 12. 5. 1940, T314/667/764.

2) Gruppe von Kleist, Gruppenbefehl Nr. 3 für den Angriff über die Maas am 13. 5. 1940, 12. 5. 1940, T314/667/802.

3) Guderian, *Panzer Leader*, pp. 78–79; Gruppe von Kleist, K.T.B., 12. 5.

1940, pp. 7-9, T314/666/1245-1247; XIX. A.K., K.T.B., 12. 5. 1940, pp. 18-19, T314/612/180-181.

4) XIX. A.K., K.T.B., 13. 5. 1940, p. 23, T314/612/185.

5) Gruppe von Kleist, Gruppenbefehl Nr. 3, 12. 5. 1940, T314/667/805-806.

6) BA-MA, RH 27-1/14, Zielkarte zum Feuerplan.

7) Guderian, *Panzer Leader*, p. 79.

8) Ibid., p. 82.

9) Général d'Astier de la Vigerie, *Le ciel n'était pas vide, 1940* (Paris: René Julliard, 1952), p. 64n; Grandsard, *Le 10ème Corps d'Armée*, pp. 30, 64, 88.

10) 10ème C.A., J.M.O., 13 May 1940.

11) Rapport du Lieutenant-Colonel Pinaud, Commandant du Sous-Secteur de Frénois, 24 May 1940, p. 3.

12) Rapport de Capitaine Carribou (2/147 Fort. Inf.), 21 May 1940, p. 1, S.H.A.T. 34N145.

13) Rapport du Capitaine Foucault, pp. 12-13.

14) 1Pz. Div., Anl. d z.K.T.B., p. 116-1.

15) XIX. A.K., K.T.B., 12. 5. 1940, p. 19, T314/612/181; Generalkommando XIX. A.K., Vorbefehl für Angriff über die Maas, 12. 5. 1940, T314/612/693; Generalkommando XIX. A.K., Korpsbefehl Nr. 3 für den Angriff über die Mass am 13. 5. 1940, 13. 5. 1940, T314/612/694-705.

16) 1Pz. Div., K.T.B., p. 21; 1Pz., Anl. d z.K.T.B., p. 116-2.

17) Spaeter, *Grossdeutschland*, p. 112.

18) 1Pz. Div., Anl. d z.K.T.B., p. 116-1.

19) Ibid., p. 199.

20) Ibid., pp. 25, 74.

21) 1Pz. Div., K.T.B., p. 23; 1Pz. Div., Anl. d z. K.T.B., pp. 268-270.

22) 1Pz. Div., Anl. d z. K.T.B., p. 27.

23) Balck, *Ordnung im Chaos*, p. 220.

24) 1Pz. Div., Anl. d z. K.T.B., p. 117-3.

25) 1Pz. Div., K.T.B., p. 23.

26) 1Pz. Div., Anl. d z. K.T.B., p. 117-3.

27) Ibid., p. 182; Rolf O. G. Stoves, *1. Panzer Division, 1935-1945* (Bad Nauheim: Hans- Henning Podzun, 1961), p. 90.

28) 1Pz. Div., Anl. d z.K.T.B., p. 182; Stoves, *1. Panzer Division*, p. 93.

29) 55ème D.I., Section Topographique, Secteur de Sedan, Liste des Blockhaus, 8 May 1940; 55ème D.I., 3ème Bureau, Calque, S.H.A.T. 32N253.

30) Rapport du Capitaine Foucault, p. 14.

31) Spaeter, *Grossdeutschland*, p. 112.

32) BA-MA, RH 37/6391, Oblt. René de l'homme de Courbière: Von der Mosel zur Höhe 247, p. 2; Spaeter, *Grossdeutschland*, p. 116.

33) RH 37/6391, de Courbière, p. 2; BA-MA, RH 37/6327, 11 Kp./III Btl. Inf. Rgt. Grossdeutschland, p. 5.

34) 1Pz. Div., Anl. d z.K.T.B., p. 271.

35) BA-MA, RH 37/6335, Kriegschronik der 15 I.R. Grossdeutschland, pp. 16-17.

36) RH 37/6391, de Courbiére, p. 3; BA-MA, RH 37/6328, Westfeldzug des II Btl. GD., pp. 2-3; Spaeter, *Grossdeutschland*, p. 117.

37) RH 37/6327, 11 Kp./III Btl. I.R.G.D., p. 5.

38) RH 37/6391, de Courbière, p. 4.

39) Ibid., p. 4.

40) 독일군과 프랑스군은 104번 벙커의 탈취시간을 상이하게 판단했다. 독일군이 벙커를 17시에 탈취했다고 말한 반면, 프랑스군은 18시 45분이라고 보고했다. RH 37/6391, de Courbière, p. 4; Rapport du Capitaine Foucault, p. 14.

41) RH 37/6391, de Courbiére, p. 4; Spaeter, *Grossdeutschland*, p. 119.

42) RH 37/6391, de Couriére, p. 5; Spaeter, Grossdeutschland, pp. 119-120.

43) 1Pz. Div., Anl. d z.K.T.B., p. 269.

44) Oberleutnant Grübnau, "Brückenschlag über die Maas westlich Sedan für den Übergang einer Panzer-Division," *Militàr-Wochenblatt*, No. 27 (January 1941), pp. 1291-1293. 그립브노 중위는 첫 번째 문교도하가 19시 20분이 아니라 18시 15분에서 18시 30분에 완료되었다고 말했다.

45) Major General F. W. von Mellenthin, *Panzer Battles: A Study of the Employment of Armor in the Second World War*, trans. H. Betzler (Norman: University of Oklahoma Press, 1956), p. 19.

46) Von Mellenthin, *Panzer Battles*, p. 20; Major General F. W. von Mellenthin, *German Generals of World War II As I Saw Them* (Norman: University of Oklahoma Press, 1977), p. 196.

47) 1Pz. Div., K.T.B., p. 27.

48) Ibid.

49) 10Pz. Div.,K.T.B., pp. 14-15.

50) Ibid.

51) Ibid., p. 15.

52) BA-MA, RH 46/743, Kriegstagebuch Panzer-Pionier Batl. 49, 10. 5-25. 6. 1940, pp. 5-6.

53) 10 Pz. Div., K.T.B., pp. 16-17.

54) Erhard Wittek, ed., *Die soldatische Tat: Berichle von Mitkàmpfern des Heeres im Westfeldzug 1940* (Berlin: Im Deutschen Verlag, 1941), pp. 22-25.

55) 10Pz. Div., K.T.B., p. 18; BA-MA, RH 37/1910, 10 Schützen Brigade, p. 8.

56) 이들은 루바르트 중사의 부대가 아니었다.: 그는 1km 북쪽에 있었다.

57) BA-MA, RH 37/138, Aus dem Kriegstagebuch der 2. Kompanie, pp. 24-26.

58) RH 37/1910, 10 Schützen Brigade, p. 8.

59) 10Pz. Div., K.T.B., p. 19.

60) Renseignements rapportés par M. Michard, p. 3, S.H.A.T. 34N145. Michard는 제147요새보병연대 2대대 정보장교로 근무했으며, 1941년 1월 28일과 동년 5월 20일에 전장을 방문한바 있었다. 그의 보고서는 도하지점과 벙커의 파괴정도에 대한 정보를 담고 있다.

61) 2Pz. Div., K.T.B., pp. 15-17.

62) Oberkommando des Heeres, *Denkschrift über die franzosische Landesbefestigung* (Berlin: Reichsdrückerei, 1941), p. 260;2 Pz. Div., K.T.B., p. 18.

63) Oberkommando des heeres, *Denkschrift*, pp. 260-261; 2Pz. Div., K.T.B., p. 18.

64) Oberkommando des heeres, *Denkschrift*, p. 260.

65) Ibid., p. 261.

66) Ibid., p. 262.

67) 2Pz. Div., K.T.B., p. 23.

Chapter 6

1) Rapport du Capitaine Foucault, pp. 8-9.

2) Ibid., p. 9.

3) Rapport du Général Lafontaine, p. 2.

4) Ibid.

5) Rapport du Capitaine Foucault, p. 11.

6) Ibid.

7) Ibid., p. 12.

8) Compte-Rendu du Sergent-Chef Geantry, Commandant la Section de Glaire, n.d., S.H.A.T. 34N145; Rapport du Capitaine Foucault, p. 13.

9) Compte-Rendu du Sous-Lieutenant Lamay, Chef de Section du P.A. des Forges, n.d., S.H.A.T. 34N145.

10) Rapport du Capitaine Foucault, p. 13.

11) Ibid., p. 5.

12) Gounelle, *Sedan*, pp. 177-179.

13) Ibid., p. 145.

14) Ibid., p. 180.

15) Rapport du Chef de bataillon Crousse, p. 10.

16) Ibid.

17) Gounelle, *Sedan*, p. 182.

18) Rapport du Capitaine Foucault, p. 14.

19) Von Kielmansegg, "Scharnier Sedan," 21 May 1941, p. 14.

20) Ibid., 4 June 1941, pp. 15–16.

21) Gounelle, *Sedan*, pp. 182–183.

22) Rapport du Capitaine Vitte, 19 May 1940, p. 1, S.H.A.T. 34N145.

23) Rapport du Capitaine Carribou, 6: 11.

24) Colonel Chaligne, Rapport sommaire sur les opérations, 25 April 1942, p. 5, S.H.A.T. 32N254.

25) Rapport du Lieutenant Lasson, Commandant le Point d'appui de l'Ecluse (2/147 Fort. Inf.), 19 May 1940, p. 2, S.H.A.T. 34N145.

26) Rapport du Capitaine Carribou, 21 May 1940, p. 1.

27) Ibid., p. 2; Rapport du Capitaine Carribou, 6: 12.

28) Rapport du Capitaine Carribou, 21 May 1940, p. 2.

29) Rapport du Capitaine Carribou, 6: 12–13; Rapport du Capitaine Carribou, 21 May1940, p. 2.

30) Rapport du Capitaine Vitte, p. 2.

31) Rapport du Capitaine Carribou, 21 May 1940, p. 2.

32) Compte-Rendu du Lieutenant Michard, 22 May 1940, p. 2, S.H.A.T. 34N145.

33) Ibid.

34) Ibid.

35) Rapport du Capitaine Gabel (2/295 Inf.), 20 December 1941, p. 2, S.H.A.T. 34N174.

36) Rapport du Capitaine Leflon, 19 May 1940, pp. 1–2, S.H.A.T. 34N145.

37) Grandsard, *Le 10ème Corps d'Armée*, p. 155.

38) Rapport du Capitaine Gabel, p. 4.

39) Rapport du Lieutenant Thirache (6/2–147 Fort. Inf.), n.d., p. 1, S.H.A.T. 34N145.

40) Rapport du Capitaine Leflon.

41) Rapport du Capitaine Gabel, p. 4.

42) Grandsard, *Le 10ème Corps d'Armée*, pp. 155–156.

43) Rapport du Gabel, p. 5.

44) Rapport du Foucault, p. 14.

45) 1Pz. Div., K.T.B., pp. 27, 29.

46) Rapport du Chef de Bataillon Crousse, pp. 2–5.

47) Extraits d'une lettre du Lieutenant Drapier (9/2–147 Fort. Inf.), 27 May 1941, p. 1, S.H.A.T. 34N145.

48) Rapport du Capitaine Litalien (3/1–331 Inf.), n.d., pp. 1–3, S.H.A.T. 34N178.

49) Rapport du Chef de Bataillon Crousse, pp. 13–15; Extraits d'une lettre

du Lieutenant Drapier, p. 4.

50) Rapport du Chef de Bataillon Crousse, p. 16.

51) 1Pz. Div., Anl. d z.K.T.B., p. 117-4.

52) Rapport du Capitaine Foucault, p. 15.

53) Rapport du Capitaine Litalien, p. 3.

54) 1Pz. Div., Anl. d z.K.T.B., p. 117-4; Stoves, *1. Panzer Division, 1935-1945*, p. 88.

55) Rapport du Capitaine Foucault, p. 15.

56) Ibid., p. 16.

57) Chaligne, Rapport d'opérations, p. 16.

58) Ibid.; Rapport du Général Lafontaine, p. 7; Général Lafontaine, Renseignements sur la 55éme Division, p. 2, S.H.A.T. 32N251.

59) Rapport du Capitaine Royer, Commandant la Section de Gendarmerie de Saumur, 12 November 1941, p. 2, S.H.A.T. 32N254.

60) 1Pz. Div., K.T.B., p. 35; 10Pz. Div., K.T.B., p. 23.

61) Rapport du Général de Brigade Duhautois, 29 April 1941, pp. 1-2, S.H.A.T. 30N82.

62) Ibid., p. 3.

63) Ibid., p. 4.

64) Ibid., pp. 3, 8.

65) Ibid., p. 4.

66) Ibid., pp. 4-5.

67) Ibid., p. 6

68) 1Pz. Div., K.T.B., p. 29.

69) Rapport du Capitaine Spaletta (1/295 Inf.), p. 3.

70) Fiche No. 340, Lieutenat Drapier, n.d., p. 3, S.H.A.T. 34N 145.

71) Rapport du Capitaine Carribou, 1: 9-10.

72) Rapport du Général Lafontaine, pp. 6-7.

73) Rapport du Colonel Serin, in Claude Paillat, *La guerre éclair (10 mai-24 Juin 1940)* (Paris: Robert Laffont, 1985), pp. 271-277을 참고할 것.

74) Lettre, Général Lafontaine, 13 September 1941, p. 1, S.H.A.T. 32N251.

Chapter 7

1) *Halder Diaries* 4, 17 May 1940, p. 17.

2) 1Pz. Div., K.T.B., p. 29.

3) 1Pz. Div., Anl.d z.K.T.B., pp. 118-119.

4) Ibid., pp. 29-30.

5) 2Pz. Div., K.T.B., p. 20.

6) 1Pz. Div., K.T.B., p. 29.

7) 1Pz. Div., Anl. d z.K.T.B., pp. 118-119.

8) Ibid., p. 30.

9) Ibid., p. 200.

10) Ibid., p. 241.

11) 1Pz. Div., K.T.B., p. 29.

12) 1Pz. Div., Anl. d z.K.T.B., p. 99.

13) Ibid., p. 71.

14) Ibid., p. 79.

15) Ibid., p. 81. 전차는 사실 F.C.M.전차였다.

16) RH 37/6332, Pz. Jäg. Kp./IRGD-14 Mai 1940, Panzerschlacht südlich Sedan, p. 1; Spaeter, *Grossdeutschland*, p. 121.

17) Pz. Jäg. Kp./IRGD, Panzerschlacht südlich Sedan, p. 2; Spaeter, *Grossdeutschland*, p. 122.

18) 1Pz. Div., K.T.B., p. 31.

19) Ibid.; Pz. Jäg. Kp./IRGD, Panzerschlacht südlich Sedan, p. 4; Spaeter, *Grossdeutschland*, p. 124.

20) 1Pz. Div., K.T.B., p. 31; 1 Pz. Div., Anl. d z.K.T.B., p. 75.

21) 1Pz. Div., Anl. d z.K.T.B., p. 86.

22) 2Pz. Div., K.T.B., p. 20; Guderian, *Panzer Leader*, p. 83.

23) 2Pz. Div., K.T.B., p. 21.

24) Franz Josef Strauss, *Geschichte der 2(Wiever) Panzer Division* (Friedberg:Podzun-Pallas-Verlag,, 1987), pp. 292-294; 2Pz. Div., K.T.B., pp. 21-22.

25) 2Pz. Div., K.T.B., p. 21.

26) Ibid., p. 23.

27) Général Schaal, "Les combat de la 10ème Division dans la région de Stonne les 14, 15 et 16 mai 1940" (typescript, n. d.), p. 1, S.H.A.T. 32N8.

28) 10Pz. Div., K.T.B., p. 19.

29) Ibid.

30) Ibid., pp. 23, 20.

31) Ibid., p. 21.

32) Schaal, "10éme Division," pp. 2-3.

33) 10Pz. Div., K.T.B., p. 23.

34) Ibid.

35) 1Pz. Div., K.T.B., p. 27.

36) Ibid., p. 31.

37) Ibid., p. 35.

38) Ibid.

39) *Guderian, Panzer Leader*, pp. 83-84.

40) (Message) von Gruppe von Kleist an Heeresgruppe A, Tagesabschlüssmeldung, 13. 5. 1940, 2040 hours, T314/667/815.

41) XIX. A.K., K.T.B., 14. 5. 1940, pp. 4–5, T314/612/005–006; Gruppe von Kleist, K.T.B., 14. 5. 1940, pp. 11–13, T314/666/1249–1251.

42) Armeeoberkommando 12, Ia Nr. 542/40, 13. 5. 1940, Armeetagesbefehl Nr. 6, T314/667/854.

43) XIX.A.K., K.T.B., 14. 5. 1940, pp. 4–5, T314/612/005–006.

44) 2Pz. Div., K.T.B., p. 23.

45) Liddell hart, *German Generals Talk*, p. 129; Guderian, *Panzer Leader*, p. 87.

46) 10Pz. Div., K.T.B., p. 24.

47) Ibid.; Spaeter, *Grossdeutschland*, pp. 129–130.

48) Schaal, "10ème Division," p. 4;10Pz. div., K.T.B., p. 25.

49) Gruppe von Kleist, Gruppenbefehl Nr. 5 für den 15. 5. 1940, 14. 5. 1940. T314/667/889.

50) 10Pz. Div., K.T.B., p. 26.

51) Ibid.; 프랑스군의 문헌에는 이 공격이 기록되어 있지 않다.

52) Spaeter, *Grossdeutschland*, pp. 130–136.

53) 10Pz. Div., K.T.B., p. 28.

54) Pz. Jäg. Kp./IRGD, pp. 12–13; Spaeter, *Grossdeutschland*, p. 136.

55) 10Pz. Div., K.T.B., p. 29.

56) Ibid., p. 30.

57) Ibid., p. 31.

58) Ibid.

59) Ibid., p. 32.

60) Rapport du Général Bertin Bossu, March 1941, p. 2, S.H.A.T. 32N8; Infanterie de la 3ème Division, E.–M., No. 3873, Colonel Lespinasse Fonsegrive, Résumé des opérations du 12 au 25 Mai, pp. 13–14, S.H.A.T. 32N8.

61) 10Pz. Div., K.T.B., p. 33.

62) Ibid., p. 35.

63) Spaeter, *Grossdeutschland*, pp. 136, 141.

64) 1Pz. Div., K.T.B., p. 31.

65) Ibid., p. 33.

66) Ibid.

67) Ibid., p. 35; Stoves, *1. panzer Division*, pp. 100, 103.

68) 1Pz. Div., K.T.B., p. 35.

69) Ibid., p. 37.

70) Von Mellenthin, *World War II Generals*, pp. 196–197.

71) Ibid., p. 197.

72) 1Pz. Div., K.T.B., p. 37.

73) Ibid.

74) Guderian, *Panzer Leader*, pp. 85–86.

75) 1Pz. Div., K.T.B., p. 37.
76) Armeeoberkommando 12, Ia Nr. 543/40. 15. 5. 1940, Armeebefehl Nr. 7, T314/667/963.
77) Gruppe von Kleist, Gruppenbefehl Nr. 6 für den 16. 5. 15. 5. 1940, T315/667/968.
78) Guderian, *Panzer Leader*, p. 85.
79) Kenneth Macksey, *Guderian: Creator of the Blitzkrieg* (New York: Stein and Day, 1976), p. 138.
80) XIX. A.K., K.T.B., 17. 5. 1940, p. 3, T314/612/031.
81) Liddell Hart, *German Generals Talk*, p. 129; Guderian, Panzer Leader, p. 87.
82) Macksey, *Guderian* p. 139.
83) Guderian, *Panzer Leader*, p. 88.

Chapter 8

1) Colonel Chaligne, Rapport d'opérations, p. 16.
2) Ibid., p. 17.
3) Rapport du Général Lafontaine, p. 6.
4) Rapport du Lieutenant Colonel Pinaud, pp. 5-6; Colonel Chaligne, Rapport d'opérations, p. 16.
5) Rapport du Lieutenant Colonel Pinaud, p. 5.
6) Colonel Chaligne, Rapport d'opérations, p. 18.
7) Ibid., p. 20.
8) Rapport du Lieutenant Colonel Pinaud, Ordre pour le 14 Mai.
9) Rapport du Lieutenant Colonel Pinaud, p. 6; Rapport du Capitaine Gabel, pp. 5-6.
10) Colonel Chaligne Rapport d'opérations. p. 22.
11) Grandsard, *Le 10éme Corps d'Armée*, p. 134.
12) Lettre, Général Bourgignon. December 1941, pp. 3-4, S.H.A.T. 29N84.
13) Grandsard, *Le 10éme Corps d'Armée*, p. 135.
14) Rapport du Lieutenant Colonel P. Labarthe, n.d., pp. 1-2, S.H.A.T. 34N165.
15) Ibid., p. 3.
16) Rapport de l'Aspirant Penissou (2-1/213 Inf.), n.d., p. 1, S.H.A.T. 34N165.
17) Rapport du Lieutenant Colonel Labarthe, p. 4.
18) Grandsard, *Le 10éme Corps d'Armée*, pp. 143-144.
19) Letter, Général Lafontaine, 13 September 1941, p. 2: Letter, Général Lafontaine, 14 October 1941, p. 3, S.H.A.T. 32N251.
20) Général Lafontaine, Renseignements sur la 55ème Division, p. 2.
21) Grandsard, *Le 10ème Corps d'Armée*, p. 144; Général Lafontaine,

Renseignements sur la 55éme Division, p. 2.

22) Rapport du Lieutenant Colonel Labarthe, p. 4.

23) Letter, Lieutenant Colonel Cachou, 4 March 1942, p. 2, S.H.A.T. 30N82.

24) Rapport du Lieutenant Colonel Labarthe, p. 5.

25) Letter, Lieutenant Colonel Cachou, 4 March 1942, p. 4.

26) Letter, Général Lafontaine, 13 November 1941, p. 3, S.H.A.T. 32N251.

27) Gounelle, *Sedan*. p. 215.

28) Colonel Chaligne, Rapport d'opérations, p. 20.

29) Ibid.; Grandsard, *Le 10éme Corps d'Armée*, p. 148.

30) Rapport du Lieutenant Colonel Labarthe, p. 5.

31) Ibid.

32) Colonel Chaligne, Rapport d'opérations, p. 23.

33) Rapport du Lieutenant Colonel Labarthe, p. 24.

34) Rapport du Lieutenant Colonel Pinaud, pp. 6-7.

35) Rapport de l'Aspirant Penissou, pp. 1-2. 제1/213대대의 보고서는 다음을 참고하라. Rapport du Chef de Bataillon Georges Desgranges, 18 March 1941, S.H.A.T. 34N164.

36) Carnet de Route du Capitaine Megrot, n.d., p. 4, S.H.A.T. 34N165.

37) Rapport du Lieutenant Colonel Labarthe, p. 6; Letter, Chef de Bataillon Giordani (7th Tank Bn.), 23 June 1941, p. 2, S.H.A.T. 34N165.

38) Rapport du Lieutenant Colonel Labarthe, p. 7.

39) Ibid., p. 8.

40) Rapport du Lieutenant Colonel Montvignier Monnet, 27 December 1941, pp. 1-2, S.H.A.T. 34N164; Letter, Lieutenant Colonel Montvignier Monnet, 5 November 1941, pp. 1-2, S.H.A.T. 34N164; Letter, Chef d'Escadrons Honoraire de l'A.B.C. Dayras, 30 November 1962, pp. 1-2, S.H.A.T. 34N164.

41) Rapport du Lieutenant Colonel Montvignier Monnet, p. 2.

42) Rapport du Chef de Bataillon Auffret (2/205 Inf.), 20 May 1940, p. 3, S.H.A.T. 34N164.

43) Letter, M. Dayras. p. 2.

44) Rapport du Lieutenant Colonel Montvignier Monnet, p. 2; Rapport du Chef de Bataillon Auffret, p. 4.

45) Rapport du Chef de Bataillon Auffret, p. 6.

46) Ibid., p. 7.

47) Rapport du Lieutenant Colonel Montvignier Monnet, p. 2; Rapport du Chef de Bataillon Chatelard (3/205 Inf.), 21 May 1940, pp. 1-2, S.H.A.T. 34N164.

48) Rapport du Chef de Bataillon Auffret, p. 10.

49) Rapport du Lieutenant Colonel Montvignier Monnet, Annexe.

50) Rapport du Général Lafontaine, p. 3.

51) Colonel Chaligne, Rapport d'opérations, p. 28.

52) Général Lafontaine, Renseignements sur la 55ème Division, p. 3.

Chapter 9

1) D'Astier de la Vigerie, *Le ciel n' était pas vide*, p. 83.

2) Ibid., p. 87.

3) Ibid., pp. 87–88; Journal du Cabinet du Général Georges, 11 May 1940, p. 9.

4) Denis Richards, *Royal Air Force*, vol. 1, *The Fight at Odds* (London : Her Majesty's Stationery Office, 1953), p. 114.

5) D'Astier de la Vigerie, *Le ciel n'était pas vide*, p. 90.

6) Robert Jackson, *Air War Over France, May–June 1940* (London : Ian Allen LTD., 1947), pp. 53, 60.

7) D'Astier de la Vigerie, *Le Ciel n'était pas vide*, p. 97.

8) Ibid., p. 104.

9) Journal du Cabinet du Général Georges, 13 May 1940, p. 3.

10) D'Astier de la Vigerie, *Le CIel n'était pas vide*, pp. 109–110.

11) Gunsburg, *Divided and Conquered*, p. 193; Jackson, *Air War Over France*, p. 62.

12) Richards, *Royal Air Force*, pp. 119–120.

13) D'Astier de la Vigerie, *Le ciel n'était pas vide*, pp. 107, 109; Gunsburg, *Divided and Conquered*, p. 201.

14) Richards, *Royal Air Force*, p. 120.

15) Gunsburg, *Divided and Conquered*, p. 195.

16) D'Astier de la Vigerie, *Le Ciel n'était pas vide*, p. 131.

17) Angora à 10ème C.A., 11 May 1940, 22h.20, S.H.A.T. 29N49; IIe Armée, E.-M., 3ème Bureau, No. 4662/3-Op, 11 May 1940, S.H.A.T. 29N49.

18) IIe Armée, 3ème Bureau, E.-M., No. 4665/3-Op, 12 May 1940, 7h30; IIe Armée, 3ème Bureau, E.-M., No. 4668/3-Op, 12 May 1940, 9h35; IIe Armée 3ème Bureau, E.-M., No. 4674/3-Op, 12 May 1940, 11h20. 모두 S.H.A.T. 29N49에 수록.

19) IIe Armée, E.-M., 3ème Bureau, No. 4663/3-Op, 11 May 1940, 23h., S.H.A.T. 29N49; IIe Armée, E.-M., 3ème Bureau, No. 4672/3-Op, 12 May 1940, 11h05, S.H.A.T. 29N85; IIe Armée, E.M., 3ème Bureau, No. 4669/3-Op, 13 May 1940, 14h30, S.H.A.T. 29N85.

20) Journal des Marches et Opéraitions de 21ème C.A. par le Général Flavigny du 3 Mai au 24 Juin 1940(이후 Général Flavigny, 21ème C.A., J.M.O.), n.d., pp. 6–8, S.H.A.T. 30N225.

21) Journal du Cabinet du Général Georges, 12 May 1940, p. 2.

22) IIe Armée, E.-M., 3ème Bureau, No. 4697/3-Op, 13h30, S.H.A.T.

29N49.

23) Chef de Bataillon Ragot, Compte-Randu sur les Opéraitions de la 3ème D.I.M., n.d., p. 8, S.H.A.T. 32N8.

24) France, Assemblée Nationale, Commission d'enquête sur les événements survenus en France de 1933 à 1945, *Annexes, Témoignages et documents recueillis par la commission d'enquête parlementaire*(이후 *Commission … Témoignages*), Testimony of Général Devaux 5: 1334. 드보(Devaux)는 제 3기갑사단 참모장이었다.

25) Journal du Cabinet du Général Georges, 12 May 1940, pp. 4, 9, 10.

26) Journal du Cabinet du Général Georges, 12 May 1940, pp. 10-12.

27) Testimony of Général Lacaille, *Commission … Témoignages* 4: 927.

28) Ⅱe Armée, E.-M., 3ème Bureau, No. 4713/3-Op, 14 May 1940, 13h., S.H.A.T. 29N49; "Histoire de la 5ème Division Légére de Cavalerie," pp. 18-19.

29) Rapport du Général Georges sur les Opérations du Théâtre Nord-Est du 10 Mai au 24 Juin 1940, 10 August 1940, Croquis A, Intentions du Commandement le 12 Mai.

30) Ⅱe Armée, Le Chef d'Etat-Major. 7. February 1940, No. 1682 G.S/A, S.H.A.T. 29N28.

31) Ⅱe Armée, Transmissions, n.d., Déplacement Eventuel du Q.G.dans la région Sud de Verdun, p. 2; Ⅱe Armée, Transmissions, Etude au point de vue transmissions sur le déplacement éventuel du Q.G. dans la région de Verdun, 9 March 1940, p.2. 두 전거 모두 S.H.A.T. 29N28에 수록.

32) Ⅱe Armée, plan d'enlèvement du Quartier Guarier Général, S.H.A.T. 29N28.

33) Ⅱe Armée, E.-M., 3ème Bureau, No. 4709/3-Op, 13 May 1940, 19h.; Ⅱe Armée, E.-M., 3ème Bureau, No. 4710/3-Op, 14 May 1940, oh. 두 전거 모두 S.H.A.T. 29N49에 수록

34) 프랑스군의 전차수에 대한 논의는 Testimony of Général Lacaille, *Commission … Témoignages* 4: 922; Testimony of Général Devaux, *Commission… Témoignages* 5: 1327을 참고.

35) Doughty, *Seeds of Disaster*, pp. 170-172.

36) Général Flavigny, 21ème C.A., J.M.O., p. 7.

37) Ibid., pp. 6-8.

38) Letter, Général Flavigny, 6 August 1946. p. 7. S.H.A.T. 30N225; Ⅱe Armée, E.-M., 3ème Bureau. No. 4709/3-Op, 13 May 1940, 19h.

39) Letter, Général Flavigny, 6 August 1946, pp. 7-8.

40) 21ème C.A., E.-M., 3ème Bureau, No. 2/3, 14 May 1940, 04h00, S.H.A.T. 30N266; Testimony of Général Devaux, *Commission … Témoignages* 5, Annexe No. 5, pp.1348-1349.

41) Général Brocard, Le 3ème Division Cuirassée dans la Bataille des Ardennes, n.d., passim. S.H.A.T. 32N470.

42) Testimony of Général Devaux, *Commission … Témoignages* 5; 1329-1330.

43) 이 숫자는 브로카르 장군과 Devaux 대령의 증언임. 5월 12일 제3기갑사단은 편제상 B-1전차 70대와 H-39전차 93대를 할당받았으나, 실제로는 B-1전차 66대 H-39전차 66대를 보유했다고 제21군단에 보고했다. 3ème Division Cuirassée, E.-M., 4ème Bureau. 12 May 1940. Situation des vhi-cules, S.H.A.T. 32N470.

44) Testimony of Général Devaux, *Commission … Témoignages* 5: 1330.

45) Ibid., p. 1334.

46) Ⅱe Armée, E.-M., 3ème Bureau, No. 4704/3-Op, 13 May 1940. 17h., S.H.A.T. 29N49.

47) Testimony of Génaéral Devaux, *Commission … Témoignages* 5, Annexe No., 2, p. 1347.

48) Letter, Général Flavigny, 6 August 1946, p. 9.

49) Général Brocard, Le 3ème Division Cuirassée, pp. 31-32.

50) Ibid., pp. 33-34.

51) Letter, Général Flavigny. 6 August 1946, p. 3.

52) Testimony of Général Devaux, *Commission … Témoignages* 5: 1327.

53) Général Brocard, Le 3ème Division Cuirassée, pp. 38-40.

54) 다음의 전거를 비교해 볼 것.: Colonel A. Goutard. *The Battle of Franse, 1940*, trans. A.R.P. Burgess(New York: Ives Washburn, Inc., 1959), pp. 140-141.

55) Note du Général Flavigny. *Commission … Témoignages* 5: 1254.

56) Letter, Général Flavigny, 6 August 1946. pp. 2-5.

57) Général Flavigny, 21éme C.A., J.M.O., pp. 3-5.

58) Testimony of Général Devaux, *Commission … Témoignages* 5: 1342n.

59) Rapport du Général Bertin-Bossu, pp. 1-2.

60) Testimony of Général Devaux. *Commission … Témoignages* 5: 1344n.

61) 21ème C.A., E-M., 3ème Bureau, No 6/3, 15 May 1940, 11h.30, S.H.A.T. 30n226.

62) Note du Général Flavigny. *Commission … Témoignages* 5: 1255.

63) Ibid.

64) Général Brocard. Le 3ème Division Cuirassée. pp. 58-60; Testimony of Général Devaux. *Commission … Témoignages* 5. Annexe No. 12, p. 1356.

65) Letter, Général Flavigny, 6 August 1946, p. 16: Note du Général Flavigny. *Commission … Témoignages* 5: 1255.

Chapter 10

1) Période Antérieure au 14 mai 1940 (typescript. n.d.), pp. 1-4. S.H.A.T. 29N321; Commandement en Chef du front Nord-Est (이후 C.C.F.N.E.). E.-M., 3ème Bireau. No. 497 3/Op, 28 February 1940: C.C.F.N.E., E.-M., 3ème Bureau, No. 1217 3/Op. 27 April 1940. 뒤의 두 문서는 S.H.A.T. 27N155에 수록.

2) 1940년 1월, 제2군은 방어선 붕괴 가능성을 세부적으로 연구했고 최고사령부에 결과물을 제출했다. Testimony of Général Lacaille, *Commission* … *Témoignages* 4: 929.

3) C.C.F.N.E., 3ème bureau, No. 1451 3/Op, 13 May 1940. S.H.A.T. 27N155.

4) G.O.G., No. 1477 3/Op, 14 May 1940, 15h30. 다음 전거에서 복사: Détachement d'Armée. Journal des Marches et Opérations du 6-12-39 au 1er Juin 1939 (이후 Détachement d' Armée, J.M.O.),n.d., 14 May 1940, S.H.A.T. 29N321.

5) Doughty, *Seeds of Disaster*, pp. 79, 107, 145, 154.

6) Détachement d' Armée. J.M.O., 14 May 1940.

7) Journal du Cabinet du Général Georges, 14 May 1940, p. 6.

8) Ibid., pp. 6-7.

9) Détachement d' Armée. J.M.O., 14 May 1940. p. 6.

10) G.Q.G., No. 1477 3/Op, 14 May 1940, 15h30.

11) Général Aublet, Le 36ème D. I. pendant la campagne 1939-1940, December 1940. S.H.A.T. 32N204.

12) Dètachement d'Armée, J.M.O., 14 May 1940; 14ème D. I., Journal des Marches et Opérations di 24 Août 1939 au 24 Juin 1940 (이후 14ème D.I., J.M.O.) (typescript, n.d.), pp. 9-11.

13) Historique de la 6ème Armée, 1ère Partie, du 14 Mai au 5 Juin 1940 (typescript, n.d.), p. 3. S.H.A.T. 29N321.

14) C.C.F.N.E., E.-M., 3ème Bureau, No. 1495 3/Op, 15 May 1940. 7h15, S.H.A.T. 27N155.

15) Détachement d' Armée,J.M.O., 15 May 1940.

16) "Histroire de la 5ème Division Légère de Cavalerie," p. 18.

17) Ibid., pp. 18-19.

18) Rapport du Colonel Marc. p. 15.

19) Ibid., p. 16.

20) Capitaine Ethuin, Journal de Marche du 2ème Escadron, p 6.

21) Ibid., p. 7.

22) "Histoire de la 5éme Division Légère Cavalerie," p. 21.

23) Rapport du Colonel Marc, p. 18.

24) Ibid., p. 20.

25) Gounelle, *Sedan*, pp. 337-352 참고.

26) Rapport du Colonel Marc. p. 27.

27) Général Etcheberrigaray, 27 July 1943, S.H.A.T. 32N248

28) Journal du Cabinet du Général Georges, 12 May 1940, p. 2.

29) Rapport du Général Etcheberrigaray(53ème D.I.), 11 July 1941. Part II, pp. 2–3, S.H.A.T. 32N248.

30) 53ème D.I., E.-M., Commandant Andoni, Journées du 10 au 15 Mai 1940(typescript, n.d.), p. 7. S.H.A.T. 32N248.

31) Commandant Andoni, journées du 10 au 15 au Mai 1940, Croquis No. 3; Rapport du Capitaine Fonlupt, 10 February 1941, pp. 6, 9, S.H.A.T. 32N248. Andoni는 제329보병연대장이었고, Fonlupt 대위는 제53보병사단 참모장교였다.

32) Commandant Andoni. journées du 10 au 15 Mai 1940, pp. 15, 14.

33) Ibid., p. 13.

34) Ibid., p. 13–14, 16.

35) Rapport du Capitaine Fonlupt. p. 8; Commandant Andoni. journées du 10 au 15 Mai 1940. p. 16.

36) Commandant Andoni. journées du 10 au 15 Mai 1940, p. 17.

37) Rapport du Général Etcheberrigaray, p. 5. 제208연대장은 나중에 자살했다. Général Etcheberrigaray, 27 July 1943. p. 2.

38) Rapport du Capitaine Fonlupt, pp. 9–10.

39) 14ème D.I.,J.M.O., pp. 2–3.

40) Ibid., pp. 5–7.

41) Ibid., pp. 9–10.

42) Ibid., pp.. 11–12.

43) Rapport du Colonel Trinquand, Commandant p.i. l'I.D. 14, 29 May 1940, pp. 2–3, S.H.A.T. 32N83.

44) Rapport du Chef de Bataillon Bailly (1–152 Inf.), 24 July 1940. pp. 3–5, S.H.A.T. 32N83; "Hisroire de la 5ème Division Légère Cavalerie," p.21.

45) Extraits du Journal de Marche du 152ème Régiment d'Infanterie. n.d., pp. 2–3, S.H.A.T. 32N83.

46) 14ème D.I.,J.M.O, pp. 20–21.

47) Rapport du Chef de Bataillon Bailly, pp. 5–7.

48) Ibid., p. 6.

49) Rapport du Colonel Trinquand, p. 3.

50) Testimony of Général Bruché, *Commission ⋯ Témoignages* 5: 1213–1252.

51) Journal des Marches et Opérations du Groupe d'Armées No. 1, 14 May 1940, S.H.A.T. 28N2.

52) Commandant Chazalmrtin, "La 2ème Division Cuirassée à la Bataille(10 Mai–25 Juin 1940)" (n.p.,n.d.), p. 12.

53) Ibid., p. 15.

54) Ibid., p. 17.

55) Ibid., p. 24.

56) 2ème Division Cuirassée, No. 45/5-CD, 5 July 1940, S.H.A.T. 32N461. Rapport d'Opérations de la 2ème Division Cuirassée (13-21 Mai 1940), 16 June 1941, S.H.A.T. 32N462.

57) Journal du Cabinet du Général Georges. p. 7.

58) Détachement d' Armée, J.M.O., 15 May 1940.

59) 14ème D.I., J.M.O., p. 23.

60) Rapport du Général Etcheberrigaray. p. 6.

61) C.C.F.N.E., E.-M., 3ème Bureau No. 1537 3/Op, 16 May 1940, S.H.A.T 27N155.

62) Rappor du Général Georges, Titre IV, pp. 7-9 (pp. 138-140).

63) C.C.F.N.E., E.-M., 3ème Bureau (번호 없음). 16 May 1940. Ordre Particulière. S.H.A.T. 27N155.

64) C.C.F.N.E., E.-M., 3ème Bureau. No. 1507 3/Op, 16 May 1940. S.H.A.T. 27N155.

65) G, A, 1. E.-M., 3ème Bureau. No. 4252/S-3 16 May 1940, S.H.A.T. 28N1.

Chapter 11

1) Major General J.F.C Fuller, *A Military History of the Western World*, vol. 3 (New York: Minerva Press, 1956), pp. 377-412.

2) Fuller, *Military History*, p. 382.

3) Ⅱe Armée, Commandant des Chars. E.-M., No. 1279/S. 18 May 1940, Situation des Bataillons des chars de la 2ème Armée le 17Mai-au soir, S.H.A.T. 29N85.

4) Williamson Murray, "The German Response to Victory in Poland: A Case Study in Professionalism." *Armes Forces and Society* 7, no. 2 (Winter 1981): 285-298.

5) Ⅱe Armée, E.-M., 3ème Bureau, No. 4042/3-Op, 8 April 1940.

6) Ubersicht über die Gesamtverluste wahrend der Schlacht in Frankreich, n.d., T314/612/503.

7) Ministère de la Guerre, E.-M. de l'Armée, service Historique à M. le Général, Attaché Militaire de France à Londres, 10 March 1947, S.H.A.T. 29N27.

8) 55ème D.I., E.-M., 3ème Bureaum No. 6/1E, 16 May 1940.

9) Rapport du Colonel Marc, pp. 23-27.

참고문헌Select Bibliography

Unpublished Documents

France. E.M.A. S.H.A.T. Archives for the period 1939–1940.
Germany. Bundesarchiv–Militärarchiv, Militärgeschichtliches Forschungsamt. Archives for May–June 1940.
National Archives of the Unted States, Washington, D.C. T314/613–615, War Records of the XIXth Panzer Corps T314/666–669, War Records of the XXIInd Corps (Group von Kleist).

Published Documents

Detwiler, Donald S., ed. *World War II German Military Studies.* 24 vols. New York: Garland Publishing, 1979.
France. Assemblée nationale. Commission d'enquéte sur les événements survenus en France de 1933 à 1945. *Annexes. Témoignages et documents recueillis par la commission d'enquéte parlementaire.* 9 vols. Paris: Presses universitaires de France, 1951–1952.
Office of United States Chief of Counsel for Prosecution of Axis Criminality. *Nazi Conspiracy and Aggression.* Washington, D.C.: United States Government Printing Office, 1946.
Trials of War Criminals before the Nuerenberg Military Tribunals. Washington, D.C.: Government Preinting Office, 1951.

Memoirs and Personal Accounts

D'Astier de la Vigerie, Gen. *Le ciel n'était pas vide,* 1940. Paris: René Julliard, 1952.
Balck, Gen. Hermann. *Ordnung im Chaos: Erinnerungen 1893–1948.* 2nd ed. Osnabuück: Biblio Verlag, 1981.
Beaufre, Gen. André. *1940: The fall of France.* Trans. Desmond Flower. New York: Alfred A. Knopf, 1968.
Bertrand, Gustave. *Enigma, ou la plus grande énigme de la guerre 1939–1945.* Paris: Plon, 1973.
Gamelin, Gen. Maurice. *Servir.* 3 vols. Paris: Plon, 1946–1947.
Gauché, Gen. Maurice. *Le deuxieème bureau au travail (1935–1940).* Paris: Amiot–Dumont, 1953.
Görlitz, Walter, ed. *The Memoirs of Field Marshal Keitel.* Trans. David Irving. New York: Stein and Day, 1966.

Grandsard, Gen. C. *Le 10ème Corps d'Armée dans la Bataille, 1939–1940.* Paris: Berger–Levrault, 1949.

Grübnau, Lieutenant. "Bruckenschlag über die Maas westlich Sean Für den Übergang einer Panzer–Division." *Militär–Wochenblatt,* no. 27 (January 1941): 1291–1293.

Guderian, Gen. Heinz. *Panzer Leader.* New York: Ballantine Books, 1957.

Halder, Gen. Franz. *The Halder Diaries: The Private War Journals of Colonel General Franz Halder.* Boulder, Colo.: Westview Press, 1976.

Kielmansegg, Major von. "Scharnier Sean." *Die Wehrmacht* 5, no. 11 (21 May 1941): 15–19; 5, no. 12(4 June 1941): 11–14.

Liss, Ulrich. *Westfront 1939/40: Erinnerungen des Feindbearbeiters im O.K.H.* Neckargemund: Kurt Vowinckel Verlag, 1959.

Manstein, Gen. Erich von. *Lost Victories.* Trans. Anthony G. Powell. Chicago: Henry Reganery Company, 1958.

Navarre, Henri. *La Service de Renseignements, 1871–1944.* Paris: Plon, 1978.

Office of United States Chief of Counsel for Prosecution of Axis Criminals. *Nazi Conspiracy and Aggression.* 8 vols. Washington, D.C.: Government Printing Office, 1946.

Prételat, Gen. *Le destin tragique de la Ligne Maginot.* Paris: Berger–Levrault, 1950.

Ruby, Gen. Edmond. *Sedan: Terre d'Epreuve.* Paris: Flammarion, 1948.

Trials of War Criminals before the Nuernberg Military Tribunals. Vol. 10. Washington, D.C.: Government Printing Office, 1951.

Wittek, Erhard, ed. *Die soldatische Tat: Berichte von Mitkämpfern des Heeres im Westfildzug 1940.* Berlin: Im Deutschen Verlag, 1941.

Books and Articles

Addington, Larry H. *The Blitzkrieg Era and the German General Staff, 1865–1941.* New Brunswick, N.J.:Rutgers University Press, 1971.

Alexander, D. W. "Repercussions of the Breda Variant." *French Historical Studies* 8, no. 3 (1974): 459–488.

Bédarida, François. *La Stratégie Secrète de la Drôle de Guerre.* Paris: Presses de la Fondation Nationale des Sciences Politiques, 1979.

Bekker, Cajus. *The Luftwaffe War Diaries.* Trans. Frank Ziegler. Garden City, N.J.:Doubleday & Company, 1968.

Belgique. Ministère de la Défense Nationale. Etat–Major Général—Force Terrestre. Commandant Georges Hautecler. *Le Combat de Bodange, 10 mai 1940.* Brussels: Imprimerie des F.B.A., 1955.

Belgique. Ministère de la Défense Nationale. Etat–Major Général—Force

Terrestre. Commandant Georges Hautecler. *Le Combat de Chabrehez, 10 mai 1940.* Brussels: Imprimerie des F.B.A., 1957.

Berben, Paul, and Bernard Iselin. *Les Panzers passent la Meuse (13 May 1940).* Paris: Laffont, 1967.

Bruge, Roger. *Histoire de la Ligne Maginot.* 3 vols. Paris: Fayard, 1973–1977.

Chapman, Guy. *Why France Fell: The Defeat of the French Army in 1940.* New York: Holt, Rinehart and Winston, 1968.

Davis. C. R. *Von Kleist: From Hussar to Panzer Marshal.* Hoiston Tex.: Lancer Militaria, 1979.

Deichmann, Gen. D. Paul. *German Air Force Operations in Support of the Army.* U.S. Air Force Historical Studies. no. 163. Maxwell A.F.B., Ala.:Air University, 1962.

Doughty, Robert Allan. *The Seeds of Disaster: The Development of the Army Doctrine, 1919–1939.* Hamden, Conn.: Archon Books, 1985.

Draper, Theodore. *The Six Weeks' War, May 10–June 25, 1940.* New York: Viking Press, 1944.

Dutailly, Lieutenant Colonel Henry. *Les problème de l'Armée de Terre française (1935–1939).* Paris: Imprimerie nationale, 1980.

Felsenhardt, Robert. *1939–1940: Avec le 18ème corps d'armée.* Paris: Editions La Tête de Feuilles, 1973.

Frieser, Karl Heinz. "Der Verstoß der Panzergruppe Kleist zur Kanalküste (10. bis 21. Mai 1940)." *Operatives Denken und Handeln in deutschen Streitkräften im 19. und 20. Jahrhundert,* pp.123–148. Bonn: E. S. Mittler & Sohn, 1988

Frieser, Karl Heinz. "Rommels Durchbruch bei Dinant." *Militärheschicht-liches Beiheft Zur Europäischen Wehrkunde.* Bonn: E. S. Mittler & Sohn, 1987.

Garder, Michel. *La Guerre secrète des services spéciaux français, 1935–1945.* Paris: Plon, 1967.

Germany. Oberkommando des Heeres. *Denkschrift über die franzosische Landesbefestigung.* Berlin: Reichsdruckerei, 1941.

Gounelle, Claude. *Sedan: Mai 1940.* Paris: Presses de la Cité, 1965.

Goutard, Colonel A. *The Battle of France, 1940.* Trans. A.R.P. Burgess. New York: Ives Washburn, 1959.

Le Goyet, Pierre. *Le mystère Gamelin.* Paris: Presses de la Cité, 1975.

Le Goyet, Lt. Col. Pierre. "La percée de Sedan (10–15 Mai 1940)." *Revue d'histoire de la deuxième guerre mondiale,* no. 59 (July 1965): 25–52.

Gunsburg, Jeffery A. "Coupable ou non? Le rôle du général Gamelin dans la défaite de 1940." *Revue historique des armées,* no. 4 (1979): 145–163.

_____. *Divided and Conquered: The French High Command and the*

Defeat of the West, 1940. Westport, Conn.: Greenwood Press, 1979.

Horne, Alistair. *To Lose a Battle: France, 1940.* Boston: Little, Brown and Company, 1969.

Irving, David. *Hitler's War.* 2 vols. New york: Viking Press, 1977.

Jackson, Robert. *Air War over France, May—June 1940.* London: Ian Allen Ltd., 1974

Jacobsen, Hans—Adolf. "Dunkirk 1940." In H. A. Jacobsen and J. Rohwer, eds., *Decisive Battles of World War II : The German View.* Trans. Edward Fitzgerald. New York: G. P. putnam's, 1965.

Jacobsen, Hans—Adolf. *Fall Gelb: Der Kampf um den Deutschen Operationsplan zur Westoffensive 1940.* Wiesbaden: Franz Steiner Verlag, 1957.

Laubier, Philippe de. "Le bombardement français sur la Meuse: Le 14 mai 1940." *Revue historique des armées,* no. 160 (October 1985): 96—109.

Lewis, S. J. *Forgotten Legions: German Army Infantry Policy, 1918—1941.* New York: Praeger, 1985.

Liddell Hart, B. H. *The German Generals Talk.* New York: Morrow & Co., 1948.

Lyet, Commandant Pierre. *La Bataille De France (Mai—Juin 1940).* Paris: Payot, 1947.

Macksey, Kenneth. *Guderian: Creator of the Blitzkrieg.* New York: Stein and Day, 1976.

Mary, Jean—Yves. *La Ligne Maginot: ce qu'elle était, ce qu'il en reste.* San Dalmazzo, Italy: L'Istituto Greafico Bertello, 1980.

Mellenthin, Major Gen. F. W. von. *Panzer Battles: A Study of the Employment of Armor in the Second World War.* Trans. H. Betzler. Norman: University of Oklahoma Press, 1956.

Menu, Charles Léon. *Lumière sur les ruines.* Paris: Plon, 1953.

Messenger, Charles. *The Blitzkrieg Story.* New York: Charles Scribner's Sons, 1976.

Murray, Williamson. "The German Response to Victory in Poland: A Case Study in Professionalism." *Armed Forces and Society 7,* no. 2 (Winter 1981): 285—288.

_____. *Srategy for Defeat: The Luftwaffe, 1933—1945.* Maxwell A.F.B., Ala.: Air University Press, 1983.

Paillat, Claude. *La guerre éclair (10 mai—24 juin 1940).* Paris: Laffont, 1985.

Paillole, Paul. *Services Spéciaux, 1935—1945.* Paris: Laffont, 1975.

Porch, Douglas. "French Intelligence and the Fall of France, 1930—40." *Intelligence and National Security 4,* no. 1 (January 1989): 28—58.

Renouvin, Pierre, and Jacques Willequet. *Les relations militaires francobelges de mars 1936 au 10 mai 1940.* Paris: Editions du Centre

National de la Recherche Scientifique, 1968.

Richards, Denis. *Royal Air Force*, vol. 1, *The Fight at Odds*. London: Her Majesty's Stationery Office, 1953.

Riebenstahl, Horst. *Die 1. Panzer Division im Bild*. Friedberg: Podzun–Pallas–Verlag, 1986.

Rothbrust, Florian K. "The Cut of the Scythe." Master's thesis, Command and General Staff College, Fort Leavenworth, Kans., 1988.

Royaume de Belgique. Ministere de la Défense Nationale. Service Historique de l'Armée. *La Campagne do mai 1940*. Brussels: Presses de l'Institut Cartographique Militaire, 1945.

Shirer, William L. *The Collapse of the Third Republic: An Inquiry into the Fall of France in 1940*. New York: Simon and Schuster, 1969.

Spaeter, Helmuth. *Die geschichte des Panzerkorps Grossdeutschland*. Duisburg: Selbstverlag Hilfswerk ehem Soldaten, 1958.

Stoves, Rolf O. G. *1. Panzer–Division, 1935–1945: Chronik einer der drei stamm–Divisionen der deutschen Panzerwaffe*. Bad Nauheim: Hans–Henning Podzun, 1961.

Strauss, Franz Josef. Geschichte der 2. *(Wiener) Panzer Division*. Friedberg: Podzun–Pallas–Verlag, 1987.

Taylor, Telford. *The March of Conquest: The German Victories in Western Europe, 1940*. New York: Simon and Schuster, 1958.

Trevor–Roper, H. R., ed. *Blitzkrieg to Defeat: Hitler's War Directives*. New York: Holt, Rinehart and Winston, 1965.

Vidalenc, Jean. "Les divisions de série 'B' dans l'armée française pendant la campagne de France 1939–1940." *Revue historique des armées*, no. 4 (1980): 106–126.

Volker, Karl–Heinz. *Die Deutsche Luftwaffe, 1919–1939*. Stuttgart: Deutsche Verlags–Anstalt, 1967.

Welkenhuyzen, Jean Van. *Les avertissements qui venaient de Berlin, 9 octobre 1939–10 mai 1940*. Paris: Duculot, 1982.

Young, Robert J. "French Military Intelligence and Nazi Germany, 1938–1939." In Ernest R. May, ed., *Knowing One's Enemies: Intelligence Assessment before the two World Wars*. Princeton, N.J.: Princeton University Press, 1984.

역자 후기

미국 육군사관학교United State Military Academy의 군사사학과 교수이자 학과장을 지낸 다우티 박사는 1990년에 이 책을 발간함으로써 프랑스전역에 드려진 "전격전의 신화"를 걷어낸 최초의 연구자였다. 그는 독일군 제19기갑군단이 돌파한 아르덴느와 세당 지역을 직접 답사하고[*] 프랑스와 독일의 자료를 분석하여 전투의 실상을 정확하게 분석 해냈다.

역자가 이 책을 처음 접한 때는 생도 4학년이던 2002년 여름이었다. 당시는 역자가 군사사학과를 전공으로 선택하고 역사를 공부함에 재미를 느껴가고 있던 시기였다. 또한, 임관 이후 기갑병과 장교가 되어 한국적인 "전격전"을 개발하고 전차병으로써 그 주인공이 되겠다는 치기 어린 생각을 지니고 있었다. 특히, 풀러의 "기계화전Armored Warfare"를 읽고 전격전에 대한 신앙에 가까운 확신을 갖고 있었다.

그러나 이 책의 서장을 읽으면 "전격전"의 실체에 의문을 품게 되었고, 동기생들과 함께 서투른 영어로 책을 일독한 뒤에는 그 환상에서 깨어날 수 있었다. 이 책을 충실하게 읽은 독자라면 그 이유를 공감할 것

---

[*] "전격전의 전설Blitzkrieg Legende(진중근 역, 2007, 일조각)"로 국내에 잘 알려진 칼 프리저도 이 답사에 참가함으로써 영감을 얻었으며, 다우티 박사의 학문적 영향을 받아 본서와 그 맥락을 같이 하는 내용의 책을 1995년에 발간하였다.

이므로 구태의연한 부연은 하지 않겠다.

그러나 이 책의 가치는 "전격전"에 대한 올바른 이해를 이바지 하는 데만 있는 것은 아니다. 역자는 본서를 읽고는 대전 당시의 프랑스군과 지금의 한국군이 시간적으로 70여년의 차이가 있음에도 상당한 유사함이 있다는 점에 경악을 금치 못하였다.

제2차세계대전과 그 후의 전쟁에서 전투가 선형과 비선형의 복합체임이 확인되었으나 우리 군은 여전히 전투지역전단을 강조하고 있다. 또한 지휘관은 전투진지 간에 어깨와 어깨가 맞닿아야만 안심을 하며, 균열이 생기는 것을 극히 두려워하는 경향을 보여 선형 교리에 상당히 얽매여 있다.

이에 더하여 한국군은 임무형지휘를 강조하면서도 지휘관의 지시를 엄격히 따를 것을 강요하며, 상황에 따라서는 상급 부대와 지휘관의 승인 하에 융통성을 발휘하는 경우도 드물게나마 있기도 하지만 전술적 통제수단의 준수를 강조하고 있다. 또한, 전투명령은 절대적으로 이행해야할 강령으로 여겨져 왔다. 물론, 독일군의 경우 임무형지휘가 이 모든 것을 무시할 수 있는 명분이 되는 것은 아나, 임무 달성을 최우선에 두고 여하한 상황이라도 임무달성을 위해 자유로운 사고를 보장하였다. 반면, 한국군은 임무형지휘가 중요하다고 말하면서도 지휘관이 모든 것을 손에 틀어쥐고 감독하는 지휘방식으로 오히려 70년 전의 프랑스군과 유사한 모습을 보인다.

70여 년 전의 프랑스군과 우리 군의 유사성은 이 뿐만이 아니다. 프랑스군 지휘관은 통신망이 잘 구축된 지휘소에서 모든 전투지휘가 이루어져야 한다고 믿었고, 그렇게 하려했다. 그러나 전장의 마찰과 적 행동이 그것을 불가능하게 만들었다. 그런데 현재 한국군은 전장가시화를 위해 각종 C4I 시스템을 구축하고 있으며, 이를 통해서 후방 지휘소에서 실시간으로 전장 상황을 파악하여 전투를 지휘하려 하고 있다. 역자는 이러한 시도가 잘못된 방향이라 지적하는 것은 아니다. 다만, 우리군이 제2차세계대전 당시의 프랑스군처럼 지휘소에서 모든 것이 해결되리라는 고정관념을 갖게 될까 우려하고 경계하는 것뿐이다.

그러나 역자가 가장 우려하는 것은 지난 10년간 기계화부대의 수적 증가에 역점을 둔 나머지 전투의 창끝이라 할 수 있는 대대급 부대의 편제와 전투력이 강해지는 것이 아니라 오히려 약해지고 있다는 점이다. 또한, 여러 가지 제약사항으로 말미암아 훈련여건이 점차 악화함으로써 훈련수준이 점차 저하되었다는 점 역시 개탄할 만한 현실이다. 이러한 모습은 프랑스군이 전역 시작이후 양적인 팽창을 위해 질적 저하를 감수한 모습과 상통한다 하겠다.

물론, 우리 군은 이러한 약점을 극복하기 위한 일로매진과 교리적 발전을 꾸준히 이어나가고 있다. 또한, 정예 강병을 육성하기 위해 불비한 여건 가운데서도 노력을 더하고 있으며, 교육훈련 여건 개선에 막대한 예산을 투입하여 체질을 개선하고 있다. 이에 역자는 이 책이 우리 군의 약점을 반성할 거울이 되어 군 발전에 일조할 수 있으리라 생각했다.

이러한 믿음을 갖고 임관 이후 틈틈이 책을 재독하면서 이해를 더하였고, 언젠가는 한국판 역서를 내어 우리 군과 국내 독자에게 "전격전"의 실체를 알리고, 부족하나마 우리 군과 국내 독자에게 타산지석을 두고자 결심했다. 중위 때 대학원에서 석사과정을 밟고, 자랑스러운 모교에서 강의를 하는 가운데 번역 작업을 시작하였다. 그러나 의지가 박약하고 학문적 어려움에 불과 수 십장을 번역했다 그만두기를 수차례 반복하였다. 그러나 사랑하는 가족의 지지와 모교 은사님들의 도움으로 포기하지 않을 수 있었다. 순환직 교수직을 마치고 야전에서 '하루 한 문장이라도'라는 생각으로 부족한 시간을 쪼개어 작업을 지속하였다. 그 결과 번역 작업을 마무리 지었고, 6년 만에 부족하나마 출간하게 되었다.

이 책을 출간하기까지 주변의 많은 분들에게 큰 도움을 받았다. 먼저 육군사관학교 군사사학과의 온창일, 김기훈, 이현수, 이내주, 김광수,

박일송, 나종남 교수님께 큰 감사를 드린다. 생도시절 교수님들로부터 학문의 즐거움을 배울 수 있었으며, 역자가 군사사적 기본 소양을 닦을 수 있었다. 이에 더하여 생도교육에 다망한 와중에도 프랑스어에 문외한인 역자를 도와준 김민경, 강석환 동학과 육사에서 같이 근무했던 정상협, 이상창, 허진녕, 박홍배, 이진성, 성연춘, 이정빈, 김인욱, 강원묵 교수님께도 감사함을 느낀다. 한편, 언어적 역량이 부족한 역자를 위해 관용적인 어구를 해석하거나 저자와 연락을 취하는데 도움을 준 동지훈 선생과 경제적 이윤이 없음이 뻔히 보임에도 흔쾌히 출판을 자처해주신 황금알의 김영탁 사장님이 없었더라면 이 책은 나올 수 없었을 것이다. 또한, 같이 야전에서 땀 흘리며 복무했던 많은 전우들에게도 심심한 감사의 말을 전하고 싶다.

그러나 무엇보다도 학업의 중요함 알려주시고 인생의 버팀목이 되어주신 어머님과, 바쁜 군 생활에 더하여 학업과 번역작업을 핑계로 소홀함이 있었음에도 반려자로서 항상 깊은 신뢰와 사랑을 전해준 아내 황정원에게 무한한 감사와 사랑을 전하고 싶다.

끝으로 빈약한 실력으로 번역 작업을 함에 발생한 오역과 수차례의 교정·교열에도 오타와 비문이 있다면 이는 모두 나의 부족함이다. 정돈되고 완벽한 글을 읽을 당연하고도 절대적인 독자의 권리가 나로 인해 훼손되었다면 그저 고개 숙일 뿐이다. 그럼에도 역자로서 이 책이 독자 제현의 지적 호기심과 유희를 충족시킬 수 있기를 기대한다. 그럼, 즐기시라!

2012년 필승대에서
나동욱